高等学校土木工程本科指导性专业规范配套系列教材
总主编 何若全

土木工程材料（第5版）

TUMU
GONGCHENG
CAILIAO

主编 郭晓潞 施惠生

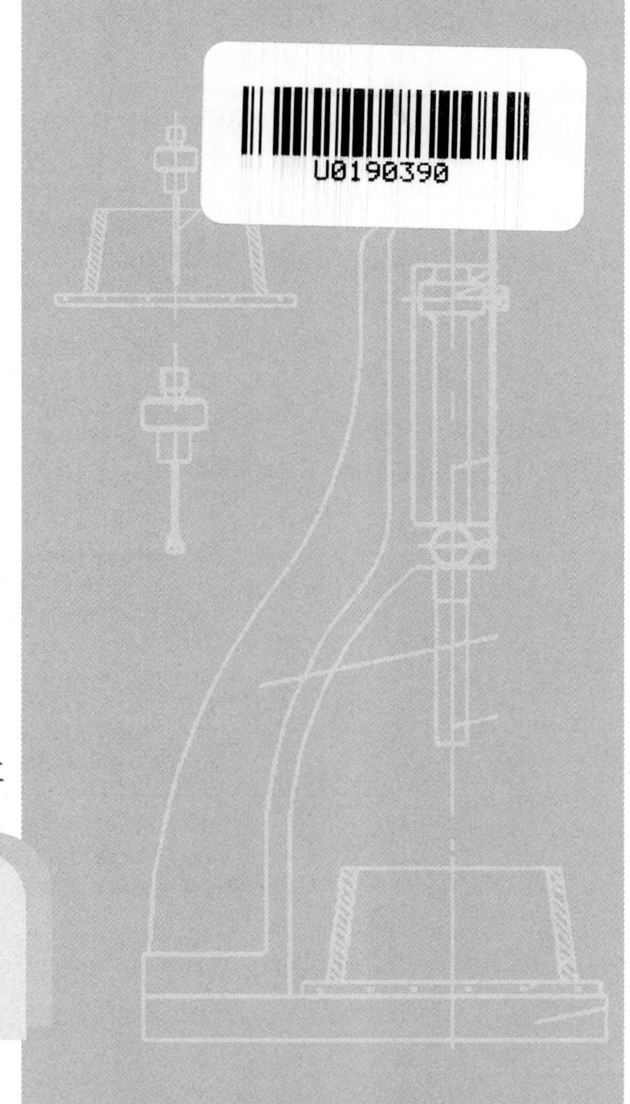

重庆大学出版社

内容提要

本书是“高等学校土木工程本科指导性专业规范配套系列教材”之一。主要介绍土木工程中常用材料的基本组成、材料性能、质量要求、检测方法，内容包括无机气硬性胶凝材料、水泥、砂浆、混凝土、砌筑材料和屋面材料、钢材、合成高分子材料、沥青材料、木材、绝热材料、吸声材料与隔声材料、装饰材料、新型防水材料、防火材料等。

本书适合作为高等工科院校土木工程及相关专业的教学用书，也可作为从事建筑设计、施工、管理、监理等技术人员的参考用书。

图书在版编目(CIP)数据

土木工程材料 / 郭晓潞，施惠生主编. -- 5版.
重庆：重庆大学出版社，2024. 8. -- ISBN 978-7-5689-4787-9

Ⅰ. TU5

中国国家版本馆CIP数据核字第2024QP3582号

高等学校土木工程本科指导性专业规范配套系列教材

土木工程材料

（第5版）

主编　郭晓潞　施惠生

责任编辑：林青山　　版式设计：莫　西

责任校对：关德强　　责任印制：赵　晟

*

重庆大学出版社出版发行

出版人：陈晓阳

社址：重庆市沙坪坝区大学城西路21号

邮编：401331

电话：(023) 88617190　88617185(中小学)

传真：(023) 88617186　88617166

网址：http://www.cqup.com.cn

邮箱：fxk@cqup.com.cn（营销中心）

全国新华书店经销

重庆华林天美印务有限公司印刷

*

开本：787mm×1092mm　1/16　印张：17　字数：426千

2011年10月第1版　2024年8月第5版　2024年8月第12次印刷

印数：43 001—47 000

ISBN 978-7-5689-4787-9　定价：49.00元

总　序

进入 21 世纪的第二个十年，土木工程专业教育的背景发生了很大的变化。“国家中长期教育改革和发展规划纲要”正式启动，中国工程院和国家教育部倡导的“卓越工程师教育培养计划”开始实施，这些都为高等工程教育的改革指明了方向。截至 2010 年底，我国已有 300 多所大学开设土木工程专业，在校生达 30 多万人，这无疑是世界上该专业在校大学生最多的国家。如何培养面向产业、面向世界、面向未来的合格工程师，是土木工程界一直在思考的问题。

由住房和城乡建设部土建学科教学指导委员会下达的重点课题“高等学校土木工程本科指导性专业规范”的研制，是落实国家工程教育改革战略的一次尝试。“专业规范”为土木工程本科教育提供了一个重要的指导性文件。

由“高等学校土木工程本科指导性专业规范”研制项目负责人何若全教授担任总主编，重庆大学出版社出版的“高等学校土木工程本科指导性专业规范配套系列教材”力求体现“专业规范”的原则和主要精神，按照土木工程专业本科期间有关知识、能力、素质的要求设计了各教材的内容，同时对大学生增强工程意识、提高实践能力和培养创新精神做了许多有意义的尝试。这套教材的主要特色体现在以下方面：

（1）系列教材的内容覆盖了“专业规范”要求的所有核心知识点，并且教材之间尽量避免了知识的重复；

（2）系列教材更加贴近工程实际，满足培养应用型人才对知识和动手能力的要求，符合工程教育改革的方向；

（3）教材主编们大多具有较为丰富的工程实践能力，他们力图通过教材这个重要手段实现“基于问题、基于项目、基于案例”的研究型学习方式。

据悉，本系列教材编委会的部分成员参加了“专业规范”的研究工作，而大部分成员曾为“专业规范”的研制提供了丰富的背景资料。我相信，这套教材的出版将为“专业规范”的推广实施，为土木工程教育事业的健康发展起到积极的作用！

中国工程院院士　哈尔滨工业大学教授

沈世钊

前　言

（第 5 版）

本书于 2011 年与“高等学校土木工程本科指导性专业规范”配套出版，是“高等学校土木工程学科专业指导委员会规划教材”。本书出版至今已有 13 年，期间历经 2013 年第 2 版、2017 年第 3 版以及 2021 年第 4 版三次修订，备受广大读者们的青睐，获得了同行专家学者以及工程技术人员的一致好评，被众多院校选为教学教材，并荣获“全国高等教育土建学科专业‘十二五’规划教材”“同济大学优秀本科教材”。在此，我们致以诚挚的感谢！

为深入贯彻党的二十大精神，落实全国教育大会精神和新时代全国高等学校本科教育工作会议精神，全面推动土木工程专业内涵式发展，突出专业的时代特征，面向绿色生产生活方式、宜居韧性智慧城市、新型城镇化、生态环境、双碳目标、美丽中国等国家战略，推动经济社会绿色低碳化发展，推进资源节约集约利用，构建废弃物循环利用体系，这必然对用于土木工程的建筑材料提出了新要求。

自第 4 版修订以来，土木工程领域科学技术发展迅速，与土木工程材料相关的国家标准和行业标准规范不断更新，又有许多与土木工程材料检测和性能相关的标准、规范等被修订、颁布并开始实施，也有一些相关标准被废止，不再使用。因此，本书深入贯彻党的二十大精神，主动适应土木工程行业新工科人才培养需求，与时俱进地对《土木工程材料》第 4 版再次进行了更新和修订，力求体现规范性、严谨性与多样性的统一，基础性、应用性和创新性的统一。本书兼顾内容质量和使用效果，特色鲜明，优势突出，力求为我国土木工程及其他相关专业的人才培养及工程应用做出更大的贡献。

本书第 5 版由同济大学郭晓潞教授和施惠生教授主编。李华兵协助帮忙查阅和收集了相关资料。此外，本书的再版还得到了前几版全体编写人员的支持和帮助，在此一并表示衷心感谢！

由于编者水平的局限性，本书难免有谬误之处，诚请广大读者批评指正。

编　者

2024 年 1 月于同济嘉园

前 言

(第 1 版)

本书以高等学校土木工程专业指导委员会制定的土木工程专业培养目标、培养规格及土木工程专业课程设置方案为指导原则,以专业指导委员会审定的“高等学校土木工程本科指导性专业规范”为基本依据进行编写。编写内容吸取了近年来国内外土木工程材料新成就和我国新标准、新规范的内容,并根据土木工程领域技术发展和人才培养的需求,与时俱进地更新和充实了传统土木工程材料教科书的构架和内容,使之更适合现代社会的知识需求和教学要求。

“专业规范”明确指出,在土木工程专业的专业知识体系中,土木工程材料是专业技术相关基础的推荐课程;土木工程材料实验是专业基础实验的重要组成。根据“专业规范”要求,本书的课堂教学的推荐总学时为 36~45 学时;实验教学的总学时为 12~15 学时。因此,教材编写力求系统、精练,教材内容在确保覆盖所有的核心知识单元的前提下,尽量避免与后续其他课程的不必要的重复,做到了专业规范全部核心知识单元的完整覆盖,并兼顾了教材的知识面和系统性。同时,为了方便教学,本书提供配套的电子课件及课后习题参考答案供教师免费下载(重庆大学出版社教育资源网,网址:http://www.cqup.net/edusrc)。

同济大学以土木工程见长并闻名于世,在“城市,让生活更美好”的中国 2010 上海世界博览会成功举办之际,我们编写这本书,以期为城市建设和土木工程材料的发展尽微薄之力。本书由同济大学环境材料研究所所长、博士生导师施惠生教授和郭晓潞博士主编,参加本书编写工作的还有天津城市建设学院杨久俊教授和江南大学宗永红副教授。各章编写分工为:绪言——施惠生、郭晓潞;第 1,2 章——郭晓潞、施惠生;第 3,4,5 章——施惠生、郭晓潞;第 6 章——杨久俊、郭晓潞;第 7 章——施惠生、杨久俊;第 8,9 章——郭晓潞、施惠生;第 10 章——宗永红、郭晓潞;第 11 章——郭晓潞、宗永红,第 12 章——郭晓潞、施惠生。此外,本书的编写工作还得到了吴凯、王程、阚黎黎、邓恺、施京华、沙丹丹等的大力帮助,在此一并表示衷心感谢。

由于编者水平的局限性,本书难免有谬误之处,诚请广大读者指正。

编　者

2011 年 6 月于同济新园

目　录

绪　论

土木工程材料指土木工程中使用的各种材料及制品,它是构成建筑物的最基本元素,是一切土木工程的物质基础。

土木工程材料是随着人类社会生产力和科学技术水平的提高而逐步发展起来的。人类最早巢居穴处,随着社会生产力的发展,人类进入能制造简单工具的石器、铁器时代,才开始挖土、凿石为洞、伐木搭竹为棚,利用天然材料建造非常简陋的房屋,等等,这是最原始的土木工程。到了人类能够用黏土烧制砖、瓦,用岩石烧制石灰、石膏之后,土木工程材料才由天然材料进入人工生产阶段,为较大规模建造土木工程创造了基本条件。

18—19 世纪,资本主义兴起,促进了工商业及交通运输业的蓬勃发展,原有的土木工程材料已不能与此相适应,在其他科学技术进步的推动下,土木工程材料进入到一个新的发展阶段,钢材、水泥、混凝土及其他材料相继问世,为现代土木工程材料奠定了基础。

进入 20 世纪后,由于社会生产力突飞猛进,以及材料科学与工程学的形成和发展,土木工程材料不仅性能和质量不断提高,而且品种不断增加,以有机材料为主的化学建材异军突起,一些具有特殊功能的新型土木工程材料也应运而生。

1)土木工程材料的分类

土木工程材料品种门类繁多,性能各异,用途不同,价格相差较大。同时,土木工程材料用量巨大,因此,正确选择及合理使用土木工程材料,在很大程度上决定着建筑物的安全、适用、美观和成本,又在很大程度上影响着结构形式和施工速度。为了便于选择,首先应对其进行合理分类。

土木工程材料可按不同原则进行分类。

(1)按材料的化学成分划分

根据材料组成物质的种类及化学成分,土木工程材料可分为无机材料、有机材料及有机-无机复合材料三大类,如下所示:

土木工程材料
- 无机材料
  - 金属材料
    - 黑色金属材料——钢、铁、不锈钢等
    - 有色金属材料——铝、铜等及其合金
  - 非金属材料
    - 烧土制品——砖、瓦、玻璃、陶瓷等
    - 天然石材——砂、石及石材制品等
    - 胶凝材料——石灰、石膏、水泥、水玻璃等
    - 混凝土及硅酸盐制品——混凝土、砂浆及硅酸盐制品
  - 金属-非金属复合材料——钢筋混凝土等
- 有机材料
  - 植物材料——木材、竹材等
  - 沥青材料——石油沥青、煤沥青、沥青制品等
  - 高分子材料——塑料、涂料、胶粘剂、合成橡胶等
- 有机-无机复合材料
  - 无机非金属-有机复合材料——玻璃纤维增强塑料、聚合物水泥混凝土等
  - 金属-无机非金属复合材料——钢纤维增强混凝土等
  - 金属-有机复合材料——轻质金属夹芯板等

(2)按材料来源划分

根据材料的来源,土木工程材料可分为天然材料及人造材料。

(3)按材料使用部位划分

根据材料的使用部位,土木工程材料可分为承重材料、墙体材料、屋面材料等。

(4)按材料功能划分

根据材料的功能,土木工程材料可分为两大类:

结构材料:主要用作承重的材料,如梁、板、柱所用材料。

功能材料:主要是利用材料的某些特殊功能,如用于装饰、防水抗渗、绝热、保温、吸声、耐热防火、耐磨、耐腐蚀、防爆、防腐蚀等的材料。

一般来说,优良的土木工程材料必须具备足够的强度,能够安全地承受设计荷载;自身的重量(表观密度)以轻为宜,以减少下部结构和地基的负荷;具有与使用环境相适应的耐久性,以便减少维修费用;用于装饰的材料,应能美化房屋并能产生一定的艺术效果;用于特殊部位的材料,应具有相应的特殊功能,如屋面材料要能隔热、防水,楼板和内墙材料要能隔声等。除此之外,土木工程材料在生产过程中还应尽可能保证低能耗、低物耗及环境友好。

2)土木工程材料的标准化

为了适应现代化生产科学管理的需要,专门的机构必须对土木工程材料产品的各项技术制定统一的执行标准,对其产品规格、分类、技术要求、检验方法、验收方法、验收规则、标志、运输和贮存等方面作出详尽而明确的规定,作为有关生产、设计应用、管理和研究等部门共同遵循的依据。

世界各国对土木工程材料的标准化都非常重视,均有自己的国家标准。随着我国对外开放和加入世界贸易组织(WTO),常常会涉及这些标准,其中主要有:世界范围统一使用的国际标准,代号为 ISO;美国材料试验学会标准,代号为 ASTM;德国工业标准,代号为 DIN;英国标准,代号为 BS;法国标准,代号为 NF;日本工业标准,代号为 JIS 等。熟悉相关的技术标准并了解制定标准的科学依据,也是十分必要的。

《中华人民共和国标准化法》将我国标准分为国家标准、行业标准、地方标准、企业标准

4级。

(1)国家标准

国家标准是指由国家标准化主管机构批准发布,对全国经济、技术发展有重大意义,且在全国范围内统一的标准。国家标准有强制性标准(代号为GB)、推荐性标准(代号为GB/T)。

(2)行业标准

行业标准也是全国性的标准,但是它是由主管生产部(或总局)发布,如建材行业标准(代号为JC),建工行业标准(代号为JG),冶金行业标准(代号为YB),交通行业标准(代号为JT)。

(3)地方标准

地方标准是地方主管部门发布的地方性标准(代号为DB)。

(4)企业标准

企业标准则仅适用于本企业(代号为QB)。凡没有制定国家标准、行业标准的产品,均应制定企业标准。

标准的一般表示方法,是由标准名称、部门代号、编号和批准年份等组成。例如,《普通混凝土长期性能和耐久性能试验方法标准》(GB/T 50082—2009)。对于强制性国家标准,任何技术(或产品)不得低于其规定的要求;对推荐性国家标准,表示也可以执行其他标准的要求;地方标准或企业标准所制定的技术要求应高于国家标准。

3)本课程的内容与学习

本课程作为土木工程类各专业基础课,将通过课堂教学,采用现行的最新标准和规范,系统讲述常用土木工程材料的基本性能及应用。主要内容包括无机气硬性胶凝材料、水泥、砂浆、混凝土、砌筑材料和屋面材料、钢材、合成高分子材料、沥青材料、木材、其他工程材料、土木工程材料试验等。在本课程的学习过程中,要注意了解事物的本质和其内在联系,弄懂形成这些性质的内在原因和这些性质之间的相互关系。对于同一类属的不同品种的材料,不但要学习它们的共性,更重要的是要了解它们各自的特性和具备这些特性的原因。一切材料的性质都不是固定不变的,在使用过程中,甚至在运输和储存过程中,它们的性质都在不断起着变化。为了控制材料在使用前和使用中的变质问题,还必须了解引起变化的外界条件和材料本身的内在原因,从而了解变化的规律,以保证土木工程的耐久性。

除了课堂教学,试验课是本课程必不可少的重要教学环节,其任务是验证基本理论、学习试验方法和技术、培养严谨缜密的科学态度和科学研究能力。进行试验时,要严肃认真,一丝不苟,即使对操作相对比较简单的试验,也不应例外。特别应注意了解试验条件对试验结果的影响,并对试验结果作出正确的分析和判断。通过试验,加深对理论知识的理解,增强对土木工程材料的感性认识。

1 土木工程材料的基本性质

本章导读：

• **基本要求** 掌握土木工程材料的基本物理性质和基本力学性质，熟悉材料的密度、表观密度和堆积密度间的关系；了解土木工程材料与水有关的性质以及热性质等；掌握土木工程材料的耐久性能。

• **重点** 土木工程材料的基本物理性质、力学性质和耐久性。

• **难点** 土木工程结构物的基本性质与工程特性的内在关系。

土木工程材料是构成土木工程的物质基础。所有的建筑物、桥梁、道路等都是由各种不同的材料经设计、施工建造而成。这些材料在各个部位起着各种不相同的作用，为此要求材料必须具备相应的不同性质。如建筑物的梁、板、柱以及承重墙体主要承受荷载的作用；屋面要承受风霜雨雪的侵蚀且能绝热、防水等；墙体要起到抗冻、绝热、隔声等作用；基础除承受建筑物全部荷载外，还要承受冰冻及地下水的侵蚀。此外，长期暴露在大气环境中或与侵蚀性介质相接触的各种建筑物或构筑物，还会受到冲刷、磨损、化学侵蚀、生物作用、干湿循环、冻融循环等破坏作用。为了保证建筑物或构筑物能安全、经济、美观、经久耐用，必须熟悉和掌握各种土木工程材料的基本性质，并在工程设计与施工中正确选择和合理使用材料。

1.1 材料的基本物理性质

1.1.1 材料的密度、表观密度和堆积密度

1) 材料的密度(ρ)

密度是指材料在绝对密实状态下单位体积的质量。按下式计算：

$$\rho = \frac{m}{V} \tag{1.1}$$

式中 ρ——材料的密度,g/cm^3;

m——材料在干燥状态下的质量,g;

V——材料在绝对密实状态下的体积,cm^3。

所谓绝对密实状态下的体积,是指不含有任何孔隙的体积。常用土木工程材料中,除了钢材、玻璃等少数材料外,绝大多数材料内部都有一些孔隙,如砖、石材等块状材料。在测定这些有孔隙材料的密度时,应把材料磨成细粉,经干燥至恒重后,用李氏瓶测定其绝对密实体积,然后计算得到密度值。材料磨得越细,内部孔隙消除得越完全,测得的密实体积数值也就越精确,因此,一般要求细粉的粒径至少小于 0.20 mm。

2)材料的表观密度(ρ_0)

表观密度是指材料在自然状态下单位体积的质量。按下式计算:

$$\rho_0 = \frac{m}{V_0} \tag{1.2}$$

式中 ρ_0——材料的表观密度,kg/m^3 或 g/cm^3;

m——材料的质量,kg 或 g;

V_0——材料在自然状态下的体积(包括材料实体及其内部孔隙的体积),m^3 或 cm^3。

测定材料自然状态体积的方法较简单,对于规则形状材料的体积,可直接度量外形尺寸,按几何公式计算。对于不规则形状材料的体积,可用排液法求得,为了防止液体由孔隙渗入材料内部而影响测量值,应在材料表面封蜡。

此外,材料的表观密度与含水状况有关。材料含有水分时,它的质量和体积都会发生变化,因而表观密度亦不相同。故测定材料表观密度时,以干燥状态为准,而对含水状态下测定的表观密度,应注明含水情况,未特别标明者,常指气干状态下的表观密度。

3)材料的堆积密度(ρ'_0)

堆积密度是指散粒材料或粉状材料在自然堆积状态下单位体积的质量。按下式计算:

$$\rho'_0 = \frac{m}{V'_0} \tag{1.3}$$

式中 ρ'_0——堆积密度,kg/m^3;

m——材料的质量,kg;

V'_0——材料的自然堆积体积,m^3。

材料的自然堆积体积包括材料绝对体积、内部所有孔隙体积及颗粒间的空隙体积。材料的堆积密度反映散粒构造材料堆积的紧密程度及材料可能的堆放空间,常用其所填充满的容器的标定容积来表示。若散粒材料的堆积方式是松散的,即为自然堆积,由自然堆积测试得到的是自然堆积密度;若是捣实的,即为紧密堆积,由紧密堆积测试得到的是紧密堆积密度。

1.1.2 材料的孔隙率与密实度

1)材料的孔隙率(P)

大多数土木工程材料的内部都含有孔隙,这些孔隙会对材料的性能产生不同程度的影响。

通常认为,孔隙可从两个方面对材料产生影响:一是孔隙的多少;二是孔隙的特征。材料中含有孔隙的多少常用孔隙率来表征。孔隙率是指材料内部孔隙的体积(V_P)占材料总体积(V_0)的百分率。因为 $V_P = V_0 - V$(三者单位相同;V 为材料在绝对密实状态下的体积),所以孔隙率 P 的计算公式为:

$$P = \frac{V_0 - V}{V_0} \times 100\% = \left(1 - \frac{\rho_0}{\rho}\right) \times 100\% \tag{1.4}$$

式中 P——材料孔隙率,%;

V_0——材料总体积(在自然状态下的体积,包括材料实体及其内部所含孔隙体积),cm^3 或 m^3;

V——材料在绝对密实状态下的体积,cm^3 或 m^3。

2)材料的密实度(D)

与材料孔隙率相对应的另一个概念,是材料的密实度。密实度是指材料内部固体物质的实体积占材料总体积的百分率,可用下式表示:

$$D = \frac{V}{V_0} \times 100\% = \frac{\rho_0}{\rho} \times 100\% = 1 - P \tag{1.5}$$

式中 D——材料的密实度,%。

材料的孔隙特征(指材料孔隙的大小、形状、分布、连通与否等孔隙构造方面的特征)对材料的物理、力学性质均有显著影响。以下为经常涉及的3个特征:

①按孔隙尺寸大小,可把孔隙分为微孔、细孔和大孔3种。

②按孔隙之间是否相互贯通,把孔隙分为互相隔开的孤立孔或互相贯通的连通孔。

③按孔隙与外界之间是否连通,把孔隙分为与外界相连通的开口孔隙(简称开孔)或不相连通的封闭孔隙(简称闭孔)(见图1.1)。若把开孔的孔体积记为 V_K,闭孔的孔体积记为 V_B,则有 $V_P = V_K + V_B$。此外,若定义开孔孔隙率为 $P_K = V_K / V_0$,闭孔孔隙率为 $P_B = V_B / V_0$,则孔隙率:

$$P = P_K + P_B \tag{1.6}$$

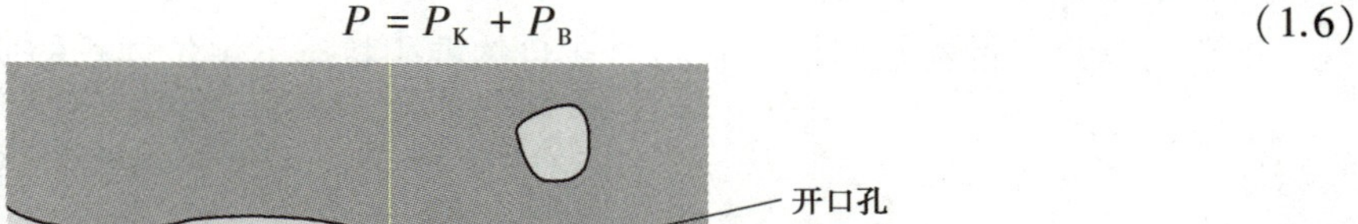

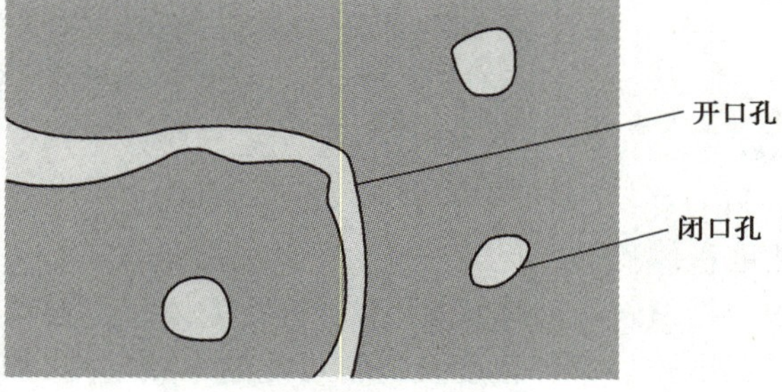

图1.1 材料内部孔隙示意图

1.1.3 材料的空隙率与填充率

散粒或粉状材料颗粒间的空隙多少常用空隙率来表示。空隙率定义为:散粒或粉状颗粒之间的空隙体积(V_S)占堆积体积(V_0')的百分率,因为 $V_S = V_0' - V_0$,所以空隙率 P' 的计算公式为:

$$P' = \frac{V'_0 - V_0}{V'_0} \times 100\% = \left(1 - \frac{\rho'_0}{\rho_0}\right) \times 100\% \tag{1.7}$$

式中 P'——材料空隙率,%。

空隙率表示的是材料颗料间的空隙,与它相对应的是填充率,即散粒材料堆积体积中,颗粒填充的程度。按下式计算:

$$D' = \frac{V_0}{V'_0} \times 100\% = \frac{\rho'_0}{\rho_0} \times 100\% = 1 - P' \tag{1.8}$$

式中 D'——材料的填充率,%。

1.2 材料的力学性质

1.2.1 强度和比强度

1)强度

材料的强度是指材料在外力作用下不破坏时能承受的最大应力。由于外力的作用形式不同,材料破坏时的应力形式也不同,工程中最基本的外力作用如图 1.2 所示,相应的强度就分为抗压强度、抗拉强度、抗弯(抗折)强度及抗剪强度等。

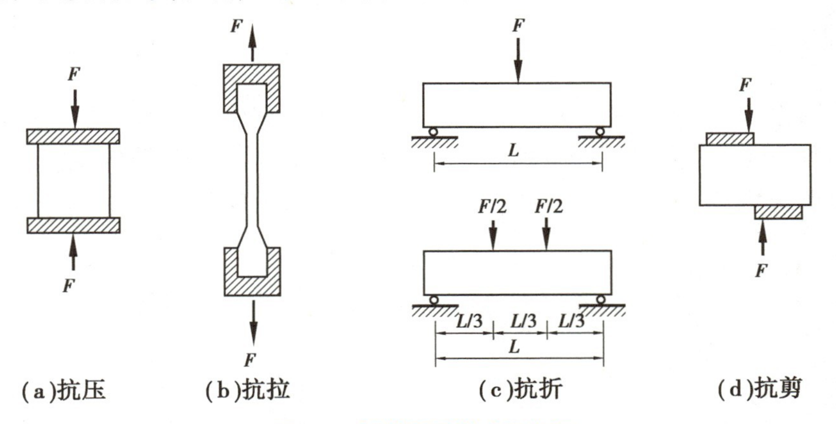

图 1.2 材料所受外力示意图

材料的抗压、抗拉、抗剪强度可由下式计算:

$$f = \frac{P}{F} \tag{1.9}$$

式中 f——材料的抗压、抗拉或抗剪强度,MPa;

P——材料破坏时的最大荷载,N;

F——受力面面积,mm^2。

对于矩形截面的条形试件,其抗弯强度有两种情况。将抗弯试件放在两支点上,当外力为作用在试件中心的集中荷载,抗弯强度(也称抗折强度)可用下式计算:

$$f_{弯} = \frac{3PL}{2bh^2} \tag{1.10}$$

当在试件两支点的三分点处作用两个相等的集中荷载($P/2$),其抗弯强度按下式计算:

$$f_{弯} = \frac{PL}{bh^2} \tag{1.11}$$

式中 $f_{弯}$——材料的抗弯(抗折)强度,MPa;

P——材料破坏时的最大荷载,N;

b,h——分别为试件截面的宽度和高度,mm。

影响材料强度的因素很多,材料的组成及结构等内部因素是其中之一。材料的孔隙率增加,强度将降低;一般表观密度大的材料,其强度也大。一般晶体结构的材料,其强度还与晶粒粗细有关,其中细晶粒的强度高;但在纳米晶材料中,晶粒越小强度可能降低。材料的强度还与其含水状态及温度有关,含有水分的材料,其强度较干燥时的低。一般情况下,温度升高时,材料的强度将降低,这对沥青混凝土尤为明显。此外,材料的强度还与测试条件和方法等外部因素有关。如材料相同,采用小试件测得的强度较大试件高;加荷速度快时,荷载的增长大于材料变形速度,所测出的强度值就会偏高;试件表面不平或表面涂有润滑剂时,所测强度值偏低。

2) 比强度

承重的结构材料除了承受外荷载力,尚需承受自身重力。反映材料轻质高强的力学参数是比强度,比强度是指单位体积质量的材料强度,它等于材料的强度与其表观密度之比(f/ρ_0)。比强度是衡量材料是否轻质、高强的重要指标。

1.2.2 弹性与塑性

材料在外力作用下产生变形,当外力去除后能完全恢复到原始形状的性质称为弹性。这种可恢复的变形称为弹性变形,如图 1.3 所示。当外力去除后,材料仍保持变形后的形状和尺寸,且不产生裂缝的性质,称为塑性。这种不可恢复的变形称为塑性变形,如图 1.4 所示。

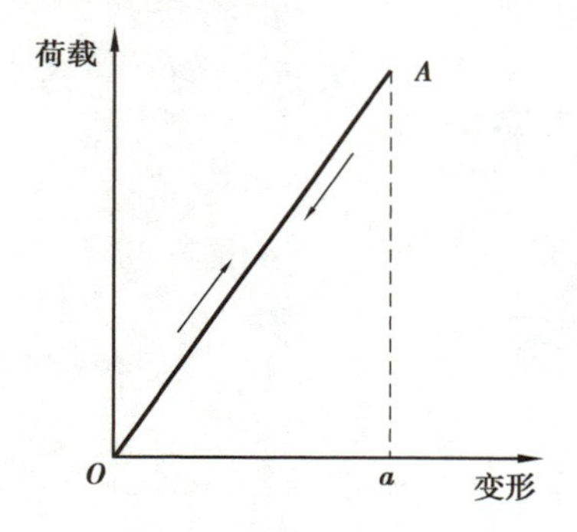

图 1.3 材料的弹性变形曲线

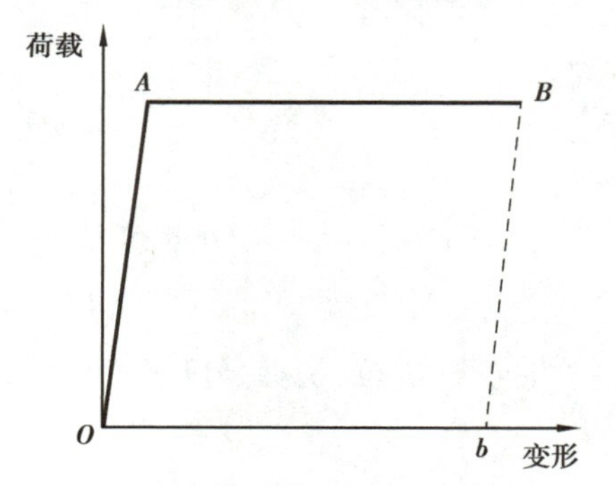

图 1.4 材料的塑性变形曲线

土木工程中有不少材料为弹塑性材料。它们在受力时,弹性变形和塑性变形会同时发生,外力去除后,弹性变形恢复,塑性变形保留,如图 1.5 所示。

材料在弹性变形范围内,弹性模量 E 为常数,其值等于应力 σ 与应变 ε 的比值,即

$$E = \frac{\sigma}{\varepsilon} \tag{1.12}$$

式中 E——材料的弹性模量,MPa;

σ——材料的应力,MPa;

ε——材料的应变。

弹性模量是衡量材料抵抗变形能力的一个指标,弹性模量愈大,材料愈不易变形。弹性模量是结构设计的重要参数之一。

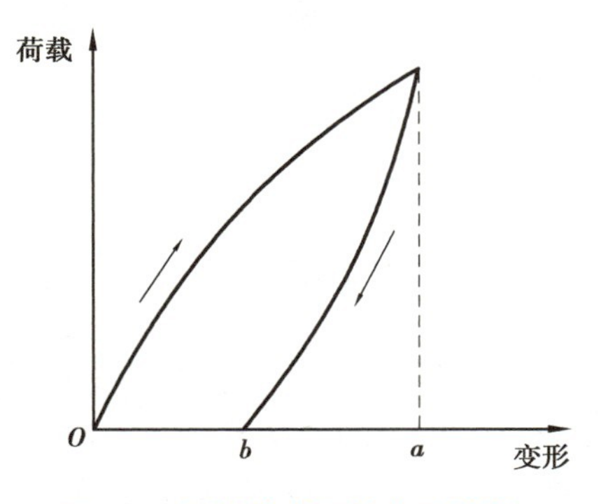

图 1.5　材料的弹塑性变形曲线

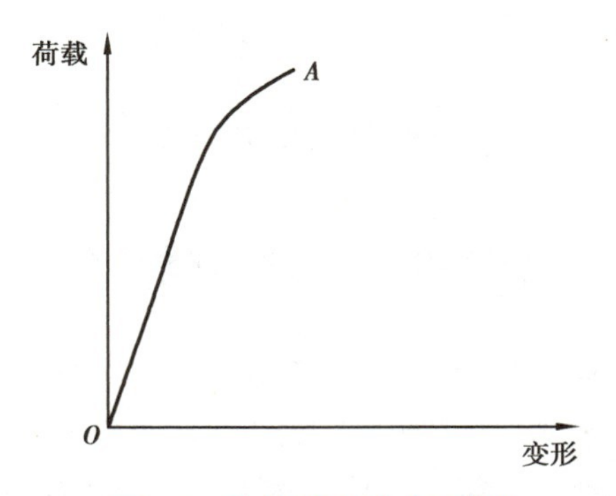

图 1.6　脆性材料的变形曲线

1.2.3　脆性与韧性

材料受外力作用,当外力达一定限度后,材料无明显的塑性变形而突然破坏的性质称为脆性。具有这种性质的材料称为脆性材料,如图 1.6 所示。

材料在冲击或振动荷载作用下,能吸收较大的能量,同时产生较大的变形而不发生突然破坏的性质称为材料的冲击韧性(简称韧性),具有韧性性质的材料称为韧性材料。

韧性可用材料受荷载达到破坏时所吸收的能量来表示,由下式进行计算:

$$a_K = \frac{A_K}{A} \tag{1.13}$$

式中　a_K——材料的冲击韧性,J/mm^2;

A_K——试件破坏时所消耗的功,J;

A——试件受力净截面积,mm^2。

1.2.4　硬度和耐磨性

硬度是指材料表面抵抗较硬物质压入或刻划的能力。常用刻划法和压入法测定硬度。刻划法常用于测定天然矿物的硬度,即按天然矿物滑石—石膏—方解石—萤石—磷灰石—正长石—石英—黄玉—刚玉—金刚石硬度递增顺序分为 10 级;通过它们对材料的划痕来确定所测材料的硬度,称为莫氏硬度。压入法是以一定的压力将一定规格的钢球或金刚石制成的尖端压入试样表面,根据压痕的面积或深度来测定其硬度。常用的压入法有布氏法、洛氏法和维氏法,相应的硬度称为布氏硬度、洛氏硬度和维氏硬度。

耐磨性是材料抵抗磨损的能力,用耐磨率表示,可按下列公式计算:

$$M = \frac{m_0 - m_1}{A} \tag{1.14}$$

式中 M——材料的耐磨率，g/cm^2；

m_0——磨前质量，g；

m_1——磨后质量，g；

A——试样受磨面积，cm^2。

1.3 材料与水有关的性质

1.3.1 材料的亲水性与憎水性

当材料与水接触时，水分与材料表面的亲和情况是不同的。在材料、水和空气的三相交叉点处沿水滴表面作切线，此切线与材料和水接触面的夹角 θ，称为润湿边角。θ 角越小，表明材料越易被水润湿。一般认为，当 $\theta \leq 90°$ 时，如图 1.7(a)所示，材料能被水润湿而表现出亲水性，这种材料称为亲水性材料，表明水分子之间的内聚力小于水分子与材料分子间的吸引力；当 $\theta > 90°$ 时，如图 1.7(b)所示，材料表面不能被水润湿而表现出憎水性，这种材料称为憎水性材料，表明水分子之间的内聚力大于水分子与材料分子间的吸引力；当 $\theta = 0°$ 时，表明材料完全被水润湿，称为铺展。

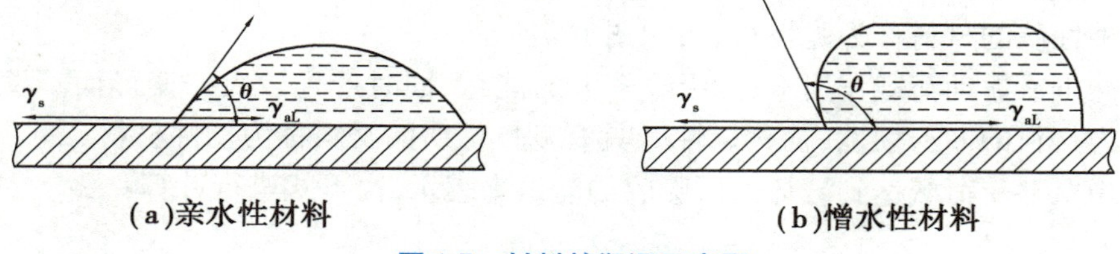

图 1.7 材料的润湿示意图

土木工程材料绝大部分为亲水性材料，憎水材料常用作防水材料。而对亲水材料表面进行憎水处理，可改善其耐水性能。

1.3.2 材料的含水状态

亲水性材料的含水状态可分为 4 种基本状态，如图 1.8 所示。

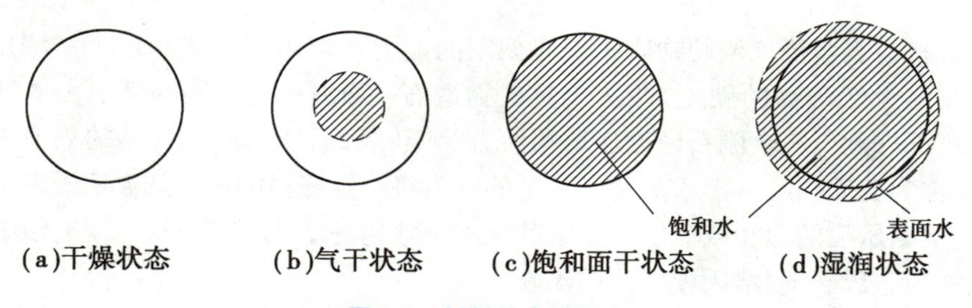

图 1.8 材料的含水状态

干燥状态——材料的孔隙中不含水或含水极微；

气干状态——材料的孔隙中所含水与大气湿度相平衡；

饱和面干状态——材料表面干燥，而孔隙中充满水达到饱和；

湿润状态——材料不仅孔隙中含水饱和，而且表面上为水润湿附有一层水膜。

除上述 4 种基本含水状态外，材料还可以处于两种基本状态之间的过渡状态中。

1.3.3 材料的吸水性与吸湿性

1) 材料的吸水性

材料在水中吸收水分的性质称为吸水性。吸水性的大小常用吸水率表示，吸水率有质量吸水率和体积吸水率两种表示方法。

(1) 质量吸水率

质量吸水率是指材料吸水饱和时，所吸水量占材料干燥时质量的百分率。用公式表示如下：

$$W_m = \frac{m_b - m_g}{m_g} \times 100\% \tag{1.15}$$

式中 W_m——材料的质量吸水率，%；

m_b——材料吸水饱和状态下的质量，g；

m_g——材料在干燥状态下的质量，g。

(2) 体积吸水率

体积吸水率是指材料吸水饱和时，所吸水分体积占材料干燥状态时体积的百分率。用公式表示如下：

$$W_V = \frac{m_b - m_g}{V_0} \times \frac{1}{\rho_w} \times 100\% \tag{1.16}$$

式中 W_V——材料的体积吸水率，%；

V_0——绝干材料在自然状态下的体积，cm^3 或 m^3；

ρ_w——水的密度，常温下为 1 g/cm^3。

质量吸水率和体积吸水率二者之间的关系为：

$$W_V = \frac{W_m \rho_0}{\rho_w} \tag{1.17}$$

式中 ρ_0——材料干燥状态下的表观密度（简称干表观密度），g/cm^3。

材料的开口孔隙率愈大，其吸水量就愈多。材料的吸水性与材料的孔隙率和孔隙特征有关。对于细微连通孔隙，孔隙率愈大，则吸水率愈大；对于封闭孔隙，则水分难以渗入，吸水率就较小；对于较粗大开口的孔隙，虽然水分易进入，但不易在孔内存留，只能润湿孔壁，因而吸水率也较小。

2) 材料的吸湿性

材料在潮湿空气中吸收水分的性质称为吸湿性。反之，在干燥空气中会放出所含水分，为还湿性。材料的吸湿性用含水率表示，可表示为：

$$W_h = \frac{m_s - m_g}{m_g} \times 100\% \tag{1.18}$$

式中 W_h——材料的含水率,%;

m_s——材料在吸湿状态下的质量,g;

m_g——材料在干燥状态下的质量,g。

材料的含水率随空气的湿度和环境温度的变化而改变,在空气湿度增大、温度降低时,材料的含水率变大,反之变小。材料中所含水分与空气温、湿度相平衡时的含水率,称为平衡含水率(或称气干含水率)。材料的开口微孔越多,吸湿性越强。

1.3.4 材料的耐水性

材料长期在水作用下不破坏,强度也不显著降低的性质称为耐水性,用软化系数表示:

$$K_R = \frac{f_b}{f_g} \tag{1.19}$$

式中 K_R——材料的软化系数;

f_b——材料在饱和吸水状态下的抗压强度,MPa;

f_g——材料在干燥状态下的抗压强度,MPa。

一般来说,材料吸水后,强度均会有所降低。强度降低越多,软化系数就越小,说明该材料的耐水性就越差。

材料的 K_R 值在 0~1。在设计长期处于水中或潮湿环境中的重要结构时,必须选用 $K_R>0.85$的土木工程材料。对用于受潮较轻或次要结构物的材料,其 K_R 值不宜小于 0.75。

1.3.5 材料的抗渗性

材料抵抗压力水渗透的性质称为抗渗性。材料的抗渗性通常用渗透系数或抗渗等级表示。渗透系数可用下式表示:

$$K = \frac{Qd}{AtH} \tag{1.20}$$

式中 K——材料的渗透系数,cm/h;

Q——渗透水量,cm^3;

d——试件厚度,cm;

A——渗水面积,cm^2;

t——渗水时间,h;

H——静水压力水头,cm。

对于土木建筑工程中大量使用的砂浆、混凝土等材料,其抗渗性能常用抗渗等级来表示:

$$P = 10H - 1 \tag{1.21}$$

式中 P——材料的抗渗标号;

H——材料透水前所能承受的最大水压力,MPa。

材料的渗透系数越小或抗渗等级越高,材料渗透的水越少,即抗渗性越好。地下建筑及水工建筑等,因经常受压力水的作用,因而设计时都必须考虑材料的抗渗性。对于防水材料也应具有良好的抗渗性。

1.3.6　材料的抗冻性

抗冻性指材料在含水状态下能忍受多次冻融循环而不破坏、强度不显著下降,且其质量也不显著减少的性质。材料的抗冻性常用抗冻等级(记为 F)表示。抗冻等级是将材料吸水饱和后,按规定方法进行冻融循环试验,所能承受的最大冻融循环次数。抗冻等级越高,抗冻性越好。

材料受冻融破坏的原因,是材料孔隙内所含水结冰时产生的体积膨胀应力(约增大 9%)以及冻融时的温差应力所产生的破坏作用,对孔壁造成很大的静水压力(可高达 100 MPa),造成孔壁开裂所致。

材料抗冻性能的好坏主要取决于材料内部孔隙率和孔隙特征,孔隙率小及具有封闭孔的材料其抗冻性较好。此外,抗冻性还与材料吸水程度、材料强度及冻结条件(如冻结温度、冻结速度及冻融循环作用的频繁程度)等有关。在严寒地区和环境中的结构设计和材料选用时,必须考虑材料的抗冻性能。

1.4　材料的热性质

1.4.1　导热性

当材料两侧存在温度差时,热量将由高温侧传递到低温侧,材料的这种传导热量的性质,称为导热性,常用导热系数来表示,计算公式为:

$$\lambda = \frac{Qa}{(t_1 - t_2)AZ} \tag{1.22}$$

式中　λ——材料的导热系数,W/(m·K);

Q——传导热量,J;

a——材料的厚度,m;

A——材料传热面积,m^2;

Z——传热时间,s;

t_1-t_2——材料两侧温度差($t_1>t_2$),K。

材料的导热系数越小,表示其越不易导热,绝热性能越好。

材料的导热性与孔隙特征有关,增加孤立的不连通孔隙能降低材料的导热能力。

1.4.2　热阻

材料层厚度 δ 与导热系数 λ 的比值,称为热阻 R[$R=\delta/\lambda$,单位为(m^2·K)/W]。它表明热量通过材料层时所受到的阻力。在同样的温差条件下,热阻越大,通过材料层的热量就越少。

导热系数 λ[单位为 W/(m·K)]和热阻 R 是评定材料绝热性能的主要指标,其大小受材料的孔隙结构、含水状况影响很大。通常,材料的孔隙率越大,表观密度越小,导热系数就越小;

具有细微而封闭孔结构的材料,其导热系数比具有较粗大或连通孔结构的材料小;材料受潮或冰冻后,导热性能会受到严重影响,绝热材料应经常处于干燥状态,以利于发挥材料的绝热效能。

1.4.3 热容量和比热容

热容量是指材料受热时吸收热量或冷却时放出热量的性质,可用下式表示:

$$Q = mc(t_1 - t_2) \tag{1.23}$$

式中 Q——材料的热容量,kJ;

m——材料的质量,kg;

t_1-t_2——材料受热或冷却前后的温度差,K;

c——材料的比热容,kJ/(kg·K)。

同种材料的热容性差别,常用热容量来进行比较。材料的热容量对保持室内温度的稳定性、冬季施工等有很重要的作用。

不同材料的热容性,可用比热容作比较。比热容是指单位质量的材料升高单位温度时所需的热量,可用下式表示:

$$c = \frac{Q}{m(t_1 - t_2)} \tag{1.24}$$

材料的导热系数和比热容是设计建筑物围护结构(墙体、屋盖)、进行热工计算时的重要参数。在有隔热保温要求的土木建筑工程设计时,应尽量选用导热系数较小而热容量(或比热容)较大的土木工程材料,以使建筑物保持室内温度的稳定性。同时,导热系数也是工业窑炉热工计算和确定冷藏库绝热层厚度时的重要数据。

1.4.4 热变形性

材料的热变形性,是指材料在温度变化时的尺寸变化,除了个别的如水结冰之外,一般材料均符合热胀冷缩这一自然规律。材料的热变形性常用线膨胀系数来表示,可用下式表示:

$$\alpha = \frac{\Delta L}{L(t_2 - t_1)} \tag{1.25}$$

式中 α——材料的线膨胀系数,1/K;

L——材料原来的长度,mm;

ΔL——材料的线变形量,mm;

t_2-t_1——材料在升、降温前后的温度差,K。

土木建筑工程中总体上要求材料的热变形性不要太大。

1.4.5 耐燃性

材料的耐燃性是指材料对火焰和高温的抵抗能力,它是决定建筑物防火、建筑结构耐火等级的重要因素。土木工程材料按耐燃性可分为3类:

(1)非燃烧材料

在空气中受到火烧或高温高热作用不起火、不碳化、不微燃的材料称为非燃烧材料,如钢铁、砖、石等。用非燃材料制作的构件称为非燃烧体。钢铁、铝、玻璃等材料受到火烧或高热作用会发生变形、熔融,所以它们虽然是非燃烧材料,但不是耐火的材料。

(2)难燃材料

在空气中受到火烧或高温高热作用时难起火、难微燃、难碳化,当火源移走后,已有的燃烧或微燃立即停止的材料,称为难燃材料。如经过防火处理的木材和刨花板。

(3)可燃材料

在空气中受到火烧或高温高热作用时立即起火或微燃,且火源移走后仍继续燃烧的材料,如木材。用这种材料制作的构件称为燃烧体,此种材料使用时应作防燃处理。

1.5 材料的耐久性

用于构筑物的材料在长期使用过程中,能抵抗周围各种介质的侵蚀而保持其原有性能、不变质、不破坏的性质,统称为耐久性。

材料在使用过程中,除受到各种外力作用外,还要长期遭受所处环境中各种自然因素的破坏作用以及环境中腐蚀性介质的侵蚀,这些破坏作用可分为物理作用、化学作用和生物作用。物理作用包括干湿变化、冷热变化、冻融循环等。化学作用主要是指材料受到包括大气和环境水中的酸、碱、盐等物质的水溶液或其他有害物质对材料的侵蚀作用,以及日光、紫外线等对材料的作用,使材料的组成成分发生质的变化,而引起材料的破坏。生物作用主要是指材料受到昆虫或菌类等的侵害作用而导致材料发生虫蛀、腐朽等破坏。

在构筑物的设计及材料的选用中,必须根据材料所处的结构部位和使用环境等因素,综合慎重考虑其耐久性问题,并根据各种材料的耐久性特点,合理地选用,以利于节约材料、减少维修费用、延长构筑物的使用寿命等。

1.6 材料与环境

土木工程材料是应用最广、用量最大的材料,且与国家经济建设、人民生活水平密切相关。环境是人类周围一切物质、能量和信息的总和。目前,保护生态环境、节约资源和发展循环经济已成为全人类的共同目标。土木工程材料在全寿命周期内(即包括原材料开采、运输、加工、生产、建造、使用、维修、改造、拆除、废弃等各个环节)都必须考虑其与生态环境的关系,确保生态环境的和谐性。

土木工程材料应遵循可持续发展和循环经济理念,把清洁生产、资源综合利用、可再生能源开发、灵巧产品的生态设计和生态消费等融为一体,建立"资源—生产—产品—消费—废弃物再资源化"的清洁闭环流动模式,避免对地球掠夺式开发所导致的自然生态的破坏。循环经济标志性特征,即其遵循 4R 原则:减量化(Reduce)、再利用(Reuse)、再循环(Recycle)、再思考(Rethink)的行为原则。减量化原则,即减物质化为循环经济的首要原则,也是最重要的原则。该原则以不断提高资源生产率和能源利用效率为目标。在经济运行的输入端最大限度地减少对不可再生资源的开采和利用,尽可能多地开发利用替代性的可再生资源,减少进入生产和消费过程的物质流和能源流。再利用原则，就是尽可能多次以及尽可能多种方式地使用人们所购买的东西。再循环原则，就是尽可能多地再生利用或资源化，把废弃物返回工厂，在那里经适当加工后再融入新的产品中。再思考原则，就是不断深入思考在经济运行中如何系统地避免和减少废弃物，最大限度地提高资源生产率，实现污染排放最小化，废弃物循环利用最大化。

土木工程材料工业对发展循环经济具有得天独厚的优势，这方面已有不少成功的实践。水泥行业已经成为利废大户，从能源和资源两方面利用各种废弃物，如利用粉煤灰等工业废渣作原料取代天然资源，减轻了环境负荷。利用工业和生活垃圾等可燃废弃物做原料和燃料，减少化石类资源的消耗。在水泥制品和混凝土行业，利用工业废渣作掺和料，已经得到了广泛的应用。开发直接“有益”于生态环境的生态混凝土(Environmentally Friendly concrete 或 Eco-concrete)更为混凝土行业的发展提出了新的思路。在墙体材料工业中，可以大量消纳和利用工业废渣和农业废弃物，替代天然资源制造环保利废型墙体材料，如粉煤灰砌块、煤矸石砖、建筑用纸面草板等产品，显著节省资源和能源，保护环境。随着我国城市改造规模的日益扩大，城市建筑垃圾的堆存量将越来越大。理论上，大部分的建筑垃圾都可以循环利用。如混凝土废料经破碎后，可以代替砂和骨料，用于生产砂浆、混凝土等；其中的钢筋可以挑选出回炉，达到资源多层次循环利用的目的。

近年来，随着建筑工业化的发展，装配式建筑和 3D 打印建筑成为新兴的建筑技术，对土木工程材料的发展提出了新的要求，对环境保护起到了积极的作用。装配式建筑遵循可持续发展的原则，有利于提高生产效率，节约能源，且有利于提高和保证建筑工程质量。与现浇施工相比，装配式建筑有利于绿色施工，更能符合绿色施工的节地、节能、节材、节水和环境保护等要求，降低对环境的负面影响，包括降低噪声、防止扬尘、减少环境污染、清洁运输、减少场地干扰、节约水、电、材料等资源和能源。而且，装配式结构可以连续地按顺序完成工程的多个或全部工序，从而减少进场的工程机械种类和数量，消除工序衔接的停闲时间，实现立体交叉作业，减少施工人员，从而提高工效、降低物料消耗、减少环境污染，为绿色施工提供了保障。3D 打印建筑是利用工业机器人逐层重复铺设材料层构建自由形式的建筑的新兴技术。《国家增材制造产业发展推动计划(2015—2016)》从国家战略高度提出 3D 打印的发展方向和目标。在建筑领域，3D 打印不仅用于建筑模型的制造，还成功应用于实体建筑建造，提高了施工效率，节约了资源。

可持续性发展是人类与自然相协调的必然选择，循环经济的内涵、原则与可持续发展是一致的。根据社会发展和国家的经济建设需要，土木工程材料产业将不断提升自身的科学技术发展水平。科学技术的发展又会进一步推进循环经济的深入，使土木工程材料工业在未来新的形势下不断提升自己，逐渐向高级生态系统发展，获得更广阔的生存和可持续发展空间。因此，绿色土木工程材料的概念应运而生。所谓绿色土木工程材料，是指统筹考虑土木工程材料在全寿命周期内不仅具有满意的使用性能，所用的资源和能源的消耗量最少，而且其生产和使用过程对生态环境的影响最小，再生循环利用率最高，即绿色土木工程材料是环境负荷最小的一类土木工程材料。绿色土木工程材料需要满足四个目标，即基本目标、环保目标、健康目标和安全目标。基本目标包括功能、质量、寿命和经济性；环保目标要求从环境角度考核土木工程材料生产、运输、废弃等各环节对环境的影响；健康目标考虑到土木工程材料作为一类特殊材料与人类生活密切相关，使用过程中必须对人类健康无毒无害；安全目标包括耐燃性和燃烧释放气体的安全性。

本章小结

土木工程材料的基本物理性质包括材料的密度、表观密度和堆积密度；材料的孔隙率与密实度；材料的空隙率与填充率等。

对于同种材料来说：密度>表观密度>堆积密度。

土木工程材料的基本力学性质指标主要有材料的强度和比强度、弹性与塑性、脆性与韧性、硬度和耐磨性等。

土木工程材料与水有关的性质主要有材料的亲水性与憎水性、材料的含水状态、材料的吸水性与吸湿性、材料的耐水性、材料的抗渗性以及材料的抗冻性等。

土木工程材料的热性质参数主要包括导热性、热阻、热容量和比热容、热变形性以及耐燃性等。

土木工程结构物的工程特性与土木工程材料的基本性质直接相关，且用于构筑物的材料在长期使用过程中，需具有良好的耐久性。在构筑物的设计及材料的选用中，必须根据材料所处的结构部位和使用环境等因素，并根据各种材料的耐久性特点合理地选用，以利于节约材料、减少维修费用、延长构筑物的使用寿命。

土木工程材料在全寿命周期内都必须考虑其与生态环境的关系，确保生态环境的和谐性。

课后习题

1.何谓材料的密度、表观密度、堆积密度？如何测定？材料含水后对三者有什么影响？

2.材料的孔隙率和孔隙特征对材料的哪些性能有影响？有何影响？

3.有一块烧结普通砖，在吸水饱和状态下质量为 2 900 g，其绝干质量为 2 550 g。砖的尺寸为 240 mm×115 mm×53 mm，经干燥并磨成细粉后取 50 g，用排水法测得绝对密实体积为 18.62 cm^3。试计算该砖的吸水率、密度、孔隙率。

4.何谓材料的强度？影响材料强度的因素有哪些？

5.何谓材料的弹性和塑性？

6.韧性材料和脆性材料各自有何特点？

7.材料的硬度有哪些测试方法？何谓材料的耐磨性？

8.影响材料导热系数的因素有哪些？

9.材料的耐水性、抗渗性、抗冻性的含义是什么？各用什么指标来表示？

10.材料的耐久性都包括哪些内容？

11.绿色土木工程材料需要满足哪 4 个目标？

2 无机气硬性胶凝材料

本章导读：

- **基本要求** 了解无机胶凝材料的分类；掌握气硬性胶凝材料的概念；熟悉石灰、石膏和水玻璃的原材料及生产，以及这3种无机气硬性胶凝材料的特性、技术性质要求及主要用途。
- **重点** 无机气硬性胶凝材料的基本知识，几种典型的无机气硬性胶凝材料的特性及用途。
- **难点** 无机气硬性胶凝材料的硬化机理。

通常，将经过一系列物理、化学作用，能由液体或半固体（泥膏状）变为坚硬的固体，并能把松散物质粘结成整体的材料称为胶凝材料。胶凝材料根据其化学组成，可分为无机胶凝材料和有机胶凝材料两大类。无机胶凝材料按照其硬化条件，又可分为气硬性胶凝材料和水硬性胶凝材料。

气硬性胶凝材料是只能在空气中（干燥条件下）硬化，也只能在空气中保持或继续发展其强度的材料，如石灰、石膏、水玻璃等材料。这类材料一般只适用于地上或干燥环境中，而不宜用于潮湿环境中，更不可用于水中。水硬性胶凝材料则不仅能在空气中硬化，而且能更好地在水中硬化，保持和继续发展其强度，如水泥，它们既适用于地上工程，也适用于地下或水中工程。

2.1 石　灰

石灰是土木工程中使用最早的一种无机气硬性胶凝材料，因其原材料蕴藏丰富、生产设备简单、成本低廉，所以至今在土木工程中仍得到广泛应用。

2.1.1 石灰的原材料及生产

1）原材料

石灰主要有两个来源：一是以碳酸钙 $CaCO_3$ 为主要成分的矿物、岩石（如方解石、石灰岩、大理石）或贝壳，经煅烧而得生石灰 CaO；另一个来源是化工副产品，如用碳化钙（电石）制取乙炔时产生的电石渣，其主要成分是 $Ca(OH)_2$，即熟石灰，或者用氨碱法制碱所得的残渣，其主要成分为碳酸钙。

2）生产

石灰石原料在适当的温度下煅烧，碳酸钙将分解，释放出 CO_2，得到以 CaO 为主要成分的生石灰，反应式如下：

$$CaCO_3 \xrightarrow{900\sim1\ 000\ ℃} CaO+CO_2\uparrow$$

因石灰石原料中常含有一些碳酸镁成分，所以经煅烧生成的生石灰含有 MgO。通常，当 $w(MgO)$①≤5%时，为钙质生石灰；$w(MgO)>5\%$时，为镁质生石灰。

在实际生产中，为了加快石灰石的分解过程，使原料充分煅烧，并考虑到热损失，通常将煅烧温度提高至 1 000~1 200 ℃。若煅烧温度过低，煅烧时间不充分，则 $CaCO_3$ 不能完全分解，将生成欠火石灰；若煅烧温度过高，将生成颜色较深、密度较大的过火石灰。

将煅烧成的块状生石灰经过不同的加工，可以得到生石灰粉、消石灰粉和石灰膏。

2.1.2 石灰的熟化与硬化

1）熟化（消化）

石灰使用前，一般先加水，使之消解为熟石灰，其主要成分为 $Ca(OH)_2$，这个过程称为石灰的熟化或消化。其反应式如下：

$$CaO+H_2O \longrightarrow Ca(OH)_2+64.88\ kJ$$

石灰熟化过程中，放出大量的热，使温度升高，而且体积要增大 1.0~2.5 倍。煅烧良好且 CaO 含量高的生石灰熟化较快，放热量和体积增大也较多。

石灰熟化的方法一般有两种：石灰浆法和消石灰粉法。

（1）石灰浆法

将块状生石灰在化灰池中用过量的水（为生石灰体积的 2.5~3 倍）熟化成石灰浆，然后通过筛网进入储灰坑。

生石灰熟化时，放出大量的热，使熟化速度加快，但温度过高且水量不足时，会造成 $Ca(OH)_2$凝聚在 CaO 周围，阻碍熟化进行，而且还会产生逆方向反应，所以要加入大量的水，并不断搅拌散热，控制温度不致过高。

生石灰中也常含有过火石灰。为使石灰熟化得更充分，尽量消除过火石灰的危害，石灰浆

---

① $w(MgO)$为 MgO 的质量分数，即在石灰石原料中 MgO 的质量占原料总质量的百分数。

应在储灰坑中存放两个星期以上,这个过程称为石灰的陈伏。陈伏期间,石灰浆表面应保持有一层水,使之与空气隔绝,避免 $Ca(OH)_2$ 碳化。

石灰浆在储灰坑中沉淀后,除去上层水分,即可得到石灰膏。石灰膏的表观密度为 1 300~1 400 kg/m^3,它是土木工程中砌筑砂浆和抹面砂浆常用的材料之一。

(2)消石灰粉法

这种方法是将生石灰加适量的水熟化成消石灰粉。生石灰熟化成消石灰粉理论需水量为生石灰质量的 32.1%,由于一部分水分会蒸发掉,因此实际加水量较多(60%~80%),这样可使生石灰充分熟化,又不致过湿成团。工地上常采用喷壶分层喷淋等方法进行消化。人工消化石灰,劳动强度大、效率低、质量不稳定,目前多在工厂中用机械加工方法将生石灰熟化成消石灰粉,再供应使用。

消石灰粉也需放置一段时间,使其进一步熟化后使用。消石灰粉可用于拌制灰土及三合土,因其熟化不一定充分,一般不宜用于拌制砂浆及灰浆。

当消石灰粉中 $w(MgO) \leq 5\%$ 时,称为称钙质消石灰粉;当 $w(MgO) > 5\%$,称为镁质消石灰粉。

2)硬化

石灰浆在空气中逐渐硬化,硬化过程是同时进行的物理及化学变化过程:

(1)结晶作用

石灰浆在使用过程中,因游离水分逐渐蒸发和被砌体吸收,引起溶液某种程度的过饱和,使 $Ca(OH)_2$ 逐渐结晶析出,促进石灰浆体的硬化,与逐渐失去水分的胶体结合成固体。

(2)碳化作用

$Ca(OH)_2$ 与空气中的 CO_2 作用,生成不溶解于水的碳酸钙晶体,析出的水分则逐渐被蒸发,其反应如下:

$$Ca(OH)_2 + CO_2 + nH_2O \longrightarrow CaCO_3 + (n+1)H_2O$$

这个过程称为碳化,形成的 $CaCO_3$ 晶体,使硬化石灰浆体结构致密,强度提高。

由于空气中 CO_2 的含量少,碳化作用主要发生在与空气接触的表层上,而且表层生成的致密 $CaCO_3$ 膜层,阻碍了空气中 CO_2 进一步渗入,同时也阻碍了内部水分向外蒸发,使 $Ca(OH)_2$ 结晶作用也进行得较慢,随着时间的增长,表层 $CaCO_3$ 厚度增加,阻碍作用更大,在相当长的时间内,仍然是表层为 $CaCO_3$,内部为 $Ca(OH)_2$。所以,石灰硬化是个相当缓慢的过程。

2.1.3 石灰的质量标准与应用

1)石灰的质量标准

土木工程行业中所用的石灰主要有两种:建筑生石灰和建筑消石灰。按建材行业标准《建筑生石灰》(JC/T 479—2013)的规定,根据有效氧化钙及氧化镁及杂质的质量百分含量,钙质生石灰分为 3 个等级:钙质石灰 90(CL 90),钙质石灰 85(CL 85),钙质石灰 75(CL 75);镁质生石灰分为 2 个等级:镁质石灰 85(ML 85),镁质石灰 80(ML 80)。按《建筑消石灰》(JC/T 481—2013)的规定,按扣除游离水和结合水后有效氧化钙及氧化镁的质量百分含量,钙质消石灰分为

3 个等级:钙质消石灰 90(HCL 90),钙质消石灰 85(HCL 85),钙质消石灰 75(HCL 75);镁质消石灰分为 2 个等级:镁质消石灰 85(HML 85),镁质消石灰 80(HML 80)。相应技术要求见表 2.1、表 2.2。

表 2.1　建筑生石灰的技术指标

<table>
<tr><th rowspan="2">名称</th><th rowspan="2">(氧化镁+氧化钙)(CaO+MgO)/%</th><th rowspan="2">氧化镁(MgO)/%</th><th rowspan="2">二氧化碳(CO_2)/%</th><th rowspan="2">三氧化硫(SO_3)/%</th><th rowspan="2">产浆量/(dm^3/10kg)</th><th colspan="2">细度</th></tr>
<tr><th>0.2 mm 筛余量/%</th><th>90 μm 筛余量/%</th></tr>
<tr><td>CL 90-Q
CL 90-QP</td><td>≥90</td><td>≤5</td><td>≤4</td><td>≤2</td><td>≥26
—</td><td>—
≤2</td><td>—
≤7</td></tr>
<tr><td>CL 85-Q
CL 85-QP</td><td>≥85</td><td>≤5</td><td>≤7</td><td>≤2</td><td>≥26
—</td><td>—
≤2</td><td>—
≤7</td></tr>
<tr><td>CL 75-Q
CL 75-QP</td><td>≥75</td><td>≤5</td><td>≤12</td><td>≤2</td><td>≥26
—</td><td>—
≤2</td><td>—
≤7</td></tr>
<tr><td>ML 85-Q
ML 85-QP</td><td>≥85</td><td>>5</td><td>≤7</td><td>≤2</td><td>—</td><td>—
≤2</td><td>—
≤7</td></tr>
<tr><td>ML 80-Q
ML 80-QP</td><td>≥80</td><td>>5</td><td>≤7</td><td>≤2</td><td>—</td><td>—
≤7</td><td>—
≤2</td></tr>
</table>

其中:Q 代表生石灰块;QP 代表生石灰粉。

表 2.2　建筑消石灰的技术指标

<table>
<tr><th rowspan="2">名称</th><th rowspan="2">(氧化镁+氧化钙)(CaO+MgO)/%</th><th rowspan="2">氧化镁(MgO)/%</th><th rowspan="2">三氧化硫(SO_3)/%</th><th rowspan="2">游离水/%</th><th colspan="2">细度</th><th rowspan="2">体积安定性</th></tr>
<tr><th>0.2 mm 筛余量/%</th><th>90 μm 筛余量/%</th></tr>
<tr><td>HCL 90</td><td>≥90</td><td rowspan="3">≤5</td><td rowspan="5">≤2</td><td rowspan="5">≤2</td><td rowspan="5">≤2</td><td rowspan="5">≤7</td><td rowspan="5">合格</td></tr>
<tr><td>HCL 85</td><td>≥85</td></tr>
<tr><td>HCL 75</td><td>≥75</td></tr>
<tr><td>HML 85</td><td>≥85</td><td rowspan="2">>5</td></tr>
<tr><td>HML 80</td><td>≥80</td></tr>
</table>

2)石灰的应用

(1)制作石灰乳涂料

将熟化好的石灰膏或消石灰粉加入过量的水稀释成的石灰乳,是一种传统的涂料,主要用于室内粉刷。掺入少量佛青颜料,可使其呈纯白色;掺入 107 胶或少量水泥、粒化高炉矿渣或粉煤灰,可提高粉刷层的防水性;掺入各种耐碱颜料,可获得更好的装饰效果。

(2)配制砂浆

石灰膏和消石灰粉可以单独或与水泥一起配制成石灰砂浆或混合砂浆,可用于墙体砌筑或抹面工程;也可掺入纸筋、麻刀等制成石灰浆,用于内墙或顶棚抹面。

(3)拌制石灰土和三合土

石灰土为消石灰粉与黏土加少量水拌成。三合土为消石灰粉、黏土、砂(或碎石、炉渣等)加少量水拌成。经夯实,可增加其密实度,而且黏土颗粒表面的少量活性 SiO_2 和 Al_2O_3 与 $Ca(OH)_2$发生反应,生成不溶性的水化硅酸钙与水化铝酸钙,将黏土颗粒胶结起来,提高了黏土的强度和耐水性,主要用于建筑物、路面或地面的垫层,地基的换土处理及地下建筑物的防水。

(4)生产硅酸盐制品

将生石灰粉与纤维材料(如玻璃纤维)或轻质骨料(如炉渣)加水搅拌、成型,然后用二氧化碳进行人工碳化,可制成轻质的碳化石灰板材,多制成碳化石灰空心板,它的导热系数较小,保温绝热性能较好,可锯、可钉,宜用作非承重内隔墙板、天花板等。

将生石灰粉或消石灰粉与含硅材料,如天然砂、粒化高炉矿渣、炉渣、粉煤灰等,加水拌和、陈伏、成型后,经蒸压或蒸养等工艺处理,可制得其他硅酸盐制品,如灰砂砖、粉煤灰砖、粉煤灰砌块等。

(5)制成建筑生石灰粉

将生石灰磨成细粉称为建筑生石灰粉。建筑生石灰粉可以加入相当于 1~1.5 倍(石灰质量)的水拌成石灰浆直接使用,这样石灰的熟化、硬化便成为一个连续的过程。此外,生石灰中夹杂的欠火灰或过火灰也磨成细粉,它们的危害大大减轻。用建筑生石灰粉拌制灰土、三合土或生产硅酸盐制品,其强度可比用消石灰粉高得多。

3)石灰的储存

生石灰储存应防潮防水,以免吸水自然熟化后硬化,并注意周围不要堆放易燃物,防止熟化时放热酿成火灾。生石灰不宜长期储存,如要存放,可熟化成石灰膏,上覆砂土或水与空气隔绝,以免硬化。

2.2 石　膏

石膏是一种以硫酸钙为主要成分的气硬性胶凝材料,它有着悠久的发展历史,并具有良好的建筑性能,在土木工程中得到了广泛的应用,特别是在石膏制品方面发展较快。常用的石膏胶凝材料有建筑石膏、高强石膏、无水石膏水泥、高温煅烧石膏等。

2.2.1 石膏的原料及生产

1)原料

生产石膏胶凝材料的原料主要是天然二水石膏($CaSO_4 \cdot 2H_2O$)、天然无水石膏($CaSO_4$)以及含 $CaSO_4 \cdot 2H_2O$ 或 $CaSO_4 \cdot 2H_2O$ 与 $CaSO_4$ 混合物的化工副产品。天然二水石膏又称软石膏或生石膏,是生产建筑石膏和高强石膏的主要原料。

2)生产

生产石膏胶凝材料的主要工艺流程是破碎、加热与磨细。由于加热方式和加热温度的不同,可以得到具有不同性质的石膏产品。

①建筑石膏(熟石膏、β 型半水石膏)。将天然二水石膏在常压下在炉窑中进行加热煅烧,在 107~170 ℃时生成:

$$CaSO_4 \cdot 2H_2O \longrightarrow CaSO_4 \cdot 0.5H_2O + 1.5H_2O$$

②α 型半水石膏(即高强石膏)。具有 0.13 MPa、125 ℃过饱和蒸汽条件下的蒸压釜中蒸炼得到。它比 β 型半水石膏晶体要粗,调制成可塑性浆体的需水量少。

③可溶性硬石膏。常压、加热温度为 170~200 ℃时生成。它与水调和后仍能很快凝结硬化。

④不溶性硬石膏(死烧石膏)。常压、加热温度超过 400 ℃时生成。它难溶于水,失去凝结硬化的能力。

⑤煅烧石膏(过烧石膏)。常压、加热温度超过 800 ℃时生成。由于分解出 CaO,在 CaO 的激发下,产物又具有凝结硬化的能力。

2.2.2 建筑石膏

建筑石膏是一种白色粉末状的气硬性胶凝材料,密度为 2.60~2.75 g/cm^3,堆积密度为 800~1 000 kg/m^3。

1)硬化机理

建筑石膏与水拌和后,可调制成可塑性浆体,经过一段时间反应后,将失去塑性,并凝结硬化成具有一定强度的固体。

建筑石膏的凝结和硬化主要是由于半水石膏与水相互作用,还原成二水石膏:

$$CaSO_4 \cdot 0.5H_2O + 1.5H_2O \longrightarrow CaSO_4 \cdot 2H_2O$$

半水石膏在水中发生溶解,并很快形成饱和溶液,溶液中的半水石膏与水化合,生成二水石膏。由于二水石膏在水中的溶解度比半水石膏小得多(仅为半水石膏溶解度的 1/5),所以半水石膏的饱和溶液对二水石膏来说,就成了过饱和溶液,因此,二水石膏从过饱和溶液中以胶体微粒析出,这样,促进了半水石膏不断地溶解和水化,直到半水石膏完全溶解。在这个过程中,浆体中的游离水分逐渐减少,二水石膏胶体微粒不断增加,浆体稠度增大,可塑性逐渐降低,此时称之为“凝结”,随着浆体继续变稠,胶体微粒逐渐凝聚成为晶体,晶体逐渐长大、共生并相互交错,使浆体产生强度,并不断增长,这个过程称为“硬化”。实际上,石膏的凝结和硬化是一个连续的、复杂的物理化学变化过程。

2)特点

建筑石膏的特点包括以下几个方面:

①凝结硬化快。建筑石膏的凝结时间随煅烧温度、磨细程度和杂质含量等情况的不同而不同。一般与水拌和后,在常温下数分钟即可初凝,30 min 以内即可达终凝。在室内自然干燥状

态下,达到完全硬化约需一星期。凝结时间可按要求进行调整,若要延缓凝结时间,可掺入缓凝剂。

②硬化时体积微膨胀。建筑石膏在凝结硬化过程中,体积略有膨胀,硬化时不出现裂缝,所以可不掺加填料而单独使用,并可很好地填充模型。硬化后的石膏,表面光滑,颜色洁白,其制品尺寸准确,轮廓清晰,可锯可钉,具有很好的装饰性。

③硬化后孔隙率较大,表观密度和强度较低。建筑石膏的水化,理论需水量只占半水石膏质量的18.6%,但实际上,为使石膏浆体具有一定的可塑性,往往需加占半水石膏质量60%~80%的水,多余的水分在硬化过程中逐渐蒸发,使硬化后的石膏留有大量的孔隙,一般孔隙率为50%~60%。因此,建筑石膏硬化后,强度较低,表观密度较小,导热性较低,吸声性较好。

④防火性能良好。石膏硬化后的结晶物 $CaSO_4 \cdot 2H_2O$ 遇到火烧时,结晶水吸热蒸发,吸收热量并在表面生成蒸汽幕和具有良好绝热性的无水物,起到阻止火焰蔓延和温度升高的作用,所以,石膏有良好的抗火性。

⑤具有一定的调温、调湿作用。建筑石膏的热容量大,吸湿性强,故能对室内温度和湿度起到一定的调节作用。

⑥耐水性、抗冻性和耐热性差。建筑石膏硬化后,具有很强的吸湿性和吸水性,在潮湿的环境中,晶体间的粘结力削弱,强度明显降低,在水中晶体还会溶解而引起破坏;若石膏吸水后受冻,则孔隙内的水分结冰,产生体积膨胀,使硬化后的石膏体破坏;若在温度过高的环境中使用(超过65 ℃),二水石膏会脱水分解,造成强度降低。因此,建筑石膏不宜用于潮湿、严寒或温度过高的环境中。

3)技术性能

根据《建筑石膏》(GB/T 9776—2022)规定,建筑石膏组成中有效胶凝材料β型半水石膏与可溶性无水石膏质量分数之和应不小于60.0%,且二水石膏质量分数应不大于4.0%;可溶性无水石膏质量分数可由供需双方商定。建筑石膏的物理力学性能应符合表2.3的要求。

表2.3 建筑石膏的物理力学性能

等级	凝结时间/min		强度/MPa			
			2 h湿强度		干强度	
	初凝	终凝	抗折	抗压	抗折	抗压
4.0	≥3	≤30	≥4.0	≥8.0	≥7.0	≥15.0
3.0			≥3.0	≥6.0	≥5.0	≥12.0
2.0			≥2.0	≥4.0	≥4.0	≥8.0

此外,建筑石膏的放射性核素限量内照射指数应不大于1.0,外照射指数应不大于1.0。建筑石膏中的水溶性氧化镁、水溶性氧化钠、水溶性氯离子、水溶性五氧化二磷、水溶性氟离子的含量应符合表2.4的要求。建筑石膏的pH应不小于5.0。

表 2.4 建筑石膏的限制成分含量

类别	水溶性氧化镁(MgO)/%	水溶性氧化钠(Na_2O)/%	水溶性氯离子(Cl^-)/%	水溶性五氧化二磷(P_2O_5)/%	水溶性氟离子(F^-)/%
N	0.10	≤0.05	—	—	—
S			≤0.05	—	—
P			—	≤0.20	≤0.10

此外,工业副产建筑石膏的放射性核素限量应符合建筑材料放射性核素限量的要求;限制成分氧化钾、氧化钠、氧化镁、五氧化二磷和氟的含量由供需双方商定。

4)应用

建筑石膏具有许多优良的性能,在建筑中的应用十分广泛,一般制成石膏抹面灰浆作内墙装饰;可用来制作各种石膏板、各种建筑艺术配件及建筑装饰、彩色石膏制品等。另外,石膏作为重要的外加剂,广泛应用于水泥、水泥制品及硅酸盐制品。下面择要作些介绍:

①制备粉刷石膏。建筑石膏硬化时不收缩,故使用时可不掺填料,直接做成抹面灰浆,也可以与石灰、砂等填料混合使用,制成内墙抹面灰浆或砂浆。

②建筑石膏制品。建筑石膏制品的种类很多,如纸面石膏板、空心石膏条板、纤维石膏板、石膏砌块和装饰石膏等,主要用作分室墙、内隔墙、吊顶和装饰。建筑石膏配以纤维增强材料、胶粘剂等还可制成石膏角线、线板、角花、灯圈、罗马柱、雕塑等艺术装饰石膏制品。

5)储存及保质期

建筑石膏在贮运过程中,应防止受潮及混入杂物。不同等级的建筑石膏,应分别贮运,不得混杂;一般贮存期为 3 个月,超过 3 个月,强度将降低 30%左右。超过贮存期限的石膏应重新进行质量检验,以确定其等级。

2.2.3 其他品种石膏胶凝材料

1)高强石膏

高强石膏(α 型半水石膏)调成可塑性浆体的需水量比建筑石膏(β 型半水石膏)少一半左右,所以硬化后具有较高的密实度和强度。一般 3 h 抗压强度可达 9~24 MPa,7 d 可达 15~40 MPa。

高强石膏主要适用于强度要求较高的抹灰工程、装饰制品和石膏板。制作模型、花饰及石膏板。掺入防水剂可制成高强度耐水石膏,可用于较潮湿的环境中。

2)无水石膏水泥

由天然硬石膏或天然二水石膏加热至 400~750 ℃,石膏将完全失去水分,成为不溶性硬石膏,失去凝结硬化能力,此时加入适量的激发剂——硫酸盐激发剂(如 5%硫酸钠或硫酸氢钠与 1%铁矾或铜矾的混合物),还有碱性激发剂(如 1%~5%石灰或石灰与少量半水石膏混合物、煅烧白云石、碱性粒化高炉矿渣等),使其又恢复胶凝性。无水石膏水泥亦称硬石膏水泥。

无水石膏水泥属于气硬性胶凝材料，与建筑石膏相比，凝结速度较慢，调成一定稠度的浆体，需水量较少，硬化后孔隙率较小。它宜用于室内，主要用作石膏板和石膏建筑制品，也可作抹面灰浆等，具有良好的耐火性和抵抗酸碱侵蚀的能力。

3）高温煅烧石膏

将天然二水石膏或天然无水石膏在800~1 000 ℃温度下煅烧，煅烧后的产物经磨细后，即可得到高温煅烧石膏。其主要成分为$CaSO_4$及部分$CaSO_4$分解出的CaO。CaO可起到碱性激发剂的作用，使高温煅烧石膏具有凝结硬化的能力。

高温煅烧石膏凝结、硬化速度慢，掺入少量的石灰、半水石膏或$NaHSO_4$、明矾等，可加快凝结硬化的速度，提高其磨细程度，也可起到加速硬化、提高强度的作用。高温煅烧石膏硬化后，具有较高的强度和耐磨性，抗水性较好，宜用作地板，故也称地板石膏。

2.3 水玻璃

水玻璃俗称泡花碱，是一种碱金属硅酸盐。根据其碱金属氧化物种类的不同，又分为硅酸钠水玻璃和硅酸钾水玻璃等，以硅酸钠水玻璃最为常用。

2.3.1 水玻璃的原料及生产

目前生产水玻璃的主要方法是以纯碱和石英砂（或石英粉）为原料，将其磨细拌匀后，在1 300~1 400 ℃的熔炉中熔融，经冷却后生成块状或粒状的固体水玻璃，其反应式如下：

$$Na_2CO_3+nSiO_2 \longrightarrow Na_2O \cdot nSiO_2+CO_2\uparrow$$

固态水玻璃在0.3~0.4 MPa压力的蒸汽锅内，溶于水成粘稠状的水玻璃溶液，即可得到液体水玻璃，其溶液具有碱性溶液的性质。纯净的水玻璃液应为无色透明液体，因含杂质而常呈青灰或黄绿等颜色。

2.3.2 水玻璃的硬化

水玻璃溶液在空气中吸收二氧化碳，形成碳酸钠和无定形硅酸。反应式如下：

$$Na_2O \cdot nSiO_2+CO_2+mH_2O \longrightarrow Na_2CO_3+nSiO_2 \cdot mH_2O$$

这一反应在进行过程中，水分逐渐被消耗和蒸发，硅酸逐渐凝聚成硅酸凝胶而析出，产生凝结和硬化。

水玻璃的硬化过程进行得很慢，可达几星期或更久。使用过程中，常将水玻璃加热或掺加促硬剂，以加快水玻璃的硬化速度。最常用的促硬剂为氟硅酸钠（Na_2SiF_6）等，掺入后会加速硅酸凝胶的析出，从而促进水玻璃的硬化：

$$2(Na_2O \cdot nSiO_2)+Na_2SiF_6+mH_2O = 6NaF+(2n+1)SiO_2 \cdot mH_2O$$

2.3.3 水玻璃的技术性能

水玻璃中，钠水玻璃的分子式为 $Na_2O \cdot nSiO_2$，其中 n 为氧化硅和氧化钠的分子数之比 $[N(SiO_2)/N(Na_2O)]$，称为水玻璃的硅酸盐模数，n 值一般在 1.5~3.5，它的大小决定着水玻璃的品质及其应用性能。

水玻璃溶液可与水按任意比例混合，不同的用水量，可使溶液具有不同的密度和粘度。同一模数的水玻璃溶液，其密度越大，粘度越大，粘结力越强。若在水玻璃溶液中加入尿素，可在不改变粘度的情况下，提高其粘结能力。

水玻璃除了具有良好的粘结性能外，还具有很强的耐酸腐蚀性，能抵抗多数无机酸、有机酸的侵蚀性气体的腐蚀。水玻璃硬化时析出的硅酸凝胶还能堵塞材料的毛细孔隙，起到阻止水分渗透的作用。另外，水玻璃还具有良好的耐热性能，在高温下不分解，强度不降低，甚至有所增加。

水玻璃在使用过程中，若掺加促硬剂，应严格控制其掺量。如果用量太少，会使硬化速度缓慢，强度降低，而且未反应的水玻璃易溶于水，使耐水性较差；若用量过多，又会引起凝结过快，不利于施工，而且还会使渗透性增大，强度等性能下降。一般氟硅酸钠的适宜掺量为水玻璃质量的 5%~12%。

另外，水玻璃对眼睛和皮肤有一定的灼伤作用，氟硅酸钠具有毒性，使用过程中，应注意安全防护。

2.3.4 水玻璃的应用

由于水玻璃具有上述一些优良的性能，在土木建筑工程中有多种用途，扼要列举为如下所述。

(1)用于土壤加固

水玻璃可用于砂土的加固处理。将水玻璃和氯化钙溶液交替灌入土基中，两种溶液发生化学反应，析出硅酸胶体，起到胶结和填充土壤空隙的作用，并可阻止水分的渗透，增加了土的密实度和强度。其化学反应式如下：

$$Na_2O \cdot nSiO_2 + CaCl_2 + mH_2O \longrightarrow 2NaCl + nSiO_2 \cdot (m-1)H_2O + Ca(OH)_2$$

(2)涂刷建筑物表面

利用水玻璃溶液可涂刷土木工程材料表面或浸渍多孔材料，它渗入材料的缝隙或孔隙之中，可增加材料的密实度和强度，并可提高材料的抗风化能力。例如：采用此法处理普通混凝土、黏土砖、硅酸盐制品等，均可获得良好的效果。但不能对石膏制品进行涂刷或浸渍，因为水玻璃与石膏反应生成硫酸钠晶体，会在制品孔隙内部产生体积膨胀，使石膏制品受到破坏。

(3)配制防水剂

以水玻璃为基料，加入两种、三种或四种矾配制成防水剂，称为两种、三种或四种矾防水剂。因这种防水剂具有凝结速度快的特点，故常与水泥浆调和，进行堵漏、填缝等局部抢修。

(4)配制水玻璃矿渣砂浆

将水玻璃、氟硅酸钠、磨细粒化高炉矿渣与沙按一定比例配合，可配制成水玻璃矿渣沙，适用于砖墙裂缝修补等工程。

(5)配制耐酸、耐热砂浆及混凝土

水玻璃与促硬剂和耐酸粉料配合,可制成耐酸胶泥,若再加入耐酸骨料,则可配制成耐酸混凝土和耐酸砂浆,它们在冶金、化工等行业的防腐工程中,是普遍使用的防腐材料之一。

利用水玻璃耐热性好的特点,可配制耐热砂浆和耐热混凝土,用于高炉基础、热工设备基础及围护结构等耐热工程中,也可以调制防火漆等材料。

钢筋混凝土中的钢筋,用水玻璃涂刷后,可具有一定的阻锈作用。

本章小结

气硬性胶凝材料是只能在空气中(干燥条件下)硬化,也只能在空气中保持或继续发展其强度,如石灰、石膏、水玻璃等胶凝材料。

石灰的消化是指石灰先加水,消解为主要成分为 $Ca(OH)_2$ 的熟石灰的过程。石灰熟化的方法一般有石灰浆法和消石灰粉法。石灰硬化过程是指石灰浆在空气中同时进行着物理及化学变化过程而逐渐硬化的过程。石灰可以用来制作石灰乳涂料、配制砂浆、拌制石灰土和三合土、制成建筑生石灰粉等。

石膏是一种以硫酸钙为主要成分的气硬性胶凝材料。建筑石膏凝结硬化快、硬化时体积微膨胀、硬化后孔隙率较大、防火性能良好、具有一定的调温和调湿作用,但其耐水性、抗冻性和耐热性差,可以用于制备粉刷石膏和建筑石膏制品等。其他品种石膏胶凝材料还有高强石膏、无水石膏水泥、高温煅烧石膏等。

水玻璃是一种碱金属硅酸盐。水玻璃的硅酸盐模数($n=N(SiO_2)/N(Na_2O)$)一般为 1.5~3.5,它的大小决定着水玻璃的品质及其应用性能。水玻璃溶液可与水按任意比例混合,具有良好的粘结性,有很强的耐酸腐蚀性和耐热性能。可用于土壤加固、涂刷建筑物表面、配制防水剂、配制水玻璃矿渣砂浆以及配制耐酸、耐热砂浆及混凝土等。

课后习题

1.无机气硬性胶凝材料的基本概念是什么,有哪些典型的无机气硬性胶凝材料?

2.石灰有哪些特性和用途?

3.工地上使用生石灰时,为何要进行熟化?

4.石灰本身不耐水,但有些施工良好的石灰土,具有一定的耐水性,你认为有哪些原因?

5.建筑石膏凝结硬化过程的特点是什么?与石灰凝结硬化过程相比有何异同?

6.建筑石膏的主要用途有哪些?

7.用于墙面抹灰时,建筑石膏与石灰相比较,具有哪些优点?为什么?

8.选用水玻璃时,为何要考虑水玻璃的模数?

9.水玻璃的主要技术性能和用途有哪些?

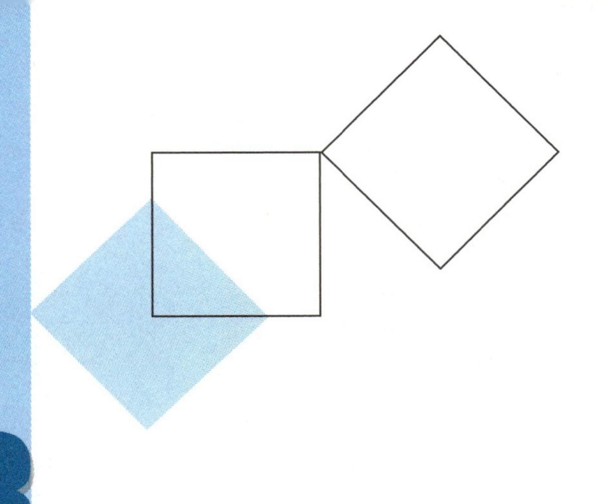

3 水 泥

本章导读：

- **基本要求** 熟悉硅酸盐水泥的矿物组成，了解水泥的生产及其水化硬化机理，掌握通用硅酸盐水泥的品质指标和性能特点及选用原则，了解水泥石的腐蚀与防止；了解专用水泥和特性水泥的主要性能及使用特点。
- **重点** 以通用硅酸盐水泥为基础，再拓展至其他特性水泥和专用水泥。
- **难点** 硅酸盐水泥的水化硬化机理；水泥石的腐蚀与防止。

水泥是一种粉末状材料，当它与水或适当的盐溶液混合后，在常温下经过一定的物理化学作用，能由浆体状逐渐凝结硬化，并且具有强度，同时能将砂、石等散粒材料或砖、砌块等块状材料胶结为整体。水泥是一种良好的矿物胶凝材料，它与石灰、石膏、水玻璃等气硬性胶凝材料不同，不仅能在空气中硬化，而且在水中能更好地硬化，并保持和发展其强度。因此，水泥是一种水硬性胶凝材料。

水泥是制造各种形式的混凝土、钢筋混凝土和预应力钢筋混凝土构筑物的最基本组成材料，也常用于配制砂浆，以及用作灌浆材料等。水泥在国民经济建设中起着十分重要的作用，不仅大量用于工业和民用建筑，还广泛用于道路、桥梁、铁路、水利和国防工程中，素有“建筑业的粮食”之称。

水泥的品种很多，按其主要水硬性矿物名称可分为硅酸盐系水泥、铝酸盐系水泥、硫铝酸盐系水泥、铁铝酸盐系水泥、磷酸盐系水泥等，其中在土木工程中生产量最大、应用最广的是硅酸盐系水泥。本章主要介绍硅酸盐系水泥，并在此基础上简要介绍其他品种水泥。

3.1 硅酸盐系水泥

硅酸盐系水泥（见图 3.1）是以硅酸钙为主要成分的水泥熟料、一定量的混合材料和适量石膏,共同磨细而成。按其性能和用途不同,又可分为通用水泥、专用水泥和特性水泥三大类。

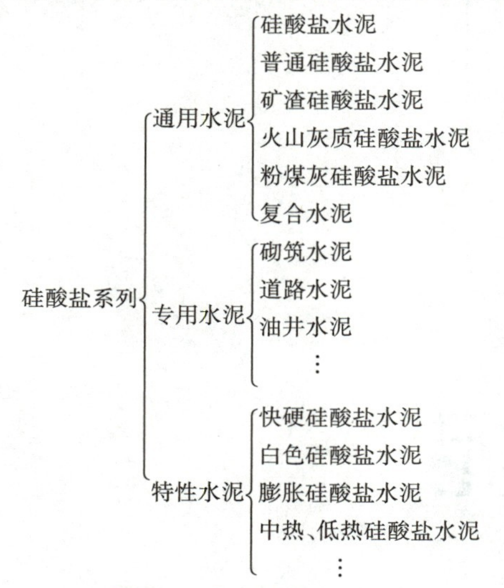

图 3.1　硅酸盐水泥系列

通用水泥是指大量用于一般土木建筑工程中的水泥,专用水泥和特性水泥是指用于各类有特殊要求的工程中的水泥。

3.1.1　硅酸盐水泥

硅酸盐水泥(英文名 Portland Cement,故也常称为波特兰水泥)分两种类型:不掺加混合材料的称Ⅰ型硅酸盐水泥,代号 P.Ⅰ;在硅酸盐水泥熟料粉磨时掺加不超过水泥熟料质量 5%的石灰石或粒化高炉矿渣混合材料的称Ⅱ型硅酸盐水泥,代号 P.Ⅱ。硅酸盐水泥是硅酸盐系水泥的一个基本品种。其他品种的硅酸盐类水泥,都是在此基础上加入一定量的混合材料,或者适当改变水泥熟料的成分而形成的。

1)硅酸盐水泥的生产和矿物组成

(1)水泥生产工艺

生产硅酸盐水泥的原料主要是石灰质原料(如石灰石、白垩等)和黏土质原料(如黏土、黄土和页岩等)两类,一般常配以辅助原料(如铁矿石、砂岩等)。石灰质原料主要提供 CaO,黏土质原料主要提供 SiO_2、Al_2O_3 及少量的 Fe_2O_3,辅助原料常用以校正 Fe_2O_3或 SiO_2 的不足。

硅酸盐水泥的生产过程分为制备生料、煅烧熟料、粉磨水泥 3 个主要阶段,该生产工艺过程如下:石灰质原料和黏土质原料按适当的比例配合,有时为了改善烧成反应过程还加入适量的铁矿石和矿化剂,将配合好的原材料在磨机中磨成生料,然后将生料入窑煅烧成熟料。以适当成分的生料,煅烧至部分熔融得到以硅酸钙为主要成分的物料称为硅酸盐水泥熟料。

熟料再配以适量的石膏,或根据水泥品种要求掺入混合材料,入磨机磨至适当细度,即制成水泥。整个水泥生产工艺过程可概括为“两磨一烧”,如图 3.2 所示。

水泥生料的配合比例不同,将直接影响硅酸盐水泥熟料的矿物成分比例和主要技术性能,水泥生料在窑内的烧成(煅烧)过程,是保证水泥熟料质量的关键。

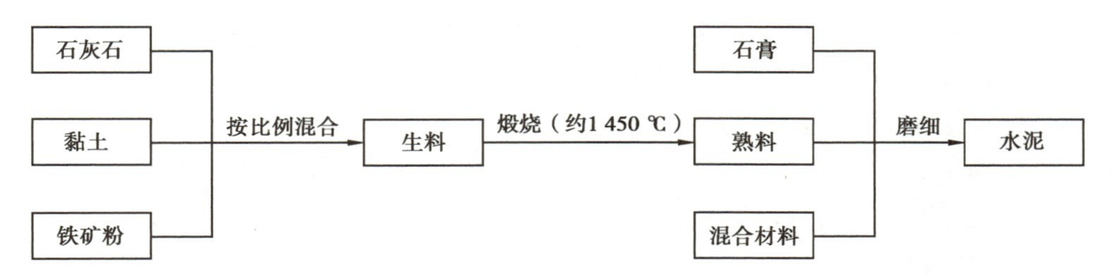

图 3.2 硅酸盐水泥主要生产流程

水泥生料的烧成，在达到 1 000 ℃时各种原料完全分解出水泥中的有用成分，主要是氧化钙（CaO）、二氧化硅（SiO_2）、三氧化二铝（Al_2O_3）、三氧化二铁（Fe_2O_3），其中，在 800 ℃左右少量分解出的氧化物已开始发生固相反应，生成铝酸一钙、少量的铁酸二钙及硅酸二钙。

900~1 100 ℃铝酸三钙和铁铝酸四钙开始形成；1 100~1 200 ℃大量形成铝酸三钙和铁铝酸四钙，硅酸二钙生成量最大；1 300~1 450 ℃时，铝酸三钙和铁铝酸四钙呈熔融状态，产生的液相把 CaO 及部分硅酸二钙溶解于其中，在此液相中，硅酸二钙吸收 CaO 化合成硅酸三钙。这是煅烧水泥的最关键一步，物料必须在高温下停留足够的时间，使物料中游离的氧化钙被吸收掉，以保证水泥熟料的质量。烧成的水泥熟料经过迅速冷却，即得水泥熟料颗粒。

（2）硅酸盐水泥熟料的矿物组成

硅酸盐水泥熟料的主要矿物有以下 4 种，其矿物组成及含量的大致范围见表 3.1。

表 3.1 硅酸盐水泥熟料的矿物组成

矿　物	化学式	在熟料中相应矿物的质量分数/%
硅酸三钙	$3CaO \cdot SiO_2$（简写为 C_3S）	37~60
硅酸二钙	$2CaO \cdot SiO_2$（简写为 C_2S）	15~37
铝酸三钙	$3CaO \cdot Al_2O_3$（简写为 C_3A）	7~15
铁铝酸四钙	$4CaO \cdot Al_2O_3 \cdot Fe_2O_3$（简写为 C_4AF）	10~18

表 3.1 中前两种矿物称为硅酸盐矿物，一般占总量的 75%~82%；后两种矿物称为熔剂矿物，一般占总量的 18%~25%。这 4 种矿物成分的主要特征如下：

①C_3S 的水化速率较快，水化热较大，且主要在早期放出；强度最高，且能不断得到增长，是决定水泥强度高低的最主要矿物。

②C_2S 的水化速率最慢，水化热最小，且主要在后期放出；早期强度不高，但后期强度增长率较高，是保证水泥后期强度的最主要矿物。

③C_3A 的水化速率极快，水化热最大，且主要在早期放出，硬化时体积减缩也最大；早期强度增长率很快，但强度不高，而且以后几乎不再增长，甚至降低。

④C_4AF 的水化速率较快，仅次于 C_3A，水化热中等，强度较低；脆性较其他矿物小，当含量增多时，有助于水泥抗拉强度的提高。

各矿物的抗压强度随时间的增长情况如图 3.3 所示。由上述可知，几种矿物成分的性质不同，它们在熟料中的相对含量改变时，水泥的技术性质也随之改变。例如，要使水泥具有快硬高强的性能，应适当提高熟料中 C_3S 及 C_3A 的相对含量；若要求水泥的水化放热量较低，可适当

提高 C_2S 及 C_4AF 的含量而控制 C_3S 及 C_3A 的含量。因此，掌握硅酸盐水泥熟料中各矿物成分的含量及特性，就可以大致了解该水泥的性能特点。

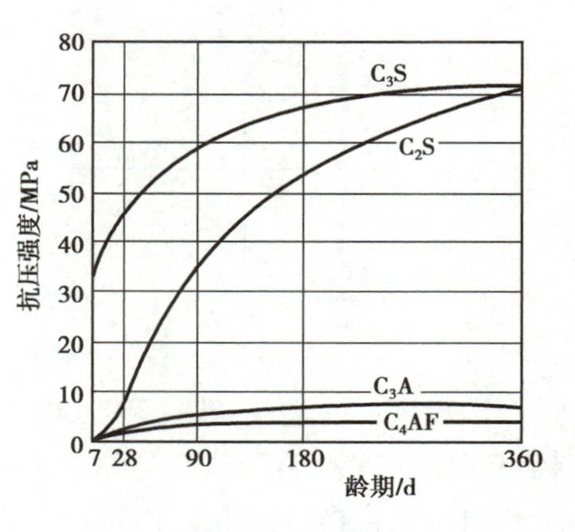

图 3.3　水泥熟料的强度增长曲线

除以上 4 种主要矿物成分外，硅酸盐水泥中尚有少量其他成分，常见的有氧化镁（MgO）、三氧化硫（SO_3）、游离氧化钙（f-CaO）、碱等。

2）硅酸盐水泥的水化和凝结硬化

（1）硅酸盐水泥熟料矿物的水化

水泥颗粒与水接触，在其表面的熟料矿物立即与水发生水解或水化作用（也称为水泥的水化），形成水化产物，同时放出一定热量。其反应式如下：

①$3CaO \cdot SiO_2$ 的水化：

$$\underset{\text{硅酸三钙}}{3CaO \cdot SiO_2} + nH_2O \longrightarrow \underset{\text{水化硅酸钙}}{xCaO \cdot SiO_2 \cdot yH_2O} + \underset{\text{氢氧化钙}}{(3-x)Ca(OH)_2} \quad \text{（反应较快）}$$

②$2CaO \cdot SiO_2$ 的水化：

$$\underset{\text{硅酸二钙}}{2CaO \cdot SiO_2} + mH_2O \longrightarrow \underset{\text{水化硅酸钙}}{xCaO \cdot SiO_2 \cdot yH_2O} + \underset{\text{氢氧化钙}}{(2-x)Ca(OH)_2} \quad \text{（反应较慢）}$$

③$3CaO \cdot Al_2O_3$ 的水化：

a.在水及 $Ca(OH)_2$ 饱和溶液中：

$$\left.\begin{array}{l} \underset{\text{铝酸三钙}}{3CaO \cdot Al_2O_3} + 6H_2O \longrightarrow \underset{\text{水化铝酸三钙}}{3CaO \cdot Al_2O_3 \cdot 6H_2O} \\ \underset{\text{铝酸三钙}}{3CaO \cdot Al_2O_3} + \underset{\text{氢氧化钙}}{Ca(OH)_2} + 12H_2O \longrightarrow \underset{\text{水化铝酸钙}}{4CaO \cdot Al_2O_3 \cdot 13H_2O} \end{array}\right\} \text{（反应极快）}$$

b.在石膏、氧化钙同时存在的条件下：

$$\underset{\text{水化铝酸钙}}{4CaO \cdot Al_2O_3 \cdot 13H_2O} + 3\underset{\text{石膏}}{(CaSO_4 \cdot 2H_2O)} + 13H_2O \longrightarrow \underset{\text{三硫型水化硫铝酸钙}}{3CaO \cdot Al_2O_3 \cdot 3CaSO_4 \cdot 31H_2O} + \underset{\text{氢氧化钙}}{Ca(OH)_2}$$

④$4CaO \cdot Al_2O_3 \cdot Fe_2O_3$ 的水化：

$$\underset{\text{铁铝酸四钙}}{4CaO \cdot Al_2O_3 \cdot Fe_2O_3} + 7H_2O = \underset{\text{水化铝酸钙}}{3CaO \cdot Al_2O_3 \cdot 6H_2O} + \underset{\text{水化铁酸钙}}{CaO \cdot Fe_2O_3 \cdot H_2O} \quad \text{（反应较快）}$$

熟料各单矿物在水化过程中表现出的特性见表 3.2。

表 3.2　硅酸盐水泥熟料矿物水化特性

性能指标	熟料矿物			
	C_3S	C_2S	C_3A	C_4AF
水化速率	快	慢	最快	快
28 d 水化热	多	少	最多	中
早期强度	高	低	低	低
后期强度	高	高	低	低

硅酸三钙水化很快,生成的水化硅酸钙几乎不溶于水,而立即以胶体微粒析出,并逐渐凝聚成为凝胶。在电子显微镜下可以观察到,水化硅酸钙是大小与胶体相同的、结晶较差的、薄片状或纤维状颗粒,称为 C-S-H 凝胶。水化生成的氢氧化钙在溶液中的浓度很快达到过饱和,并呈六方晶体析出。水化铝酸三钙为立方晶体,在氢氧化钙饱和溶液中,它能与氢氧化钙进一步反应,生成六方晶体的水化铝酸四钙。

为了调节水泥的凝结时间,水泥中掺有适量石膏。水化时,铝酸三钙和石膏反应生成高硫型水化硫铝酸钙(称为钙矾石,$CaO \cdot Al_2O_3 \cdot 3CaSO_4 \cdot 31H_2O$,以 AFt 表示)和单硫型水化硫铝酸钙($CaO \cdot Al_2O_3 \cdot CaSO_4 \cdot 12H_2O$,以 AFm 表示)。生成的水化硫铝酸钙是难溶于水的针状晶体。

综上所述,如果忽略一些次要的和少量的成分,则硅酸盐水泥与水作用后,生成的主要水化产物有:水化硅酸钙和水化铁酸钙凝胶、氢氧化钙、水化铝酸钙和水化硫铝酸钙晶体。在充分水化的水泥石中以质量分数论,C-S-H 凝胶约占 70%,$Ca(OH)_2$ 约占 20%,钙矾石和单硫型水化硫铝酸钙约占 7%。

(2)硅酸盐水泥的凝结硬化

水泥用适量的水调和后,最初形成具有可塑性的浆体,随着时间的增长,失去可塑性(但尚无强度),这一过程称为初凝,开始具有强度时称为终凝。由初凝到终凝的过程称为水泥的凝结。随着水化进程的推移,水泥浆凝固成具有一定的机械强度并逐渐发展而成为坚固的人造石——水泥石,这一过程称为"硬化"。水泥的凝结和硬化是人为划分的,实际上是一个连续变化的复杂的物理化学过程。

水泥的凝结硬化一般按水化反应速率和水泥浆体结构特征分为:初始反应期、潜伏期、凝结期和硬化期 4 个阶段,见表 3.3。

表 3.3 水泥凝结硬化时的几个阶段

凝结硬化阶段	一般的放热反应速度	一般的持续时间	主要的物理化学变化
初始反应期	168 J/(g·h)	5~10 min	初始溶解和水化
潜伏期	4.2 J/(g·h)	1 h	凝胶体膜层围绕水泥颗粒成长
凝结期	在 6 h 内逐渐增加到 21 J/(g·h)	6 h	膜层破裂,水泥颗粒进一步水化
硬化期	在 24 h 内逐渐降低到 4.2 J/(g·h)	6 h 至若干年	凝胶体填充毛细孔

①初始反应期。水泥与水接触立即发生水化反应,C_3S 水化生成的 $Ca(OH)_2$ 溶于水中,溶液 pH 值迅速增大至 13 左右,当溶液达到过饱和后,$Ca(OH)_2$ 开始结晶析出。同时暴露在颗粒表面的 C_3A 溶于水,并与溶于水的石膏反应,生成钙矾石结晶析出,附着在水泥颗粒表面。这一阶段大约经过 10 min,约有 1%的水泥发生水化。

②潜伏期。在初始反应期之后,有 1~2 h 的时间,由于水泥颗粒表面形成水化硅酸钙凝胶和钙矾石晶体构成的膜层阻止了与水的接触,使水化反应速度很慢,这一阶段水化放热小,水化产物增加不多,水泥浆体仍保持塑性。

③凝结期。在潜伏期中,由于水缓慢穿透水泥颗粒表面的包裹膜,与熟料矿物成分发生水

化反应,而水化生成物穿透膜层的速度小于水分渗入膜层的速度,形成渗透压,导致水泥颗粒表面膜层破裂,使暴露出来的矿物进一步水化,从而结束了潜伏期。水泥水化产物体积约为水泥体积的 2.2 倍,生成的大量的水化产物填充在水泥颗粒之间的空间里,水的消耗与水化产物的填充使水泥浆体逐渐变稠失去可塑性而凝结。

④硬化期。在凝结期以后,进入硬化期,水泥水化反应继续进行使结构更加密实,但放热速度逐渐下降,水泥水化反应越来越困难。在适当的温度、湿度条件下,水泥的硬化过程可持续若干年。水泥浆体硬化后形成坚硬的水泥石,水泥石是由凝胶体、晶体、未水化完的水泥颗粒及固体颗粒间的毛细孔所组成的不匀质结构体。水泥凝结硬化过程示意图如图 3.4 所示。

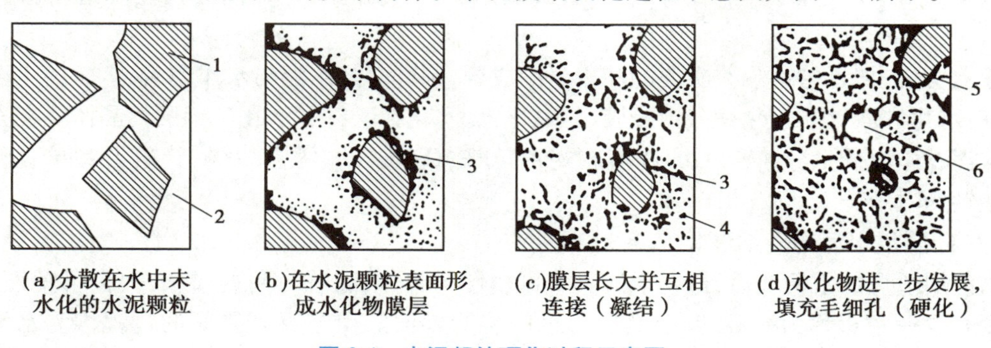

图 3.4　水泥凝结硬化过程示意图

1—水泥颗粒;2—水分;3—凝胶;4—晶体;5—水泥颗粒的未水化内核;6—毛细孔

水泥硬化过程中,最初的 3 d 强度增长幅度最大,3 d 到 7 d 强度增长率有所下降,7 d 到 28 d强度增长率进一步下降,28 d 强度基本达到最高水平,28 d 以后强度虽然还会继续发展,但强度增长率却越来越小。

(3)影响硅酸盐水泥凝结硬化的主要因素

①水泥组成成分的影响。水泥的矿物组成成分及各组分的比例是影响水泥凝结硬化的最主要因素。如前所述,不同矿物成分单独和水起反应时所表现出来的特点是不同的。水泥中如提高 C_3A 的含量,将使水泥的凝结硬化加快,同时水化热也大。一般来讲,若在水泥熟料中掺加混合材料,将使水泥的抗侵蚀性提高,水化热降低,早期强度降低。

②石膏掺量。石膏称为水泥的缓凝剂,主要用于调节水泥的凝结时间,是水泥中不可缺少的组分。水泥熟料在不加入石膏的情况下与水拌和后会立即产生凝结,同时放出热量。其主要原因是由于熟料中的 C_3A 很快溶于水中,生成一种促凝的铝酸钙水化物,使水泥不能正常使用。石膏起缓凝作用的机理是:水泥水化时,石膏很快与 C_3A 作用产生很难溶于水的水化硫铝酸钙(钙矾石),它沉淀在水泥颗粒表面形成保护膜,从而阻碍了 C_3A 的水化反应并延缓了水泥的凝结时间。

石膏的掺量太少,缓凝效果不显著,但过多地掺入石膏因其本身会生成一种促凝物质,反而使水泥快凝。适宜的石膏掺量主要取决于水泥中 C_3A 的含量和石膏中 SO_3 的含量,同时也与水泥细度及熟料中 SO_3 的含量有关。石膏掺量一般为水泥质量的 3%~5%。如果水泥中石膏掺量超过规定的限量,还会引起水泥强度降低,严重时会引起水泥体积安定性不良,使水泥石产生膨胀性破坏。所以国家标准规定,硅酸盐水泥中 SO_3 总计不得超过水泥总质量 3.5%。

③水泥细度的影响。水泥颗粒的粗细直接影响水泥的水化、凝结硬化、强度及水化热等。这是因为水泥颗粒越细,总表面积越大,与水的接触面积也大,因此水化迅速,凝结硬化也相应

增快,早期强度也高。但水泥颗粒过细,易与空气中的水分及二氧化碳反应,致使水泥不宜久存;过细的水泥硬化时产生的收缩亦较大;水泥磨得越细,能耗越多,成本越高。因此,水泥颗粒的粒径应控制在一个合适的范围内。

④养护条件(温度、湿度)的影响。养护环境有足够的温度和湿度,有利于水泥的水化和凝结硬化过程,有利于水泥的早期强度发展。如果环境十分干燥时,水泥中的水分蒸发,导致水泥不能充分水化,同时硬化也将停止,严重时会使水泥石发生裂缝。

通常情况下,养护时温度升高,水泥的水化加快,早期强度发展也快。若在较低的温度下硬化,虽强度发展较慢,但最终强度不受影响。但当温度低于 0 ℃以下时,水泥的水化停止,强度不但不增长,甚至会因水结冰而导致水泥石结构破坏。

实际工程中,常通过蒸汽养护,压蒸养护来加快水泥制品的凝结硬化过程。

⑤养护龄期的影响。水泥的水化硬化是一个较长时期内不断进行的过程,随着水泥颗粒内各熟料矿物水化程度的提高,凝胶体不断增加,毛细孔不断减少,使水泥石的强度随龄期增长而增加。实践证明,水泥一般在 28 d 内强度发展较快,28 d 后增长缓慢。

⑥拌和用水量的影响。在水泥用量不变的情况下,增加拌和用水量,会增加硬化水泥石中的毛细孔,降低水泥石的强度,同时延长水泥的凝结时间。所以在实际工程中,水泥混凝土调整流动性大小时,在不改变水胶比的情况下,常增减水和水泥的用量。为了保证混凝土的耐久性,有关标准规定了最小水泥用量。

⑦外加剂的影响。硅酸盐水泥的水化、凝结硬化受水泥熟料中 C_3S、C_3A 含量的制约,凡对 C_3S 和 C_3A 的水化能产生影响的外加剂,都能改变硅酸盐水泥的水化、凝结硬化性能。如加入促凝剂($CaCl_2$、Na_2SO_4 等)就能促进水泥水化硬化,提高早期强度。相反,掺加缓凝剂(木钙糖类等)就会延缓水泥的水化、硬化,影响水泥早期强度的发展。

⑧储存条件的影响。储存不当,会使水泥受潮,颗粒表面发生水化而结块,严重降低强度。即使良好的储存,在空气中的水分和 CO_2 作用下,水泥也会发生缓慢水化和碳化,经 3 个月,强度通常降低 10%~20%,6 个月降低 15%~30%,1 年后将降低 25%~40%,所以水泥的有效储存期为 3 个月,不宜久存。

3)硅酸盐水泥品质要求

国家标准对水泥的品质要求一般有如下项目:

(1)凝结时间

水泥浆体的凝结时间对工程施工具有重要意义。根据国家标准《水泥标准稠度用水量、凝结时间、安定性检验方法》(GB/T 1346—2011)规定,凝结时间用维卡仪进行测定。在研究水泥凝结过程时,还可以采用测电导率或水化放热速率等方法。

凝结时间分初凝和终凝。初凝为水泥加水拌和始至标准稠度净浆开始失去可塑性所经历的时间;终凝则为浆体完全失去可塑性并开始产生强度所经历的时间。国家标准规定:硅酸盐水泥初凝时间不得早于 45 min;终凝时间不得迟于 6.5 h。

一般要求混凝土搅拌、运输、浇捣应在初凝之前完成。因此水泥初凝时间不宜过短;当施工完毕则要求尽快硬化并具有强度,故终凝时间不宜太长。

水泥的凝结时间与水泥品种有关。一般来说,掺混合材的水泥凝结时间较缓慢;凝结时间随水灰比增加而延长,因此混凝土和砂浆的实际凝结时间,往往比用标准稠度水泥净浆所测得的要长得多;此外环境温度升高,水化反应加速,凝结时间缩短,所以在炎热季节或高温条件下施工时,须注意凝结时间的变化。

(2)强度

水泥强度是表明水泥质量的重要技术指标,也是划分水泥强度等级的依据。

国家标准《水泥胶砂强度检验方法(ISO 法)》(GB/T 17671—2021)规定,采用软练胶砂法测定水泥强度,又根据 3 d 强度分为普通型和早强型。该法是由按质量计的一份水泥、三份中国 ISO 标准砂,用 0.5 的水灰比拌制的一组塑性胶砂,制成 40 mm×40 mm×160 mm 的试件,试件连模一起在湿气中养护 24 h 后,再脱模放在标准温度(20±1)℃的水中养护,分别测定 3 d 和 28 d抗压强度和抗折强度。硅酸盐水泥强度等级分为 42.5、42.5R、52.5、52.5R、62.5、62.5R 共 6 个等级。《通用硅酸盐水泥》(GB 175—2023)规定硅酸盐水泥各强度等级的强度值不得低于表 3.4 中的规定。

表 3.4　硅酸盐水泥的强度等级要求

强度等级	抗压强度/MPa		抗折强度/MPa	
	3 d	28 d	3 d	28 d
42.5	17.0	42.5	4.0	6.5
42.5R	22.0	42.5	4.5	6.5
52.5	22.0	52.5	4.5	7.0
52.5R	27.0	52.5	5.0	7.0
62.5	27.0	62.5	5.0	8.0
62.5R	32.0	62.5	5.5	8.0

注:R——早强型。

(3)体积安定性

体积安定性不良是指已硬化水泥石产生不均匀的体积变化现象。它会使构件产生膨胀裂缝,降低建筑物质量。

引起体积安定性不良的原因有以下几方面:

①f-CaO 过量。由于熟料烧成工艺上的原因,使熟料中含有较多的过烧 f-CaO,其水化活性低,在水泥硬化后才进行下述反应:

$$CaO+H_2O = Ca(OH)_2$$

该反应固相体积膨胀 97%,引起不均匀的体积变化会导致水泥石开裂。国家标准规定用沸煮法检验水泥体积安定性。其方法是将水泥净浆试饼或雷氏夹试件沸煮 3 h,用肉眼观察试饼未发现裂纹,用直尺检查没有弯曲,或测得雷氏夹试件膨胀量在规定值内,则该水泥体积安定性合格,反之为不合格。沸煮法的原理是通过沸煮加速 f-CaO 水化,检验其体积变化现象。当试饼法与雷氏夹法结果有争议时,以雷氏夹法为准。

②f-MgO 过量。水泥中的 f-MgO 形成结晶方镁石时,其晶体结构致密,水化比 f-CaO 更为缓慢,要几个月甚至几年才明显水化,形成氢氧化镁时体积膨胀将导致水泥石安定性不良。由于 MgO 的水化作用比游离石灰更为缓慢,所以必须采用压蒸法才能检验它的危害程度。由于国家标准中对 MgO 的含量已有限制,所以一般可不做这项检验。

③石膏掺量过多。水泥中掺有石膏作为调凝剂或作为混合材的活性激发剂,当石膏掺量过多时,在水泥硬化后还会继续与固态水化铝酸钙反应生成高硫型水化硫铝酸钙,体积约增大1.5 倍,也会引起体积安定性不良。检验 SO_3 的危害作用用浸水法。由于国家标准中对 SO_3 的含量

已有限制,所以一般可不做这项检验。

(4)细度

水泥的细度对水泥安定性、需水量、凝结时间及强度有较大的影响。水泥颗粒粒径越小,与水起反应的表面积越大,水化较快,其早期强度和后期强度都较高,但粉磨能耗增大,因此应控制水泥在合理的细度范围内。

国家标准将细度作为选择性指标,硅酸盐水泥细度以比表面积表示,不低于 300 m^2/kg,且不高于 400 m^2/kg。普通硅酸盐水泥、矿渣硅酸盐水泥、粉煤灰硅酸盐水泥、火山灰质硅酸盐水泥、复合硅酸盐水泥的细度以 45 μm 方孔筛筛余表示,不低于 5%。当买方有特殊要求时,由买卖双方协商确定。

(5)水化热

水泥的水化反应是放热反应,其水化过程放出的热称为水泥的水化热。水泥的水化热对混凝土工艺有多方面意义。水化热对大体积混凝土是有害的因素,大体积混凝土由于水化热积蓄在内部,造成内外温差,形成不均匀应力导致开裂,但水化热对冬季混凝土施工是有益的,水化热可促进水泥水化进程。

水泥的水化放热量及放热速率与水泥的矿物组成有关,根据熟料单矿物水化热测定结果,可测算得硅酸盐熟料中 4 种主要矿物的水化放热速率(见表 3.5)。由于水泥的水化热具加和性,所以可根据水泥熟料矿物组成含量,估算水泥水化热。对于硅酸盐水泥,在水化 3 d 龄期内水化放热量大致为总放热量的 50%,7 d 龄期为 75%,而 3 个月可达 90%。由此可见,水泥的水化放热量大部分在 3~7 d 内放出,以后逐渐减少。各水泥矿物的水化热及放热速率比较如下:

$$C_3A>C_3S>C_4AF>C_2S$$

表 3.5 硅酸盐熟料矿物的水化热

熟料矿物	各龄期水化热/($J \cdot g^{-1}$)		
	3 d	90 d	365 d
C_3S	243	435	511
C_2S	50	176	247
C_3A	888	1 302	1 356
C_4AF	289	410	427

水泥水化放热量和放热速率还与水泥细度、混合材种类和数量有关。水泥细度愈细,水化反应加速,水化放热速率亦增大。掺混合材可降低水泥水化热和放热速率,因此大体积混凝土应选用掺混合材量较大的水泥。

(6)水泥化学品质指标

①不溶物。水泥中的不溶物来自熟料中未参与矿物形成反应的黏土和结晶 SiO_2,是熟料煅烧不均匀、化学反应不完全的标志。一般回转窑熟料不溶物小于 0.5%,立窑熟料小于 1.0%,国家标准规定Ⅰ型硅酸盐水泥中不溶物不得超过 0.75%,Ⅱ型不得超过 1.5%。

②烧失量。水泥中烧失量的大小,一定程度上反映熟料烧成质量,同时也反映了混合材掺量是否适当,以及水泥风化的情况。国家标准对烧失量规定如下:Ⅰ型硅酸盐水泥烧失量不得

大于 3.0%，Ⅱ型硅酸盐水泥不得大于 3.5%，普通水泥不得大于 5.0%。由于矿渣水泥中的烧失量不能反映上述情况，因此不予规定。

③氧化镁。熟料中氧化镁含量偏高是导致水泥长期安定性不良的因素之一。熟料中部分氧化镁固溶于各种熟料矿物和玻璃体中，这部分氧化镁并不引起安定性不良，真正造成安定性不良的是熟料中粗大的方镁石晶体。同理，矿渣等混合材料中的氧化镁若不以方镁石结晶形式存在，对安定性也是无害的。因此，国际上有的国家水泥标准规定用压蒸安定性试验合格来限制氧化镁的危害作用是合理的。但我国目前尚不普遍具备做压蒸安定性的试验条件，故用规定氧化镁含量作为技术要求。国家标准规定硅酸盐水泥、普通硅酸盐水泥的 MgO 质量分数必须≤5.0%，若水泥压蒸安定性合格允许 MgO 质量分数≤6.0%，其他品种水泥国家标准另有规定。

④SO_3。水泥中的 SO_3 主要来自石膏，SO_3 过量将造成水泥体积安定性不良。国家标准是通过限定水泥 SO_3 含量控制石膏掺量，国家标准规定矿渣水泥中 SO_3 质量分数不得超过4.0%，其他五类水泥中 SO_3 质量分数不得超过 3.5%。

⑤碱含量。若水泥中碱含量高，当选用含有活性 SiO_2 的集料配制混凝土时，会产生碱集料反应，严重时会导致混凝土不均匀膨胀破坏。由此而造成的危害，越来越引起人们的重视，因此国家标准将碱含量亦列入技术要求。根据我国的实际情况，国家标准规定：水泥中碱含量按 $Na_2O+0.658K_2O$ 计算值来表示，当用户要求提供低碱水泥时，则水泥中的碱含量由双方商定。

⑥氯离子含量。由于水泥混凝土中 Cl^- 含量高会引起钢筋锈蚀，从而导致混凝土开裂破坏。因此国家标准规定各类硅酸盐水泥中 Cl^- 的质量不得超过水泥质量的 0.06%。当有更低要求时，该指标由买卖双方确定。

4）水泥石的腐蚀和防止

水泥制品在一般使用条件下，具有较好的耐久性，但在某些侵蚀介质（软水、含酸或盐的水等）作用下，强度降低甚至造成建筑物结构破坏，这种现象称为水泥石的腐蚀。

水泥石就其本身而言，是由于硅酸盐水泥熟料水化后生成氢氧化钙、水化硅酸钙、水化铝酸钙、水化铁酸钙等水化产物。在一般情况下，这些水化产物是稳定的，但在某些条件下也可能不稳定，会发生化学变化，从而引起水泥石结构破坏。水泥石被环境水侵蚀的原因有：

①氢氧化钙及其他成分，能一定程度地溶解于水（特别是软水）。

②氢氧化钙、水化铝酸钙等都是碱性物质，若环境水中有酸类或某些盐类时，能与其发生化学反应，若新生成的化合物易溶于水或无胶结力，或因结晶膨胀而引起内应力，都将导致水泥石结构的破坏。根据环境水质的不同，存在下列几种主要的侵蚀破坏作用：

（1）软水侵蚀（溶出性侵蚀）

水泥石中的水化产物，都必须在一定浓度的石灰溶液中才能稳定地存在。如果溶液中的石灰浓度小于该水化产物的极限石灰浓度，则该水化产物将被溶解或分解。硅酸盐水泥属于典型的水硬性胶凝材料。对于一般的江、河、湖水和地下水等“硬水”，具有足够的抵抗能力。尤其是在不流动的水中，水泥石不会受到明显侵蚀。

但是，当水泥石受到冷凝水、雪水、冰川水等比较纯净的“软水”。尤其是流动的“软水”作用时，水泥石中的 $Ca(OH)_2$ 首先溶解，并被流水带走，$Ca(OH)_2$ 的消失又会引起水化硅酸盐的分解，最后变成无胶结能力的低碱性硅酸凝胶、氢氧化铝。这种侵蚀首先源于 $Ca(OH)_2$ 的溶解失去，称为溶出性侵蚀。

硅酸盐水泥水化形成的水泥石中 $Ca(OH)_2$ 质量分数高达20%，所以溶出性侵蚀尤为严重。而掺混合材料的水泥，由于硬化后水泥石中 $Ca(OH)_2$ 含量较少，耐软水侵蚀性有一定程度的提高。

(2)酸类侵蚀(溶解性侵蚀)

硅酸盐水泥水化生成物呈碱性，其中含有较多的 $Ca(OH)_2$，当遇到酸类或酸性水时，则会发生中和反应，生成比 $Ca(OH)_2$ 溶解度大的盐类，导致水泥石的破坏。

①碳酸的侵蚀。雨水、某些泉水及地下水中常含有一些游离的 CO_2，当含量过多时，将对水泥石起破坏作用。这是因为水泥石中的 $Ca(OH)_2$ 能与 CO_2 起化学反应，生成碳酸钙($CaCO_3$)，其反应式为：

$$Ca(OH)_2+CO_2 = CaCO_3+H_2O$$

最初生成的 $CaCO_3$ 溶解度不大，但继续处于溶度较高的碳酸水中，则碳酸钙又与碳酸水进一步反应，生成易溶于水的碳酸氢钙：

$$CaCO_3+CO_2+H_2O \rightleftharpoons Ca(HCO_3)_2$$

此反应为可逆反应，当水中溶有较多的 CO_2 时，则上述反应向右进行。如果水泥石是在有渗透的压力水作用下生成碳酸氢钙，它将溶于水而被冲走，上述反应将永远达不到平衡。氢氧化钙将连续不断地起化学反应，不断流失，使水泥石中 $Ca(OH)_2$ 浓度逐渐降低，$Ca(OH)_2$ 溶度的降低又会导致其他水化产物的分解，腐蚀作用加剧，最终导致水泥石结构发生破坏。

环境水中含游离 CO_2 越多，其侵蚀性也越强烈；如水温较高，则侵蚀速度加快。

②一般酸的腐蚀。某些地下水或工业废水中常含有游离的酸类。这些酸类能与水泥石中的氢氧化钙起作用，生成相应的钙盐。所生成的钙盐或易溶于水，或在水泥石孔隙内结晶，体积膨胀，产生破坏作用。例如，盐酸(HCl)、硫酸(H_2SO_4)与氢氧化钙的作用为：

$$Ca(OH)_2+2HCl = CaCl_2+2H_2O$$

$$Ca(OH)_2+H_2SO_4 = CaSO_4 \cdot 2H_2O$$

反应生成的氯化钙($CaCl_2$)易溶于水；石膏($CaSO_4 \cdot 2H_2O$)则在水泥石孔隙内结晶，体积膨胀，使其结构破坏。同时，石膏又能与水泥石中的水化铝酸钙起作用，生成水化硫铝酸钙晶体，破坏性更大(见硫酸盐侵蚀)。

环境水中酸的氢离子浓度越大，即 pH 值越小时，则侵蚀性越严重。

(3)盐类的侵蚀

①硫酸盐的侵蚀(膨胀性侵蚀)。在海水、地下水及盐沼水等矿物水中，常含有大量的硫酸盐类，如硫酸镁($MgSO_4$)、硫酸钠(Na_2SO_4)及硫酸钙($CaSO_4$)等，它们对水泥石均有严重的破坏作用。

硫酸盐能与水泥石中的氢氧化钙起反应，生成石膏。石膏在水泥石孔隙中结晶时体积膨胀，使水泥石破坏。更严重的是，石膏与水泥石中的水化铝酸钙起作用，生成水化硫铝酸钙，反应式为：

$$3CaO \cdot Al_2O_3 \cdot 6H_2O+3(CaSO_4 \cdot 2H_2O)+19H_2O = 3CaO \cdot Al_2O_3 \cdot 3CaSO_4 \cdot 31H_2O$$

生成的水化硫铝酸钙，含有大量的结晶水，其体积增大为原有水化铝酸钙体积的 2.5 倍左右，在水泥石中产生内应力，造成极大的膨胀性破坏作用。由于水化硫铝酸钙晶体呈针状，对水泥石危害严重，所以称其为“水泥杆菌”。

②镁盐腐蚀(双重腐蚀)。海水、地下水及其他矿物水中，常含有大量的镁盐，主要有硫酸

镁($MgSO_4$)及氯化镁($MgCl_2$)。它们会与水泥石中的$Ca(OH)_2$起复分解反应,其反应式如下:

$$Ca(OH)_2+MgSO_4+2H_2O = CaSO_4 \cdot 2H_2O+Mg(OH)_2$$

$$Ca(OH)_2+MgCl_2 = CaCl_2+Mg(OH)_2$$

反应生成的$CaSO_4 \cdot 2H_2O$会进一步引起硫酸盐膨胀性破坏,$CaCl_2$易溶于水,而$Mg(OH)_2$疏松无胶凝作用。因此镁盐的侵蚀又称双重腐蚀。

(4)强碱的侵蚀

硅酸盐水泥水化产物显碱性,一般碱类溶液浓度不大时不会造成明显损害,但铝酸盐(C_3A)含量较高的硅酸盐水泥遇到强碱(如NaOH)会发生如下反应:

$$3CaO \cdot Al_2O_3+6NaOH = 3Na_2O \cdot Al_2O_3+3Ca(OH)_2$$

生成的铝酸钠易溶于水,当水泥石被NaOH浸透后又在空气中干燥,则溶于水的铝酸钠会与空气中的CO_2反应生成碳酸钠。由于水分失去,碳酸钠在水泥石毛细管中结晶膨胀,易引起水泥石疏松、开裂。

除上述几种腐蚀介质外,糖、铵盐、动物脂肪和含环烷酸的石油产品等对水泥石也有腐蚀作用。实际上,水泥石的腐蚀是一个极为复杂的物理化学作用过程,在它遭受的腐蚀环境中很少是一种侵蚀作用,往往是几种作用同时存在,互相影响。产生水泥石腐蚀的根本原因:外部是因为构件处于侵蚀性介质的环境,内部是因为水泥石中存在易被腐蚀的氢氧化钙和水化铝酸钙,以及水泥石本身不密实,存在很多毛细孔通道,使侵蚀性介质易于进入其内部。腐蚀的总体过程是:水泥石水化产物中的$Ca(OH)_2$溶失,导致水泥石受损,胶结能力降低;或者有膨胀性产物形成,引起胀裂性破坏。

硅酸盐水泥中熟料含量高,水化产物中氢氧化钙和水化铝酸钙的含量多,所以抗侵蚀性差,不宜在有腐蚀性介质的环境中使用。

(5)防止腐蚀的措施

根据以上腐蚀原因的分析,水泥石的腐蚀前提是其外环境和内环境能起化学反应,腐蚀性化合物必须是一定浓度的溶液状态,以及较高的温度,一定的湿度,较快的流速,钢筋的锈蚀等。所以,使用水泥时,可采用下列防腐措施:

①根据侵蚀介质的特点,合理选择水泥品种。当水泥遭受软水侵蚀时,可使用水化产物中$Ca(OH)_2$含量少的水泥;当水泥石遭受硫酸盐侵蚀时,可使用C_3A质量分数小于5%的水泥;在水泥生产时加入适当的混合材料,可降低水化产物中$Ca(OH)_2$量,从而提高抗腐蚀能力。

②提高水泥的密实度,降低孔隙率。为了使水泥石中的孔隙尽量少,应严格控制硅酸盐水泥的拌和用水量。因为硅酸盐水泥水化理论上只需占水泥质量23%左右的水,而实际工程中拌和用水量较大(占水泥质量的40%~70%),多余的水蒸发后形成连通的孔隙,腐蚀介质就容易透入水泥石内部,从而加速了水泥石的腐蚀。在实际施工中,尽量降低混凝土或砂浆中的水灰比,选择级配良好的集料,掺入外加剂、改善施工方法等均可提高水泥石的密实度。此外,在混凝土和砂浆表面进行碳化或氟硅酸处理等其他的表面密实措施,生成难溶的碳酸钙外壳或氟化钙及硅胶薄膜,提高表面密实度,也可减少侵蚀性介质渗入内部。

③在水泥石表面设置保护层。当水泥石处在较强的腐蚀介质中使用时,根据不同的腐蚀介质,可在水泥石表面覆盖玻璃、塑料、沥青、耐酸陶瓷和耐酸石料等耐腐蚀性较高、且不透水的保护层,隔断腐蚀介质与水泥石的接触,保护水泥石不受腐蚀。

5)硅酸盐水泥的特点与应用

(1)凝结硬化快,早期强度及后期强度高

硅酸盐水泥的凝结硬化速度快,早期强度及后期强度均高,适用于有早强要求的混凝土,冬季施工混凝土,地上、地下重要结构的高强混凝土和预应力混凝土。

(2)抗冻性好

硅酸盐水泥采用合理的配合比和充分养护后,可获得低孔隙率的水泥石,并有足够的强度,而且其拌合物不易发生泌水,因此有优良的抗冻性。适应于严寒地区水位升降范围内遭受反复冻融的混凝土工程。

(3)水化热大

硅酸盐水泥熟料中含有大量的C_3S及较多的C_3A,在水泥水化时,放热速度快且放热量大,因而不宜用于大体积混凝土工程,但可用于低温季节或冬季施工。

(4)耐腐蚀性差

由于硅酸盐水泥的水化产物中含有较多的$Ca(OH)_2$和C_3AH_6,耐软水和化学侵蚀性能较差,不宜用于经常与流动淡水或硫酸盐等腐蚀介质接触的工程,也不宜用于经常与海水、矿物水等腐蚀介质接触的工程。

(5)耐热性差

水泥石中的一些重要组分在高温下会发生脱水或分解,使水泥石的强度下降以至破坏。当受热温度为100~200 ℃时,由于尚存的游离水能继续发生水化,混凝土的密实度进一步增加,能使水泥石的强度有所提高,且混凝土的导热系数相对较小,故短时间内受热混凝土不会破坏。但当温度较高且受热时间较长时,水泥中的水化产物$Ca(OH)_2$分解为CaO,如再遇到潮湿的环境时,CaO熟化体积膨胀,使混凝土遭到破坏。因此,硅酸盐水泥不宜应用于有耐热性要求的混凝土工程中。

(6)抗碳化性能好

水泥石中$Ca(OH)_2$与空气中CO_2反应生成$CaCO_3$的过程称为碳化。碳化会使水泥石内部碱度降低,产生微裂纹,对钢筋混凝土还会导致钢筋锈蚀。

由于硅酸盐水泥在水化后,形成较多的$Ca(OH)_2$,碳化时碱度降低不明显。故适用于空气中CO_2浓度较高的环境,如铸造车间。

(7)干缩小

硅酸盐水泥在硬化过程中,形成大量的水化硅酸钙凝胶体,使水泥石密实,游离水分少,不易产生干缩裂纹,可用于干燥环境中的混凝土工程。

(8)耐磨性好

硅酸盐水泥强度高,耐磨性好,且干缩小,可用于路面与机场跑道等混凝土工程。

3.1.2 通用水泥

通用水泥是用于一般土木建筑工程的水泥,除了前面介绍的硅酸盐水泥,还包括掺入混合材料后制成的普通硅酸盐水泥、矿渣硅酸盐水泥、火山灰质硅酸盐水泥、粉煤灰硅酸盐水泥、复合硅酸盐水泥等。

1)混合材料

在水泥生产过程中,为节约水泥熟料,提高水泥产量和扩大水泥品种,同时也为改善水泥性能、调节水泥强度等级而加到水泥中的矿物质材料称为水泥混合材料。在硅酸盐水泥中掺入一定量的混合材料,不仅具有显著的技术经济效益,同时可充分利用工业废渣,保护环境,是实现水泥工业可持续发展的重要途径。混合材料按其性能分为非活性混合材料和活性混合材料。

(1)非活性混合材料

在常温条件下,不能与 $Ca(OH)_2$ 或水泥发生水化反应并生成具有水硬性水化产物的混合材料称为非活性混合材料。非活性混合材料在水泥中起调节水泥强度等级、节约水泥熟料的作用,因此又称填充性混合材料。另外,非活性混合材料也可以起到减少水化热,改善耐腐蚀性及和易性的作用。

此类混合材料中,质地较坚实的有石英岩、石灰岩、砂岩等磨成的细粉;质地较松软的有黏土、黄土等。另外,凡不符合技术要求的粒化高炉矿渣、火山灰质混合材料及粉煤灰,均可作为非活性混合材料应用。对于非活性混合材料的品质要求主要是应具有足够的细度,不含或极少含对水泥有害的杂质。

(2)活性混合材料

在常温条件下,能与 $Ca(OH)_2$ 或水泥发生水化反应并生成相应的具有水硬性水化产物的混合材料称为活性混合材料。活性混合材料除具有非活性混合材料的作用外,还能产生一定的强度,并能明显改善水泥的性质。活性混合材料主要包括粒化高炉矿渣、火山灰质混合材料及粉煤灰 3 类。

①粒化高炉矿渣。高炉冶炼生铁所得以硅酸钙和铝硅酸钙为主要成分的熔融物,经淬冷成粒后的产品称为粒化高炉矿渣。急冷矿渣的结构为不稳定的玻璃体,在矿渣玻璃体结构中,硅氧四面体和铝氧四面体处于非结晶状态,其键合力极弱。在激发剂作用下,这些硅酸基团和铝酸基团具有较高的活性。习惯上把这类具有“潜在”活性的基团称为活性 SiO_2 和活性 Al_2O_3。常用的激发剂有碱性激发剂(石灰或水泥熟料)和硫酸盐激发剂两类。石灰可与活性 SiO_2 及活性 Al_2O_3 反应,生成水化硅酸钙和水化铝酸钙,使矿渣具有水硬性:

$$xCa(OH)_2+SiO_2+nH_2O = xCaO \cdot SiO_2 \cdot (x+n)2H_2O$$

$$yCa(OH)_2+Al_2O_3+mH_2O = yCaO \cdot Al_2O_3 \cdot (y+m)2H_2O$$

石膏的作用是与水化铝酸钙反应,生成水化硫铝酸钙,使矿渣水硬性得到进一步发挥,其反应机理与硅酸盐水泥熟料矿物水化时是相同的。

②火山灰质混合材料。具有火山灰性的天然或人工的矿物质材料称为火山灰质混合材料。所谓火山灰性,是指一种材料磨成细粉后,单独加水拌和不具有水硬性,但在常温下与石灰一起遇水后能形成具有水硬性化合物的性质。

火山灰质混合材料品种较多,天然的主要有火山灰、凝灰岩、浮石、沸石岩、硅藻土;人工的主要有煤矸石、烧页岩、烧制土、硅质渣、硅粉等。

③粉煤灰。粉煤灰是火山灰质混合材料的一种。粉煤灰是从火力发电厂的煤粉炉烟道气体中收集的粉末,它以氧化硅和氧化铝为主要成分,含少量氧化钙,其水硬性原理与火山灰质混合材料相同。一般来说,当其 SiO_2 和 Al_2O_3 含量越高,含碳量越低,细度越小时,质量越好。

掺加到水泥中的活性混合材料,其质量应符合国家标准《用于水泥、砂浆和混凝土中的粒化高炉矿渣》(GB/T 18046—2017)、《用于水泥中的火山灰质混合材料》(GB/T 2847—2022)及

《用于水泥和混凝土中的粉煤灰》(GB/T 1596—2017)的规定。

2)普通硅酸盐水泥

《通用硅酸盐水泥》(GB 175—2023)规定,普通硅酸盐水泥(简称普通水泥,代号 P·O)中熟料与石膏的质量在总质量中须≥80%且<94%。掺主要混合材料时,要求掺量≥6%且<20%,其中允许用小于水泥质量5%的符合要求的石灰石来代替。

普通硅酸盐水泥由于混合材料掺量较少,故普通硅酸盐水泥与硅酸盐水泥的性质基本相同,略有差别,主要表现为:早期强度略低;耐腐蚀性略有提高;耐热性稍好;水化热略低;抗冻性、耐磨性、抗碳化性略有降低。

普通硅酸盐水泥其他指标规定如下:

①烧失量。普通水泥的烧失量不得大于5.0%。

②凝结时间。初凝不得早于45 min,终凝不得迟于10 h。

③强度。普通硅酸盐水泥划分为42.5、42.5R、52.5、52.5R、62.5、62.5R共6个强度等级,各强度等级不同龄期强度不得低于表3.6中数值。

表3.6 普通硅酸盐水泥的强度等级要求

强度等级	抗压强度/MPa		抗折强度/MPa	
	3 d	28 d	3 d	28 d
42.5	17.0	42.5	4.0	6.5
42.5R	22.0	42.5	4.5	6.5
52.5	22.0	52.5	4.5	7.0
52.5R	27.0	52.5	5.0	7.0
62.5	27.0	62.5	5.0	8.0
62.5R	32.0	62.5	5.5	8.0

3)矿渣硅酸盐水泥

矿渣硅酸盐水泥(简称矿渣水泥)由硅酸盐水泥熟料和粒化高炉矿渣/矿渣粉、适量石膏磨细制成,代号P·S·A和P·S·B。P·S·A水泥中粒化高炉矿渣/矿渣粉掺加量按质量分数计为≥21%且<50%;P·S·B水泥中粒化高炉矿渣/矿渣粉掺加量按质量分数计为≥51%且<70%。允许用符合要求的粉煤灰或火山灰、石灰石代替粒化高炉矿渣/矿渣粉,代替数量小于水泥质量的8%,替代后P·S·A水泥中粒化高炉矿渣/矿渣粉不得少于21%,P·S·B水泥中粒化高炉矿渣/矿渣粉不得少于51%。

粒化高炉矿渣含有活性 SiO_2 和活性 Al_2O_3,易与 $Ca(OH)_2$ 作用而且具有强度。矿渣水泥水化时,首先是水泥熟料矿物的水化,然后矿渣才参与水化反应。矿渣水泥中由于掺加了大量的混合材料,相对减少了水泥熟料矿物的含量,因此矿渣水泥的凝结稍慢,早期强度较低,但在硬化后期,28 d以后的强度发展将超过硅酸盐水泥。

矿渣水泥在应用上与普通硅酸盐水泥相比较,其主要特点及适应范围如下:

①与普通硅酸盐水泥一样,能应用于任何地上工程,配制各种混凝土及钢筋混凝土。但在

施工时应严格控制混凝土用水量,并尽量排除混凝土表面泌水,加强养护工作,否则,不但强度会过早停止发展,而且易产生较大干缩,导致开裂。拆模时间应适当延长。

②适用于地下或水中工程,以及经常受较高水压的工程;对于要求耐淡水侵蚀和耐硫酸盐侵蚀的水工或海工建筑尤其适宜。

③水化热较低,适用于大体积混凝土工程。

④最适用于蒸汽养护的预制构件。矿渣水泥经蒸汽养护后,不但能获得较好的力学性能,而且浆体结构的微孔变细,能改善制品和构件的抗裂性和抗冻性。

⑤适用于受热(200 ℃以下)的混凝土工程。还可掺加耐火砖粉等耐热掺料,配制成耐热混凝土。

但矿渣水泥不适用于早期强度要求较高的混凝土工程,不适用于受冻融或干湿交替环境中的混凝土;对低温(10 ℃以下)环境中需要强度发展迅速的工程,如不能采取加热保温或加速硬化等措施时,亦不宜使用。

4)火山灰质硅酸盐水泥

火山灰质硅酸盐水泥(简称火山灰水泥)由硅酸盐水泥熟料和火山灰质混合材料、适量石膏磨细制成,代号为 P·P。水泥中火山灰质混合材料掺量按质量分数计为≥21%且<40%。可以使用符合要求的石灰石代替火山灰质混合材料,代替数量小于水泥质量的5%,替代后水泥中火山灰质混合材料不得少于21%。

火山灰水泥的技术性质与矿渣水泥比较接近,与普通水泥相比较,主要适用范围如下:

①最适宜用在地下或水中工程,尤其是需要抗渗性、抗淡水及抗硫酸盐侵蚀的工程中。

②可以与普通水泥一样用在地面工程,但掺软质混合材料的火山灰水泥,由于干缩变形较大,不宜用于干燥地区或高温车间。

③适宜用蒸汽养护生产混凝土预制构件。

④水化热较低,宜用于大体积混凝土工程。

但是,火山灰水泥不适用于早期强度要求较高、耐磨性要求较高的混凝土工程;其抗冻性较差,不宜用于受冻部位。

5)粉煤灰硅酸盐水泥

粉煤灰硅酸盐水泥(简称粉煤灰水泥)由硅酸盐水泥熟料和粉煤灰、适量石膏磨细制成,代号为 P·F。水泥中粉煤灰掺量按质量分数计为≥21%且<40%。允许使用符合要求的石灰石代替粉煤灰,代替数量小于水泥质量的5%,替代后水泥中粉煤灰质量分数不得少于21%。

粉煤灰水泥与火山灰水泥相比较有着许多相同的特点,但由于掺加的混合材料不同,因此亦有不同。粉煤灰水泥的适用范围如下:

①除适用于地面工程外,还非常适用于大体积混凝土以及水工混凝土工程。

②粉煤灰水泥的缺点是泌水较快,易引起失水裂缝,因此在混凝土凝结期间宜适当增加抹面次数,在硬化期应加强养护。

6)复合硅酸盐水泥

复合硅酸盐水泥(简称复合水泥)由硅酸盐水泥熟料、三种或三种以上规定的混合材料、适量的石膏磨细制成,代号为 P·C。水泥中混合材料总掺加量按质量分数计应≥21%且<50%。水泥中石灰石掺量不得超过水泥质量的15%。

《通用硅酸盐水泥》(GB 175—2023)规定,复合水泥的氧化镁含量、三氧化硫含量、细度、凝结时间和安定性等指标与火山灰水泥和粉煤灰水泥的技术要求相同(见表3.7)。此外,复合水泥的强度等级分为42.5、42.5R、52.5、52.5R四个等级,而矿渣水泥、粉煤灰水泥和火山灰水泥的强度等级分为32.5、32.5R、42.5、42.5R、52.5、52.5R六个等级。各强度等级不同龄期强度不得低于表3.7中数值。

表3.7 矿渣水泥、火山灰水泥、粉煤灰水泥、复合水泥的技术要求

<table>
<tr><td rowspan="2">技术性质</td><td rowspan="2">细度
45 μm方孔筛筛余量/%</td><td colspan="2">凝结时间</td><td rowspan="2">安定性
(沸煮法、压蒸法)</td><td rowspan="2">MgO
质量
分数/%</td><td colspan="2">SO_3质量分数/%</td><td rowspan="2">碱质量
分数/%</td></tr>
<tr><td>初凝
/min</td><td>终凝
/h</td><td>火山灰水泥
粉煤灰水泥
复合水泥</td><td>矿渣
水泥</td></tr>
<tr><td>指标</td><td>≥5.0</td><td>≥45</td><td>≤10</td><td>必须合格</td><td>≤6.0①</td><td>≤3.5</td><td>≤4.0</td><td>供需双方商定②</td></tr>
<tr><td rowspan="2">强度等级</td><td colspan="4">抗压强度/MPa</td><td colspan="4">抗折强度/MPa</td></tr>
<tr><td colspan="2">3 d</td><td colspan="2">28 d</td><td colspan="2">3 d</td><td colspan="2">28 d</td></tr>
<tr><td>32.5</td><td colspan="2">12.0</td><td colspan="2">32.5</td><td colspan="2">3.0</td><td colspan="2">5.5</td></tr>
<tr><td>32.5R</td><td colspan="2">17.0</td><td colspan="2">32.5</td><td colspan="2">4.0</td><td colspan="2">5.5</td></tr>
<tr><td>42.5</td><td colspan="2">17.0</td><td colspan="2">42.5</td><td colspan="2">4.0</td><td colspan="2">6.5</td></tr>
<tr><td>42.5R</td><td colspan="2">22.0</td><td colspan="2">42.5</td><td colspan="2">4.5</td><td colspan="2">6.5</td></tr>
<tr><td>52.5</td><td colspan="2">22.0</td><td colspan="2">52.5</td><td colspan="2">4.5</td><td colspan="2">7.0</td></tr>
<tr><td>52.5R</td><td colspan="2">27.0</td><td colspan="2">52.5</td><td colspan="2">5.0</td><td colspan="2">7.0</td></tr>
</table>

注:①如果P·S·A水泥中MgO质量分数大于6.0%,需进行水泥压蒸安定性试验并合格。P·S·B水泥无要求。②水泥中碱质量分数按$Na_2O+0.658K_2O$计算值来表示。若用户要求提供低碱水泥,水泥中碱质量分数由供需双方商定。

7)通用水泥的特性

通用水泥在目前土建工程中应用最广,用量最大。其主要特性及选用原则可以归纳如表3.8和表3.9。

表3.8 通用水泥的特性

品种	硅酸盐水泥	普通水泥	矿渣水泥	火山灰水泥	粉煤灰水泥	复合水泥
主要特性	1.凝结硬化快 2.早期强度高 3.水化热大 4.抗冻性好 5.干缩性小 6.耐蚀性差 7.耐热性差	1.凝结硬化较快 2.早期强度较高 3.水化热较大 4.抗冻性较好 5.干缩性较小 6.耐蚀性较差 7.耐热性较差	1.凝结硬化慢 2.早期强度低,后期强度增长较快 3.水化热较低 4.抗冻性差 5.干缩性大 6.耐蚀性较好 7.耐热性好 8.泌水性大	1.凝结硬化慢 2.早期强度低,后期强度增长较快 3.水化热较低 4.抗冻性差 5.干缩性大 6.耐蚀性较好 7.耐热性较好 8.抗渗性较好	1.凝结硬化慢 2.早期强度低,后期强度增长较快 3.水化热较低 4.抗冻性差 5.干缩性较小,抗裂性较好 6.耐蚀性较好 7.耐热性较好	与所掺两种或两种以上混合材料的种类、掺量有关,其特性基本上与矿渣、火山灰、粉煤灰水泥的特性相似

表 3.9　通用水泥的选用

混凝土工程特点及所处环境特点			优先选用	可以选用	不宜选用
普通混凝土	1	在一般气候环境中的混凝土	普通水泥	矿渣水泥、火山灰水泥、粉煤灰水泥、复合水泥	
	2	在干燥环境中的混凝土	普通水泥	矿渣水泥	火山灰水泥、粉煤灰水泥
	3	在高温高湿环境中或长期处于水中的混凝土	矿渣水泥、火山灰水泥、粉煤灰水泥、复合水泥	普通水泥	
	4	厚大体积的混凝土	矿渣水泥、火山灰水泥、粉煤灰水泥、复合水泥		硅酸盐水泥
有特殊要求的混凝土	1	要求快硬、高强(等级>C40)的混凝土	硅酸盐水泥	普通水泥	矿渣水泥、火山灰水泥、粉煤灰水泥、复合水泥
	2	严寒地区的露天混凝土,寒冷地区处于水位升降范围的混凝土	普通水泥	矿渣水泥(等级>32.5)	火山灰水泥、粉煤灰水泥
	3	严寒地区处于水位升降范围的混凝土	普通水泥(等级>42.5)		矿渣水泥、火山灰水泥、粉煤灰水泥、复合水泥
	4	有抗渗要求的混凝土	普通水泥、火山灰水泥	矿渣水泥(等级>32.5)	矿渣水泥
	5	有耐磨要求的混凝土	硅酸盐水泥、普通水泥		火山灰水泥、粉煤灰水泥
	6	受侵蚀性介质作用的混凝土	矿渣水泥、火山灰水泥、粉煤灰水泥、复合水泥		硅酸盐水泥

3.1.3　专用水泥

为满足工程要求而生产的专门用于某种工程的水泥属专用水泥。专用水泥以适用的工程命名,如砌筑水泥、道路水泥等。

1) 砌筑水泥

由硅酸盐水泥熟料加入规定的混合材料和适量石膏,磨细制成的保水性较好的水硬性胶凝材料,称为砌筑水泥,代号 M。

《砌筑水泥》(GB/T 3183—2017)规定,砌筑水泥分为 12.5、22.5 和 32.5 三个等级。各龄期强度不得低于表 3.10 规定的数值。

砌筑水泥强度较低,能满足砌筑砂浆强度要求。可利用大量工业废渣作为混合材料,降低水泥成本,砌筑水泥的生产、应用,一改过去用高强度等级水泥配制低强度等级砌筑砂浆、抹面砂浆的不合理现象。砌筑水泥适用于砖、石、砌块砌体的砌筑砂浆和内墙抹面砂浆，但不得用于结构混凝土。

表 3.10 砌筑水泥强度等级要求

强度等级	抗压强度/MPa			抗折强度/MPa		
	3 d	7 d	28 d	3 d	7 d	28 d
12.5	—	7	12.5	—	1.5	3.0
22.5	—	10	22.5	—	2.0	4.0
32.5	10	—	32.5	2.5	—	5.5

2) 道路水泥

以适当成分的生料烧至部分熔融，所得以硅酸钙为主要成分和较多量铁铝酸盐的硅酸盐水泥熟料称为道路硅酸盐水泥熟料。由道路硅酸盐水泥熟料，0~10%活性混合材料和适量石膏磨细制成的水硬性胶凝材料，称为道路硅酸盐水泥，简称道路水泥。

《道路硅酸盐水泥》(GB/T 13693—2017)规定的技术要求如下：

①氧化镁含量。道路水泥中氧化镁质量分数不得超过 5.0%，如果水泥压蒸试验合格，则氧化镁质量分数允许放宽至 6.0%。

②三氧化硫含量。道路水泥中三氧化硫质量分数不得超过 3.5%。

③烧失量。道路水泥中烧失量不得大于 3.0%。

④比表面积。比表面积为 300~450 m^2/kg。

⑤碱含量。碱质量分数按 $w(Na_2O)+0.658w(K_2O)$ 计算值表示。若使用活性骨料，用户要求提供低碱水泥时，水泥中碱质量分数不得大于 0.6%或由供需双方商定。

⑥凝结时间。初凝不得早于 90 min，终凝不得迟于 720 min。

⑦沸煮法安定性。安定性用雷氏夹检验必须合格。

⑧干缩性。28 d 干缩率不得大于 0.10%。

⑨耐磨性。28 d 磨损量不得大于 3.00 kg/m^2。

⑩强度。道路水泥 28 d 抗折强度分为 7.5 和 8.5 两个强度等级，各强度等级 3 d 和 28 d 强度不得低于表 3.11 所规定数值。

⑪氯离子含量。氯离子质量分数不得大于 0.06%。

表 3.11 道路水泥各龄期强度等级要求

强度等级	抗折强度/MPa		抗压强度/MPa	
	3 d	28 d	3 d	28 d
7.5	4.0	7.5	21.0	42.5
8.5	5.0	8.5	26.0	52.5

道路水泥熟料中降低铝酸三钙(C_3A)含量，以减少水泥的干缩率；提高铁铝酸四钙含量，使水泥耐磨性、抗折强度提高。

道路水泥的特性是干缩率小、耐磨性好、抗折强度高、抗冲击性好、抗冻性和抗硫酸盐侵蚀比较好的专用水泥。适用于道路路面、机场跑道、城市广场及对耐磨性、抗干缩性要求较高的混凝土工程。

3.1.4 特性水泥

与通用水泥相比较,特性水泥是指某种性能比较突出的一类水泥。特性水泥品种繁多,这里仅对硅酸盐系特性水泥中的快硬硅酸盐水泥、抗硫酸盐硅酸盐水泥、白色硅酸盐水泥和彩色硅酸盐水泥作简要介绍。

1)抗硫酸盐硅酸盐水泥

抗硫酸盐硅酸盐水泥是以硅酸钙为主的特定矿物组成的熟料,加入适量石膏,磨细制成的具有一定抗硫酸盐侵蚀性能的水硬性胶凝材料,简称抗硫酸盐水泥。

《抗硫酸盐硅酸盐水泥》(GB/T 748—2023)规定,抗硫酸盐水泥的比表面积应不小于 280 m^2/kg;氧化镁质量分数不得大于 5.0%,若水泥压蒸安定性试验合格,则氧化镁的质量分数不得大于 6.0%;三氧化硫质量分数不得大于 2.5%;初凝不得早于 45 min,终凝不得迟于 10 h;水泥中不溶物应不大于 0.75%;体积安定性必须合格。抗硫酸盐水泥强度等级为 42.5。各龄期的强度值不得低于表 3.12 规定数值。

表 3.12 抗硫酸盐水泥强度要求

分　类	强度等级	抗压强度/MPa		抗折强度/MPa	
		3 d	28 d	3 d	28 d
中抗硫酸盐水泥	42.5	15.0	42.5	3.0	6.5
高抗硫酸盐水泥					

抗硫酸盐水泥具有较高的抗硫酸盐侵蚀的性能,水化热较低,适用于受硫酸盐侵蚀的海港、水利、地下隧涵、引水、道路与桥梁基础等工程。

2)白色硅酸盐水泥

白色硅酸盐水泥熟料是以适当成分的生料烧至部分熔融,所得以硅酸钙为主要成分,氧化铁含量少的熟料。以白色硅酸盐水泥熟料加入适量石膏和混合材料磨细制成的水硬性胶凝材料称为白色硅酸盐水泥,简称白水泥。

硅酸盐水泥呈暗灰色,主要原因是由于 Fe_2O_3 含量较多(Fe_2O_3 质量分数为 3%~4%)。当 Fe_2O_3 质量分数在 0.5%以下,则水泥接近白色。此外,白水泥生产原料应采用纯净的石灰石、纯石英砂、高岭土。生产过程应严格控制 Fe_2O_3,并尽可能减少 MnO、TiO_2 等着色氧化物。因此,白水泥生产成本较高。

《白色硅酸盐水泥》(GB/T 2015—2017)规定的氧化镁、三氧化硫、细度、凝结时间、安定性指标与普通水泥相近。

白色水泥分 3 个强度等级,各龄期强度应符合表 3.13 中的规定。

表 3.13 白色硅酸盐水泥强度要求

强度等级	抗压强度/MPa		抗折强度/MPa	
	3 d	28 d	3 d	28 d
32.5	12.0	32.5	3.0	6.0
42.5	17.0	42.5	3.5	6.5
52.5	22.0	52.5	4.0	7.0

白水泥的白度以氧化镁标准板的白度(100%)为参照物,用白度计测定,白水泥白度值应不低于 87。以 3 块试样板的白度平均值为试样的白度。当 3 块粉体试样板的白度值有一个超过平均值的±0.5 时,应予以剔出,取其余两个测量值的平均值作为白度结果;如果两个测量值超过平均值的±0.5 时,应重做测量。同一试验室偏差应不超过 0.5。

3)彩色硅酸盐水泥

彩色硅酸盐水泥根据其着色方法的不同,有两种生产方式:染色法和直接烧成法。所谓染色法是将硅酸盐水泥熟料(白水泥熟料或普通水泥熟料)、适量石膏和碱性颜料共同磨细而制成彩色水泥;所谓直接烧成法是在水泥生料中加入着色原料而直接煅烧成彩色水泥熟料,再加入适量石膏共同磨细制成彩色水泥。

白水泥和彩色水泥可以配制彩色水泥浆,用作建筑物内、外墙粉刷及天棚、柱子的装饰粉刷;配制各种彩色砂浆用于装饰抹灰;配制白水泥或彩色水泥混凝土,克服普通水泥混凝土颜色灰暗、单调的缺点;制造各种色彩的水泥石、人造大理石及水磨石等制品。

3.2 其他品种水泥

3.2.1 铝酸盐水泥

凡以铝酸钙为主的铝酸盐水泥熟料,磨细制成的水硬性胶凝材料称为铝酸盐水泥,代号 CA。根据需要也可在磨制 Al_2O_3 质量分数大于 68%的水泥时掺加适量的 α-Al_2O_3 粉。它是一种快硬、高强、耐腐蚀、耐热的水泥。

铝酸盐水泥的主要矿物成分为铝酸一钙($CaO \cdot Al_2O_3$,简写 CA)及其他的铝酸盐矿物,如 $CaO \cdot 2Al_2O_3$(简写 CA_2)、$2CaO \cdot Al_2O_3 \cdot SiO_2$(简写 2CAS)、$12CaO \cdot 7Al_2O_3$(简写 $C_{12}A_7$)等。有时还含有少量的 $2CaO \cdot SiO_2$ 等。

《铝酸盐水泥》(GB/T 201—2015)中铝酸盐水泥按 Al_2O_3 质量分数可分为 4 类:

①CA50:$50\% \leqslant \omega(Al_2O_3) < 60\%$,该品种根据强度分为 CA50-Ⅰ, CA50-Ⅱ, CA50-Ⅲ 和 CA50-Ⅳ;

②CA60:$60\% \leqslant \omega(Al_2O_3) < 68\%$,该品种根据主要矿物组成分为 CA60-Ⅰ(以铝酸一钙为

主)和 CA60-Ⅱ(以铝酸二钙为主);

③CA70:68%$\leqslant\omega(Al_2O_3)<77\%$;

④CA80:77%$\leqslant\omega(Al_2O_3)$。

铝酸盐水泥的水化和硬化,主要就是铝酸一钙的水化及其水化物的结晶。一般认为其水化反应随温度的不同而水化产物不相同。其各项反应依次为:

温度 20 ℃以下时:

$$\underset{CA}{3CaO\cdot Al_2O_3}+10H_2O\longrightarrow\underset{CAH_{10}}{10CaO\cdot Al_2O_3\cdot 10H_2O}$$

温度 20~30 ℃时:

$$2(CaO\cdot Al_2O_3)+11H_2O\longrightarrow\underset{C_2AH_8}{2CaO\cdot Al_2O_3\cdot 8H_2O}+\underset{\text{铝胶}}{Al_2O_3\cdot 3H_2O}$$

温度高于 30 ℃时:

$$3(CaO\cdot Al_2O_3)+12H_2O\longrightarrow\underset{C_3AH_6}{3CaO\cdot Al_2O_3\cdot 6H_2O}+\underset{\text{铝胶}}{2(Al_2O_3\cdot 3H_2O)}$$

在较低温度下,水化物主要是 CAH_{10} 和 C_2AH_8,呈细长针状和板状结晶连生体,形成骨架。析出的 $Ca(OH)_2$ 凝胶填充于骨架空隙中,形成密实的水泥石。

在温度大于 30 ℃时,水化生成物 C_3AH_6 强度则大为降低。需要注意的是,CAH_{10} 和 C_2AH_8 都是不稳定的,会逐步转化为 C_3AH_6,这种转变会因温度升高而加速。晶体转变的结果,使水泥石析出游离水,增大孔隙率;同时由强度高的晶体转化成强度低的 C_3AH_6。

1)铝酸盐水泥的技术性质

铝酸盐水泥常为黄褐色,也有呈灰色的。铝酸盐水泥的密度和堆积密度与普通硅酸盐水泥相近。对其物理性能的要求如下:

①细度。比表面积不小于 300 m^2/kg 或 0.045 mm 方孔筛筛余不大于 20%,有争议时以比表面积为准。

②凝结时间。铝酸盐水泥胶砂凝结时间应符合表 3.14 的规定。

③强度。铝酸盐水泥各龄期强度应符合表 3.15 中数值。

表 3.14　铝酸盐水泥的凝结时间

类　型		初凝时间/min	终凝时间/min
CA50		≥30	≤360
CA60	CA60-Ⅰ	≥30	≤360
	CA60-Ⅱ	≥60	≤1 080
CA70		≥30	≤360
CA80		≥30	≤360

表 3.15 铝酸盐水泥各龄期强度要求

类 型		抗压强度/MPa				抗折强度/MPa			
		6 h	1 d	3 d	28 d	6 h	1 d	3 d	28 d
CA50	CA50-Ⅰ	≥20*	≥40	≥50	—	≥3*	≥5.5	≥6.5	—
	CA50-Ⅱ		≥50	≥60	—		≥6.5	≥7.5	—
	CA50-Ⅲ		≥60	≥70	—		≥7.5	≥8.5	—
	CA50-Ⅳ		≥70	≥80	—		≥8.5	≥9.5	—
CA60	CA60-Ⅰ	—	≥65	≥85	—	—	≥7.0	≥10.0	—
	CA60-Ⅱ	—	≥20	≥45	≥85	—	≥2.5	≥5.0	≥10.0
CA70		—	≥30	≥40	—	—	≥5.0	≥6.0	—
CA80		—	≥25	≥30	—	—	≥4.0	≥5.0	—
*用户要求时,生产厂家应提供实验结果。									

2)铝酸盐水泥的特性和应用

(1)快硬早强

铝酸盐水泥硬化快、早期强度发展迅速。在低温环境(5~10 ℃)能很快硬化,强度高,而在较高温度下(30 ℃以上)养护,强度急剧下降,这一特点与硅酸盐水泥截然相反。因此,铝酸盐水泥适用于紧急抢修、低温季节施工、早期强度要求高的特殊工程;不宜在高温季节施工,更不宜蒸汽养护。

(2)水化热高、放热快

铝酸盐水泥硬化过程放热量大,放热速度快,早期强度高,特别适用于寒冷地区冬季施工,可避免冻害;但不适用于大体积混凝土工程。

(3)耐蚀性好、密实不透水

铝酸盐水泥水化物中极少 $Ca(OH)_2$,水泥石结构致密。因此耐软水侵蚀,耐硫酸盐、酸类侵蚀性好,抗渗性好;但铝酸盐水泥对碱的侵蚀无抵抗能力。

(4)耐热性好

虽然铝酸盐水泥的水化反应不宜在较高温下(30 ℃以上)进行,但硬化后的水泥石在1 000 ℃以上温度仍能保持较高强度,这是因为在高温下各组分发生固相反应成烧结状态,代替了水泥的水化结合。所以,铝酸盐水泥可作为耐热混凝土的胶结材料,用于窑炉炉衬,耐热可达1 300 ℃,而且对酸性烟气侵蚀有较强的抵抗能力。

(5)应用时必须注意的问题

铝酸盐水泥硬化后由于晶体转化,长期强度下降幅度大(比早期最高强度下降约40%),因此不宜用于长期承重的结构。未经试验,铝酸盐水泥不得与硅酸盐水泥、石灰等能析出 $Ca(OH)_2$ 的材料混合使用,铝酸盐水泥水化过程遇到 $Ca(OH)_2$ 将出现"闪凝",无法施工,而且硬化后强度很低。

3.2.2 硫铝酸盐水泥

将铝质原料(如矾土)、石灰质原料(如石灰石)和石膏适当配合,煅烧成以无水硫铝酸钙为主的熟料,该熟料掺适量石膏共同磨细,即可制得硫铝酸盐水泥。硫铝酸盐水泥的主要品种有快硬硫铝酸盐水泥、低碱度硫铝酸盐水泥、膨胀硫铝酸盐水泥、自应力硫铝酸盐水泥等。此类水泥以其早期强度高、干缩率小、抗渗性好、耐蚀性好,而且生产成本低等特点,在混凝土工程中得到广泛应用。

本节将对硫铝酸盐类水泥中的快硬硫铝酸盐水泥作简要介绍。

快硬硫铝酸盐水泥是指以适当成分的生料,经煅烧所得以无水硫铝酸钙和硅酸二钙为主要成分的熟料,加入适量石膏制成的,具有早期强度高的水硬性胶凝材料。代号 R.SAC。

快硬硫铝酸盐水泥中的主要矿物成分有无水硫铝酸钙($4CaO \cdot 3Al_2O_3 \cdot CaSO_4$)、硅酸二钙($2CaO \cdot SiO_2$)、石膏($CaSO_4 \cdot 2H_2O$);其中,石灰石质量分数不得大于 15%。

快硬硫铝酸盐水泥加水后,能迅速地与水发生复杂的水化反应,主要水化产物有水化硫铝酸钙晶体($3CaO \cdot Al_2O_3 \cdot 3CaSO_4 \cdot 32H_2O$、$3CaO \cdot Al_2O_3 \cdot 3CaSO_4 \cdot 12H_2O$)、水化硅酸钙凝胶和铝胶。

硬化后的水泥石,强度迅速增长,形成的水泥石以水化硫铝酸钙晶体为骨架,在骨架间隙中填充凝胶体,而且硬化过程有微膨胀。因此,水泥石密度大、强度高。

1)快硬硫铝酸盐水泥的技术性质

国家标准《硫铝酸盐水泥》(GB/T 20472—2006)规定的技术要求如下:

①比表面积。比表面积不得低于 350 m^2/kg。

②凝结时间。初凝不早于 25 min,终凝不迟于 180 min。

③强度。以 3 d 抗压强度分为 42.5、52.5、62.5、72.5 共 4 个等级,各龄期强度应不低于表 3.16中数值。

表 3.16 快硬硫铝酸盐水泥各龄期强度要求

强度等级	抗压强度/MPa			抗折强度/MPa		
	1 d	3 d	28 d	1 d	3 d	28 d
42.5	30.0	42.5	45.0	6.0	6.5	7.0
52.5	40.0	52.5	55.0	6.5	7.0	7.5
62.5	50.0	62.5	65.0	7.0	7.5	8.0
72.5	55.0	72.5	75.0	7.5	8.0	8.5

2)快硬硫铝酸盐水泥的特性和应用

(1)凝结硬化快、早期强度高

快硬硫铝酸盐水泥凝结硬化快,早期强度高,以 3 d 强度表示强度等级。3 d 强度与硅酸盐水泥 28 d 强度相当,特别适用于抢修、堵漏、喷锚加固工程。

(2)水化放热快

快硬硫铝酸盐水泥水化速度快,水化放热快,又因早期强度增长迅速,不易发生冻害,所以适用于冬季施工;但不宜用于大体积混凝土工程。

(3)微膨胀、密实度大

快硬硫铝酸盐水泥水化生成大量钙矾石晶体,产生体积膨胀,而且水化需要大量结晶水,所以硬化后水泥石致密不透水,适用于有抗渗、抗裂要求的接头、接缝的混凝土工程。

(4)耐蚀性好

快硬硫铝酸盐水泥水化硬化后的水泥石中不含 $Ca(OH)_2$、水化铝酸钙($3CaO \cdot Al_2O_3 \cdot 6H_2O$),又因水泥石密实度高,所以耐软水、酸类、盐类腐蚀的能力好,适用于有耐蚀性要求的混凝土工程。

(5)低碱度

快硬硫铝酸盐水泥碱度低,对钢筋保护能力差,不适用于重要的钢筋混凝土结构。由于碱度低,特别适用于玻璃纤维增强的混凝土制品。

(6)耐热性差

由于快硬硫铝酸盐水泥水化产物中含大量结晶水,遇高温失去结晶水结构疏松,强度下降,所以不宜用于有耐热要求的混凝土工程。

3.2.3 膨胀水泥与自应力水泥

普通硅酸盐水泥在空气中硬化,通常表现为收缩。由于收缩,混凝土内部会产生裂纹,这样不但使混凝土的整体性破坏,而且会使混凝土的一些性能(如强度、抗渗性、抗冻性等)劣化。

膨胀水泥是一种在水化过程中体积产生膨胀的水泥,当用膨胀水泥配制混凝土时,硬化过程中产生一定数值的膨胀,可以克服或改善普通混凝土所产生的缺点。

根据膨胀值和用途的不同,膨胀性水泥可分为膨胀水泥和自应力水泥两类,前者膨胀数值较低,限制膨胀时所产生的压应力能大致抵消干缩所产生的拉应力,所以有时又称为不收缩水泥或补偿收缩水泥;而后者具有较高的膨胀率,当用这种水泥配制钢筋混凝土时,由于握裹力的存在,混凝土本身一定受一个来自钢筋的压应力,当然这种压力实际上是水泥膨胀导致的,所以称为自应力,这种水泥称为自应力水泥。

虽然有许多化学反应能使水泥混凝土产生膨胀,但适合制造膨胀性水泥的主要有 3 种方法:

①在水泥中掺入一定量的适当温度下烧制得到的氧化钙,氧化钙水化产生体积膨胀。

②在水泥中掺入一定量的适当温度下烧制得到的氧化镁,氧化镁水化产生体积膨胀。

③在水泥石中形成钙矾石产生体积膨胀。

由于氧化钙和氧化镁的水化速度对环境温度较为敏感,它们的水化速率和膨胀速度因其煅烧温度和颗粒大小不同而改变。因此,工业化生产上通常不用它们做膨胀组分。钙矾石不但形成快、膨胀率大,而且相当稳定,因此在制作膨胀水泥时,广泛应用形成钙矾石的组分为膨胀组分。

按水泥主要成分可分为硅酸盐、铝酸盐和硫铝酸盐型膨胀水泥。硅酸盐膨胀水泥是以硅酸盐为主要组分外加铝酸盐水泥和石膏配制而成的一种水硬性胶凝材料。这种水泥的膨胀作用,主要是由于铝酸盐水泥中的铝酸盐矿物和石膏遇水后化合形成具有膨胀性的钙矾石($3CaO \cdot Al_2O_3 \cdot 3CaSO_4 \cdot 31H_2O$)晶体,其膨胀值的大小可通过改变铝酸盐水泥和石膏的含量来调节。例如,用 85%~88%的硅酸盐水泥熟料、6%~7.5%的铝酸盐水泥、6%~7.5%的二水石膏可配制成收缩补偿水泥,用这种水泥配制的混凝土可做屋面刚性防水层、锚固地脚螺栓或修补等用。如适当提高其膨胀组分即可增加膨胀量,配制成自应力水泥。自应力硅酸盐水泥常用于制造钢筋混凝土压力管及配件。

自应力铝酸盐水泥是以一定量的铝酸盐水泥熟料和二水石膏粉磨制成的大膨胀率的胶凝材料,具有自应力值高、抗渗、气密性好等优点,并且制造工艺较易控制,质量较稳定,可制作大口径或较高压力的压力管。但成本高,膨胀稳定期较长。

自应力硫铝酸盐水泥是以无水硫铝酸钙和硅酸二钙为主要矿物成分的熟料,加适量石膏磨细制成的强膨胀性水硬性胶凝材料,可制作大口径或较高压力的压力管。石膏掺量较少时,可用做补偿收缩混凝土。

膨胀水泥的品种很多,工程应用时应根据相应的标准选择合适的水泥。

本章小结

水泥的品种很多,按其主要水硬性矿物名称可分为硅酸盐系水泥、铝酸盐系水泥、硫铝酸盐系水泥、铁铝酸盐系水泥、磷酸盐系水泥等。

硅酸盐水泥熟料有硅酸三钙、硅酸二钙、铝酸三钙、铁铝酸四钙 4 种主要矿物。

硅酸盐水泥的凝结硬化按水化反应速率和水泥浆体结构特征分为初始反应期、潜伏期、凝结期和硬化期 4 个阶段。

国家标准对硅酸盐水泥的品质要求有凝结时间、强度、体积安定性、细度、水化热及不溶物、烧失量、氧化镁含量、SO_3 含量、碱含量、氯离子含量等化学品质指标。

硅酸盐水泥熟料水化后生成有氢氧化钙、水化硅酸钙、水化铝酸钙、水化铁酸钙等水化产物。在一般情况下,这些水化产物是稳定的,水泥石具有较好的耐久性;但在某些侵蚀介质(软水、含酸或盐的水等)作用下,会发生化学变化,强度降低甚至造成建筑物结构破坏,这种现象称为水泥石的腐蚀。

通用水泥是用于一般土木建筑工程的水泥,除硅酸盐水泥外、还包括掺入混合材料后制成的普通硅酸盐水泥、矿渣硅酸盐水泥、火山灰质硅酸盐水泥、粉煤灰硅酸盐水泥、复合硅酸盐水泥等。

专用水泥和特性水泥是指用于各类有特殊要求的工程中的水泥。

专用水泥以适用的工程命名,如砌筑水泥、道路水泥等。

特性水泥是指某种性能比较突出的一类水泥。特性水泥品种繁多,如硅酸盐系特性水泥中的快硬硅酸盐水泥、抗硫酸盐硅酸盐水泥、白色硅酸盐水泥和彩色硅酸盐水泥。

课后习题

1.何谓通用水泥?它主要指哪六大品种水泥?它们之间有何主要区别?

2.硅酸盐水泥熟料由哪些主要的矿物组成?它们在水泥水化中各表现出什么特性?

3.水泥石的腐蚀机理是什么?怎样防止水泥石的腐蚀?

4.何谓混合材料?常用的活性混合材料有哪几种?它们掺加在水泥中的主要作用是什么?

5.何谓专用水泥?道路水泥有哪些特点?

6.何谓特性水泥?举例说明其特性与应用。

4 建筑砂浆

本章导读：

● **基本要求** 熟悉建筑砂浆的技术要求；掌握新拌砂浆的和易性和硬化砂浆的各项性能；掌握砌筑砂浆和抹面砂浆的性质与组成材料及技术特性；了解砌筑砂浆的配合比设计方法；了解各种特种砂浆的性能特点及预拌砂浆的发展现状。

● **重点** 建筑砂浆的技术要求，新拌砂浆的和易性和硬化砂浆的各项性能，砌筑砂浆和抹面砂浆的性质与组成材料及技术特性。

● **难点** 新拌砂浆的和易性和砌筑砂浆的配合比设计方法。

砂浆是由胶凝材料、细集料和水按一定比例配制而成的一种土木工程材料，是土木工程中用途和用量均较大的一种材料。根据所用胶凝材料的不同，可分为水泥砂浆、石灰砂浆和混合砂浆（如水泥石灰砂浆、水泥黏土砂浆、石灰黏土砂浆等）；按用途的不同，可分为砌筑砂浆、抹面砂浆（普通抹面砂浆、防水砂浆及装饰砂浆等）、地面砂浆、特种砂浆（如保温砂浆、耐酸防腐砂浆及吸声砂浆等）。土木工程中使用较多的是砌筑砂浆和抹面砂浆。

砂浆主要用于以下几个方面：

①在结构工程中，把单块的砖、石、砌块等胶结起来构成砌体。

②在装配式结构中，砖墙的勾缝，大型墙板和各种构件的接缝。

③在装饰工程中，墙面、地面及梁柱结构等表面的抹面。

④天然石材、人造石材、瓷砖、锦砖等的镶贴。

4.1 砂浆的技术要求

砂浆的技术要求主要是指砂浆拌合物的密度，新拌砂浆的和易性，硬化砂浆的抗压强度，砂浆的粘结力、变形性、抗冻性及抗裂性等诸项性能。

4.1.1 砂浆拌合物的密度

由砂浆拌合物捣实后的质量密度，可以确定每立方米砂浆拌合物中各组成材料的实际用量，相关标准规定砌筑砂浆拌合物的密度为：水泥砂浆不应小于 1 900 kg/m^3；水泥混合砂浆不应小于 1 800 kg/m^3。

4.1.2 新拌砂浆的和易性

砂浆硬化前应具有良好的和易性，使之能铺成均匀的薄层，能与基面（底面）紧密粘结。新拌砂浆的和易性主要通过流动性和保水性来评定，若两项指标都能满足，即为和易性良好的砂浆。

1）流动性

砂浆流动性也叫稠度，是表示砂浆在重力或外力作用下流动的性能。砂浆流动性的大小通常用砂浆稠度测定仪测定（见图 4.1），以稠度值（或沉入度）表示，即砂浆稠度仪上质量为 300 g 的标准试锥自由下落，经 10 s 沉入砂浆中的深度（沉入度，mm）。沉入度越大，砂浆越稀，流动性越好。

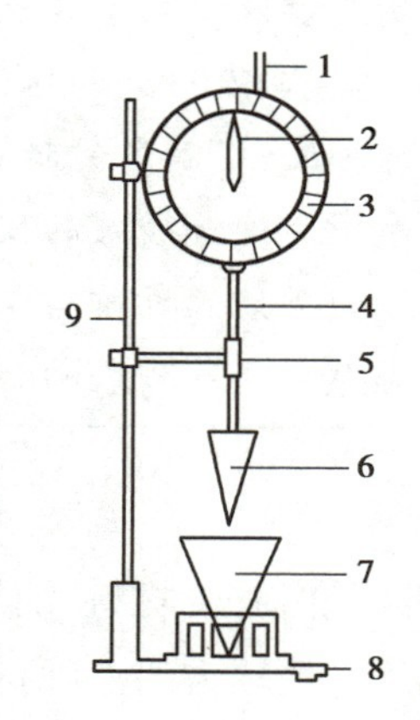

图 4.1 砂浆稠度测定仪

1—齿条测杆；2—指针；3—刻度盘；4—滑杆；5—制动螺丝；6—试锥；7—盛浆容器；8—底座；9—支架

影响砂浆流动性的因素，主要与掺入的外掺料及外加剂的品种、用量有关，也与胶凝材料的种类和用量、用水量以及细集料的种类、粗细程度及级配、颗粒形状有关。水泥用量和用水量多，砂子级配好、棱角少、颗粒粗，则砂浆的流动性大。

选用流动性适宜的砂浆，能提高施工效率，有利于保证施工质量。砂浆流动性的选择与砌体种类、施工方法以及天气情况等因素有关。对于多孔吸水的砌体材料和在干热天气下施工时，应使砂浆的流动性大些；而对于密实、不吸水的材料和湿冷天气，应使其流动性小些，一般可根据施工操作经验来掌握，但应符合《砌体结构工程施工质量验收规范》（GB 50203—2011）的规定，见表 4.1。

表 4.1 砌筑砂浆流动性（稠度值）参考表

砌体种类	砂浆稠度/mm
烧结普通砖砌体 蒸压粉煤灰砖砌体	70～90

续表

砌体种类	砂浆稠度/mm
混凝土实心砖、混凝土多孔砖砌体 普通混凝土小型空心砌块砌体 蒸压灰砂砖砌体	50~70
烧结多孔砖、空心砖砌体 轻骨料小型空心砌块砌体 蒸压加气混凝土砌块砌体	60~80
石砌体	30~50

注:①采用薄灰砌筑法砌筑蒸压加气混凝土砌块砌体时,加气混凝土粘结砂浆的加水量按照其产品说明书控制;
②当砌筑其他块体时,其砌筑砂浆的稠度可根据块体吸水特性及气候条件确定。

2)保水性

砂浆保水性是指新拌砂浆保持其内部水分,各组成材料之间不产生泌水、离析的能力。施工过程中,要求各组成材料彼此不发生分离、析水和泌水现象。保水性良好的砂浆水分不易流失,易于摊铺成均匀密实的砂浆层;反之,保水性差的砂浆,在施工过程中容易泌水、分层离析、水分流失,使流通性变坏,不易施工操作,同时由于水分易被砌体吸收,而影响水泥正常凝结和硬化,从而使砂浆强度降低。

传统的砂浆保水性以分层度(mm)表示,通常用砂浆分层度测量仪测定(见图4.2),即将新拌砂浆装入分层度测定仪中测定稠度值,然后静置30 min后,去掉上部200 mm砂浆,将剩余的100 mm砂浆再经搅拌后测试其稠度值,前后两次稠度值的差值即为分层度。保水性良好的砂浆,其分层度值较小。但若分层度过小,如分层度接近为0 mm的砂浆,虽然上下无分层现象,保水性好,但这种情况往往是胶凝材料用量过多,或者砂过细,致使砂浆硬化后干缩较大,易发生干缩裂缝,尤其不宜作为抹面砂浆。

图4.2　砂浆分层度测量仪

一般分层度值以10~20 mm为宜,在此范围内砌筑或抹面均可使用。分层度大于20 mm的砂浆,保水性不良,不宜采用。一般水泥砂浆的分层度不宜大于30 mm,水泥混合砂浆不宜超过20 mm。

砂浆的保水性还可以用保水率来表示。砌筑砂浆的保水率应符合表4.2的规定。

表4.2　砌筑砂浆的保水率

砂浆种类	保水率/%
水泥砂浆	≥80
水泥混合砂浆	≥84
预拌砌筑砂浆	≥88

保水性主要与胶凝材料的品种、用量有关。当用高强度等级水泥拌制低强度等级砂浆时,

由于水泥用量少、保水性较差,可掺入适量石灰膏或其他外掺料来改善。

4.1.3 硬化砂浆的性能

1)抗压强度

砂浆的抗压强度是以边长为 70.7 mm 的 3 个立方体试件在标准养护条件下[水泥砂浆为(20±2)℃,相对湿度 90% 以上;水泥石灰混合砂浆为(20±2)℃,相对湿度为 60%~80%]养护 28 d 后测定的抗压强度平均值来划分。根据《砌筑砂浆配合比设计规程》(JGJ/T 98—2010)的规定,砌筑砂浆的强度等级分为 M5、M7.5、M10、M15、M20、M25 和 M30 共 7 个等级。

砂浆强度受砂浆本身的组成材料及配比影响。同种砂浆在配比相同的情况下,砂浆的实际强度主要决定于所砌筑的基层材料的吸水性,可分为下述两种情况:

(1)基层为不吸水材料(如致密的石材)

砂浆 28 d 抗压强度(f_{mu})的主要影响因素为水泥强度(f_{ce})和灰水比[二者质量比,准确表示应为 $m(C)/m(W)$,但约定俗成,可表示为 C/W]。砂浆强度可用经验公式表示为:

$$f_{mu} = 0.29 f_{ce}\left(\frac{C}{W} - 0.40\right) \tag{4.1}$$

式中 f_{mu}—— 砂浆的 28 d 抗压强度值,MPa;

f_{ce}——水泥的实测强度值,MPa。$f_{ce} = \gamma_c \cdot f_{ce,k}$,其中 $f_{ce,k}$ 为水泥强度等级的标准值;γ_c 为水泥强度标准值的富裕系数,按实际统计资料确定,无统计资料时取 1.0;

$\frac{C}{W}$—— 灰水比。

(2)基层为吸水材料时

普通黏土烧结砖或其他多孔材料,加气混凝土砌块等,当基层吸水后,砂浆中保留水分的多少就取决于其本身的保水性,因而具有良好保水性的砂浆,不论拌和时用多少水,经底层吸水后,保留在砂浆中的水大致相同,而与初始水灰比关系不大。对不同地区、不同品种、不同水泥的试验结果进行统计分析表明,砂浆强度与水泥强度(f_{ce})和水泥用量(Q_c)有如下关系:

$$f_{mu} = A f_{ce} \frac{Q_c}{1\,000} + B \tag{4.2}$$

式中 Q_c——每立方米砂浆的水泥用量,kg/m^3;

A,B——砂浆的特征系数,其中 $A=3.03$,$B=-15.09$。

注:各地区可也可以使用本地区试验资料确定 A、B 值,统计用的试验组数不得少于 30 组。

2)砂浆粘结力

砂浆应具有一定的粘结力。砂浆的粘结力主要是指砂浆与基体的粘结强度的大小。砂浆的粘结力是影响砌体抗剪强度、耐久性和稳定性,乃至建筑物抗震能力和抗裂性的基本因素之一。通常,砂浆粘结力随其抗压强度增大而提高;粘结力还与基底表面的粗糙程度、洁净程度、润湿情况及施工养护条件等因素有关。在充分润湿、粗糙、洁净的表面上使用且养护良好的条件下,砂浆与基底粘结较好。

3)砂浆的变形性

砂浆在承受荷载或在温度、湿度变化时,均容易产生变形,如果变形过大或不均匀,都会降低砌体的质量,引起砌体沉降或开裂。若使用轻集料拌制砂浆或混合料掺料过多,也会引起砂浆收缩变形过大,抹面砂浆则会出现收缩裂缝。

4)砂浆抗冻性

强度等级在 M2.5 以上的砂浆,常用于受冻融影响较多的建筑部位。当设计中作出冻融循环要求时,必须进行冻融试验。经冻融试验后,质量损失率不应大于 5%,强度损失率不应大于 25%。

5)砂浆的抗裂性

提高砂浆的抗裂性,减少其收缩值的主要措施有:控制砂的粒度和掺量,较粗的砂和砂掺量较多时,都能减少砂浆干缩;在满足和易性和强度要求的前提下,尽可能限制胶凝材料用量,控制用水量,以减少干缩;掺入适量的纤维材料(麻刀、纸筋);分层抹灰和将面积较大的墙面分格处理,可使砂浆相对收缩值减少;控制养护速度,使砂浆脱水缓慢、均匀。

4.2 砌筑砂浆

用于将砖、石、砌块等块体材料粘结为砌体的砂浆,称为砌筑砂浆,它是目前用量最大的一种砂浆。砌筑砂浆在建筑砌体中起着结合作用,使砌块材料具有承载力,并将块体材料的连接处密封起来,以防止空气和潮湿的渗透;此外,砌筑砂浆还固定砌体中配制的钢筋、连接件和锚固螺栓等使之与砌体形成整体。在力学上,砌筑砂浆的作用主要是传递荷载、协调变形,而不是直接承受荷载。砌体的承载力不仅取决于砖、石、砌块等块体材料的性能,而且与砌筑砂浆的强度和粘结力有密切关系,因而,砌筑砂浆是砌体的重要组成部分。

4.2.1 砌筑砂浆的组成材料

1)胶凝材料

水泥是砂浆的主要胶凝材料。硅酸盐系的普通水泥、矿渣水泥、火山灰水泥、粉煤灰水泥及砌筑水泥等都可用来配制砌筑砂浆。具体可根据砌筑部位、环境条件选择适宜的水泥品种。通常,水泥砂浆采用的水泥,其强度等级不宜大于 42.5 级;水泥混合砂浆采用的水泥,其强度等级不宜大于 52.5 级;一般情况下,水泥强度等级标准值(MPa)宜为砌筑砂浆强度的 4~5 倍。

对于特殊用途的砂浆,可选用特种水泥(如膨胀水泥、快硬水泥)和有机胶凝材料(如合成树脂、合成橡胶等)。

石灰、石膏和黏土等亦可作为砂浆胶凝材料,与水泥混用配制混合砂浆,如水泥石灰砂浆、水泥黏土砂浆等,可以节约水泥并改善砂浆的和易性等性能。

2)细集料

砌筑砂浆常用的细集料是天然砂,应符合混凝土用砂的技术要求。由于砂浆层较薄,对砂子的粗细程度应有所限制。毛石砌体的砂浆宜选用粗砂,其最大粒径不超过砂浆层厚度的 1/5~1/4;用于砖砌体的砂浆,宜选用中砂,其最大粒径不应大于 2.5 mm;光滑表面的抹灰及勾缝砂浆,适宜选用细砂,其最大粒径不大于 1.2 mm。

砂中草根等杂物,含泥量、泥块含量、石粉含量过大,不但会降低砌筑砂浆的强度和均匀性,还会导致砂浆的收缩值增大,耐久性降低,影响砌体质量。砂中氯离子超标,配制的砌筑砂浆、混凝土会对其中钢筋的耐久性产生不良影响。根据《砌体结构工程施工质量验收规范》(GB 50203—2011)、《普通混凝土用砂、石质量及检验方法标准》(JGJ 52—2006),砂含泥量、泥块含量、石粉含量及云母、轻物质、有机物、硫化物、硫酸盐、氯盐含量应符合表 4.3 的规定。

表 4.3　砂杂质含量

项　目	指标/%	项　目	指标/%
泥	≤5.0	有机物(用比色法试验)	合格
泥块	≤2.0	硫化物及硫酸盐(折算成 SO_3)	≤1.0
云母	≤2.0	氯化物(以氯离子计)	≤0.06
轻物质	≤1.0		

注:含量按质量计。

此外,有些地区人工砂、山砂或特细砂资源较多,而这些砂的含泥量一般较大,为合理地利用这些资源,以及为减少外运用砂带来的工程成本增加,若经试配能满足砌筑砂浆技术条件时,含泥量可适当放宽。

3)掺和料

掺和料(或称为掺加料)是为改善砂浆和易性而加入的无机材料,如石灰膏、黏土膏、电石膏、磨细生石灰、粉煤灰及沸石粉等。

(1)石灰膏

为了保证砂浆质量,需将生石灰熟化成石灰膏后方可使用。生石灰熟化成石灰膏时,熟化时间不得少于 7 d;磨细生石灰粉的熟化时间不得小于 2 d。脱水硬化的石灰膏不但起不到塑化作用,还会影响砂浆强度,故严禁使用脱水硬化石膏粉。消石灰粉是未充分熟化的石灰,颗粒太粗,起不到改善砂浆和易性的作用,故不得直接使用于砌筑砂浆中。

(2)黏土膏

黏土膏要起到塑化作用,应达到一定的细度。此外,黏土中有机物含量过高会降低砂浆质量,只有低于规定的含量时才可使用。

(3)电石膏

电石膏是电石消解后,经过滤后的产物。电石膏应加热至 70 ℃并保持 20 min,经检验没有乙炔气味后,才能使用。

(4)粉煤灰

粉煤灰的品质指标应符合有关标准的规定。根据砂浆强度的高低,可使用Ⅱ级或Ⅲ级粉煤灰。

(5)沸石粉

沸石粉指以天然沸石岩为原料,经破碎、磨细制成的粉状物料,是一种含多孔结构的微晶矿物。沸石粉掺入砂浆中,能改善砂浆的和易性,提高保水性,砂浆的可操作性良好,并能提高强度和节约水泥。

4)水

对水质的要求需满足《混凝土用水标准》(JGJ 63—2006)的规定。通常,当水中含有有害物质时,会影响水泥水化、影响砂浆的耐久性,或对钢筋产生锈蚀等作用。因而,不得使用含油污、硫酸盐等有害杂质的不洁净水。一般情况下,凡能饮用的水,均能拌制砂浆。

5)外加剂

为使砂浆具有良好的和易性和其他性能,可在砂浆中掺入外加剂(如引气剂、减水剂、保水剂、早强剂、缓凝剂、防冻剂等),但外加剂的品种和掺量及物理力学性能等都应通过试验确定。

4.2.2 砌筑砂浆的配合比设计

砌筑砂浆应根据工程类别及砌体部位的设计要求来选择砂浆的强度等级,再按所选择的砂浆强度等级确定其配合比。砂浆配合比既可用每立方砂浆中各组分材料用量表示,也可用各组分材料的比例表示。

确定砂浆配合比,一般情况下可参考有关资料和手册选用,经过试配、调整来确定施工配合比。

对于重要结构工程,其砂浆质量要求高或者工程量大的砌筑砂浆,可根据《砌筑砂浆配合比设计规程》(JGJ/T 98—2010)计算。配合比设计步骤如下:

1)砂浆配合比计算

(1)水泥混合砂浆配合比设计

①计算砂浆试配强度$f_{m,0}$:

$$f_{m,0} = kf_2 \tag{4.3}$$

式中 $f_{m,0}$——砂浆的试配强度,应精确至0.1 MPa;

f_2——砂浆强度等级制值,应精确至0.1 MPa;

k——系数,按表4.4取值。

表4.4 砂浆强度标准差σ及k值

施工水平	强度等级							
	强度标准差σ/MPa							k
	M5	M7.5	M10	M15	M20	M25	M30	
优良	1.00	1.50	2.00	3.00	4.00	5.00	6.00	1.15
一般	1.25	1.88	2.50	3.75	5.00	6.25	7.50	1.20
较差	1.50	2.25	3.00	4.50	6.00	7.50	9.00	1.25

砂浆强度标准差的确定应符合下列规定:

a.当有统计资料时,砂浆强度标准差应按下式计算

$$\sigma = \sqrt{\frac{\sum_{i=1}^{n} f_{m,i}^2 - n\mu_{fm}^2}{n-1}} \tag{4.4}$$

式中 $f_{m,i}$ ——统计周期内同一品种砂浆第 i 组试件的强度,MPa;

μ_{fm} ——统计周期内同一品种砂浆 n 组试件强度的平均值,MPa;

n——统计周期内同一品种砂浆试件的总组数,$n \geqslant 25$。

b.当无统计资料时,砂浆强度标准差可按表 4.4 取值。

②计算每立方米砂浆中的水泥用量 Q_C:

$$Q_C = \frac{1\,000(f_{m,0} - \beta)}{\alpha f_{ce}} \tag{4.5}$$

式中 Q_C—— 每立方米砂浆的水泥用量,精确至 1 kg/ m³;

$f_{m,0}$—— 砂浆的试配强度,精确至 0.1 MPa;

f_{ce}—— 水泥的实测强度,精确至 0.1 MPa;

α,β ——砂浆的特征系数,其中 $\alpha = 3.03$, $\beta = -15.09$。

③计算石灰膏用量 Q_D:

$$Q_D = Q_A - Q_C \tag{4.6}$$

式中 Q_D—— 每立方米砂浆的石灰膏用量,精确至 1 kg/m³;石灰膏用量以稠度等于(120±5)mm为基准进行计量;现场施工时当石灰膏稠度与试配时不一致时,可按表 4.5 进行换算。

Q_C—— 每立方米砂浆的水泥用量,精确至 1 kg/m³。

Q_A—— 每立方米砂浆中水泥和掺和料的总量,精确至 1 kg/m³;为保证良好的流动性和保水性,可为 350 kg。

表 4.5 石灰膏不同稠度时的换算系数

石灰膏稠度/mm	120	110	100	90	80	70	60	50	40	30
换算系数	1.00	0.99	0.97	0.95	0.93	0.92	0.90	0.88	0.87	0.86

④确定砂用量 Q_S(kg/m³)。砂浆中的水、胶结料和掺和料是用来填充砂子中的空隙的,因此,1 m³ 的砂浆含有 1 m³ 堆积体积的砂子。因而,每立方米砂浆中的砂子用量取干燥状态(含水率小于 0.5%)砂的堆积密度值作为计算值。

⑤确定用水量 Q_W(kg/m³)。每立方米砂浆中的用水量 Q_W 根据砂浆稠度等要求来确定,通常在 210~310 kg/m³ 选用。

混合砂浆中的用水量不包括石灰膏或黏土膏中的水。当采用细砂或粗砂时,用水量分别取上限或下限;稠度小于 70 mm 时,用水量可小于下限。施工现场气候炎热或干燥季节,可酌情增加用水量。

(2)水泥砂浆配合比设计

①按式(4.3)计算砂浆试配强度 $f_{m,0}$。

②选择各组分材料的用量。由于水泥强度值大大高于砌筑砂浆强度值,如果按砌筑砂浆强度要求计算水泥用量,则所得水泥用量通常偏少,不能满足和易性要求。为此,采用直接查表确定,以避免由于计算带来的不合理情况。

水泥砂浆中各组分材料用量可按表 4.6 选择。为了满足水泥砂浆的保水性,水泥用量不应小于 200 kg/m³。

配置水泥粉煤灰砂浆时，材料用量见表4.7，其他要求同配制水泥砂浆。

表4.6　每立方米水泥砂浆材料用量

<table>
<tr><th>强度等级</th><th>水泥/(kg·m^{-3})</th><th>砂</th><th>用水量/(kg·m^{-3})</th></tr>
<tr><td>M5</td><td>200～230</td><td rowspan="7">砂的堆积密度值</td><td rowspan="7">270～330</td></tr>
<tr><td>M7.5</td><td>230～260</td></tr>
<tr><td>M10</td><td>260～290</td></tr>
<tr><td>M15</td><td>290～330</td></tr>
<tr><td>M20</td><td>340～400</td></tr>
<tr><td>M25</td><td>360～410</td></tr>
<tr><td>M30</td><td>430～480</td></tr>
</table>

注：①M15及M15以下强度等级水泥砂浆，水泥强度等级为32.5级；M15以上强度等级水泥砂浆，水泥强度等级为42.5级。

②当采用细砂或粗砂时，用水量分别取上限或下限。

③稠度小于70 mm时，用水量可小于下限。

④施工现场气候炎热或干燥季节，可酌量增加用水量。

表4.7　每立方米水泥粉煤灰砂浆材料用量

<table>
<tr><th>强度等级</th><th>水泥和粉煤灰总量/(kg·m^{-3})</th><th>粉煤灰</th><th>砂</th><th>用水量/(kg·m^{-3})</th></tr>
<tr><td>M5</td><td>210～240</td><td rowspan="4">粉煤灰掺量可占胶凝材料总量的15%～25%</td><td rowspan="4">砂的堆积密度值</td><td rowspan="4">270～330</td></tr>
<tr><td>M7.5</td><td>240～270</td></tr>
<tr><td>M10</td><td>270～300</td></tr>
<tr><td>M15</td><td>300～330</td></tr>
</table>

(3)预拌砌筑砂浆试配要求

在确定湿拌砂浆稠度时，应考虑砂浆在运输和储存过程中的稠度损失。湿拌砌筑砂浆应根据凝结时间要求确定外加剂掺量。干混砌筑砂浆应明确拌制时的加水量范围。预拌砌筑砂浆的搅拌、运输、存储及砂浆性能应符合国家标准《预拌砂浆》(GB/T 25181—2019)的规定。

预拌砂浆生产前应进行试配，试配强度按式(4.3)计算，试配时稠度取70～80 mm；预拌砌筑砂浆中可掺入保水增稠材料、外加剂等，掺量应经试配后确定。

2)砌筑砂浆配合比试配、调整与确定

按计算或查表所得配合比进行试拌时，测定砌筑砂浆拌合物的稠度和保水率。当稠度和保水率不能满足要求时，应调整材料用量，直到符合要求为止，然后确定为试配时的砂浆基准配合比。

试配时至少应采用3个不同的配合比，其中一个配合比应为基准配合比，其余两个配合比的水泥用量应按基准配合比分别增加及减少10%。在保证稠度、保水率合格的条件下，可对用水量、石灰膏、保水增稠材料或粉煤灰等活性掺和料用量作相应调整。

砌筑砂浆试配时稠度应满足施工要求，测定不同配合比砂浆的表观密度及强度；并应选定符合试配强度及和易性要求、水泥用量最低的配合比作为砂浆的试配配合比。

砌筑砂浆试配配合比应进行校正。根据确定的砂浆配合比材料用量，按照下式计算砂浆的理论表观密度值：

$$\rho_t = Q_C + Q_D + Q_S + Q_W \tag{4.7}$$

式中　ρ_t——砂浆的理论表观密度值，应精确至 10 kg/m³。

按下式计算砂浆配合比校正系数 δ：

$$\delta = \frac{\rho_c}{\rho_t} \tag{4.8}$$

式中　ρ_c——砂浆的实测表观密度值，精确至 10 kg/m³。

当砂浆的实测表观密度值与理论表观密度值之差的绝对值不超过理论值的 2%时，可将得出的试配配合比确定为砂浆设计配合比；当超过 2%时，应将试配配合比中每项材料用量均乘以校正系数后，确定为砂浆设计配合比。

3）配合比设计实例

[例 1]　某工程要配用于砖砌体的 M5.0 水泥砂浆，稠度要求为 70~90 mm。原材料主要参数：32.5 级普通硅酸盐水泥，实测强度为 36.5 MPa；中砂，干燥堆积密度为 1 450 kg/m³。施工水平为较差。

【解】　①计算砂浆试配强度。查表 4.4 得 k 值为 1.25，则试配强度为

$$f_{m,0} = kf_2 = 1.25 \times 5.0 = 6.25\ (\text{MPa})$$

②确定水泥用量。查表 4.6，取 Q_C = 220 kg/m³。

③选取砂用量。砂用量取干燥状态砂的堆积密度值，即 Q_S = 1 450 kg/m³。

④选取用水量。查表 4.6，选取 Q_W = 300 kg/m³。实际用水量需通过试拌，按砂浆稠度要求来调整。

⑤水泥砂浆中各组成材料的比例。水泥：砂：水=1：6.59：1.36。

[例 2]　某工程要配用于砖砌体的 M5.0 水泥混合砂浆，稠度要求为 70~90 mm。原材料主要参数：42.5 级普通硅酸盐水泥，实测强度为 45.7 MPa；中砂，干燥堆积密度为1 450 kg/m³；石灰膏，稠度为 120 mm。施工水平为较差。

【解】　①计算试配强度。查表 4.4 得 k 值为 1.25，则试配强度为

$$f_{m,0} = kf_2 = 1.25 \times 5.0 = 6.25\ (\text{MPa})$$

②计算水泥用量：

$$Q_C = \frac{1\,000(f_{m,0} - \beta)}{\alpha \cdot f_{ce}} = \frac{1\,000 \times (6.25 + 15.09)}{3.03 \times 45.7} = 154\ (\text{kg/m}^3)$$

③计算石灰膏用量：

$$Q_D = Q_A - Q_C = 350 - 154 = 196\ (\text{kg/m}^3)$$

④确定砂用量。砂用量取干燥状态砂的堆积密度值，即 Q_S = 1 450 kg/m³。

⑤确定用水量。初选用水量 270 kg/m³；实际用水量需通过试拌，按砂浆稠度要求来调整。

⑥混合砂浆各组成材料的比例。水泥：石灰膏：砂：水 = 1：1.27：9.42：1.75。

4.3 其他砂浆

4.3.1 抹面砂浆

用于涂抹在建筑物表面，兼有保护基层和满足使用要求作用的砂浆称为抹面砂浆。按施工部位可分为室内抹面砂浆和室外抹面砂浆两种。室内抹面包括顶棚、内墙面、踢脚板、墙裙、楼地面和楼梯等；室外抹面包括屋檐、女儿墙、压顶、窗台、窗楣、腰线、阳台、雨篷、勒脚和外墙面等。根据功能不同，抹面砂浆可分为普通抹面砂浆、防水砂浆及装饰砂浆等。

与砌筑砂浆相比，抹面砂浆与底面和空气的接触面更大，所以失去水分的速度更快，这对水泥的硬化是不利的，然而有利于石灰的硬化。与砌筑砂浆不同，对抹面砂浆的主要技术要求主要不是抗压强度，而是和易性，以及与基底材料的粘结力，故需要多用一些胶凝材料。

1）普通抹面砂浆

普通抹面砂浆的功能是保护结构主体免遭各种侵蚀，提高结构的耐久性，改善结构的外观。常用的普通抹面砂浆有石灰砂浆、水泥砂浆、水泥混合砂浆、麻刀石灰浆（简称麻刀灰）和纸筋石灰浆（简称纸筋灰）等。一般潮湿或易碰撞的环境中应选用水泥砂浆或水泥混合砂浆，如地面、墙裙、踢脚板、雨篷、窗台以及水池、水井、地沟、厕所等处。干燥环境宜选用麻刀石灰浆或纸筋石灰浆。

为保证抹灰层表面平整，避免开裂脱落，抹面砂浆施工时常采用分层薄涂的方法，分为两层到三层施工。各层功能不同，所用砂浆性质也不同。底层抹灰的作用是使砂浆与基底牢固地粘结，要求砂浆有较高粘结力；具有良好的和易性，尤其应具有较好的保水性，以防止水分被基底材料吸收影响砂浆的流动性，降低砂浆与基底的粘结力。中层抹灰主要作用是找平，有时可省去不用。面层抹灰主要是达到平整美观的效果，要求砂浆细腻抗裂。一般，用于砖墙的底层抹灰多采用石灰砂浆；用板条墙及板条顶棚底面抹灰多采用麻刀石灰浆；混凝土墙、柱、梁、底面及顶棚表面等的底层抹灰多用混合砂浆。中层抹灰多用混合砂浆或石灰砂浆。面层抹灰多用混合砂浆、麻刀石灰浆或纸筋石灰浆。

常用的普通抹面砂浆配合比见表4.8。

表4.8 常用普通抹面砂浆配合比参考表

材　料	配合比范围	应用范围
V(石灰)：V(砂)	1：2~1：4	砖石墙表面（檐口、勒角、女儿墙及潮湿房间的墙）
V(石灰)：V(黏土)：V(砂)	1：1：4~1：1：8	干燥环境表面
V(石灰)：V(石膏)：V(砂)	1：0.4：2~1：1：3	不潮湿房间的墙及天花板
V(石灰)：V(石膏)：V(砂)	1：2：2~1：2：4	不潮湿房间的线脚及其他装饰工程
V(石灰)：V(水泥)：V(砂)	1：0.5：4.5~1：1：5	檐口、勒角、女儿墙及比较潮湿的部位

续表

材　料	配合比范围	应用范围
V(水泥)：V(砂)	1：3~1：2.5	浴室、潮湿车间等墙裙、勒角或地面基层
V(水泥)：V(砂)	1：2~1：1.5	地面、天棚或墙面面层
V(水泥)：V(砂)	1：0.5~1：1	混凝土地面随时压光
V(水泥)：V(石膏)：V(砂)：V(锯末)	1：1：3：5	吸音粉刷
V(水泥)：V(白石子)	1：2~1：1	水磨石(打底用1：2.5水泥砂浆)
V(水泥)：V(白石子)	1：1.5	剁假石(打底用1：2~2.5水泥砂浆)
m(白灰)：m(麻刀)	100：2.5	板条天棚底层
m(石灰膏)：m(麻刀)	100：1.3	板条天棚面层(或100 kg石灰膏加3.8 kg纸筋)
纸筋：白灰浆	灰膏0.1 m^3 纸筋0.36 kg	较高级墙板、天棚

2)防水砂浆

用作防水层的砂浆称为防水砂浆,砂浆防水层又称刚性防水层,适用于不受振动和具有一定刚度的混凝土或砖石砌体的表面,主要应用于地下室、水塔、水池、储液罐等防水工程。

常用的防水砂浆主要包括以下两种:

(1)水泥砂浆

水泥砂浆是由水泥、细集料、掺和料及水制成的砂浆。普通水泥砂浆多层抹面用作防水层,要求水泥强度等级不低于32.5级,砂宜采用中砂或粗砂。灰砂比控制在1：2~1：3,水灰比为0.40~0.50。

(2)掺加防水剂的水泥砂浆

此类砂浆是通过在普通水泥砂浆中掺入防水剂,从而提供砂浆的自防水能力。它是目前应用最广泛的一种防水砂浆。常用的防水剂有硅酸钠盐(水玻璃)、金属皂类(硬脂酸为主)、氯化物金属盐及有机硅类等。其配合比控制与上述水泥砂浆相同。

防水砂浆的防水效果与施工操作密切相关。常见施工方法有人工多层抹压法和喷射法等。一般要求在涂抹前先将清洁的底面抹一层纯水泥浆,然后抹一层5 mm厚的防水砂浆,在初凝前用木抹子压实一遍,第二、三、四层都是同样操作,共涂抹4~5层,厚20~30 mm,最后一层要压光。抹完之后要加强养护。

3)装饰砂浆

涂抹在建筑物内外墙表面,且具美观装饰效果的抹面砂浆统称为装饰砂浆。装饰砂浆的底层和中层抹灰与普通抹灰砂浆基本相同,主要区别是在面层,面层要选用具有一定颜色的胶凝材料和集料以及采用某种特殊的施工操作工艺,以使表面呈现出各种不同的色彩、线条与花纹等装饰效果。

装饰砂浆采用的胶凝材料通常有普通水泥、矿渣水泥、火山灰水泥和白水泥浆、彩色水泥，或是在常用水泥中掺加一些耐碱矿物配成彩色水泥以及石灰、石膏等。集料常采用大理石、花岗石等带颜色的细石渣或玻璃、陶瓷碎片。

几种常用装饰砂浆的工艺做法如下：

①拉毛。在水泥砂浆或水泥混合砂浆抹灰层上，抹上水泥混合砂浆、纸筋石灰或水泥石灰浆等，并利用拉毛工具将砂浆拉出波纹和斑点的毛头，做成装饰面层。一般适用于有声学要求的礼堂、剧院等室内路面，也常用于外墙面、阳台栏板或围墙饰面。

②干粘石。是将彩色石粒直接粘在砂浆层上的一种装饰抹灰做法。这种做法与水刷石相比，既节约水泥、石粒等原材料，减少湿作业，又能提高工效，应用广泛。

③水刷石。用颗粒细小（直径约 5 mm）的石碴所拌成的砂浆作面层，待表面稍凝固后立即喷水冲刷表面水泥浆，使其半露出石碴。水刷石多用于建筑物的外墙装饰，具有天然石材的质感，经久耐用。

④弹涂。弹涂是在墙体表面刷一道聚合物水泥浆后，用弹涂器分几遍将不同色彩的聚合物水泥砂浆弹在已涂刷的基层上，形成 3~5 mm 的扁圆形花点，再喷罩甲基硅树脂。适用于建筑物外墙面，也可用于顶棚饰面。

⑤斩假石。又称剁斧石，是在水泥砂浆基层上涂抹水泥石砂浆，待硬化后，用剁斧、齿斧及各种凿子等工具剁出有规律的石纹，使其形成天然花岗石粗犷的效果。主要用于室外柱面、勒脚、栏杆、踏步等处的装饰。

⑥喷涂。喷涂多用于墙面，它是用挤压式砂浆泵或喷斗，将聚合物水泥砂浆喷涂在墙面基层或底灰上，形成饰面层，最后在表面再喷一层甲基硅醇钠或甲基硅树脂，以提高饰面的耐久性和减少墙面污染。这些工艺施工过程中均分层操作，底层和中层操作方法大致相同，而面层的操作方法各不相同。装饰抹灰不仅可以加强墙体的耐久性，而且可以丰富墙体的颜色与质感、线条美观，具有很好的装饰性。

4.3.2 特种砂浆

1）膨胀水泥或无收缩水泥配制砂浆

这类砂浆主要是利用水泥具有微膨胀和补偿收缩性能，减少裂缝的产生，同时增强砂浆的密实性，水泥浆体中膨胀产物还能够隔断毛细孔渗水通道，因而提高砂浆抗渗性能。在修补防水工程中，膨胀砂浆更是具有独特的功效。

2）绝热砂浆

通常采用水泥、石灰、石膏等胶凝材料与膨胀珍珠岩浆、膨胀蛭石或陶粒砂等轻质多孔集料，按一定比例配制的砂浆称为绝热砂浆。常用的绝热砂浆有水泥膨胀珍珠岩砂浆、水泥膨胀蛭石砂浆、水泥石灰膨胀蛭石砂浆等。绝热砂浆具有质轻和良好的绝热性能，其导热系数为 0.07~0.10 W/(m·K)，可用于屋面绝热层、绝热墙壁以及供热管道绝热层等处。

3）吸声砂浆

一般绝热砂浆是由轻质多孔集料制成的，同时具有吸声性能。还可以用水泥、石膏、砂、锯末(其体积比为1∶1∶3∶5)等配成吸声砂浆,或在石灰、石膏砂浆中掺入玻璃纤维、矿物棉等松软纤维材料。吸声砂浆用于有吸声要求的室内墙壁和吊顶的吸声处理。

4)自流平砂浆

随着施工技术的发展,现代地坪常采用自流平砂浆,从而使施工迅捷方便,质量优良。自流平砂浆中的关键性技术是掺用合适的化学外加剂,严格控制砂的级配、含泥量、颗粒形态,同时选择合适的水泥品种。良好的自流平砂浆可使地面平整光洁,强度高,无开裂,技术经济效果良好。

5)防辐射砂浆

在水泥中掺入重晶石粉、重晶石砂,可配制成具有防X射线能力的砂浆。其配合比为V(水泥)∶V(重晶石粉)∶V(重晶石砂)=1∶0.25∶(4~5)。如在水泥浆中掺入硼砂、硼酸等配制成的砂浆具有防中子辐射能力,此类砂浆可应用于射线防护工程中。

6)水玻璃耐腐蚀砂浆

用水玻璃(硅酸钠)和氟硅酸钠配制的耐酸涂料中,掺入适量由石英岩、花岗岩、铸石等粉状细集料,水玻璃硬化后,可拌制成具有耐酸性能的耐酸砂浆。耐酸砂浆常用于作衬砌材料、耐酸地面和耐酸容器的内壁防护层。

7)聚合物砂浆

在水泥砂浆中加入有机聚合物乳液,可配制成聚合物砂浆。聚合物砂浆通常具有粘结力强、干缩率小、脆性低、耐蚀性好等特性,常用于修补和防护工程。常用的聚合物乳液有氯丁橡胶乳液、丁苯橡胶乳液、丙烯酸树脂乳液等。

4.4 预拌砂浆

4.4.1 预拌砂浆的定义及其分类

参照《预拌砂浆》(GB/T 25181—2019)标准定义,预拌砂浆指由专业生产厂生产的砂浆拌合物。由于预拌砂浆是由专业生产厂生产后作为商品进入市场的,因此在我国也常被称为商品砂浆。根据生产和供应形式,预拌砂浆可分为预拌干砂浆和预拌湿砂浆两大类型。

预拌干砂浆亦称为干混砂浆,是由专业生产厂家将胶凝材料(水泥、粉煤灰、矿渣粉等)、特殊级配的细集料(石英砂、金刚砂等,有时需要轻质的集料,如陶粒、发泡聚苯颗粒、膨胀珍珠岩、膨胀蛙石等)、外加剂(增稠剂、稳定剂、调凝剂、减水剂和可再分散乳胶粉等)等按一定配合比混合均匀后,以干粉状态采用包装或散装形式供应的一种砂浆拌合物;而预拌湿砂浆则是在工厂将砂浆各种原材料混合并加水搅拌成的具有一定施工性的最终产品,它是通过专用运输设备运送至施工现场,放入密封容器储存,并在规定时间内使用完毕的砂浆拌合物。

根据用途来区分,预拌砂浆品种繁多。如对干混砂浆而言,有用于砌筑的干混砂浆,用于抹面的干混砂浆,用于地面的干混砂浆,用于防水、保温等用途的特种干混砂浆等。对于预拌湿砂浆,则同样也有用于砌筑的预拌湿砂浆,用于抹面的预拌湿砂浆,用于地面的预拌湿砂浆,用于防水、保温等用途的特种预拌湿砂浆等。

由于特种砂浆用途较特殊、用量相对较少，有时储存稳定性较差，可施工时间较短，所以以干粉形式生产供应的较多；而普通砂浆用量大，规定时间内储存稳定性好，则既可采用干粉形式供应，又非常适合于预拌形式供应。

4.4.2 预拌砂浆的原材料

预拌砂浆除了使用水泥、石膏、粉煤灰、矿渣粉以及各种粒级的细集料等普通原材料外，还常添加一些用以改善砂浆塑性性能和满足砂浆硬化后特殊性能要求的原材料，包括增稠剂、保水剂、稳定剂、聚合物乳液和可再分散乳胶粉、纤维、颜料以及各种混凝土外加剂等。

1）增稠剂、保水剂和稳定剂等

由水泥、惰性或活性矿物掺和料，以及细集料所配制的普通砂浆，其主要缺点是黏聚性差，稳定性不良，易泌水、离析、沉降、施工不易，施工后则粘结强度低、易开裂、防水性弱、耐久性差等，因此必须采用合适的且相适应的添加剂进行改性。就改善砂浆的黏聚性、保水性和稳定性方面，可以选择诸如纤维素醚、改性淀粉醚、聚乙烯醇、聚丙烯酰胺和稠化粉等。

2）聚合物乳液和可再分散乳胶粉

通过掺加聚合物可以改善砂浆和混凝土抗渗性、韧性、抗开裂性和抗冲击性等。用于对水泥砂浆改性常用的聚合物乳液有：氯丁橡胶乳液、丁苯橡胶乳液、聚丙烯酸酯乳胶、聚氯乙烯、氯偏橡胶乳液、聚醋酸乙烯酯等。聚合物乳液可用于预拌砂浆的生产，但它直接用于干混砂浆的生产显然是不可能的，于是诞生了可再分散乳胶粉。目前，干混砂浆中使用的可再分散乳胶粉主要有：醋酸乙烯酯-乙烯共聚物（VAC/E）；醋酸乙烯酯-叔碳酸酯共聚物（VAC/VeoVa）；丙烯酸酯均聚物（Acrylate）；醋酸乙烯酯均聚物（VAC）；苯乙烯-丙烯酸酯共聚物（SA）等。

3）消泡剂

由于纤维素、淀粉醚以及聚合物材料的添加，无疑增加了砂浆的引气性，这不但影响了砂浆的抗压强度和抗折强度，降低了其弹性模量，而且也对砂浆的外观产生很大影响，因此，常采用干粉消泡剂来解决此问题。

4）纤维

在砂浆中掺加适量纤维，可以增大抗拉强度，增加韧性，提高抗开裂性。目前，预拌砂浆中普遍采用化学合成纤维和木纤维。化学合成纤维如聚丙烯短纤维、丙纶短纤维等，这类纤维经过表面改性后，不仅分散性好，而且掺量低，能有效改善砂浆的抗塑性开裂性，同时对硬化砂浆的力学性能影响不大。木纤维则直径更小，掺加木纤维应注意其对砂浆需水量的增加。目前，抹面砂浆、内外墙腻子粉、保温材料薄罩面胶浆、灌浆材料、自流平地坪材料等的生产中都开始添加合成纤维或木纤维。而有些抗静电地面材料中则以金属纤维和碳纤维为主。

5）颜料

掺入预拌砂浆的颜料必须为耐碱性十分优良的无机颜料，且这种颜料在紫外线照射情况下必须非常稳定。颜料的遮盖能力差别较大，只有选择遮盖力强的颜料，才能减少掺量，降低成本，同时也降低颜料对砂浆力学性能的影响。

6)混凝土外加剂

混凝土外加剂,如减水剂、早强剂、缓凝剂、引气剂、膨胀剂、防冻剂等,都可以通过试验证明其使用效能后,按照工程实际需要,以适当掺量掺加到砂浆中,以丰富预拌砂浆品种,改善各种预拌砂浆的性能。

本章小结

砂浆是由胶凝材料、细集料和水按一定比例配制而成的一种用途和用量均较大的土木工程材料。

砂浆的技术要求主要是指砂浆拌合物的密度、新拌砂浆的和易性、硬化砂浆的抗压强度、砂浆的粘结力、变形性、抗冻性及抗裂性等诸项性能。

新拌砂浆的和易性主要通过流动性和保水性来评定。

用于将砖、石、砌块等块体材料粘结为砌体的砂浆,称为砌筑砂浆。用于涂抹在建筑物表面,兼有保护基层和满足使用要求作用的砂浆称为抹面砂浆。

砌筑砂浆应根据工程类别及砌体部位的设计要求来选择砂浆的强度等级,再按所选择的砂浆强度等级确定其配合比。确定砂浆配合比,一般情况下可参考有关资料和手册选用,经过试配、调整来确定施工配合比。

根据生产和供应形式,预拌砂浆可分为预拌干砂浆和预拌湿砂浆两大类型。

预拌砂浆除了使用水泥、石膏、粉煤灰、矿渣粉以及各种粒级的细集料等普通原材料外,还常添加一些用以改善砂浆塑性性能和满足砂浆硬化后特殊性能要求的原材料,包括增稠剂、保水剂、稳定剂、聚合物乳液和可再分散乳胶粉、纤维、颜料以及各种混凝土外加剂等。

课后习题

1.新拌砂浆的和易性包括哪两方面的含义?如何测定?

2.影响砂浆抗压强度的主要因素有哪些?

3.某工程用砌砖砂浆设计强度等级为M10,稠度要求为80~100 mm的水泥石灰砂浆,现有砌筑水泥的强度为32.5 MPa,细集料为堆积密度为1 450 kg/m^{3}的中砂,含水率为2%,已知石灰膏的稠度为100 mm,施工水平一般。计算此砂浆的配合比。

4.普通抹面砂浆的主要性能要求是什么?不同部位应采用何种抹面砂浆?

5.何谓预拌砂浆?可分为几类?预拌砂浆常使用哪些原材料?

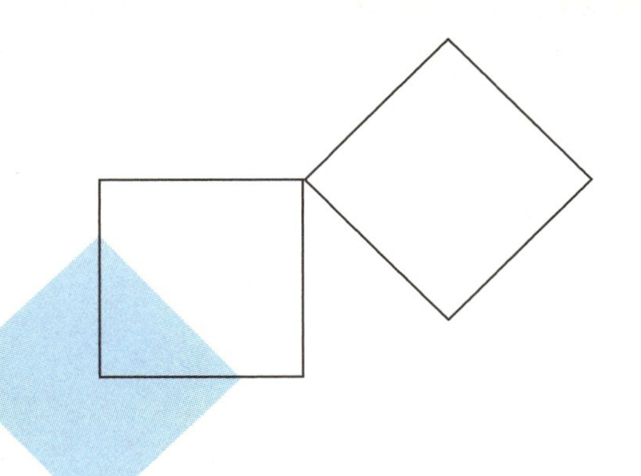

5 混凝土

本章导读:

- **基本要求** 熟悉水泥混凝土的基本组成材料、分类和性能要求;了解普通混凝土组成材料的品种、技术要求及选用;掌握混凝土拌合物的性质及其测定和调整方法;掌握硬化混凝土的力学性质、变形性质和耐久性及其影响因素;了解混凝土质量控制与强度评定;掌握普通混凝土的配合比设计方法;熟悉水泥混凝土的外加剂和矿物掺和料;了解特种混凝土的性能及组成材料。
- **重点** 普通混凝土组成材料的技术要求及选用,混凝土拌合物的性质及其测定方法,硬化混凝土的力学性质,变形性质和耐久性,普通混凝土的配合比设计方法。
- **难点** 硬化混凝土的变形性质和耐久性,混凝土质量控制与强度评定,普通混凝土的配合比设计方法。

“混凝土”一词源于拉丁文术语“Concretus”,原意是共同生长的意思。现代混凝土从广义上讲,是指由胶凝材料、粗细集料、水等材料按适当的比例配合,拌和制成的混合物,经一定时间后硬化而成的坚硬固体。最常见的混凝土是以水泥为主要胶凝材料的普通混凝土,即以水泥、砂、石子和水为基本组成材料。根据需要掺入化学外加剂或矿物掺和料,经拌和制成具有可塑性、流动性的浆体,浇筑到模型中去,经过一定时间硬化后形成的具有固定形状和较高强度的人造石材。本章主要介绍水泥混凝土。

在日常生活中,几乎随时随地可以见到混凝土。例如城市住宅、办公楼、道路、铁路轨枕、飞机场跑道、地铁车站、水库大坝、沿海构筑物等。目前,全世界每年混凝土的产量已经超过 30 亿 m^3,混凝土是当今社会使用量最大的土木工程材料。

5.1 混凝土的分类与特点

5.1.1 混凝土的分类

按照不同的条件,混凝土有很多种分类方式。

1)按照胶结材料分类

混凝土按所用胶结材料可分为:水泥混凝土、沥青混凝土、硅酸盐混凝土、聚合物胶结混凝土、聚合物浸渍混凝土、聚合物水泥混凝土、水玻璃混凝土、石膏混凝土、硫磺混凝土等。

2)按照表观密度分类

混凝土按表观密度大小(主要是集料不同)可分为三大类。干表观密度不小于 2 800 kg/m^{3}的重混凝土,系采用高密度集料(如重晶石、铁矿石、钢屑等)或同时采用重水泥(如钡水泥、锶水泥等)制成,主要用于辐射屏蔽方面;干表观密度为 2 000~2 800 kg/m^3 的普通混凝土,系由天然砂、石为集料和水泥配制而成,是土木工程中常用的承重结构材料;干表观密度不大于1 950 kg/m^{3}的轻混凝土,系指轻集料混凝土、无砂大孔混凝土和多孔混凝土,用于保温、隔热、隔声、轻质结构。

3)按照施工工艺分类

混凝土按施工工艺可分为:泵送混凝土、喷射混凝土、真空脱水混凝土、造壳混凝土(裹砂混凝土)、碾压混凝土、压力灌浆混凝土(预填集料混凝土)、热拌混凝土、太阳能养护混凝土等。

4)按照用途分类

混凝土按用途可分为:防水混凝土、防射线混凝土、耐酸混凝土、装饰混凝土、耐火混凝土、补偿收缩混凝土、水下浇筑混凝土等。

5)按照掺和料类型分类

混凝土按掺和料类型可分为:粉煤灰混凝土、硅灰混凝土、矿渣混凝土、纤维混凝土等。

另外,混凝土还可按抗压强度分为:低强混凝土(抗压强度小于 30 MPa)、中强混凝土(抗压强度 30~60 MPa)、高强混凝土(抗压强度大于等于 60 MPa)和超高性能混凝土(抗压强度大于等于 100 MPa);按每立方米水泥用量又可分为:贫混凝土(水泥用量不超过 170 kg)和富混凝土(水泥用量不小于 230 kg)等。

5.1.2 混凝土的特点

1)混凝土材料的主要优点

①原材料来源丰富,造价低廉。砂、石等地方性材料占 80%左右,可以就地取材。

②可塑性好,混凝土材料利用模板可以浇筑成任意形状、尺寸的构件或整体结构。

③抗压强度较高,并可根据需要配制不同强度的混凝土。

④与钢材的粘结能力强。可复合制成钢筋混凝土,利用钢材抗拉强度高的优势弥补混凝土脆性弱点,利用混凝土的碱性保护钢筋不生锈。

⑤具有良好的耐久性。木材易腐朽、钢材易生锈,而混凝土在自然环境下使用其耐久性比木材和钢材优越得多。

⑥耐火性能好,混凝土在高温下几小时仍然能保持强度。

2)混凝土材料的主要缺点

混凝土的自重较大,其强重比只有钢材的一半。虽然其抗压强度较高,但抗拉强度低。拉压比只有1/10~1/20,且随着抗压强度的提高,拉压比仍有降低的趋势。受力破坏呈明显的脆性,抗冲击能力差。混凝土的导热系数大约为1.4 W/(m·K),是黏土砖的2倍,保温隔热性能差;视觉和触觉性能均欠佳。此外,混凝土的硬化速度较慢,生产周期长。

5.2　普通混凝土的组成材料

普通混凝土是由水泥、水和天然砂、石所组成,另外还常加入适量的掺和料和外加剂。混凝土的各组成材料在混凝土中起着不同的作用。砂、石对混凝土起骨架作用,水泥和水组成水泥浆,包裹在集料的表面并填充在集料的空隙中。在混凝土拌合物中,水泥浆起润滑作用,赋予混凝土拌合物流动性,便于施工;在混凝土硬化后起胶结作用,把砂、石集料胶结成为整体,使混凝土产生强度,成为坚硬的人造石材。混凝土的组织结构如图5.1所示。

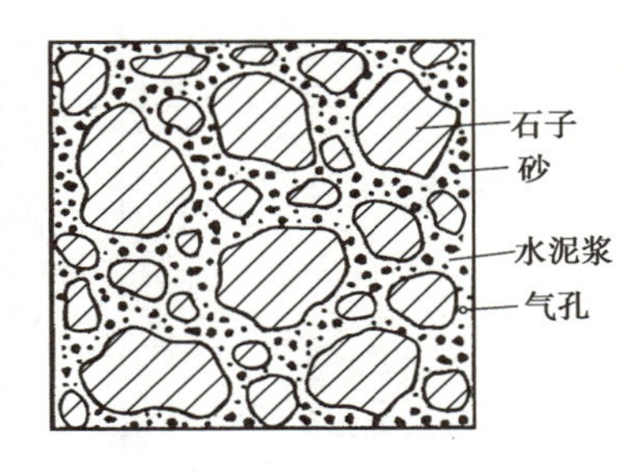

图5.1　混凝土的组织结构

5.2.1　水泥

1)水泥品种的选择

水泥是混凝土中最重要的组分。配制混凝土时,应根据工程性质、部位、施工条件、环境状况等按各品种水泥的特性作出合理的选择,一般都采用通用硅酸盐水泥,必要时也可采用专用水泥和特性水泥。在满足工程需求的前提下,应选用价格较低的水泥品种,以节约造价。

2)水泥强度等级的选择

水泥强度等级的选择应与混凝土的设计强度等级相适应,原则上是配制高强度等级的混凝土选用高强度等级的水泥,低强度等级混凝土宜选用低强度等级的水泥。一般普通混凝土以水泥强度为混凝土强度的1.5~2.0倍为宜,对于高强度混凝土可取1倍左右。

5.2.2　矿物掺和料

混凝土掺和料不同于生产水泥时与熟料一起磨细的混合材料,它是在混凝土搅拌前或在搅拌过程中,与混凝土其他组分一样,直接加入的一种粉体外掺料。用于混凝土的掺和料,绝大多数是具有一定活性的工业废渣，主要有粉煤灰、粒化高炉矿渣粉、硅灰等。

1)粉煤灰

通常所指的粉煤灰是指燃煤电厂在锅炉中燃烧后从烟道排出、被收尘器收集的粉状物质。粉煤灰呈灰褐色，主要成分为 SiO_2、Al_2O_3 和 Fe_2O_3，有些时候还含有比较高的 CaO。

(1)粉煤灰的种类及技术要求

《用于水泥和混凝土中的粉煤灰》(GB/T 1596—2017)将拌制混凝土用的粉煤灰分为 F 类粉煤灰和 C 类粉煤灰两类。F 类和 C 类粉煤灰又根据其技术要求分为Ⅰ级、Ⅱ级和Ⅲ级 3 个等级。混凝土用粉煤灰的技术要求见表 5.1。

表 5.1　拌制混凝土用粉煤灰的技术要求

项目		理化性能要求		
		Ⅰ级	Ⅱ级	Ⅲ级
细度(45 μm 方孔筛筛余)/%	F 类粉煤灰	≤12.0	≤30.0	≤45.0
	C 类粉煤灰			
需水量比/%	F 类粉煤灰	≤95	≤105	≤115
	C 类粉煤灰			
烧失量/%	F 类粉煤灰	≤5.0	≤8.0	≤10.0
	C 类粉煤灰			
含水量/%	F 类粉煤灰	≤1.0		
	C 类粉煤灰			
三氧化硫质量分数/%	F 类粉煤灰	≤3.0		
	C 类粉煤灰			
游离氧化钙质量分数/%	F 类粉煤灰	≤1.0		
	C 类粉煤灰	≤4.0		
二氧化硅、三氧化二铝和三氧化二铁总质量分数/%	F 类粉煤灰	≥70.0		
	C 类粉煤灰	≥50.0		
密度/$(g \cdot cm^{-3})$	F 类粉煤灰	≤2.6		
	C 类粉煤灰			
安定性(雷氏法)/mm	C 类粉煤灰	≤5.0		
强度活性指数/%	F 类粉煤灰	≥70.0		

(2)粉煤灰掺和料在混凝土工程中的应用

混凝土中掺用粉煤灰，一般有以下 3 种方法：

①等量取代法。以等质量的粉煤灰取代混凝土中的水泥。

②超量取代法。粉煤灰的掺入量超过其取代水泥的质量,超量的粉煤灰取代部分细集料。其目的是增加混凝土中胶凝材料用量,以补偿由于粉煤灰取代水泥而造成的强度降低。

③外加法。外加法是指在保持混凝土水泥用量不变的情况下,外掺一定数量的粉煤灰,其目的只是改善混凝土拌合物的和易性。

粉煤灰掺和料适用于一般工业与民用建筑结构和构筑物用的混凝土,尤其适用于泵送混凝土、大体积混凝土、抗渗混凝土、抗化学侵蚀的混凝土、蒸汽养护的混凝土、地下和水下工程混凝土以及碾压混凝土等。

2)粒化高炉矿渣粉

粒化高炉矿渣(参见本书第3章)磨细后的细粉称为粒化高炉矿渣粉。矿渣的主要化学成分为SiO_2、CaO、Al_2O_3,此外还含有少量MgO、Fe_2O_3、Na_2O、K_2O等。矿渣的活性与其化学成分有很大的关系。

可用质量系数K来评价矿渣质量:

$$K=\frac{w(CaO)+w(MgO)+w(Al_2O_3)}{w(SiO_2)+w(MnO)} \tag{5.1}$$

K反映矿渣活性的高低,一般规定:$K \geqslant 1.2$。

《用于水泥、砂浆和混凝土中的粒化高炉矿渣粉》(GB/T 18046—2017)规定,矿渣粉应符合表5.2的技术要求。

表5.2 粒化高炉矿渣粉的技术要求

项目		级别		
		S105	S95	S75
密度/($g \cdot cm^{-3}$)		≥2.8		
比表面积/($m^2 \cdot kg^{-1}$)		≥500	≥400	≥300
活性指数/%	7 d	≥95	≥70	≥55
	28 d	≥105	≥95	≥75
流动度比/%		≥95		
初凝时间比/%		≤200		
含水量(质量分数)/%		≤1.0		
三氧化硫(质量分数)/%		≤4.0		
氯离子(质量分数)/%		≤0.06		
烧失量(质量分数)/%		≤1.0		
不溶物(质量分数)/%		≤3.0		
玻璃体(质量分数)/%		85		
放射性		$I_{Ra} \leqslant 1.0$且$I_{\gamma} \leqslant 1.0$		

粒化高炉矿渣粉是混凝土的优质掺和料。它不仅可等量取代混凝土中的水泥,而且可使混凝土的一些性能获得显著改善,如降低水化热、提高抗渗和抗化学腐蚀等耐久性、抑制碱-集料

反应以及提高长期强度。

3) 硅灰

硅灰又称微硅粉,是冶炼硅金属时产生的副产品。硅灰一般为青灰色或银白色。硅灰的主要成分是 SiO_2,其质量分数一般占 85%以上,绝大部分是无定形的氧化硅。硅灰的表观密度很低,堆积密度为 200~300 kg/m^3,相对密度为 2.1~2.3。硅灰很细,用透气法测得的硅灰比表面积为 3.4~4.7 m^2/g,用氮吸附法测量一般为 18~22 m^2/g。

硅灰取代水泥后,其作用与粉煤灰类似,可改善混凝土拌合物的和易性,降低水化热,提高混凝土抗侵蚀、抗冻、抗渗性,抑制碱-集料反应,且其效果要比粉煤灰好很多。硅灰中的 SiO_2 在早期即可与 $Ca(OH)_2$ 发生反应,生成水化硅酸钙。所以,用硅灰取代水泥可提高混凝土的早期强度。

目前,硅灰的售价较高,主要用于配制高强和超高强混凝土、高抗渗混凝土、水下抗分散混凝土以及其他要求的混凝土。

5.2.3 细集料

普通混凝土所用集料按粒径大小分为两种,筛分后粒径大于 4.75 mm 的称为粗集料;粒径小于 4.75 mm 的称为细集料。

1) 细集料的来源及种类

普通混凝土中所用细集料,一般是由天然砂与人工砂组成。

天然砂是指那些在自然作用下岩石产生破碎、风化、分选、运移、堆/沉积形成的粒径小于 4.75 mm 的岩石颗粒,包括河砂、湖砂、山砂、淡化海砂,但不包括软质、风化的岩石颗粒。

由于天然资源的紧缺和节能减排的需要,机制砂越来越多地用于土木工程。机制砂是指经除土处理,由机械破碎、整形、筛分、粉控等工艺制成的,级配、粒形和石粉含量满足要求且粒径小于 4.75 mm 的岩石、卵石、矿山废石和尾矿等颗粒,但不包括软质、风化的颗粒。机制砂与天然砂按一定比例混合成为混合砂,机制砂、混合砂都统称为人工砂。

2) 混凝土用砂质量要求

目前,与混凝土用砂相关的现行标准有《建设用砂》(GB/T 14684—2022)和《普通混凝土用砂、石质量及检验方法标准》(JGJ 52—2006)。两个标准在适用范围上存在一定的差异,个别技术参数也略有不同。

根据《建设用砂》(GB/T 14684—2022)规定:砂按技术要求分为Ⅰ类、Ⅱ类、Ⅲ类;混凝土用砂的质量要求主要包括以下几个方面。

(1)砂的粗细程度与颗粒级配

砂的粗细程度,是指不同粒径的砂粒,混合在一起后的总体的粗细程度,通常有粗砂、中砂、细砂与特细砂之分。在相同用量条件下,细砂的总表面积较大,而粗砂的总表面积较小。在混凝土中,砂子的表面需要由水泥浆包裹,砂子的总表面积越大,则需要包裹砂粒表面的水泥浆就越多。

砂的颗粒级配,即表示砂中大小颗粒的搭配情况。在混凝土中,砂粒之间的空隙是由水泥浆填充,为达到节约水泥和提高强度的目的,就应尽量减小砂粒之间的空隙。要减小砂粒间的

硅灰又称微硅粉，是冶炼硅金属时产生的副产品。硅灰一般为青灰色或银白色。硅灰的主 [illegible]

[illegible]低，堆积密度为200~300 kg/m³，相对密度为2.1~2.3。硅灰很细，用透气法测得的硅灰比表面积为3.4~4.7 m²/g，用氮吸附法测量一般为18~22 m²/g。

硅灰取代水泥后，其作用与粉煤灰类似，可改善混凝土拌合物的和易性，降低水化热，提高 [illegible]

[illegible]期强度 [illegible]

[illegible]混凝土 [illegible]其他要求的混凝土。

3.2.3 细集料

普通混凝土所用集料按粒径大小分为两种，筛分后粒径大于 4.75 mm 的称为粗集料；粒径小于 4.75 mm 的称为细集料。

1）细集料的来源及种类

普通混凝土中所用细集料，一般是由天然砂与人工砂组成。

天然砂是指那些在自然作用下岩石产生破碎、风化、分选、运移、堆/沉积形成的粒径小于 [illegible]

由于天然资源的紧缺和节能减排的需要，机制砂越来越多地用于土木工程。机制砂是指经 [illegible]

2）混凝土用砂质量要求

目前，与混凝土用砂相关的现行标准有《建设用砂》(GB/T 14684—2022)和《普通混凝土用 [illegible]。两个标准在适用范围上存在一定的差异，个别技术参数也略有不同。

根据《建设用砂》(GB/T 14684—2022)规定，砂按技术要求分为Ⅰ类、Ⅱ类、Ⅲ类，混凝土用砂的质量要求主要包括以下几个方面。

(1)砂的粗细程度与颗粒级配

砂的粗细程度，是指不同粒径的砂粒，混合在一起后的总体的粗细程度，通常有粗砂、中砂、细砂与特细砂之分。在相同用量条件下，细砂的总表面积较大，而粗砂的总表面积较小。在混凝土中，砂子的表面需要由水泥浆包裹，砂子的总表面积越大，则需要包裹砂粒表面的水泥浆就越多。

砂的颗粒级配，即表示砂中大小颗粒的搭配情况。在混凝土中，砂粒之间的空隙是由水泥浆填充，为达到节约水泥和提高强度的目的，就应尽量减小砂粒之间的空隙。要减小砂粒间的

续表

砂的分类	天然砂			机制砂、混合砂		
300 μm	95~80	92~70	85~55	95~80	92~70	85~55
150 μm	100~90	100~90	100~90	97~85	94~80	94~75

表 5.5　分计筛余

方孔筛	4.75 mm[a]	2.36 mm	1.18 mm	600 μm	300 μm	150 μm[b]	筛底[c]
分计筛余/%	0~10	10~15	10~25	20~31	20~30	5~15	0~20

a.对于机制砂,4.75 mm 筛的分计筛余不得大于 5%。
b.对于 MB>1.4 的机制砂,150 μm 筛和筛底的分计筛余之和不得大于 25%。
c.对于天然砂,筛底的分计筛余不得大于 10%。

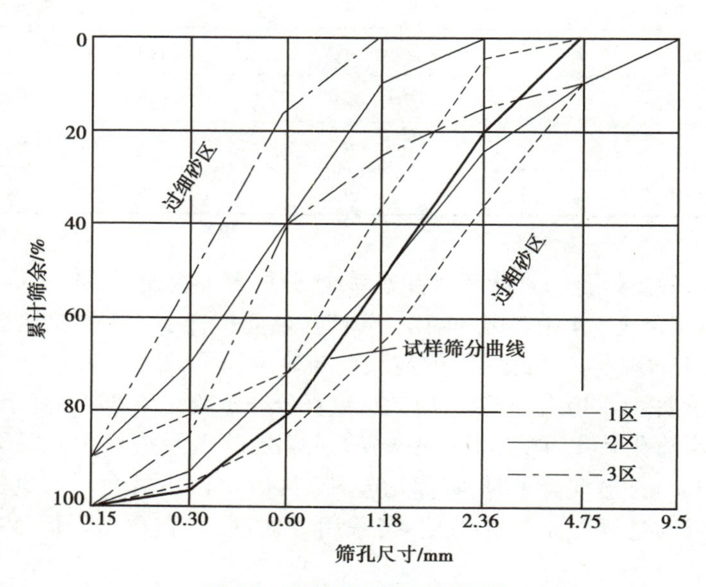

图 5.2　天然砂的级配区曲线

砂的粗细程度用细度模数表示,细度模数(M_x)按下式计算:

$$M_x = \frac{(A_2 + A_3 + A_4 + A_5 + A_6) - 5A_1}{100 - A_1} \tag{5.2}$$

细度模数越大,表示砂越粗。按照细度模数不同,砂可分为粗($3.1 \leqslant M_x \leqslant 3.7$)、中($2.3 \leqslant M_x \leqslant 3.0$)、细($1.6 \leqslant M_x \leqslant 2.2$)和特细($0.7 \leqslant M_x \leqslant 1.5$)四级,配制混凝土时宜优先选用中砂。

应当注意,砂的细度模数不能反映其级配的优劣,细度模数相同的砂,级配可以很不相同。如果砂的自然级配不符合级配区的要求,可采用人工级配的方法来改善。

(2)砂中含泥量、石粉含量及泥块含量

含泥量是指天然砂中粒径小于 75 μm 的颗粒含量;泥块含量在细集料中是指粒径大于 1.18 mm,经水洗、手捏后变成小于 600 μm 的颗粒含量;石粉是指在机制砂中粒径小于 75 μm

的颗粒含量,其化学成分与母岩相同。采用亚甲蓝试验来判定机制砂中粒径小于 75 μm 的颗粒是泥土还是与母岩化学成分相同的石粉。集料中的泥颗粒极细,会粘附在集料表面,影响水泥石与集料之间的胶结能力,而泥块会在混凝土中形成薄弱部分,对混凝土的质量影响更大。

天然砂的含泥量和泥块含量应符合表 5.6 的规定。

表 5.6 砂中的含泥量和泥块含量

类　别	Ⅰ	Ⅱ	Ⅲ
含泥量(按质量计)/%	≤1.0	≤3.0	≤5.0
泥块含量(按质量计)/%	≤0.2	≤1.0	≤2.0

机制砂中 MB 值≤1.4 或快速法检验合格时,石粉含量和泥块含量应符合表 5.7 的规定,机制砂 MB 值>1.4 或快速法试验不合格时,石粉含量和泥块含量应符合表 5.8 的规定。

表 5.7 石粉含量和泥块含量(MB 值≤1.4 或快速法试验合格)

类　别	Ⅰ			Ⅱ		Ⅲ
MB 值	≤0.5	0.5<~1.0	1.0<~1.4 或合格	≤1.0	1.0<~1.4 或合格	≤1.4 或合格
石粉含量(按质量计)/%	≤15.0	≤10.0	≤5.0	≤15.0	≤10.0	≤15.0
泥块含量(按质量计)/%	≤0.2			≤1.0		≤2.0

注:砂浆用砂的石粉含量不做限制。

表 5.8 石粉含量和泥块含量(MB 值>1.4 或快速法试验不合格)

类　别	Ⅰ	Ⅱ	Ⅲ
石粉含量(按质量计)/%*	≤1.0	≤3.0	≤5.0
泥块含量(按质量计)/%	≤0.2	≤1.0	≤2.0

注:* 根据使用环境和用途,经试验验证,由供需双方商定,Ⅰ类砂石粉含量不得大于 3.0%,Ⅱ类砂石粉含量不得大于 5.0%,Ⅲ类砂石粉含量不得大于 7.0%。

(3)有害物质含量

为保证混凝土质量,砂不应混有草根、树叶、树枝、塑料、煤块、炉渣等杂物。云母等物质粘附于砂粒表面或夹杂其中,会降低胶凝材料与砂粒的粘结性能,从而影响强度及耐久性能;有机物、硫化物及硫酸盐等会对硬化胶凝材料有腐蚀作用,影响混凝土性能;氯盐的存在则会引起钢筋锈蚀。砂中如含有云母、轻物质、有机物、硫化物及硫酸盐、氯盐等,其含量应符合表 5.9 的规定。

表 5.9 砂中有害物质含量

类　别	Ⅰ	Ⅱ	Ⅲ
云母(按质量计)/%	≤1.0	≤2.0	
轻物质(按质量计)/%[a]	≤1.0		

续表

类　别	Ⅰ	Ⅱ	Ⅲ
有机物	合格		
硫化物及硫酸盐(按 SO_3 质量计)/%	≤0.5		
氯化物(以氯离子质量计)/%	≤0.01	≤0.02	≤0.06[b]
贝壳(按质量计)/%[c]	≤3.0	≤5.0	≤8.0

注:a.天然砂中如含有浮石、火山渣等天然轻骨料时,经试验验证后,该指标可不做要求。

b.对于钢筋混凝土用净化处理的海砂,其氯化物含量应不超过0.02%。

c.该指标仅适用于净化处理的海砂,其他砂种不做要求。

(4)坚固性

砂子的坚固性是指砂在自然风化和其他外界物理化学因素作用下抵抗破裂的能力。砂的坚固性指标采用硫酸钠溶液法进行试验,砂样经5次循环后其质量损失应符合表5.10的规定。机制砂除了要满足质量损失要求外,还应满足压碎指标要求,见表5.10。

表5.10　砂的坚固性指标及机制砂的压碎指标

类　别	Ⅰ	Ⅱ	Ⅲ
质量损失/%	≤8		≤10
单级最大压碎指标/%	≤20	≤25	≤30

(5)砂的含水状态

砂的含水状态。砂的含水状态有以下4种,如图5.3所示。

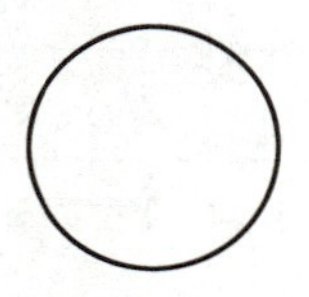
(a)绝干状态

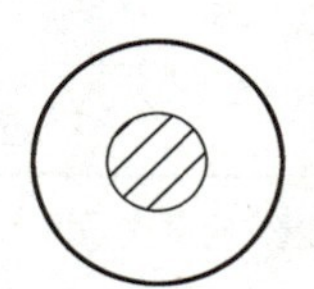
(b)气干状态

(c)饱和面干状态

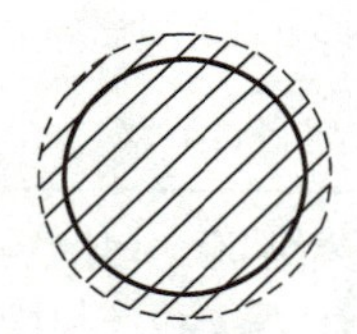
(d)湿润状态

图5.3　砂含水状态示意图

①绝干状态。砂粒内外不含任何水,通常在(105±5)℃条件下烘干而得。

②气干状态。砂粒表面干燥,内部孔隙中部分含水。指室内或室外(天晴)空气平衡的含水状态,其含水量的大小与空气相对湿度和温度密切相关。

③饱和面干状态。砂粒表面干燥,内部孔隙全部吸水饱和。

④湿润状态。砂粒内部吸水饱和,表面还含有部分表面水。施工现场,特别是雨后常出现此种状况,搅拌混凝土中计量砂用量时,要扣除砂中的含水量;计量水用量时,要扣除砂中带入的水量。

(6)表观密度、松散堆积密度、空隙率、片状颗粒含量、碱集料反应

除特细砂外,砂的表观密度不小于2 500 kg/m³;松散堆积密度不小于1 400 kg/m³;空隙率

不大于44%。Ⅰ类机制砂的片状颗粒含量不得大于10%。且经碱集料反应试验后,若需方提出要求,应出示膨胀率实测值及碱活性评定结果。

5.2.4 粗集料

1)粗集料的种类及来源

混凝土工程中常用的粗集料有碎石和卵石两大类。根据《建设用卵石、碎石》(GB/T 14685—2022)规定:卵石是指岩石在自然条件作用下产生破碎、风化、分选、运移、堆/沉积而形成的粒径大于4.75 mm的岩石颗粒;碎石是指天然岩石、卵石或矿山废石经破碎、筛分等机械加工制成的粒径大于4.75 mm的岩石颗粒。

碎石表面比卵石粗糙,且多棱角,因此,拌制的混凝土拌合物流动性较差,但与水泥粘结强度较高,配合比相同时,混凝土强度相对较高。卵石表面较光滑,少棱角,因此拌合物的流动性较好,但粘结性能较差,强度相对较低。若保持流动性相同,卵石可比碎石适量少用水,因此卵石混凝土强度并不一定低。卵石与碎石的选用需根据工程性质、成本等条件综合考虑。

2)混凝土用石的质量标准

目前,与混凝土用石相关的现行标准有《建设用卵石、碎石》(GB/T 14685—2022)和《普通混凝土用砂、石质量及检验方法标准》(JGJ 52—2006)。两个标准在适用范围上存在一定的差异,个别技术参数也略有不同。

根据《建设用卵石、碎石》(GB/T 14685—2022)的规定:卵石、碎石按技术要求分为Ⅰ类、Ⅱ类、Ⅲ类;混凝土用石的质量要求主要包括以下几个方面。

(1)最大粒径

石子各粒级的公称上限粒径称为这种石子的最大粒径(D_{max})。石子的最大粒径增大,则相同质量石子的总表面积减小,混凝土中包裹石子所需水泥浆体积减少,即混凝土用水量和水泥用量都可减少。在一定的范围内,石子最大粒径增大,可因用水量的减少提高混凝土的强度。

在普通混凝土中,集料粒径大于40 mm并没有好处,有可能造成混凝土强度下降。另外,混凝土粗集料的最大粒径不得超过结构截面最小尺寸的1/4,同时不得大于钢筋间最小净距的3/4;对于混凝土实心板,集料的最大粒径不宜超过板厚的1/3,且不得超过40 mm;对于泵送混凝土,集料最大粒径与输送管内径之比,碎石不宜大于1∶3,卵石不宜大于1∶2.5。石子粒径过大,对运输和搅拌都不方便。

(2)颗粒级配

粗集料的级配原理和要求与细集料基本相同。级配试验采用筛分法测定,即用筛孔边长为2.36 mm、4.75 mm、9.50 mm、16.0 mm、19.0 mm、26.5 mm、31.5 mm、37.5 mm、53.0 mm、63.0 mm、75.0 mm和90 mm的方孔筛各一只进行筛分。

石子的颗粒级配可分为连续级配和间断级配。连续级配是石子粒级呈连续性,即颗粒由小到大,每级石子占一定比例。用连续级配的集料配制的混凝土混合料,和易性较好,不易发生离析现象。连续级配是工程上最常用的级配。

间断级配也称单粒级配。间断级配是人为地剔除集料中某些粒级颗粒,从而使集料级配不连续，大集料空隙由小几倍的小粒径颗粒填充，以降低石子的空隙率。由间断级配制成的混凝土，可以节约水泥。由于其颗粒粒径相差较大，混凝土混合物容易产生离析现象，导致施工困难。

石子颗粒级配范围应符合规范要求。碎石、卵石的颗粒级配规格见表5.11。

表5.11　碎石或卵石的颗粒级配规定

级配情况	公称粒级/mm	累计筛余(按质量分数计)/%											
		方孔筛筛孔边长/mm											
		2.36	4.75	9.50	16.0	19.0	26.5	31.5	37.5	53.0	63.0	75.0	90.0
连续粒级	5~16	95~100	85~100	30~60	0~10	0	—	—	—	—	—	—	—
	5~20	95~100	90~100	40~80	—	0~10	0	—	—	—	—	—	—
	5~25	95~100	90~100	—	30~70	—	0~5	0	—	—	—	—	—
	5~31.5	95~100	90~100	70~90	—	15~45	—	0~5	0	—	—	—	—
	5~40	—	95~100	70~90	—	30~65	—	—	0~5	0	—	—	—
单粒粒级	5~10	95~100	80~100	0~15	0	—	—	—	—	—	—	—	—
	10~16	—	95~100	80~100	0~15	0	—	—	—	—	—	—	—
	10~20	—	95~100	85~100	—	0~15	0	—	—	—	—	—	—
	16~25	—	—	95~100	55~70	25~40	0~10	0	—	—	—	—	—
	16~31.5	—	95~100	—	85~100	—	—	0~10	0	—	—	—	—
	20~40	—	—	95~100	—	80~100	—	—	0~10	0	—	—	—
	25~31.5	—	—	—	95~100	—	80~100	0~10	0	—	—	—	—
	40~80	—	—	—	—	95~100	—	—	70~100	—	30~60	0~10	0

(3)粗集料的强度

集料的强度一般是指粗集料的强度，为了保证混凝土的强度，粗集料必须致密、具有足够强度。碎石的强度可用抗压强度和压碎指标值表示，卵石的强度只用压碎指标值表示。

碎石的抗压强度测定，是将其母岩制成边长为50 mm立方体(或直径与高均为50 mm的圆柱体)试件，在水饱和状态下测定的极限抗压强度值，其中岩浆岩应不小于80 MPa，变质岩应不小于60 MPa，沉积岩应不小于45 MPa。碎石抗压强度一般在混凝土强度等级大于或等于C60时才检验，其他情况如有怀疑或必要时也可进行抗压强度检验。

压碎指标是将一定质量风干或烘干后的9.50~19.0 mm的石子装入一定规格的金属圆桶内，在试验机上施加荷载到200 kN，卸荷后称取试样质量(G_1)，再用孔径为2.36 mm的方孔筛筛除被压碎的细粒，称取试样的筛余量(G_2)，用下式计算压碎指标：

$$Q_e = \frac{G_1 - G_2}{G_1} \times 100 \tag{5.3}$$

式中　Q_e——压碎指标值，%；

G_1——试样质量,g;

G_2——压碎试验后试样的筛余量,g。

压碎指标值越小,集料的强度越高。碎石与卵石的压碎指标值宜符合表5.12的规定。

表5.12 压碎指标

类 别	Ⅰ	Ⅱ	Ⅲ
碎石压碎指标/%	≤10	≤20	≤30
卵石压碎指标/%	≤12	≤14	≤16

(4)粗集料的坚固性

碎石或卵石的坚固性是指在自然风化和其他外界物理化学因素作用下抵抗破裂的能力。碎石或卵石的坚固性指标采用硫酸钠溶液法进行试验,试样经5次循环后其质量损失应符合表5.13的规定。

表5.13 粗集料的坚固性指标

类 别	Ⅰ	Ⅱ	Ⅲ
质量损失/%	≤5	≤8	≤12

(5)卵石含泥量、碎石泥粉含量、泥块含量、有害物质含量、针片状颗粒含量、不规则颗粒含量及碱集料反应

卵石中的含泥量是指粒径小于75 μm的黏土颗粒的含量,碎石中的泥粉含量是指粒径小于75 μm的黏土和石粉颗粒含量;泥块含量在粗集料中是指原粒径大于4.75 mm,经水浸泡、淘洗等处理后变成小于2.36 mm的颗粒的含量。它们的危害作用与在细集料中相同。粗集料的颗粒形状以近立方体或近球状体为最佳,但在岩石破碎生产碎石的过程中往往产生一定量的针、片状,使集料的空隙率增大,并降低混凝土的强度,特别是抗折强度。针状是指最大一维尺寸大于该颗粒所属粒级平均粒径的2.4倍的颗粒;片状是指最小一维尺寸小于该颗粒所属粒级平均粒径0.4倍的颗粒。不规则颗粒是指最小一维尺寸小于该颗粒所属粒级的平均粒径0.5倍的颗粒。碎石或卵石中的含泥量、泥块含量、有害物质含量及针片状颗粒含量应符合表5.14的规定。

表5.14 卵石含泥量、碎石泥粉含量、泥块含量、有害物质含量、针片状颗粒含量、不规则颗粒含量

类 别	Ⅰ	Ⅱ	Ⅲ
卵石含泥量(按质量计)/%	≤0.5	≤1.0	≤1.5
碎石泥粉含量(按质量计)/%	≤0.5	≤1.5	≤2.0
泥块含量(按质量计)/%	≤0.1	≤0.2	≤0.7
有机物	合格	合格	合格
硫化物及硫酸盐含量(按SO_3质量计)/%	≤0.5	≤1.0	≤1.0
针片状颗粒总含量(按质量计)/%	≤5	≤8	≤15
不规则颗粒含量(按质量计)/%	≤10.0	—	

碱集料反应是指水泥、外加剂等混凝土组成物及环境中的碱与集料中的碱活性矿物在潮湿环境下缓慢发生并导致混凝土开裂破坏的膨胀效应。对于长期处于潮湿环境中的重要结构用混凝土，应采用专门方法对集料的碱活性进行检验。当需方对碱集料反应提出要求时，应出示膨胀率实测值及碱活性评定结果。

(6)表观密度、连续级配松散堆积空隙率和吸水率

卵石、碎石的表观密度不得小于 2 600 kg/m^3；其连续级配松散堆积空隙率和吸水率要求应符合表 5.15 的规定。

表 5.15　空隙率和吸水率

类　别	Ⅰ	Ⅱ	Ⅲ
空隙率/%	≤43	≤45	≤47
吸水率/%	≤1.0	≤2.5	≤2.0

5.2.5　水

水是混凝土的重要组成之一，水质的好坏不仅影响混凝土的凝结和硬化，还能影响混凝土的强度和耐久性，并可加速混凝土中钢筋的锈蚀。

混凝土用水可分为混凝土拌和用水和混凝土养护用水两种。《混凝土用水标准》(JGJ 63—2006)规定，混凝土拌和水中各物质含量应满足表 5.16 规定。

表 5.16　混凝土拌和用水水质要求

项　目	预应力混凝土	钢筋混凝土	素混凝土
pH 值	≥5.0	≥4.5	≥4.5
不溶物的质量密度/(mg · L^{-1})	≤2 000	≤2 000	≤5 000
可溶物的质量密度/(mg · L^{-1})	≤2 000	≤5 000	≤10 000
Cl^-的质量密度/(mg · L^{-1})	≤500	≤1 000	≤3 500
SO_4^{2-} 的质量密度/(mg · L^{-1})	≤600	≤2 000	≤2 700
碱的质量密度/(mg · L^{-1})	≤1 500	≤1 500	≤1 500

注：碱含量按 Na_2O+0.658K_2O 计算值来表示。采用非碱活性集料时，可不检验碱含量。

按照不同水源，混凝土用水可分为饮用水、地表水、地下水、再生水、混凝土企业设备洗刷水和海水等。拌制混凝土和养护混凝土宜采用饮用水；地表水和地下水通常溶有较多的有机质和矿物盐类，用前必须按标准规定经检验合格后方可使用；混凝土企业设备洗刷水不宜用于预应力混凝土、装饰混凝土、加气混凝土和暴露于腐蚀环境的混凝土，不得用于使用碱活性或潜在碱活性集料的混凝土。

未经处理的海水严禁用于钢筋混凝土和预应力混凝土。在无法获得水源的情况下，海水可用于素混凝土，但不宜用于装饰混凝土。

对于设计使用年限为 100 年的结构混凝土,氯离子质量密度不得超过 500 mg/L;对使用钢丝或经热处理钢筋的预应力混凝土,氯离子质量密度不得超过 350 mg/L。

5.3 混凝土外加剂

外加剂是指能有效改善混凝土某项或多项性能的一类材料。其掺量一般只占水泥用量的5%以下,却能显著改善混凝土的和易性、强度、耐久性或调节凝结时间及节约水泥。目前,外加剂已成为除水泥、水、砂子、石子以外的第五组分材料,应用越来越广泛。

5.3.1 减水剂

减水剂是指在混凝土坍落度相同的条件下,能减少拌和用水量;或者在混凝土配合比和用水量均不变的情况下,能增加混凝土坍落度的外加剂。根据减水率大小或坍落度增加幅度分为普通减水剂和高效减水剂两大类。此外,尚有复合型减水剂,如引气减水剂,既具有减水作用,同时具有引气作用;早强减水剂,既具有减水作用,又具有提高早期强度作用;缓凝减水剂,同时具有延缓凝结时间的功能,等等。

1)减水剂的主要功能

①配合比不变时显著提高流动性。

②流动性和水泥用量不变时,减少用水量,降低水胶比,提高强度。

③保持流动性和强度不变时,节约水泥用量,降低成本。

④配置高强高性能混凝土。

2)减水剂的作用机理

减水剂提高混凝土拌合物流动性的作用机理主要包括分散作用和润滑作用两方面。减水剂实际上是一种表面活性剂,长分子链的一端易溶于水——亲水基,另一端难溶于水——憎水基,如图 5.4 所示。

(1)分散作用

水泥加水拌和后,由于水泥颗粒分子引力的作用,使水泥浆形成絮凝结构,使 10%~30%的拌和水被包裹在水泥颗粒之中,不能参与自由流动和润滑作用,从而影响了混凝土拌合物的流动性[见图 5.5(a)]。当加入减水剂后,由于减水剂分子能定向吸附于水泥颗粒表面,使水泥颗粒表面带有同一种电荷(通常为负电荷),形成静电排斥作用,促使水泥颗粒相互分散,絮凝结构破坏,释放出被包裹部分水,参与流动,从而有效地增加混凝土拌合物的流动性[见图 5.5(b)]。

(2)润滑作用

减水剂中的亲水基极性很强,因此水泥颗粒表面的减水剂吸附膜能与水分子形成一层稳定的溶剂化水膜[图 5.5(c)],这层水膜具有很好的润滑作用,能有效降低水泥颗粒间的滑动阻力,从而使混凝土流动性进一步提高。

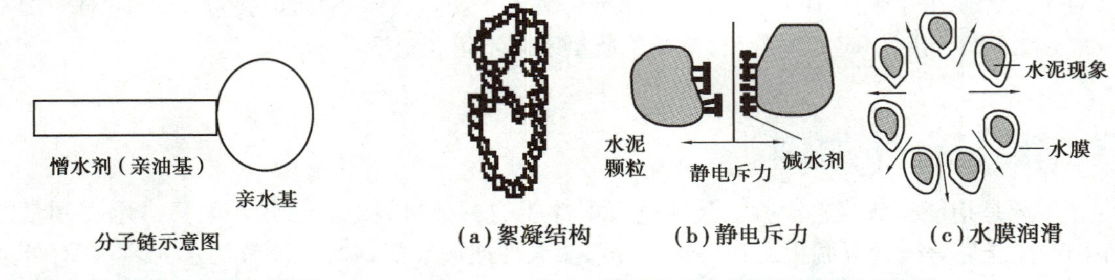

图 5.4　表面活性剂(减水剂)

图 5.5　减水剂作用机理示意图

3)常用减水剂品种

混凝土工程中可用的普通减水剂有木质素磺酸钙、木质素磺酸钠、木质素磺酸镁及丹宁等。

5.3.2　早强剂

早强剂是指能加速混凝土早期强度发展的外加剂,主要作用机理是加速水泥水化速度,加速水化产物的早期结晶和沉淀。主要功能是缩短混凝土施工养护期,加快施工进度,提高模板的周转率。主要适用于有早强要求的混凝土工程及低温、负温施工混凝土、有防冻要求的混凝土、预制构件、蒸汽养护等。

1)早强剂的种类及掺量

混凝土工程中可采用的早强剂有以下 3 类:

①强电解质无机盐类早强剂:硫酸盐、硫酸复盐、硝酸盐、亚硝酸盐、氯盐等。

②水溶性有机化合物:三乙醇胺、甲酸盐、乙酸盐、丙酸盐等。

③其他:有机化合物、无机盐复合物。

混凝土工程中可采用由早强剂与减水剂复合而成的早强减水剂。采用复合早强剂效果往往优于单掺,故目前应用广泛。

2)早强剂的使用范围

早强剂及早强减水剂适用于蒸养混凝土及常温、低温和最低温度不低于-5 ℃环境中有早强要求的混凝土工程。炎热环境条件下不宜使用早强剂、早强减水剂。

掺入混凝土后对人体产生危害或对环境产生污染的化学物质严禁用作早强剂。含有六价铬盐、亚硝酸盐等有害成分的早强剂严禁用于饮水工程及与食品相接触的工程,硝铵类严禁用于办公、居住等土木工程。

5.3.3　引气剂

引气剂是指在混凝土搅拌过程中能引入大量均匀分布、稳定而封闭的微小气泡的外加剂。

引气剂也是表面活性剂,其憎水基团朝向气泡,亲水基团吸附一层水膜,由于引气剂离子对液膜的保护作用,使气泡不易破裂。引入的这些微小气泡(直径为 20~1 000 μm)在拌合物中均匀分布,明显地改善混合料的和易性,提高混凝土的耐久性(抗冻性和抗渗性),但混凝土的强度和弹性模量有所降低。

1)引气剂的主要品种

①松香树脂类:松香热聚物、松香皂类等。

②烷基和烷基芳烃磺酸盐类:十二烷基磺酸盐、烷基苯磺酸盐、烷基苯酚聚氧乙烯醚等。

③脂肪醇磺酸盐类:脂肪醇聚氧乙烯醚、脂肪醇聚氧乙烯磺酸钠、脂肪醇硫酸钠等。

④皂甙类:三萜皂甙等。

⑤其他:蛋白质盐、石油磺酸盐等。

2)引气剂的适用范围

引气剂及引气减水剂,可用于抗冻混凝土、抗渗混凝土、抗硫酸盐混凝土、泌水严重的混凝土、贫混凝土、轻集料混凝土、人工集料配制的普通混凝土、高性能混凝土以及有饰面要求的混凝土。

引气剂、引气减水剂不宜用于蒸养混凝土及预应力混凝土。

5.3.4 防冻剂

防冻剂是指能降低水泥混凝土拌合物液相冰点,使混凝土在相应负温下免受冻害,并在规定养护条件下达到预期性能的外加剂。混凝土防冻剂绝大多数均为复合外加剂,通常由防冻组分、早强组分、减水组分或引气组分等复合而成。

1)防冻剂的主要种类

(1)强电解质无机盐类

①氯盐类:以氯盐为防冻组分的外加剂。

②氯盐阻锈类:以氯盐为阻锈类防冻组分的外加剂。

③无氯盐类:以亚硝酸盐、硝酸盐等无机盐为防冻组分的外加剂。

(2)水溶性有机化合物类

以某些醇类等有机化合物为防冻组分的外加剂。

(3)复合型防冻剂

以防冻组分复合早强、引气、减水等组分的外加剂。

2)防冻剂的适用范围

氯盐类防冻剂适用于无筋混凝土,氯盐阻锈类防冻剂不可用于钢筋混凝土,无氯盐类防冻剂可用于钢筋混凝土工程和预应力钢筋混凝土工程。硝酸盐、亚硝酸盐和碳酸盐不得用于预应力混凝土工程,以及与镀锌钢材或与铝铁相接触部位的钢筋混凝土结构。含有六价铬盐、亚硝酸盐等有害成分的防冻剂,严禁用于饮水工程及与食品相接触的工程,严禁食用。

5.3.5 膨胀剂

混凝土中掺入膨胀剂后,生成大量膨胀性水化产物而引起混凝土体积膨胀。因此,采用适当成分的膨胀剂,掺加适宜的数量,可以改善混凝土的孔结构,提高混凝土的密实度,抗渗性可比普通混凝土提高2~5倍。

(1)膨胀剂的主要种类

①硫铝酸钙类。

②硫铝酸钙-氧化钙类。

③氧化钙类。

(2)膨胀剂的应用范围

掺膨胀剂混凝土具有良好的防渗抗裂能力,对克服和减少混凝土收缩裂缝作用显著。因此,可用以配制补偿收缩混凝土和自应力混凝土,广泛应用于屋面、水池、水塔、大型圆形结构物、地下建筑、管柱桩、矿山井巷、井下硐室等混凝土工程中,以及生产自应力混凝土管和用于预制构件的节点、混凝土块体或墙段之间的接缝,也可用于混凝土结构的修补。

5.3.6 调凝剂

1)缓凝剂

能延缓混凝土凝结硬化的外加剂,称为缓凝剂。混凝土工程中可采用下列缓凝剂及缓凝减水剂:

①糖类:糖钙、葡萄糖酸盐等。

②木质素磺酸盐类:木质素磺酸钙、木质素磺酸钠等。

③羟基羧酸及其盐类:柠檬酸、酒石酸钾钠等。

④无机盐类:锌盐、磷酸盐等。

⑤其他:胺盐及其衍生物、纤维素醚等。

缓凝剂与水泥品种的适应性十分明显,不同品种水泥的缓凝效果不相同,甚至会出现相反的效果。因此,使用前必须进行试验,检测其缓凝效果。

2)速凝剂

能使混凝土迅速凝结硬化的外加剂,称为速凝剂。速凝剂可分为粉末状和液体状两种。

粉末状速凝剂是以铝酸盐、碳酸盐等为主要成分的无机盐混合物等;而液体速凝剂是以铝酸盐、水玻璃等为主要成分,与其他无机盐复合而成的复合物。

速凝剂主要应用于喷射混凝土工程。喷射混凝土是借助于喷射机械将混凝土高速喷射到受喷面上凝结硬化而成的一种混凝土。与普通混凝土相比较,它具有快速、早强,施工工艺简单,不需要模板和振捣,很多情况下可以不影响其他生产的特点。

5.3.7 防水剂

防水剂是指能降低砂浆、混凝土在静水压力下的透水性的外加剂。主要有四大类:

①无机化合物类:氯化铁、硅灰粉末、锆化合物等。

②有机化合物类:脂肪酸及其盐类、有机硅表面活性剂(甲基硅醇钠、乙基硅醇钠、聚乙基羟基硅氧烷)、石蜡、地沥青、橡胶及水溶性树脂乳液等。

③混合物类:无机类混合物、有机类混合物、无机类与有机类混合物。

④复合类:上述各类与引气剂、减水剂、调凝剂等外加剂复合的复合型防水剂。

防水剂可用于工业与民用建筑的屋面、地下室、隧道、巷道、给排水池、水泵站等有防水抗渗要求的混凝土工程。

5.3.8 泵送剂

泵送剂主要是为了满足混凝土的泵送要求，混凝土工程中，可采用由减水剂、缓凝剂、引气剂等复合而成的泵送剂。

泵送剂适用于工业与民用建筑及其他构筑物的泵送施工的混凝土；特别适用于大体积混凝土、高层建筑和超高层建筑；适用于滑模施工等；也适用于水下灌注桩混凝土。

5.4 新拌混凝土的和易性

新拌混凝土是指由混凝土的组成材料拌和而成的尚未凝固的混合物，也称为混凝土拌合物。新拌混凝土的性能不仅影响混合物制备、运输、浇注、振捣设备的选择，而且还影响硬化后混凝土的性能。新拌混凝土有许多性能指标，如和易性、凝结时间、塑性收缩和塑性沉降等。其中，和易性是最重要的一个。

5.4.1 和易性的概念

新拌混凝土的和易性，也称工作性，是指混凝土拌合物易于施工操作（拌和、运输、浇注、振捣）并获得质量均匀、成型密实的性能。混凝土拌合物的和易性是一项综合技术性质，它至少包括流动性、黏聚性和保水性三项独立的性能。流动性是指混凝土拌合物在自重或机械（振捣）力作用下能产生流动并均匀密实地填满模板的性能。黏聚性是指混凝土拌和设备组成材料之间有一定的黏聚力，不致在施工过程中产生分层和离析的现象。保水性是指混凝土拌合物具有一定的保水能力，不致在施工过程中出现严重的泌水现象。可见，新拌混凝土的流动性、黏聚性和保水性有其各自的内涵。因此，影响它们的因素也不尽相同。

5.4.2 和易性的测定及评价指标

由于混凝土和易性内涵较复杂，因而目前尚没有能够全面反映混凝土拌合物和易性的测定方法和指标。而在和易性的众多内容中，流动性是影响混凝土性能及施工工艺的最主要的因素，而且通过对流动性的观察，在一定程度上也可以反映出新拌混凝土工作性其他方面的好坏，因此，目前对新拌混凝土工作性的测试主要集中在流动性上。混凝土拌合物的流动性试验检测方法主要有坍落度试验和维勃稠度试验两种方法。

1）坍落度与坍落度扩展法

将搅拌好的混凝土拌合物按一定方法装入圆台形筒内（坍落度筒，见图 5.6），并按一定方式插捣，待装满刮平后，垂直平稳地向上提起坍落度筒，量测筒高与坍落后混凝土试体最高点之间的高度差（mm），即为该混凝土拌合物的坍落度值。作为流动性指标，坍落度越大表示流动性越好。

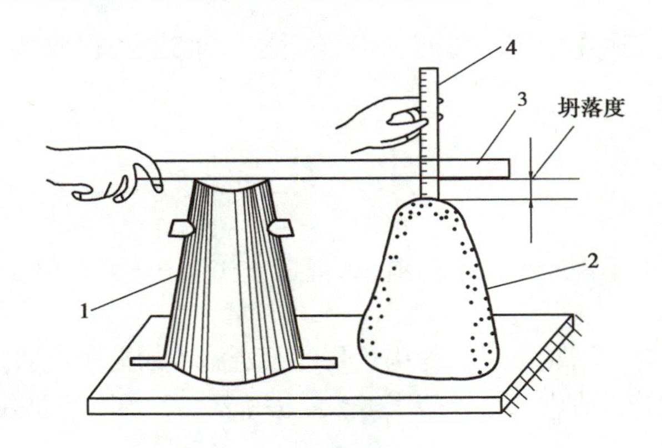

图5.6　坍落度测定

1—坍落度筒;2—新拌混凝土;3—捣棒;4—直尺

该方法适用于集料最大粒径不大于40 mm、坍落度不小于10 mm的混凝土拌合物稠度测定。当坍落度大于220 mm时,坍落度不能准确反映混凝土的流动性,用混凝土扩展后的平均直径即坍落扩展度,作为流动性指标。

在进行坍落度试验的同时,应观察混凝土拌合物的黏聚性、保水性,以便全面地评定混凝土拌合物的和易性。

黏聚性的评定方法:用捣棒在已坍落的混凝土锥体侧面轻轻敲打,若锥体逐渐下沉,则表示黏聚性良好;如果锥体倒塌,部分崩裂或出现离析现象,则表示黏聚性不好。

保水性是以混凝土拌合物中的稀水泥浆析出的程度来评定。坍落度筒提起后,如有较多稀水泥浆从底部析出,锥体部分混凝土拌合物也因失浆而集料外露,则表明混凝土拌合物的保水性能不好。如坍落度筒提起后无稀水泥浆或仅有少量稀水泥浆自底部析出,则表示此混凝土拌合物保水性良好。

2)维勃稠度法

对于干硬或者较干稠的新拌混凝土,坍落度试验测不出拌合物稠度变化情况,即混凝土的坍落度小于10 mm时,说明混凝土的稠度过干,宜用维勃稠度测定和易性。

维勃稠度法采用维勃稠度仪测定,如图5.7所示。其方法是:开始在坍落度筒中按规定方法装满拌合物,提起坍落度筒,在拌合物试体顶面放一透明圆盘,开启振动台,同时用秒表计时,当振动到透明圆盘的底面被水泥浆布满的瞬间停止计时,并关闭振动台。由秒表读出时间即为该混凝土拌合物的维勃稠度值,精确至1 s。

该方法适用于集料最大粒径不超过40 mm,维勃稠度在5~30 s的混凝土拌合物的稠度测定。

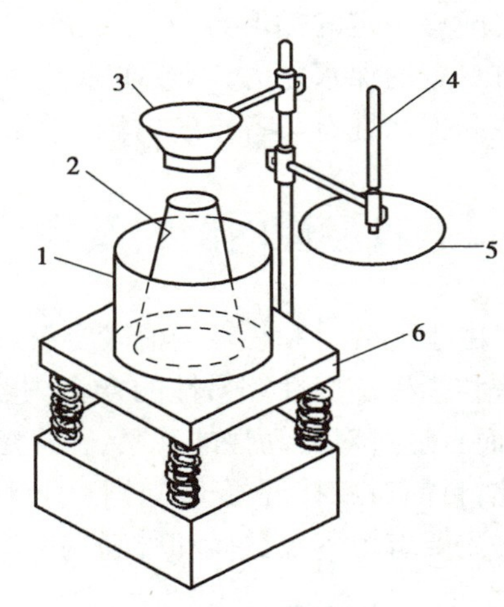

图5.7　维勃稠度仪

1—圆柱形容器;2—坍落度筒;3—漏斗;4—测杆;5—透明圆盘;6—振动台

5.4.3 影响和易性的主要因素

新拌混凝土和易性的影响因素有水泥浆量、水灰比、砂率、集料的品种、规格和质量、外加剂、温度和时间及其他影响因素。

1)组成材料的影响

(1)单位体积用水量

单位体积用水量是指在单位体积水泥混凝土中所加入水的质量,它是影响水泥混凝土工作性的最主要的因素。新拌混凝土的流动性主要是依靠集料及水泥颗粒表面吸附一层水膜,从而使颗粒间比较润滑。而黏聚性也主要是依靠水的表面张力作用,如用水量过少,则水膜较薄,润滑效果较差;而用水量过多,毛细孔被水分填满,表面张力的作用减小,混凝土的黏聚性变差,易泌水。

(2)水泥特性的影响

水泥的品种、细度、矿物组成以及混合材料的掺量等都会影响需水量。由于不同品种的水泥达到标准稠度的需水量不同,所以不同品种水泥配制成的混凝土拌合物具有不同的工作性。此外,水泥细度对混凝土拌合物的工作性亦有影响,适当提高水泥的细度可改善混凝土拌合物的黏聚性和保水性,减少泌水、离析现象。

(3)集料特性的影响

集料的特性包括集料的最大粒径、形状、表面纹理(卵石或碎石)、级配和吸水性等,这些特性将不同程度地影响新拌混凝土的工作性。其中最为明显的是,卵石拌制的混凝土拌合物的流动性较碎石的好。集料的最大粒径增大,可使集料的总表面积减小,拌合物的工作性也随之改善。此外,具有优良级配的混凝土拌合物具有较好的工作性。

(4)集浆比的影响

集浆比是指单位混凝土拌合物中集料绝对体积与水泥浆绝对体积之比。水泥浆在混凝土拌合物中,除了填充集料间的空隙,还包裹集料的表面,以减少集料颗粒间的摩阻力,使混凝土拌合物具有一定的流动性。在单位体积的混凝土拌合物中,如水灰比保持不变,则水泥浆的数量越多,拌合物的流动性愈大。但若水泥浆数量过多,则集料的含量相对减少,达一定限度时,就会出现流浆现象,使混凝土拌合物的黏聚性和保水性变差。相反,若水泥浆数量过少,不足以填满集料的空隙和包裹集料表面,则混凝土拌合物黏聚性变差,甚至产生崩坍现象。

(5)水胶比的影响

水胶比是指单位混凝土用水量与胶凝材料用量之比,用 W/B 表示。在单位混凝土拌合物中,集浆比确定后,水胶比决定水泥浆的稠度。水胶比较小,则胶凝材料浆料较稠,混凝土拌合物的流动性亦较小,当水胶比小于某一极限值时,在一定施工方法下就不能保证密实成型;反之,水胶比较大,胶凝材料浆料较稀,混凝土拌合物的流动性虽然较大,但黏聚性和保水性却随之变差。当水胶比大于某一极限值时,将产生严重的离析、泌水现象。由于水胶比的变化将直接影响水泥混凝土的强度,因此,为增加拌合物的流动性而增加用水量时,必须保证水胶比不变,同时增加胶凝材料用量,否则将显著降低混凝土的质量。

(6)砂率的影响

砂率是指混凝土中砂的质量占砂、石总质量的百分率。砂率表征混凝土拌合物中砂与石相对用量比例。由于砂率变化,可导致集料的空隙率和总表面积的变化。从图 5.8 中可以看出,当砂率过大时，集料的空隙率和总表面积增大，在水泥浆用量一定的条件下，混凝土拌合物就显得干稠，流动性小；当砂率过小时，虽然集料的总表面积减小，但由于砂浆量不足，不能在粗集料的周围形成足够的砂浆层起润滑作用，因而使混凝土拌合物的流动性降低。更严重的是影响了混凝土拌合物的黏聚性与保水性，使拌合物显得粗涩、粗集料离析、水泥浆流失，甚至出现溃散等不良现象，如图 5.9 所示。因此，混凝土拌合物的合理砂率是指在用水量和水泥用量一定的情况下，能使混凝土拌合物获得最大流动性，且能保持黏聚性。

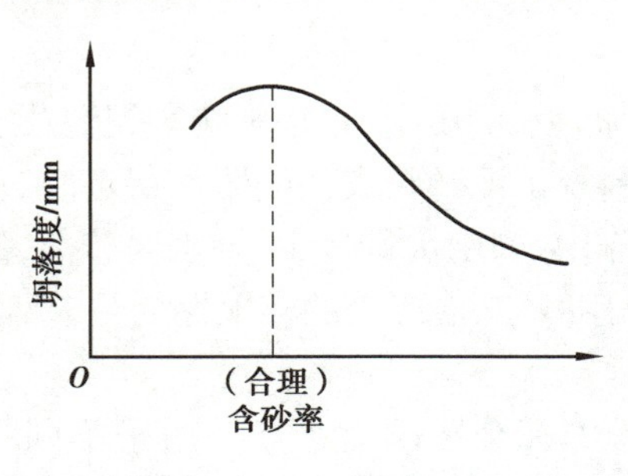

图 5.8　砂率与坍落度的关系

（水与水泥用量为一定）

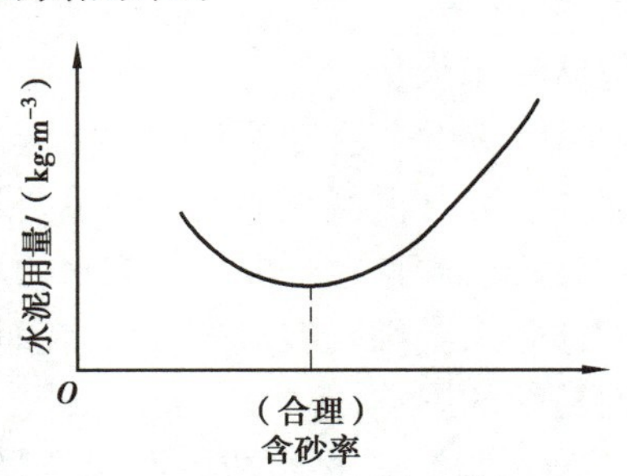

图 5.9　砂率与水泥用量的关系

（达到相同的坍落度）

2）环境条件的影响

引起混凝土拌合物工作性降低的环境因素主要有时间、温度、湿度和风速。对于给定组成材料性质和配合比例的混凝土拌合物，其工作性的变化，主要受水泥的水化速率和水分的蒸发速率所支配。水泥的水化：一方面消耗了水分；另一方面，产生的水化产物起到了胶粘作用，进一步阻碍了颗粒间的滑动。而水分的挥发将直接减少了单位混凝土中水的含量。因此，混凝土拌合物从搅拌到捣实的这段时间里，随着时间的增加，坍落度将逐渐减小，称为坍落度损失，如图 5.10 所示。图 5.11 表明了温度对混凝土拌合物坍落度的影响。同样，风速和湿度因素会影响拌合物水分的蒸发速率，因而影响坍落度。

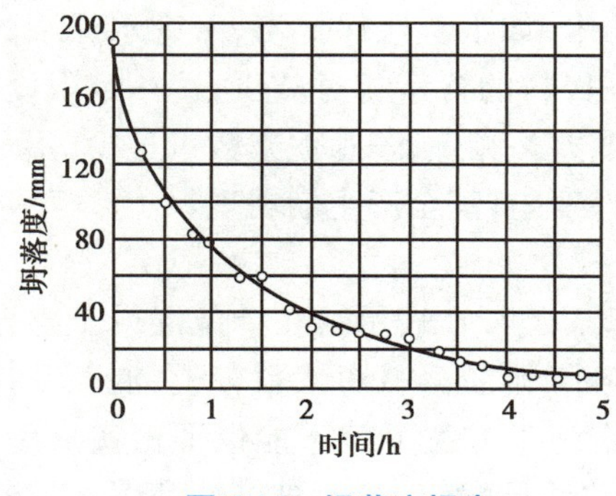

图 5.10　坍落度损失

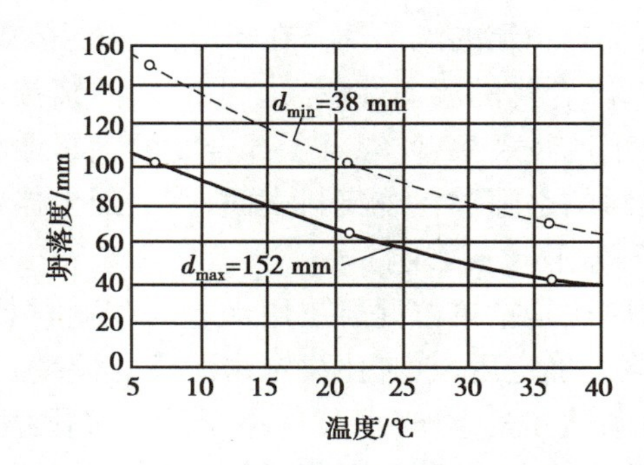

图 5.11　温度对混凝土拌合物坍落度的影响

3）搅拌条件

在较短的时间内，搅拌得越完全越彻底，混凝土拌合物的和易性越好。

4）外加剂

在拌制混凝土时，加入少量的外加剂能使混凝土拌合物在不增加水泥浆用量的条件下，获得很好的和易性，增大流动性，改善黏聚性，降低泌水性。

5.5 硬化混凝土的强度

普通混凝土是主要的建筑结构材料，强度是最主要的技术性质。混凝土的强度包括抗压、抗拉、抗弯和抗剪等。混凝土的抗压强度与各种强度及其他性能之间有一定相关性，因此混凝土的抗压强度是结构设计的主要参数，也是混凝土质量评定的指标。

5.5.1 混凝土的抗压强度

混凝土抗压强度是指标准试件在压力作用下直至破坏时单位面积所能承受的最大应力。

《混凝土物理力学性能试验方法标准》(GB/T 50081—2019)规定，将混凝土拌合物制作边长为150 mm的立方体试件，在标准条件[温度(20±2)℃，相对湿度95%以上]下，养护到28 d龄期，测得的抗压强度值为混凝土立方体试件抗压强度(简称立方体抗压强度)，以f_{cu}表示，单位是MPa。

混凝土标准试件为边长150 mm的立方体，也可按粗集料最大粒径选用非标准尺寸的试件，如边长分别为200 mm和100 mm的两种非标准立方体试块。非标准立方体试块的抗压强度为读数值乘以尺寸换算系数，见表5.17。

表5.17 混凝土立方体尺寸选用及换算系数

集料最大粒径/mm	试件尺寸/mm	尺寸换算系数
31.5	100×100×100	0.95
37.5	150×150×150	1.00
63.0	200×200×200	1.05

确定混凝土抗压强度通常采用立方体试件。但是，在实际结构中，混凝土的受压形式是棱柱体或圆柱体。所以，为了符合工程实际，在结构设计中混凝土受压构件的计算采用混凝土的轴心抗压强度。轴心抗压强度值以f_c表示，轴心抗压强度标准值以f_{ck}表示。

轴心抗压强度的测定采用150 mm×150 mm×300 mm棱柱体作为标准试件。试验表明，轴心抗压强度f_c比同截面的立方体强度值f_{cu}小，棱柱体试件高宽比(h/a)越大，轴心抗压强度越小，但当h/a达到一定值后，强度就不再降低。但是过高的试件在破坏前由于失稳产生较大的附加偏心，又会降低其抗压的试验强度值。试验表明：在立方体抗压强度f_{cu}=10~55 MPa的范围内，轴心抗压强度f_c与f_{cu}之比为0.70~0.80。

5.5.2 混凝土的强度等级

1)立方体抗压强度标准值

立方体抗压强度只是一组混凝土试件抗压强度的算术平均值，并未涉及数理统计和保证率的概念。而立方体抗压强度标准值($f_{cu,k}$)是按数理统计方法确定，具有不低于95%保证率的立方体抗压强度。

2)混凝土强度等级

《混凝土结构设计规范》(GB 50010—2010)规定,混凝土的“强度等级”是根据“立方体抗压强度标准值”来确定的,如C30表示混凝土立方体抗压强度标准值,$f_{cu,k}=30$ MPa。普通混凝土划分为14个强度等级:C15、C20、C25、C30、C35、C40、C45、C50、C55、C60、C65、C70、C75和C80。混凝土强度等级是混凝土结构设计、施工质量控制和工程验收的重要依据。

5.5.3 影响混凝土强度的因素

1)原材料的影响

(1)水泥强度

水泥强度的大小直接影响混凝土强度的高低。在配合比相同的条件下,所用的水泥强度等级越高,制成的混凝土强度也越高。

(2)水胶比

当用同一胶凝材料(品种及强度相同)时,混凝土的强度主要取决于水胶比。因为胶凝材料水化时所需的结合水一般只占其质量的23%左右,但在拌制混凝土拌合物时,为了获得必要的流动性,实际加水量为胶凝材料质量的40%~70%,即采用较大的水胶比。当混凝土硬化后,多余的水分或残留在混凝土中形成水泡,或蒸发后形成气孔,使得混凝土内部形成各种不同尺寸的孔隙,这些孔隙削弱了混凝土抵抗外力的能力。因此,满足和易性要求的混凝土,在水泥强度等级相同的情况下,水胶比越小,水泥石的强度越高,与集料黏结力也越大,混凝土的强度就越高。

大量实验结果表明,混凝土强度与水胶比、胶凝材料强度等因素之间保持近似恒定的关系。而混凝土强度与胶水比呈直线关系,符合下面的经验公式:

$$f_{cu,0}=\alpha_a f_b\left(\frac{B}{W}-\alpha_b\right) \tag{5.4}$$

式中 $\frac{B}{W}$——胶水比(胶凝材料质量与水质量之比);

$f_{cu,0}$——混凝土28 d抗压强度,MPa;

f_b——水泥的28 d抗压强度实测值,MPa;

α_a,α_b——回归系数,与集料的品种、水泥品种等因素有关。

回归系数α_a,α_b应根据工程所用的水泥、集料,通过试验由建立的水胶比与混凝土强度关系式确定;当不具备上述试验统计资料时,其回归系数可按表5.18选用。

表5.18 回归系数选用表

系数	碎石	卵石
α_a	0.53	0.49
α_b	0.20	0.13

当混凝土设计强度等级大于或等于 C60 时,胶水比与抗压强度间线性关系不够明显,不宜简单套用混凝土强度计算公式。

(3)集料的种类、质量和数量

水泥石与集料的黏结力除了受水泥石强度的影响,还与集料(尤其是粗集料)的表面状况有关。碎石表面粗糙,黏结力比较大;卵石表面光滑,黏结力比较小。因而在水泥强度等级和水胶比相同的条件下,碎石混凝土的强度往往高于卵石混凝土。

当粗集料级配良好,用量及砂率适当,能组成密集的骨架使水泥浆数量相对减小,集料的骨架作用充分,也会使混凝土强度有所提高。

(4)外加剂和掺和料

混凝土中加入外加剂可按要求改变混凝土的强度及强度发展规律,如掺入减水剂可减少拌和用水量,提高混凝土强度;如掺入早强剂可提高混凝土早期强度,但对其后期强度发展无明显影响。超细的掺和料可配制高性能、超高强度的混凝土。

2)生产工艺的影响

这里所指的生产工艺因素包括混凝土生产过程中涉及的施工(搅拌、捣实)、养护条件、养护时间等。如果这些因素控制不当,会对混凝土强度产生严重影响。

(1)施工条件

在施工过程中,必须将混凝土拌合物搅拌均匀,浇筑后必须捣固密实,才能使混凝土有达到预期强度的可能。

改进施工工艺可提高混凝土强度,如采用分次投料搅拌工艺,采用高速搅拌工艺,采用高频或多频振捣器,采用二次振捣工艺等都会有效地提高混凝土强度。

(2)养护条件

混凝土的养护条件主要指所处的环境温度和湿度,它们是通过影响水泥水化过程而影响混凝土强度。

养护环境温度高,水泥水化速度加快,混凝土早期强度高;反之亦然。另外,潮湿的环境有利于水泥水化,有利于强度,故混凝土需潮湿环境养护。为加快水泥的水化速度,可采用湿热养护的方法,即蒸气养护或蒸压养护。

(3)龄期

龄期是指混凝土在正常养护条件下所经历的时间。在正常养护条件下,混凝土强度将随着龄期的增长而增长。最初 7~14 d 内,强度增长较快,以后逐渐缓慢。混凝土的强度随龄期而增长的情况与水泥相似。

在标准养护条件下,混凝土强度与龄期的对数间有较好相关性,符合下面的关系式:

$$R_n = R_{28}\frac{\lg n}{\lg 28} \tag{5.5}$$

式中　R_n——n 龄期混凝土的抗压强度,MPa;

R_{28}——28 d 龄期混凝土的抗压强度,MPa;

n——龄期,以天计数,$n \geqslant 3$。

3)试验条件的影响

(1)试件形状和尺寸

测定混凝土立方体试件抗压强度,也可以按粗集料最大粒径的尺寸而选用不同试件的尺寸。但是试件尺寸不同、形状不同,会影响试件的抗压强度测定结果。因为混凝土试件在压力机上受压时,在沿加荷方向发生纵向变形的同时,也按泊松比效应产生横向膨胀。而钢制压板的横向膨胀较混凝土小,因而在压板与混凝土试件受压面形成摩擦力,对试件的横向膨胀起着约束作用,这种约束作用称为“环箍效应”。“环箍效应”对混凝土抗压强度有提高作用。离压板越远,“环箍效应”小,在距离试件受压面约0.866a(a 为试件边长)范围外,这种效应消失。这种破坏后的试件形状如图 5.12 所示。

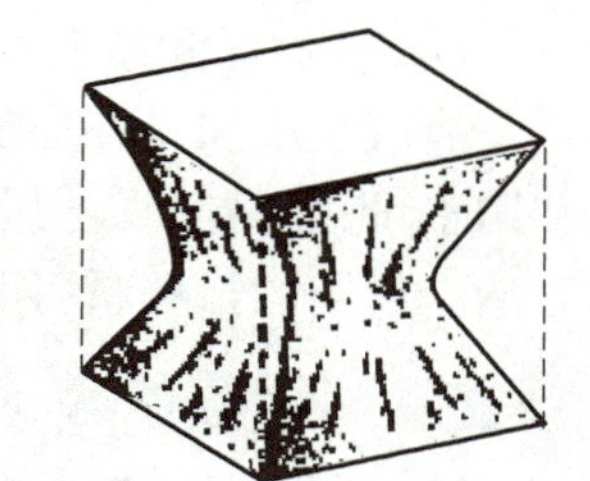

图 5.12　混凝土受压破坏

在进行强度试验时,试件尺寸越大,测得的强度值越低。这包括两方面的原因:一是“环箍效应”;二是由于大试件内存在的孔隙、裂缝和局部较差等缺陷的几率大,从而降低了材料的强度。

(2)表面状态

当混凝土受压面非常光滑时(如有油脂),压板与试件表面的摩擦力减小,使环箍效应减小,试件将出现垂直裂纹而破坏,测得的混凝土强度值较低。

(3)含水程度

混凝土试件含水率越高,其强度越低。

(4)加荷速度

在进行混凝土试件抗压试验时,加荷速度过快,材料裂纹扩展的速度慢于荷载增加的速度,故测得的强度值偏高。因此,在测定混凝土强度时,应按规定的加荷速度进行。

5.6　硬化混凝土的耐久性

混凝土抵抗环境介质作用并长期保持其良好的使用性能和外观完整性,从而维持混凝土结构安全和正常使用的能力称为耐久性。

混凝土耐久性主要包括抗渗性、抗冻性、抗侵蚀能力、抗碳化性、碱集料反应及混凝土中的钢筋锈蚀等。

1)抗渗性

抗渗性是指混凝土抵抗水、油等液体在压力作用下渗透的性能。它不仅关系到混凝土挡水防水作用,还直接影响混凝土的抗冻性和抗侵蚀性。因为环境中的侵蚀介质均要通过渗透才能进入混凝土内部。混凝土的抗渗性主要与其密实度及内部孔隙的大小和构造特征有关。混凝土内部互相连通的孔隙越多,孔径越大,则混凝土的抗渗性越差。

混凝土的抗渗性一般采用抗渗等级表示,也有采用相对渗透系数来表示的。抗渗等级是按标准试验方法进行试验,用每组 6 个试件中 4 个试件未出现渗水时的最大水压力来表示的,分为 P4,P6,P8,P10,P12 共 5 个等级,即相应表示能抵抗 0.4,0.6,0.8,1.0,1.2 MPa 的水压力而不渗水。抗渗等级>P6 级混凝土称为抗渗混凝土。

提高混凝土抗渗性的措施主要有降低水胶比,采用减水剂,掺入引气剂。加入掺和料,防止离析、泌水的发生,加强养护及防止出现施工缺陷等。

2)抗冻性

混凝土的抗冻性是指混凝土在水饱和状态下,经受多次冻融循环作用,能保持强度和外观完整性的能力。混凝土受冻融作用破坏的原因,是混凝土内部孔隙中的水在负温下结冰后体积膨胀造成的静水压力和因冰水蒸汽压的差别推动未冻水向冻结区的迁移所造成的渗透压力。当两种压力所产生的内应力超过混凝土的抗拉强度时,混凝土就会产生裂缝,多次冻融会使裂缝不断扩展直至破坏。

混凝土抗冻性一般以抗冻等级表示。抗冻等级通常是采用慢冻法测定,以龄期 28 d 的试块在吸水饱和后,承受反复冻融循环,以抗压强度下降不超过 25%,而且质量损失不超过 5%时所能承受的最大冻融循环次数来确定。据此将混凝土划分为 F10、F15、F25、F50、F100、F150、F200、F250 和 F300 共 9 个级别,分别表示混凝土能够承受反复冻融循环次数为 10、15、25、50、100、150、200、250 和 300。抗冻等级≥F50 的混凝土为抗冻混凝土。

抗冻性试验亦可采用快冻法测定,以相对动弹性模量值不小于 60%、质量损失率不超过 5%时所能承受的最大冻融循环次数来表示。

提高混凝土抗冻性的最有效方法是加入引气剂(如松香热聚物等)、减水剂和防冻剂,提高混凝土密实度。

3)抗侵蚀性

环境介质对混凝土的化学侵蚀主要是对水泥石的侵蚀,如本书第 3 章所述,淡水、硫酸盐、酸、碱等对水泥石的侵蚀。海水中的氯离子会对钢筋起锈蚀作用,导致混凝土破坏。

提高混凝土的抗侵蚀性主要在于选择合适的水泥品种,以及提高混凝土的密实度。

4)抗碳化性(中性化)

混凝土的碳化作用是二氧化碳与水泥石中的氢氧化钙作用,生成碳酸钙和水。碳化过程是二氧化碳由表及里向混凝土内部逐渐扩散的过程。

碳化使混凝土碱度降低,减弱了对钢筋的保护作用,可能导致钢筋锈蚀。碳化将显著增加混凝土的收缩,是由于在干缩产生的压应力下的氢氧化钙晶体溶解和碳酸钙在无压力处沉淀所致,此时暂时地加大了水泥石的可压缩性。碳化使混凝土的抗压强度增大,其原因是碳化放出的水分有助于水泥的水化作用,而且碳酸钙减少了水泥内部的孔隙。由于混凝土的碳化层产生碳化收缩,对其核心形成压力,而表面碳化层出现拉应力,可能产生微细裂缝,而使混凝土抗拉、抗折能力降低。

混凝土在胶凝材料用量固定条件下,水胶比越小,碳化速度就越慢;而当水胶比固定时,碳化深度随胶凝材料用量提高而减小。混凝土所处环境条件(主要是空气中的二氧化碳浓度、空气相对湿度等因素)也会影响混凝土的碳化速度。二氧化碳浓度增大自然会加速碳化进程,在水中或相对湿度 100%条件下,由于混凝土孔隙中的水分阻止二氧化碳向混凝土内部扩散,混凝土碳化停止。同样,处于特别干燥条件的混凝土,则由于缺乏使二氧化碳及氢氧化钙作用所需的水分,碳化也会停止。一般认为相对湿度 50%~75%时碳化速度最快。

5)碱-集料反应

某些含活性组分的集料与水泥水化析出的 KOH 和 NaOH 相互作用,对混凝土有破坏作用。其中尤受关注的是碱-氧化硅反应(ASR)。

硬化波特兰水泥浆体中液相 pH 值与水泥碱含量、水胶比有关,一般可达 13 以上。集料中可能存在有碱活性二氧化硅,包括无定形二氧化硅(如蛋白石)、微晶和弱结晶二氧化硅(如玉髓)、破碎性石英和玻璃质二氧化硅(如安山岩、流纹岩中的玻璃体)。含无序结构的活性二氧化硅在如此强碱性的溶液中,SiO_2 结构将逐步解聚;随后,碱金属离子吸附在新形成的反应产物表面上形成碱硅酸凝胶;当与水接触时,碱硅酸凝胶通过渗透吸水肿胀,导致反应集料膨胀开裂,从而使周围的水泥浆体也发生膨胀开裂。

普遍的观点认为碱集料反应发生的必要条件为:水泥中碱含量高;集料中存在活性二氧化硅;潮湿、水分的存在。从工程应用的角度看,避其必要条件之一,即可避免碱集料反应。

5.7 硬化混凝土的变形性

混凝土在硬化和使用过程中,由于受物理、化学等因素的作用,会产生各种变形,这些变形是导致混凝土产生裂纹的主要原因之一,从而进一步影响混凝土的强度和耐久性。按照是否承受荷载,混凝土的变形性可分为以下两类。

5.7.1 混凝土在非荷载作用下的变形

1)化学收缩

混凝土在硬化过程中,由于水泥水化产物的体积小于反应物(水泥与水)的体积,导致混凝土在硬化时产生收缩,称为化学收缩。混凝土的化学收缩是不可恢复的,收缩量随混凝土的硬化龄期的延长而增加,一般在 40 d 内逐渐趋向稳定。混凝土的化学收缩值很小(小于 1%),对混凝土结构物没有破坏作用,但在混凝土内部可能产生微细裂缝。

2)干湿变形

混凝土因周围环境的湿度变化,会产生干缩湿胀变形,这种变形是由于混凝土中水分的变化所致。混凝土中的水分即孔隙水、毛细管水及凝胶粒子表面的吸附水 3 种,当后两种水发生变化时,混凝土就会产生干湿变形。

当混凝土在水中硬化时,由于凝胶体中的胶体粒子表面的吸附水膜增厚,胶体粒子间距离增大,这时混凝土会产生微小的膨胀,这种湿胀对混凝土无危害影响。

当混凝土在空气中硬化时,首先失去自由水,继续干燥时则毛细管水蒸发,再继续受干燥则细孔中负压增大而产生收缩力。再继续受干燥则吸附水蒸发,从而引起胶体失水而紧缩。以上这些作用的结果就是致使混凝土产生干缩变形。干缩后的混凝土若再吸水变湿时,其干缩变形大部分可恢复,但有 30%~50%是不可逆的。混凝土的干缩变形对混凝土危害较大,它可使混凝土表面产生较大的拉应力而开裂,从而降低混凝土的抗渗、抗冻、抗侵蚀等耐久性能。

影响混凝土干缩变形的因素主要有以下几个方面:

①胶凝材料。胶凝材料用量越多，干燥收缩越大。混凝土中所使用的水泥的细度、种类对干缩变形也有很大影响。水泥细度越大，干燥收缩越大。使用火山灰质硅酸盐水泥时，混凝土的干燥收缩较大；而使用粉煤灰硅酸盐水泥时，混凝土的干燥收缩较小。

②水胶比。水胶比越大，混凝土内的毛细孔隙数量越多，混凝土的干燥收缩越大。

③集料的规格与质量。集料的粒径越大，级配越好，则水与胶凝材料用量越少，混凝土的干燥收缩越小。集料的含泥量及泥块含量越少，水与胶凝材料用量越少，混凝土的干燥收缩越小。针、片状集料含量越少，混凝土的干燥收缩越小。

④养护条件。养护湿度高，养护的时间长，则有利于推迟混凝土干燥收缩的产生与发展，可避免混凝土在早期产生较多的干缩裂纹，但对混凝土的最终干缩率没有显著的影响。采用湿热养护时可降低混凝土的干缩率。

3）温度变形

混凝土与其他材料一样，也具有热胀冷缩的性质。混凝土的热膨胀系数与混凝土的组成材料及用量有关，但影响不大。

温度变形对大体积混凝土及大面积混凝土工程极为不利。在混凝土硬化初期，水泥水化放出较多热量，混凝土又是热的不良导体，散热较慢，因此，大体积混凝土内部的温度较外部高，有时内外温差可达 40~50 ℃，这将使内部混凝土的体积产生较大膨胀，而外部混凝土随气温降低而收缩时，在外部混凝土中将产生拉应力，严重时使混凝土产生裂缝。因此，对大体积混凝土工程，必须尽量设法减少混凝土发热量，如采用低热水泥，减少水泥用量，采用人工降温等措施。一般纵长的钢筋混凝土结构物，应采取每隔一段长度设置伸缩缝以及在结构物中设置温度钢筋等措施。

5.7.2 混凝土在荷载作用下的变形

1）在短期荷载作用下的变形

混凝土内部结构中含有砂石集料、水泥石（水泥石中又存在着凝胶、晶体和未水化的水泥颗粒）、游离水分和气泡，混凝土本身的不均质性决定了它在受力时，既会产生弹性变形，又会产生塑性变形，其应力与应变之间的函数关系不是直线而是曲线。

硬化后的混凝土在未受外力作用之前，由于水泥水化造成的化学收缩和物理收缩，在粗集料与砂浆界面上产生了分布极不均匀的拉应力，形成许多分布很杂乱的界面裂缝；另外，混凝土振捣成型过程中，某些上升的水分被粗集料颗粒所阻止，因而聚积于粗集料的下缘，混凝土硬化后亦成为界面裂缝。混凝土受外力作用时很容易在具有几何形状为楔形的微裂缝顶部形成应力集中，随着外力的逐渐增大，导致微裂缝进一步延伸、汇合、扩大，最后形成几条可见的裂缝，试件就随着这些裂缝扩展而破坏。

2）在长期荷载作用下的变形

混凝土在长期荷载作用下，沿着作用力方向的变形会随时间不断增长，即荷载不变而变形仍随时间增大，一般要延续 2~3 年才逐渐趋于稳定；这种在长期荷载作用下产生的变形，通常称为徐变。

混凝土徐变是由于水泥石凝胶体在长期荷载作用下的黏性流动和凝胶粒子上的吸附水因荷载应力而向毛细孔迁移渗透的结果。

混凝土受压、受拉或受弯时,均有徐变现象。混凝土的徐变对钢筋混凝土构件来说,能消除钢筋混凝土内的应力集中,让应力较均匀地重新分布;对大体积混凝土,能消除一部分由于温度变形所产生的破坏应力;但在预应力钢筋混凝土结构中,混凝土的徐变将使钢筋的预加应力受到损失。

5.8 混凝土质量控制与强度评定

混凝土的质量和强度保证率直接影响混凝土结构的可靠性和安全性,是现代科学管理的重要方面。

5.8.1 混凝土的质量控制

混凝土的质量控制是保证混凝土结构工程质量的一项非常重要的工作。在实际工程中,由于原材料、施工条件以及试验条件等许多复杂因素的影响,混凝土的质量总会有波动。引起混凝土质量波动的因素有正常因素和异常因素两大类,正常因素是不可避免的微小变化的因素,如砂、石材料质量的微小变化,称量时的微小误差等。它们引起的质量波动一般较小,称为正常波动。异常因素是不正常的变化因素,如原材料的称量错误等,这些是可以避免和克服的因素,它们引起的质量波动一般较大,称为异常波动。混凝土质量控制的目的就是及时发现和排除异常波动,使混凝土的质量处于正常波动状态。

混凝土的质量通常是指能用数量指标表示出来的性能,如混凝土的强度、坍落度、含气量等。这些性能在正常稳定连续生产的情况下,其数量指标可用随机变量描述。因此,可用数理统计方法来控制、检验和评定其质量。在混凝土的各项质量指标中,混凝土的强度与其他性能有较好的相关性,能较好地反映混凝土的质量情况,因此,通常以混凝土强度作为评定和控制质量的指标。

5.8.2 混凝土强度的波动规律

在一定施工条件下,对同一种混凝土进行随机取样,制作 n 组试件($n \geqslant 25$),测得其 28 d 龄期的抗压强度,然后以混凝土强度为横坐标,以混凝土强度出现的概率为纵坐标,绘制出混凝土强度概率分布曲线。实践证明,混凝土的强度分布曲线一般是符合正态分布的,如图 5.13 所示。

5.8.3 混凝土质量评定的数理统计方法

1)混凝土强度质量的评定

用数理统计方法进行混凝土强度质量评定,是通过求出正常化生产控制条件下混凝土强度

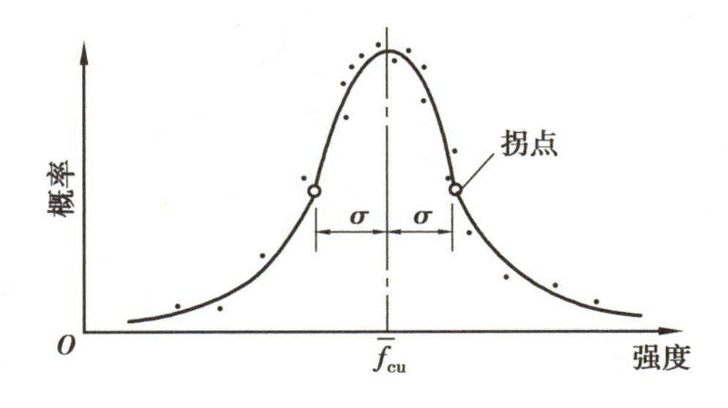

图 5.13 混凝土强度的正态分布曲线

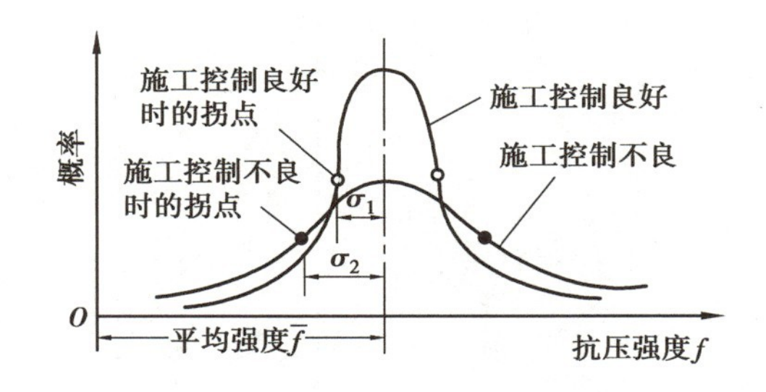

图 5.14 混凝土强度离散性不同的正态分布曲线

的平均值、标准差、变异系数和强度保证率等参数，然后据此进行综合评定。

(1)混凝土强度平均值($\overline{f}_{cu}$)

混凝土强度平均值可按下式计算：

$$\overline{f}_{cu} = \frac{1}{n}\sum_{i=1}^{n} f_{cu,i} \tag{5.6}$$

式中 n——混凝土强度的试件组数；

$f_{cu,i}$——混凝土第 i 组的抗压强度值。

混凝土强度平均值只能代表其总体强度的平均水平，而不能反映混凝土的波动情况。

(2)混凝土强度标准差(σ)

混凝土强度标准差又称均方差，其计算式为：

$$\sigma = \sqrt{\frac{\sum_{i=1}^{n}(f_{cu,i} - \overline{f}_{cu})^2}{n-1}} = \sqrt{\frac{\sum_{i=1}^{n} f_{cu,i}^2 - n\overline{f}_{cu}^2}{n-1}} \tag{5.7}$$

标准差正好是正态分布曲线上拐点至对称轴的垂直距离，如图 5.13 所示。图 5.14 为强度平均值相同而标准差不同的两条正态分布曲线。由图 5.14 可看出，σ 值小者曲线高而窄，说明混凝土质量控制较稳定，生产管理水平较高；而强度值离散性大的，即曲线矮而宽，则 σ 值就大，表明质量控制差，生产管理水平低。因此，σ 值可用以作为评定混凝土质量均匀性的一种指标。

(3)变异系数(C_v)

变异系数又称离差系数，其计算式如下：

$$C_v = \frac{\sigma}{\overline{f}_{cu}} \tag{5.8}$$

由于混凝土强度的标准差(σ)随强度等级的提高而增大，故也可采用变异系数(C_v)作为评定混凝土质量均匀性的指标。C_v 值越小，表示混凝土质量越稳定；C_v 值大，则表示混凝土质量稳定性差。

(4)混凝土的强度保证率(P)

混凝土的强度保证率 P(%)是指混凝土强度总体中，大于等于设计强度等级($f_{cu,k}$)的概率，在混凝土强度正态分布曲线图中以阴影面积表示(见图 5.15)，低于设计强度等级($f_{cu,k}$)的强度所出现的概率为不合格率。

混凝土强度保证率 P 的计算方法为：首先根据混凝土设计强度等级($f_{cu,k}$)、混凝土强度平

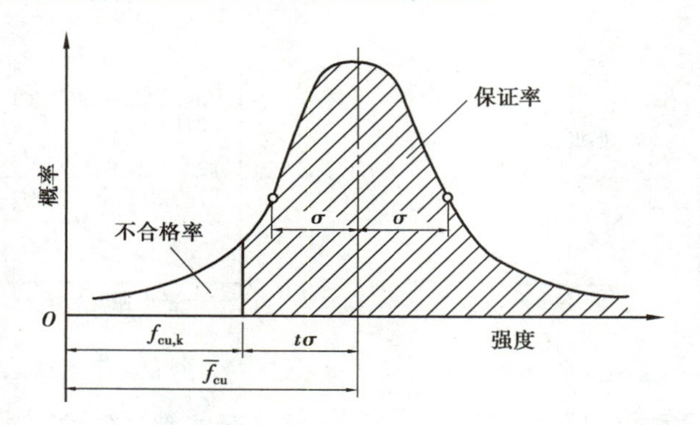

图 5.15　混凝土强度正态分布曲线图

均值($\bar{f}_{cu}$)、标准差(σ)或变异系数(C_v),计算出概率度(t),即

$$t = \frac{\bar{f}_{cu} - f_{cu,k}}{\sigma} \quad 或 \quad t = \frac{\bar{f}_{cu} - f_{cu,k}}{C_v \bar{f}_{cu}} \tag{5.9}$$

再根据 t 值,由表 5.19 查得保证率 P。

表 5.19　不同 t 值的保证率 P

t	0.00	0.50	0.84	1.00	1.20	1.28	1.40	1.60
P/%	50.0	69.2	80.0	84.1	88.5	90.0	91.9	94.5
t	1.645	1.70	1.81	1.88	2.00	2.05	2.33	3.00
P/%	95.0	95.5	96.5	97.0	97.7	99.0	99.4	99.87

工程中 P 值可由根据统计周期内,混凝土试件强度不低于要求强度等级的组数 N_0 与试件总组数 N($N \geqslant 25$)之比求得,即

$$P = \frac{N_0}{N} \times 100\% \tag{5.10}$$

2)混凝土生产质量水平的评定

我国混凝土强度检验评定标准是根据强度标准差(σ)和混凝土的强度保证率(P)的大小,将混凝土生产单位的质量管理水平划分为“优良”“一般”及“差”三等,如表 5.20 所示。

表 5.20　混凝土生产管理水平

生产管理水平			优　良		一般		差	
混凝土强度等级			<C20	≥C20	<C20	≥C20	<C20	≥C20
评定指标	混凝土强度标准差 σ/MPa	商品混凝土厂	≤3.0	≤3.5	≤4.0	≤5.0	>5.0	>5.0
		预制混凝土构件厂						
		集中搅拌混凝土的施工现场	≤3.5	≤4.0	≤4.5	≤5.5	>4.5	>5.5
	混凝土强度保证率 P/%	商品混凝土厂	≥95		>85		≤85	
		预制混凝土构件厂						
		集中搅拌混凝土的施工现场						

5.8.4 混凝土配制强度

在施工中配制混凝土时，如果所配制混凝土的强度平均值($\bar{f}_{cu}$)等于设计强度($f_{cu,k}$)，则由图5.15所知，这时混凝土强度保证率只有50%。因此，为了保证工程混凝土具有设计所要求的95%强度保证率，则在进行混凝土配合比设计时，必须要使混凝土的配制强度大于设计强度。

根据《普通混凝土配合比设计规程》(JGJ 55—2011)，混凝土配制强度应按下列公式确定。

①当混凝土的设计强度等级小于C60时，配制强度应按下式计算：

$$f_{cu,0} \geqslant f_{cu,k} + 1.645\sigma \tag{5.11}$$

式中 $f_{cu,0}$——混凝土配制强度，MPa；

$f_{cu,k}$——混凝土立方体抗压强度标准值，这里取混凝土设计强度等级值，MPa；

σ——混凝土强度标准差，MPa。

②当设计强度等级大于或等于C60时，配制强度应按下式计算：

$$f_{cu,0} \geqslant 1.15 f_{cu,k} \tag{5.12}$$

a.当具有近1~3个月的同一品种、同一强度等级混凝土的强度资料时，其混凝土强度标准差σ应按下式计算：

$$\sigma = \sqrt{\frac{\sum_{i=1}^{n} f_{cu,i}^2 - nm_{f_{cu}}^2}{n-1}} \tag{5.13}$$

式中 σ——混凝土强度标准差；

$f_{cu,i}$——第i组的试件强度，MPa；

$m_{f_{cu}}$——n组试件的强度平均值，MPa；

n——试件组数，n值应大于或者等于30。

对于强度等级不大于C30的混凝土：当σ计算值不小于3.0 MPa时，应按式(5.13)计算结果取值；当σ计算值小于3.0 MPa时，σ应取3.0 MPa。

对于强度等级大于C30且小于C60的混凝土：当σ计算值不小于4.0 MPa时，应按式(5.13)计算结果取值；当σ计算值小于4.0 MPa时，σ应取4.0 MPa。

b.当没有近期的同一品种、同一强度等级混凝土强度资料时，其强度标准差σ可按表5.21取值。

表5.21 混凝土强度标准差σ取值

混凝土设计强度标准值$f_{cu,k}$	≤C20	C25~C45	C50~C55
σ/MPa	4.0	5.0	6.0

5.9 普通混凝土的配合比设计

所谓混凝土配合比，是指单位体积的混凝土中各组成材料的质量比例。确定这种数量比例关系的工作，就称为混凝土配合比设计。

《普通混凝土配合比设计规程》(JGJ 55—2011)规定,普通混凝土的配合比应根据原材料性能及对混凝土的技术要求进行计算,并经试验室试配、调整后确定。

5.9.1 混凝土配合比设计的要求、依据与方法

1)混凝土配合比设计的基本要求

①满足结构设计的强度等级要求。

②满足混凝土施工所要求的和易性。

③满足工程所处环境对混凝土耐久性的要求。

④符合经济原则,即节约水泥以降低混凝土成本。

2)混凝土配合比设计的内涵

水胶比、单位用水量和砂率是混凝土配合比设计的3个基本参数,它们与混凝土各项性能之间有着非常密切的关系。因此,混凝土配合比设计必须正确地确定出这3个参数,才能保证配制出满足4项基本要求的混凝土。

混凝土配合比设计中确定3个参数的原则是:在满足混凝土强度和耐久性的基础上,确定混凝土的水胶比;在满足混凝土施工要求的和易性基础上,根据粗集料的种类和规格确定混凝土的单位用水量;砂在骨料中的数量应以填充石子空隙后略有富余的原则来确定。

3)混凝土配合比设计的算料基准

①混凝土配合比设计以计算1 m^3 混凝土中各材料用量为基准。

②计算时集料以干燥状态为基准。所谓干燥状态的集料系指细集料含水率小于0.5%,粗集料含水率小于0.2%。

③由于混凝土外加剂的掺量一般甚少,故在计算混凝土体积时,外加剂的体积可忽略不计;在计算混凝土表观密度时,外加剂的质量也可忽略不计。

5.9.2 混凝土配合比设计的步骤

进行混凝土配合比设计时,首先按照要求的技术指标初步计算出“计算配合比”;然后经试验室试拌调整,得出“基准配合比”,并经强度复核,定出“实验室配合比”;最后根据现场原材料的实际情况(如砂、石含水等)修正“实验室配合比”,得出“施工配合比”。

1)初步配合比的计算

(1)确定试配强度($f_{cu,0}$)

根据上节讨论,当混凝土的设计强度等级小于C60时,配制强度应按式(5.11)计算;当设计强度等级大于或等于C60时,配制强度应按式(5.12)计算。

(2)计算水胶比(W/B)

混凝土强度等级不大于C60等级时,混凝土水胶比宜按下式计算:

$$\frac{W}{B}=\frac{\alpha_a f_b}{f_{cu,0}+\alpha_a\alpha_b f_b} \tag{5.14}$$

式中 W/B——混凝土水胶比；

α_a, α_b——回归系数；

f_b——胶凝材料（水泥与矿物掺合料按使用比例混合）28 d 胶砂强度，MPa。

①回归系数 α_a, α_b 的确定。根据工程所使用的原材料，通过试验建立的水胶比与混凝土强度关系式来确定；当不具备上述试验统计资料时，可按表 5.18 采用。

② f_b 的确定。当胶凝材料 28 d 胶砂抗压强度（f_b）无实测值时，可按式（5.15）计算：

$$f_b = \gamma_f \gamma_s f_{ce} \tag{5.15}$$

式中 γ_f, γ_s——粉煤灰影响系数和粒化高炉矿渣粉影响系数，可按表 5.22 选用。

f_{ce}——水泥 28 d 胶砂抗压强度，MPa；可实测，也可按式（5.16）选用。

表 5.22 粉煤灰影响系数（γ_f）和粒化高炉矿渣粉影响系数（γ_s）

种类 掺量/%	粉煤灰影响系数 γ_f	粒化高炉矿渣粉影响系数 γ_s
0	1.00	1.00
10	0.85~0.95	1.00
20	0.75~0.85	0.95~1.00
30	0.65~0.75	0.90~1.00
40	0.55~0.65	0.80~0.90
50	—	0.70~0.85

注：①采用Ⅰ级、Ⅱ级粉煤灰宜取上限值；

②采用 S75 级粒化高炉矿渣粉宜取下限值，采用 S95 级粒化高炉矿渣粉宜取上限值，采用 S105 级粒化高炉矿渣粉可取上限值加 0.05。

③当超出表中的掺量时，粉煤灰和粒化高炉矿渣粉影响系数应经试验确定。

当水泥 28 d 胶砂抗压强度无实测值时，可按下式计算：

$$f_{ce} = \gamma_c f_{ce,g} \tag{5.16}$$

式中 γ_c——水泥强度等级值的富余系数，可按实际统计资料确定；当缺乏实际统计资料时，也可按表 5.23 选用。

$f_{ce,g}$——水泥强度等级值，MPa。

表 5.23 水泥强度等级值的富余系数（γ_c）

水泥强度等级值	32.5	42.5	52.5
富余系数	1.12	1.16	1.10

（3）选定单位用水量（m_{w0}）

混凝土的用水量应根据施工要求的混凝土流动性及所用集料的种类、规格确定。所以，应先考虑工程类型与施工条件，确定适宜的流动性；再根据混凝土的水胶比、流动性及集料种类、规格等选取用水量。具体要求如下：

①混凝土水胶比在 0.40~0.80 时，可按表 5.24 和表 5.25 确定；

②混凝土水胶比小于 0.40 时，可通过试验确定。

表 5.24　干硬性混凝土的用水量　单位：kg/m³

拌合物稠度		卵石最大公称粒径/mm			碎石最大公称粒径/mm		
项　目	指　标	10.0	20.0	40.0	16.0	20.0	40.0
维勃稠度/s	16～20	175	160	145	180	170	155
	11～15	180	165	150	185	175	160
	5～10	185	170	155	190	180	165

表 5.25　塑性混凝土的用水量　单位：kg/m³

拌合物稠度		卵石最大公称粒径/mm				碎石最大公称粒径/mm			
项　目	指　标	10.0	20.0	31.5	40.0	16.0	20.0	31.5	40.0
坍落度/mm	10～30	190	170	160	150	200	185	175	165
	35～50	200	180	170	160	210	195	185	175
	55～70	210	190	180	170	220	205	195	185
	75～90	215	195	185	175	230	215	205	195

注：①本表用水量系采用中砂时的取值，采用细砂时，每立方米混凝土用水量可增加 5～10 kg；采用粗砂时，可减少 5～10 kg。
②掺用矿物掺和料和外加剂时，用水量应相应调整。

③掺外加剂时，每立方米流动性或大流动性混凝土的用水量（m_{w0}）可按下式计算：

$$m_{w0} = m'_{w0}(1 - \beta) \tag{5.17}$$

式中　m_{w0}——满足实际坍落度要求的每立方米混凝土用水量，kg/m³；

m'_{w0}——未掺外加剂时推定的满足实际塌落度要求的每立方米混凝土用水量，kg/m³，以表 5.25 中 90 mm 坍落度的用水量为基础，按每增大 20 mm 坍落度相应增加 5 kg/m³ 用水量来计算，当坍落度增大到 180 mm 以上时，随坍落度相应增加的用水量可减少；

β——外加剂的减水率，应经混凝土试验确定，%。

（4）确定外加剂用量（m_{a0}）

每立方米混凝土中外加剂用量（m_{a0}）应按下式计算：

$$m_{a0} = m_{b0}\beta_a \tag{5.18}$$

式中　m_{a0}——计算配合比每立方米混凝土中外加剂用量，kg/m³；

m_{b0}——计算配合比每立方米混凝土中胶凝材料用量，kg/m³；

β_a——外加剂掺量，应经混凝土试验确定，%。

（5）计算胶凝材料、矿物掺和料和水泥用量

①胶凝材料用量。每立方米混凝土的胶凝材料用量（m_{b0}）应按下式计算：

$$m_{b0} = \frac{m_{w0}}{W/B} \tag{5.19}$$

式中　m_{b0}——计算配合比每立方米混凝土中胶凝材料用量，kg/m³；

m_{w0}——计算配合比每立方米混凝土的用水量，kg/m^3；

W/B——混凝土水胶比。

除配制 C15 及其以下强度等级的混凝土外，混凝土的最小胶凝材料用量应符合表 5.26 的规定。

表 5.26　混凝土的最小胶凝材料用量

最大水胶比	最小胶凝材料用量/($kg \cdot m^{-3}$)		
	素混凝土	钢筋混凝土	预应力混凝土
0.60	250	280	300
0.55	280	300	300
0.50	320		
≤0.45	330		

②矿物掺和料用量。每立方米混凝土的矿物掺和料用量（m_{f0}）应按下式计算：

$$m_{f0} = m_{b0}\beta_f \tag{5.20}$$

式中　m_{f0}——计算配合比每立方米混凝土中矿物掺和料用量，kg/m^3；

β_f——矿物掺和料掺量，可结合表 5.27 和表 5.28 确定，%。

表 5.27　钢筋混凝土中矿物掺和料最大掺量

矿物掺和料种类	水胶比	最大掺量/%	
		采用硅酸盐水泥时	采用普通硅酸盐水泥时
粉煤灰	≤0.40	45	35
	>0.40	40	30
粒化高炉矿渣粉	≤0.40	65	55
	>0.40	55	45
钢渣粉	—	30	20
磷渣粉	—	30	20
硅灰	—	10	10
复合掺和料	≤0.40	60	50
	>0.40	50	40

注：①采用其他通用硅酸盐水泥时，宜将水泥混合材掺量 20%以上的混合材量计入矿物掺和料；

②复合掺和料各组分的掺量不宜超过单掺时的最大掺量；

③在混合使用两种或两种以上矿物掺和料时，矿物掺和料总掺量应符合表中复合掺和料的规定。

矿物掺和料在混凝土中的掺量应通过试验确定。钢筋混凝土中矿物掺和料最大掺量宜符合表 5.27 的规定；预应力钢筋混凝土中矿物掺和料最大掺量宜符合表 5.28 的规定。对基础大体积混凝土，粉煤灰、粒化高炉矿渣粉和复合掺和料的最大掺量可增加 5%。采用掺量大于 30% 的 C 类粉煤灰的混凝土，应以实际使用的水泥和粉煤灰掺量进行安定性检验。

表 5.28　预应力混凝土中矿物掺和料最大掺量

矿物掺和料种类	水胶比	最大掺量/%	
		采用硅酸盐水泥时	采用普通硅酸盐水泥时
粉煤灰	≤0.40	35	30
	>0.40	25	20
粒化高炉矿渣粉	≤0.40	55	45
	>0.40	45	35
钢渣粉	—	20	10
磷渣粉	—	20	10
硅灰	—	10	10
复合掺和料	≤0.40	50	40
	>0.40	40	30

注:①采用其他通用硅酸盐水泥时,宜将水泥混合材掺量20%以上的混合材量计入矿物掺和料;

②复合掺和料各组分的掺量不宜超过单掺时的最大掺量;

③在混合使用两种或两种以上矿物掺和料时,矿物掺和料总掺量应符合表中复合掺和料的规定。

③每立方米混凝土的水泥用量(m_{c0})应按下式计算:

$$m_{c0} = m_{b0} - m_{f0} \tag{5.21}$$

式中　m_{c0}——计算配合比每立方米混凝土中水泥用量,kg/m^3。

(6)确定砂率(β_s)

砂率(β_s)应根据骨料的技术指标、混凝土拌合物性能和施工要求,参考既有历史资料确定。当缺乏砂率的历史资料时,混凝土砂率的确定应符合下列规定:

①坍落度小于10 mm的混凝土,其砂率应经试验确定。

②坍落度为10~60 mm的混凝土砂率,可根据粗骨料品种、最大公称粒径及水胶比按表5.29选取。

③坍落度大于60 mm的混凝土砂率,可经试验确定,也可在表5.29的基础上,按坍落度每增大20 mm、砂率增大1%的幅度予以调整。

表 5.29　混凝土的砂率(%)

水胶比(W/B)	卵石最大公称粒径/mm			碎石最大公称粒径/mm		
	10.0	20.0	40.0	16.0	20.0	40.0
0.40	26~32	25~31	24~30	30~35	29~34	27~32
0.50	30~35	29~34	28~33	33~38	32~37	30~35
0.60	33~38	32~37	31~36	36~41	35~40	33~38
0.70	36~41	35~40	34~39	39~44	38~43	36~41

注:①本表数值系中砂的选用砂率,对细砂或粗砂可相应地减少或增大砂率;

②采用人工砂配制混凝土时,砂率可适当增大;

③只用一个单粒级粗骨料配制混凝土时,砂率应适当增大。

(7)确定粗、细骨料用量

①质量法。采用质量法计算粗、细骨料用量时,应按下列公式计算:

$$m_{f0} + m_{c0} + m_{g0} + m_{s0} + m_{w0} = m_{cp} \tag{5.22}$$

$$\beta_s = \frac{m_{s0}}{m_{g0} + m_{s0}} \times 100\% \tag{5.23}$$

式中 m_{g0}——计算配合比每立方米混凝土的粗骨料用量,kg/m^3;

m_{s0}——每立方米混凝土的细骨料用量,kg/m^3;

m_{w0}——每立方米混凝土的用水量,kg/m^3;

β_s——砂率,%;

m_{cp}——每立方米混凝土拌合物的假定质量,可取 2 350~2 450 kg/m^3。

②体积法。当采用体积法计算混凝土配合比时,砂率应按式(5.23)计算,粗细骨料应按式(5.24)计算。

$$\frac{m_{c0}}{\rho_c} + \frac{m_{f0}}{\rho_f} + \frac{m_{g0}}{\rho_g} + \frac{m_{s0}}{\rho_s} + \frac{m_{w0}}{\rho_w} + 0.01\alpha = 1 \tag{5.24}$$

式中 ρ_c——水泥密度,应按国家标准《水泥密度测定方法》(GB/T 208—2014)测定,也可取 2 900~3 100 kg/m^3;

ρ_f——矿物掺和料密度,可按国家标准《水泥密度测定方法》测定,kg/m^3;

ρ_g——粗骨料的表观密度,应按行业标准《普通混凝土用砂、石质量及检验方法标准》测定,kg/m^3;

ρ_s——细骨料的表观密度,应按行业标准《普通混凝土用砂、石质量及检验方法标准》测定,kg/m^3;

ρ_w——水的密度,可取 1 000 kg/m^3;

α——混凝土的含气量百分数,在不使用引气剂或引气型外加剂时,α 可取 1。

通过以上步骤可求出水、外加剂、胶凝材料、砂和石子的用量,得到混凝土的计算配合比。以上计算的配合比是利用经验公式和经验资料得到的,因而不一定符合实际情况,必须通过试配、调整,使混凝土的各项性能符合技术要求,最后确定混凝土的配合比。

2)基准配合比的确定

按以上方法算得的混凝土计算配合比,它不能直接用于工程施工。在实际施工时,应采用工程中实际使用的材料进行试配,经调整和易性、检验强度等后方可用于实际施工。

混凝土试配时应采用工程中实际使用的原材料,混凝土的搅拌方法也应与生产时使用的方法相同。

每盘混凝土试配的最小搅拌量应符合表 5.30 的规定,并不应小于搅拌机公称容量的 1/4 且不应大于搅拌机公称容量。

表 5.30 混凝土试配的最小搅拌量

粗骨料最大公称粒径/mm	拌合物数量/L
≤31.5	20
40.0	25

按初步计算配合比称取材料进行试拌。混凝土拌合物搅拌均匀后测坍落度，并检查其黏聚性和保水性能的好坏。如实测坍落度小于或大于设计要求，可保持水胶比不变，适量增加或减少胶凝材料浆料；如出现黏聚性和保水性不良，可适当提高砂率；每次调整后再试拌，直到和易性符合要求为止。调整和易性后的配合比，即是可供混凝土强度试验用的基准配合比。

3）实验室配合比的确定

基准配合比能否满足强度要求，需进行强度检验，并应符合下列规定：

①应至少采用3个不同的配合比。当采用3个不同的配合比时，其中一个应为确定的基准配合比，另外两个配合比的水胶比宜较试拌配合比分别增加和减少0.05，用水量应与试拌配合比相同，砂率可分别增加和减少1%。

②进行混凝土强度试验时，应继续保持拌合物性能符合设计和施工要求。

③进行混凝土强度试验时，每个配合比至少应制作一组试件，标准养护到28 d或设计规定龄期时试压。

（1）确定混凝土初步配合比

①根据混凝土强度试验结果，宜绘制强度和水胶比的线性关系图或插值法确定略大于配制强度的强度对应的水胶比。

②在基准配合比的基础上，用水量（m_w）和外加剂用量（m_a）应根据确定的水胶比作调整。

③胶凝材料用量（m_b）应以用水量乘以确定的水胶比计算得出。

④粗骨料和细骨料用量（m_g 和 m_s）应根据用水量和胶凝材料用量进行调整。

至此，得到混凝土初步配合比。

（2）确定混凝土正式配合比

在确定出初步配合比后，还应进行混凝土表观密度校正。混凝土拌合物表观密度和配合比校正系数的计算应符合下列规定：

①配合比调整后的混凝土拌合物的表观密度应按下式计算：

$$\rho_{c,c} = m_c + m_f + m_g + m_s + m_w \tag{5.25}$$

式中 $\rho_{c,c}$——混凝土拌合物的表观密度计算值，kg/m^3；

m_c——每立方米混凝土的水泥用量，kg/m^3；

m_f——每立方米混凝土的矿物掺和料用量，kg/m^3；

m_g——每立方米混凝土的粗骨料用量，kg/m^3；

m_s——每立方米混凝土的细骨料用量，kg/m^3；

m_w——每立方米混凝土的用水量，kg/m^3。

②混凝土配合比校正系数按下式计算：

$$\delta = \frac{\rho_{c,t}}{\rho_{c,c}} \tag{5.26}$$

式中 δ——混凝土配合比校正系数；

$\rho_{c,t}$——混凝土拌合物表观密度实测值，kg/m^3。

③当混凝土拌合物表观密度实测值与计算值之差的绝对值不超过计算值的2%时，调整后

的初步配合比可维持不变；当二者之差超过2%时，应将配合比中每项材料用量均乘以校正系数δ。

配合比调整后，应测定拌合物水溶性氯离子含量，测定方法应按照行业标准《水运工程混凝土试验检测技术规范》(JTS/T 236—2019)中混凝土拌合物中氯离子含量的快速方法进行测定。最大含量应符合表5.31的规定。

表5.31 混凝土拌合物中水溶性氯离子最大含量

环境条件	水溶性氯离子最大含量(水泥用量的质量百分比)/%		
	钢筋混凝土	预应力混凝土	素混凝土
干燥环境	0.30	0.06	1.00
潮湿但不含氯离子的环境	0.20		
潮湿而含有氯离子的环境、盐渍土环境	0.10		
除冰盐等侵蚀性物质的腐蚀环境	0.06		

4)施工配合比的确定

混凝土实验室配合比计算用料是以干燥集料为基准的，但实际工地使用的集料常含有一定的水分，因此必须将实验室配合比进行换算，换算成扣除集料中水分后、工地实际施工用的配合比。其换算方法如下：

设施工配合比1 m³混凝土中水泥、水、砂、石的用量分别为m'_c，m'_f，m'_w，m'_s，m'_g，并设工地砂子含水率为a，石子含水率为b。则施工配合比中1 m³混凝土中各材料用量为：

$$
\begin{aligned}
m'_c &= m_c \\
m'_f &= m_f \\
m'_s &= m_s(1+a) \\
m'_g &= m_g(1+b) \\
m'_w &= m_w - m_s a - m_g b
\end{aligned}
\tag{5.27}
$$

式中m'_c，m'_f，m'_w，m'_s，m'_g分别表示每立方米混凝土拌合物中水泥、掺和料、水、细骨料、粗骨料的用量(kg)。

施工现场集料的含水率是经常变动的，因此在混凝土施工中应随时测定砂、石集料的含水率，并及时调整混凝土配合比，以免因集料含水率的变化而导致混凝土水胶比的波动，从而对混凝土的强度、耐久性等一系列技术性能造成不良影响。

5.9.3 普通混凝土配合比设计实例

【例题】某现浇钢筋混凝土柱，混凝土设计要求强度等级C25，坍落度要求100~120 mm，使用环境为干燥的办公用房内。所用原材料情况如下：

①水泥：强度等级42.5的普通水泥，密度ρ_c =3.00 g/cm³，强度等级富余系数为1.16；

②粉煤灰：Ⅰ级灰，密度ρ_f =2.67 g/cm³，掺量20%；

③砂:M_s=2.6 的中砂,为Ⅱ区砂,表观密度 ρ_s =2 650 kg/m^3;

④石子:5~40 mm 碎石,表观密度 ρ_g =2 700 kg/m^3;

⑤减水剂用量 0.2%,减水率 15%。

试求:(1)混凝土的实验室配合比;(2)若已知现场砂子含水率为 3%,石子含水率为 1%,试计算混凝土施工配合比。

【解】 1)确定混凝土的计算配合比

(1)确定配制强度($f_{cu,0}$)

$$f_{cu,0} = f_{cu,k} + 1.645\sigma = 25+1.645\times5.0=33.2(\text{MPa})$$

(2)确定水胶比(W/B)

$$\frac{W}{B} = \frac{\alpha_a f_b}{f_{cu,0} + \alpha_a\alpha_b f_b} = \frac{\alpha_a\gamma_f\gamma_c f_{ce,g}}{f_{cu,0} + \alpha_a\alpha_b\gamma_f\gamma_c f_{ce,g}}$$

查表 5.18 得出 α_a = 0.53,α_b = 0.20;查表 5.22 得出 γ_f = 0.80。代入上式得:

$$\frac{W}{B} = \frac{0.53 \times 0.8 \times 1.16 \times 42.5}{33.2 + 0.53 \times 0.20 \times 0.8 \times 1.16 \times 42.5} = 0.56$$

(3)确定用水量(m_{w0})

查表 5.25 按坍落度要求 100~120 mm,碎石最大粒径为 40 mm,则 1 m^3 混凝土的用水量可选用 200 kg,按照减水率 15%计算,用水量为:

$$m_{w0} = 200 \times (1 - 15\%) = 170\ (\text{kg})$$

(4)确定胶凝材料用量(m_{b0})

$$m_{b0} = \frac{m_{w0}}{\frac{W}{B}} = \frac{170}{0.56} = 304\ (\text{kg})$$

符合表 5.26 的规定。

所以,取胶凝材料用量为 m_{b0}=304 kg。其中:

$$m_{c,0} = m_{b0}(1 - \beta_f) = 304 \times (1 - 0.2) = 243(\text{kg})$$

$$m_{f,0} = m_{b0}\beta_f = 304 \times 0.2 = 61(\text{kg})$$

(5)确定砂率(β_s)

查表 5.29,W/B=0.56,碎石最大粒径为 40 mm 并考虑坍落度要求,可取 β_s=38%。

(6)确定 1 m^3 混凝土砂、石用量(m_{g0}, m_{s0})

采用体积法,有:

$$\frac{243}{3\,000} + \frac{61}{2\,670} + \frac{170}{1\,000} + \frac{m_{s0}}{2\,650} + \frac{m_{g0}}{2\,700} + 0.01 \times 1 = 1$$

$$\frac{m_{s0}}{m_{s0} + m_{g0}} \times 100\% = 38\%$$

解得 m_{s0}=729 kg,m_{g0}=1 190 kg。

综上计算,得混凝土计算配合比,1 m^3 混凝土的材料用量为:水泥 243 kg;粉煤灰 61 kg;水 170 kg;砂 729 kg;石子 1 190 kg。

2)基准配合比的确定

按计算配合比取样25 L,各原材料用量为:

水泥:$0.025\times243=6.08$(kg)

粉煤灰:$0.025\times61=1.52$(kg)

水:$0.025\times170=4.25$(kg)

砂:$0.025\times729=18.22$(kg)

石子:$0.025\times1\ 190=29.75$(kg)

外加剂:$0.025\times304\times0.2\%=15.2$(g)

经试拌,测得坍落度为95 mm,低于规定值要求的范围。增加胶凝材料浆体3%,测得坍落度为110 mm,保水性和黏聚性均良好。经调整后,试样的各材料实际用量为:水泥6.26 kg;粉煤灰1.57 kg;水4.38 kg;砂18.22 kg;石子29.75 kg;外加剂15.7 g。

3)实验室配合比的确定

用0.51、0.56、0.61三个水胶比分别拌制3个试样(其中0.51和0.61两个试样进行和易性测试满足要求),测得其表观密度分别为2 420、2 410和2 400 kg/m³,然后成型3组试块,养护至28 d实测抗压强度结果如下:

	W/B	B/W	f_{cu}(MPa)
Ⅰ	0.51	1.96	37.8
Ⅱ	0.56	1.79	33.4
Ⅲ	0.61	1.64	28.2

根据配制强度$f_{cu,0}=33.2$ MPa,故第Ⅱ组满足要求。

上述第Ⅱ组拌合物试拌调整后每立方米混凝土各材料用量为

$$m_c=\frac{6.26}{0.025}=250\ (\text{kg})$$

$$m_f=\frac{1.57}{0.025}=63\ (\text{kg})$$

$$m_w=\frac{4.38}{0.025}=175\ (\text{kg})$$

$$m_s=\frac{18.22}{0.025}=729\ (\text{kg})$$

$$m_g=\frac{29.75}{0.025}=1\ 190\ (\text{kg})$$

其计算表观密度为$\rho_{c,c}=250+63+175+729+1\ 190=2\ 407(\text{kg/m}^3)$,表观密度实测值为$\rho_{c,t}=2\ 410\ (\text{kg/m}^3)$,两者之差的绝对值小于计算表观密度的2%,故该混凝土实验室配合比中1 m³混凝土水泥、粉煤灰、水、砂及石子的用量分别为:

$$m_c=250\ \text{kg}$$

$$m_f=63\ \text{kg}$$

$$m_w=175\ \text{kg}$$

$$m_s=729\ \text{kg}$$

$$m_g = 1\ 190\ \text{kg}$$

4)计算混凝土施工配合比

1 m^3 混凝土各材料用量分别为:

水泥:$m'_c = m_c = 250$ kg

粉煤灰:$m'_f = m_f = 63$ kg

水:$m'_w = m_w - m_s a - m_g b = 175 - 729 \times 3\% - 1\ 190 \times 1\% = 141$ (kg)

砂:$m'_s = m_s(1 + a) = 729 \times (1 + 3\%) = 751$ (kg)

石子:$m'_g = m_g(1 + b) = 1\ 190 \times (1 + 1\%) = 1\ 202$ (kg)

5.10 其他种类混凝土

5.10.1 高强混凝土

高强混凝土是使用水泥、砂、石等传统原材料,通过添加一定数量的高效减水剂或同时添加一定数量的活性矿物材料,采用普通成型工艺制成的具有高强性能的一类水泥混凝土。

高强混凝土的概念并没有一个确切的定义,在不同的历史发展阶段,高强混凝土的含义是不同的。由于各国之间的混凝土技术发展不平衡,其高强混凝土的定义也不尽相同。即使在同一个国家,因各个地区的高强混凝土发展程度不同,其定义也随之改变。正如美国的 S.Shah 教授所指出的那样:"高强混凝土的定义是个相对的概念,在休斯敦认为是高强混凝土,而在芝加哥却认为是普通混凝土。"

在我国,通常将强度等级等于或超过 C60 级的混凝土称为高强混凝土。

5.10.2 纤维混凝土

纤维增强混凝土(Fiber Reinforced Concrete,FRC)或简称纤维混凝土是以水泥浆、砂浆或混凝土为基材,以非连续的短纤维或连续的长纤维作为增强材料,均匀地掺和在混凝土中而组成的一种新型水泥基复合材料的总称。

在水泥石、砂浆或混凝土中掺入抗拉强度高、极限延伸率大、抗酸碱性好的纤维后,从微观机制上改良了基体的力学性能,弥补了砂浆或混凝土抗拉强度低、极限延伸率小、韧性差的缺点,使之具有一系列优越的物理和力学性能,从而使纤维混凝土成为一种重要的新型土木工程材料,被广泛应用于航空、航天、电子、电气、机械、建筑、水利、交通、能源等各个领域的土建工程中。

纤维混凝土最适用于厚度较薄的结构,这种结构如采用传统钢筋增强,要正确放置钢筋是十分困难的。另外,喷射纤维混凝土适合制作不规则的产品,与具有等效强度、厚度较大的钢筋混凝土相比,采用相对较薄的纤维混凝土可以显著减轻结构自重。

土木工程中应用最广的纤维混凝土按纤维类别分为 4 种:钢纤维混凝土(SFRC)、玻璃纤维混凝土(GFRC)、碳纤维混凝土(CFRC)以及合成纤维混凝土(SNFRC)。

5.10.3 轻集料混凝土

集料是混凝土中的主要组成材料，占混凝土总体积的 60%～80%，集料的存在使混凝土比单纯的水泥石具有更高的体积稳定性、更好的耐久性和更低的成本。集料的性能决定着混凝土的性能，是设计混凝土配合比的依据和关键。

轻集料混凝土是指用轻质粗集料、密度小于 1 950 kg/m^3 的混凝土，主要用作保温隔热材料。一般情况下，密度较小的轻集料混凝土强度也较低，但保温隔热性能较好；密度较大的混凝土强度也较高，可以用作结构材料。

与普通混凝土相比，轻集料混凝土在强度几乎没有多大改变的前提下，可使结构自身的质量降低 30%～35%，工程总造价将降低5%～20%，不仅间接地提高了混凝土的承载能力，降低成本，还能改善保温、隔热、隔音等功能性，满足现代建筑不断发展的要求。

5.10.4 自密实混凝土

密实是对混凝土最基本的要求。混凝土若不能很好地密实，其性能就不能体现。在普通混凝土的施工中，混凝土浇注后，需通过机械振捣，使其密实，但机械振捣需要一定的施工空间，而在建筑物的一些特殊部位，如配筋非常密集的地方无法进行振捣，这就给混凝土的密实带来了困难。然而，自密实混凝土能够很好地解决这一问题。

自密实混凝土指混凝土拌合物主要靠自重，不需要振捣即可充满模型和包裹钢筋，属于高性能混凝土的一种。该混凝土流动性好，具有良好的施工性能和填充性能，而且集料不离析，混凝土硬化后具有良好的力学性能和耐久性。

5.10.5 大体积混凝土

大体积混凝土工程在现代工程建设中，如各种形式的混凝土大坝、港口建筑物、建筑物地下室底板以及大型设备的基础等有着广泛的应用。但是对于大体积混凝土的概念，一直存在着多种说法。我国混凝土结构工程施工及验收规范认为，建筑物的基础最小边尺寸在 1～3 m 范围内就属于大体积混凝土。

大体积混凝土的特点除体积较大外，更主要的是由于混凝土的水泥水化热不易散发，在外界环境或混凝土内力的约束下，极易产生温度收缩裂缝。仅用混凝土的几何尺寸大小来定义大体积混凝土，就容易忽视温度收缩裂缝及为防止裂缝而应采取的施工要求。因此，美国混凝土协会认为：“任意体积的混凝土，其尺寸大到必须采取措施减小由于体积变形而引起的裂缝，统称为大体积混凝土。”

大体积混凝土结构的截面尺寸较大，所以由荷载引起裂缝的可能性很小。但水泥在水化反应过程中释放的水化热产生的温度变化和混凝土收缩的共同作用，将会产生较大的温度应力和收缩应力，这是大体积混凝土结构出现裂缝的主要因素。这些裂缝往往给工程带来不同程度的危害甚至会造成巨大损失。如何进一步认识温度应力以及防止温度变形裂缝的扩展，是大体积混凝土结构施工中的一个重大研究课题。

5.10.6 装饰混凝土

水泥混凝土是当今世界最主要的土木工程材料,但其美中不足是外观颜色单调、灰暗、呆板,给人以压抑感。于是,人们设法在建筑物的混凝土表面上作适当处理,使其产生一定的装饰效果,具有艺术感,这就产生了装饰混凝土。

混凝土的装饰手法很多,通常是通过混凝土建筑的造型,或在混凝土表面做成一定的线型、图案、质感、色彩等获得建筑艺术性,从而满足建筑立面、地面或屋面的不同装饰要求。

目前装饰混凝土主要有以下几种:

①彩色混凝土。彩色混凝土是采用白水泥或彩色水泥、白色或彩色石子、白色或彩色石屑以及水等配制而成。可以对混凝土整体着色,也可以对面层着色。

②清水混凝土。清水混凝土是通过模板,利用普通混凝土结构本身的造型、线型或几何外形而取得简单、大方、明快的立面效果,从而获得装饰性。或者利用模板在构件表面浇筑出凹凸饰纹,使建筑立面更加富有艺术性。由于这类装饰混凝土构件基本保持了普通混凝土原有的外观色质,故称清水混凝土。

③露石混凝土。露石混凝土是在混凝土硬化前或硬化后,通过一定的工艺手段,使混凝土表层的集料适当外露,由集料的天然色泽和自然排列组合显示装饰效果,一般用于外墙饰面。

④镜面混凝土。镜面混凝土是一种表面光滑、色泽均匀、明亮如镜的装饰混凝土。它的饰面效果犹如花岗岩,可与大理石媲美。

5.10.7 聚合物混凝土

聚合物的混凝土通常按聚合物引入方式的不同,分为聚合物胶结混凝土、聚合物改性水泥基复合材料及聚合物浸渍混凝土 3 种。

1)聚合物胶结混凝土

聚合物胶结混凝土(Polymer Concrete,PC)是以聚合物为唯一胶结材料的混凝土,也称为树脂混凝土或塑料混凝土。

聚合物胶结混凝土常用的胶结材料包括由丙烯酸酯、甲基丙烯酸酯和三羟甲基丙烷、三甲基丙烯酸酯单体合成的聚合物,以及环氧树脂、呋喃树脂、不饱和聚酯和乙烯基酯树脂等。

聚合物胶结混凝土可应用于路面、桥面和机场跑道及其他类似场合的修补,是工程结构修补用的重要材料。也可生产预制构件,或用于有耐腐蚀、防水要求的场合。聚合物胶结混凝土具有优良的减震阻尼性能,它还可用于铁路轨枕、机床的台座及机架。同时,聚合物胶结混凝土还是很好的绝缘材料,可用于电力工程。

2)聚合物改性水泥基复合材料

聚合物改性水泥基复合材料,是指在水泥混合时掺入了分散在水中或可以在水中分散的聚合物材料,包括掺和不掺集料的复合材料,有聚合物改性水泥浆、聚合物改性砂浆和聚合物改性混凝土。使用乳液改性的砂浆和混凝土也称乳液改性砂浆和乳液改性混凝土。

聚合物加入到水泥基材料中后形成网络结构,封堵水泥砂浆或混凝土中的孔隙,降低水分蒸发的速度,水泥基材料的许多性能如强度、变形能力、黏结性能、防水性能和耐久性能等都会有所改善。由于聚合物的搭接作用,还能阻止水泥基中裂纹的进一步发展。

用于水泥混凝土改性的聚合物有4类:即水溶性聚合物(聚乙烯醇、聚丙烯酰胺、丙烯酸盐、纤维素衍生物、呋喃苯胺树脂等)、聚合物乳液或分散体(橡胶胶乳、热塑性树脂乳液,如聚丙烯酸酯乳液、乙烯-乙酸乙烯共聚乳液、聚乙酸乙烯酯乳液、苯丙乳液、聚丙酸乙烯酯乳液、氯乙烯-偏氯乙烯共聚乳液;热固性树脂乳液,如环氧树脂乳液、不饱和聚酯乳液、乳化沥青、混合乳液)、可再分散的聚合物粉料(乙烯-乙酸乙烯共聚物、乙酸乙烯酯-支化羧酸乙烯基酯共聚物、苯乙烯-丙烯酸酯共聚物)和液体聚合物(环氧树脂、不饱和聚酯树脂)。

聚合物改性水泥基材料可用于水工建筑、海洋及港口建筑、普通工业与民用建筑、地下建筑结构、道路与桥梁混凝土结构的修补。

3)聚合物浸渍混凝土

聚合物浸渍混凝土(Polymer Impregnated Concrete,简写为PIC)是将硬化干燥后的水泥混凝土浸渍在可聚合的低分子单体或预聚体中,在单体或预聚体渗入混凝土中的孔隙后引发聚合所得到的聚合物混凝土复合材料。

混凝土浸渍时,可采用一种或多种单体,常用浸渍有机物有甲基丙烯酸甲酯、苯乙烯、聚酯-苯乙烯、环氧树脂-聚乙烯等。浸渍时可采用常压,也可采用真空,后者可提高浸渍程度,前者只能表面浸渍。

聚合物渗入混凝土内部孔隙后,提高了混凝土的密实度,也增加了水泥石与集料之间的黏结力。浸渍后混凝土的抗压强度可提高2~4倍,抗拉强度提高3倍左右,徐变减少约90%,耐磨性提高2~3倍,透水性可忽略不计。

由于聚合物浸渍混凝土具有密实、高强、抗渗、防腐、耐磨、耐冻融等优良性能,主要用于要求高强度、高耐久性的特殊结构工程,如高压输气管、高压输液管、高压容器、海洋构筑物等工程。

本章小结

混凝土是指由胶凝材料、粗细集料、水等材料按适当的比例配合,拌和制成的混合物,经一定时间后硬化而成的坚硬固体。最常见的混凝土是以水泥为主要胶凝材料的普通混凝土,即以水泥、砂、石子和水为基本组成材料,根据需要掺入化学外加剂或矿物掺和料。

水泥是混凝土中最重要的组分。配制混凝土时,应根据工程性质,部位、施工条件、环境状况等按各品种水泥的特性作出合理的选择。

普通混凝土所用集料按粒径大小分为两种,粒径在大于4.75 mm(方孔筛)的称为粗集料,粒径0.16~4.75 mm的称为细集料。

外加剂是指能有效改善混凝土某项或多项性能的一类材料。其掺量一般只占水泥用量的

5%以下，却能显著改善混凝土的和易性、强度、耐久性或调节凝结时间及节约水泥。外加剂已成为除水泥、水、砂子、石子以外的第五组分材料。

混凝土掺和料不同于生产水泥时与熟料一起磨细的混合材料，它是在混凝土搅拌前或在搅拌过程中，与混凝土其他组分一样，直接加入的一种粉体外掺料。用于混凝土的掺和料绝大多数是具有一定活性的工业废渣，主要有粉煤灰、粒化高炉矿渣粉、硅灰等。

新拌混凝土是指由混凝土的组成材料拌和而成的尚未凝固的混合物。新拌混凝土的和易性，也称工作性，是指混凝土拌合物易于施工操作（拌和、运输、浇注、振捣）并获得质量均匀、成型密实的性能。和易性是一项综合技术性质，它至少包括流动性、粘聚性和保水性三项独立的性能。

普通混凝土是主要的建筑结构材料，强度是最主要的技术性质。混凝土的强度包括抗压、抗拉、抗弯和抗剪等。混凝土的抗压强度与各种强度及其他性能之间有一定相关性，是结构设计的主要参数，也是混凝土质量评定的指标。

混凝土抵抗环境介质作用并长期保持其良好的使用性能和外观完整性，从而维持混凝土结构安全和正常使用的能力称为耐久性。混凝土耐久性主要包括抗渗性、抗冻性、抗侵蚀能力、碳化、碱集料反应及混凝土中的钢筋锈蚀等。

混凝土在硬化和使用过程中，由于受物理、化学等因素的作用，会产生各种变形，这些变形是导致混凝土产生裂纹的主要原因之一，从而进一步影响混凝土的强度和耐久性。按照是否承受荷载，混凝土的变形性可分为在非荷载作用下的变形和在荷载作用下的变形。

混凝土的质量和强度保证率直接影响混凝土结构的可靠性和安全性。混凝土强度的波动规律呈正态分布。

混凝土配合比，是指单位体积的混凝土中各组成材料的质量比例。确定这种数量比例关系的工作，就称为混凝土配合比设计。普通混凝土的配合比应根据原材料性能及对混凝土的技术要求进行计算，并经实验室试配、调整后确定。

除普通混凝土外，根据用途及性能的不同，还有高强混凝土、纤维混凝土、轻集料混凝土、自密实混凝土、大体积混凝土、装饰混凝土、聚合物混凝土等很多具有独特性能的其他种类混凝土。

课后习题

1.试述普通混凝土的组成材料，混凝土中各组成材料的作用如何？

2.在配制混凝土选择水泥时应考虑哪些问题？对混凝土用砂、石集料，应满足哪些基本要求？

3.何谓集料的颗粒级配？怎样评价集料颗粒级配是否良好？为什么要尽量选用较大粒径的集料？

4.如何检验砂子的颗粒级配和粗细程度？现有两种砂，细度模数相同，它们的级配是否相同？若二者的级配相同，细度模数是否相同？

5.混凝土拌合物和易性的含义是什么？影响混凝土拌合物和易性的主要因素有哪些？

6.工程上常用的混凝土外加剂有哪几大类？它们的主要功能是什么？

7.影响混凝土强度的主要因素有哪些？

8.混凝土有哪几种变形？

9.混凝土耐久性的概念是什么？工程中用哪些指标来反映混凝土的耐久性？

10.什么是混凝土的碳化？碳化对钢筋混凝土的性能有何影响？

11.何谓碱-集料反应？混凝土发生碱-集料反应的必要条件是什么？

12.配制混凝土时为什么要选用合理砂率？选择砂率的原则是什么？砂率太大和太小会导致哪些问题？

13.混凝土配合比设计的步骤是怎样的？应确定哪几个主要参数？

14.有一钢筋混凝土工程，需预制钢筋混凝土楼板，混凝土设计强度等级为C25，施工要求的坍落度为3~5 cm，采用P · O 42.5水泥，密度ρ_c = 3.00 g/cm^3；粉煤灰：Ⅰ级灰，密度ρ_f = 2.67 g/cm^3，掺量20%；砂子为中砂，表观密度为2 680 kg/m^3，堆积密度为1 700 kg/m^3；碎石最大粒径为40 mm，表观密度为2 700 kg/m^3，堆积密度为1 560 kg/m^3。用绝对体积法设计该混凝土的初步配合比。

15.某建筑工地有一混凝土试样进行搅拌，经调整后各种材料用量分别为：水泥6.3 kg，水3.75 kg，砂12.54 kg，石子25.21 kg，经测定混凝土拌合物的实测表观密度为2 455 kg/m^3。

(1)请计算拌和1 m^{3}混凝土的各种材料用量。

(2)现场砂子含水量为5%，石子含水量为2%时，求算现场拌和每立方混凝土的各种材料用量。

16.高强混凝土的定义是什么？

17.大体积混凝土为什么易开裂？

6 砌筑材料和屋面材料

本章导读:

- **基本要求**　熟悉岩石的组成与分类、构造与性能,掌握常用石材的种类与应用;熟悉各种砌墙砖的技术性质和应用途径;掌握常用砌块的种类和应用;了解土木工程中常用的瓦、板材等屋面材料。
- **重点**　石材、砌块和砌墙砖等砌筑材料的性质和应用。
- **难点**　岩石的构造,砖的烧结原理,砌块的技术性质。

砌筑材料主要包括工程石材和墙体材料两大类。石材是使用历史最悠久的土木工程材料之一,是指从天然岩石体中开采未经加工或经加工制成块状、板状或特定形状的石材的总称。墙体材料是房屋建筑的主要围护材料和结构材料,其用量占砖混结构房屋所用材料的首位。常用的墙体材料有砖、砌块、板材等。

屋面材料则主要起防水作用。随着现代建筑的发展和对建筑物功能要求的提高,屋面材料已由过去较单一的烧结瓦向多材质的瓦和复合板材发展。随着大跨度建筑物的兴建,屋面承重结构目前经常使用的除黏土瓦和水泥瓦以外,还使用塑料瓦、沥青瓦以及各种屋面用板材。

6.1　石　材

6.1.1　岩石的组成与分类

岩石是构成地壳的主要物质。它是由地壳的地质作用形成的固态物质,具有一定的结构构造和变化规律。

1)组成

岩石是由一种或数种主要矿物所组成的集合体。所谓矿物即是存在于地壳中具有一定化学成分和物理性质的自然元素或化合物。少数矿物为单质，绝大多数矿物是由各种化学元素所组成的化合物。构成岩石的矿物，称为造岩矿物。

岩石的性质不仅取决于组成矿物的特性，还受到矿物含量、颗粒结构等因素的影响。同种岩石，由于生成条件不同，其性质也有所差别。

岩石中的主要造岩矿物有石英、长石、云母、角闪石、辉石、橄榄石、方解石、白云石等。除这些造岩矿物之外，尚有石膏、菱镁矿、磁铁矿、赤铁矿和黄铁矿等。某些造岩矿物对岩石的性能会造成一定的影响，如石膏易溶于水，岩石中含有石膏会降低其建筑性能。又如黄铁矿为结晶的二硫化铁，岩石中含有黄铁矿，遇水及氧化作用后生成游离的硫酸，污染并破坏岩石，为有害杂质。

2)分类

岩石按地质形成条件可分为岩浆岩(火成岩)、沉积岩(水成岩)和变质岩三大类。

(1)岩浆岩

岩浆岩是由地壳深处上升的岩浆冷凝结晶而成的岩石，其成分主要是硅酸盐矿物，是组成地壳的主要岩石。按地壳质量计，岩浆岩占89%，储量极大。

(2)沉积岩

沉积岩是地表岩石经长期风化作用、生物作用或某种火山作用后，成为碎屑颗粒状或粉尘状，经风或水的搬运，通过沉积和再造作用而形成的岩石。按地壳质量计，仅占5%，但在地表分布很广，约占地壳表面积的75%，因而开采方便，使用量大。沉积岩大都呈层状构造，表观密度小，孔隙率大，吸水率大，强度低，耐久性差。而且各层间的成分、构造、颜色及厚度都有差异。不少沉积岩具有化学活性，磨细后可作水泥掺和料，如硅藻土、硅藻石等。

(3)变质岩

岩石由于强烈的地质活动，在高温和高压下，矿物再结晶或生成新矿物，使原来岩石的矿物成分、结构及构造发生显著变化而成为一种新的岩石，称为变质岩。变质岩大多是结晶体，构造、矿物成分都较岩浆岩、沉积岩更为复杂而多样。

6.1.2 岩石的构造与性能

不同的成岩条件和造岩矿物使各类岩石具有不同的结构和构造特征，它们对岩石的物理和力学性能影响甚大。

1)结构与构造

岩石的结构是指岩石中矿物的结晶程度、颗粒大小、形态及结合方式的特征。岩石的构造是指岩石中矿物集合体之间的排列或组合方式，或矿物集合体与其他组成物质之间结合的情况。

①块状构造。块状构造的岩石是由无序排列、分布均匀的造岩矿物所组成的一种构造。岩浆岩中的深成岩和部分变质岩具有块状构造，但变质岩的结晶在再造过程中经重结晶作用，其块状构造颗粒呈变晶，故晶体结构与岩浆岩有区别。

②层片状构造。组成岩石的物质其矿物成分、结构和颜色等特征沿垂直方向一层一层变化而形成层状构造。层理是沉积岩所具有的一种重要的构造特征,部分变质岩由于受变质作用而形成片理构造。

③流纹、斑状、杏仁和结核状构造。岩浆喷出地表后,沿地表流动时冷却而形成的构造称为流纹状构造。岩石成分中较粗大的晶粒分布在微晶矿物或玻璃体中的构造称为斑状构造。岩石的气孔中被次生矿物填充,则形成杏仁状构造。部分沉积岩呈结核状,结核组成物与包裹其周围岩石的矿物成分不同,结核组成有钙质、硅质、铁质和铁锰质。

④气孔状构造。岩浆中含有一些易挥发的成分,当岩浆上升至地面或喷出地表,由于温度和压力剧减,便形成气体逸出,待岩浆凝固后便留下了气孔。气孔构造是火山喷出岩的典型构造。

2)技术性质

石材的技术性质可分为物理性质、力学性质和工艺性质。

(1)物理性质

①表观密度。石材的表观密度由岩石的矿物组成及致密程度决定。在一般情况下,同种石材的表观密度越大,强度越高,吸水率越小,抗冻性和耐久性越好,导热性也好。

②吸水性。石材的吸水性与其孔隙率和孔隙特征有关。孔隙特征相同的石材,孔隙率越大,吸水率越高。吸水率低于1.5%的岩石称为低吸水性岩石,介于1.5%~3.0%的称为中吸水性岩石,高于3.0%的称为高吸水性岩石。

③耐水性。石材的耐水性以软化系数来表示。当石材中含有黏土或易溶于水的物质时,在水饱和状况下,强度会明显下降。根据软化系数大小,可将石材分为高、中、低3个等级。软化系数>0.90为高耐水性,软化系数在0.75~0.90为中耐水性,软化系数在0.60~0.75为低耐水性,软化系数<0.60者则不允许用于重要建筑物中。

④抗冻性。抗冻性是指石材抵抗冻融破坏的能力,是衡量石材耐久性的一个重要指标。石材的抗冻性与吸水率大小有密切关系,通常吸水率大的石材,抗冻性也差。另外,抗冻性还与石材吸水饱和程度、冻结温度和冻融次数有关。石材的抗冻性用石材在水饱和状态下所能经受的冻融循环次数(强度降低不超过25%,质量损失不超过5%,无贯穿裂缝)表示。

⑤耐火性。石材遇到高温时,将会受到损害。热胀冷缩,体积变化不一致,将产生内应力而导致破坏。各种造岩矿物热膨胀系数不同,受热后产生内应力以致崩裂。在高温下,造岩矿物会产生分解或变质。如含有石膏的石材,在100 ℃以上时开始破坏。含有碳酸镁和碳酸钙的石材,在700~800 ℃即产生分解。含有石英的石材,在700 ℃时受热膨胀而破坏。

⑥导热性。导热性主要与石材的致密程度有关。重质石材的热导率可达2.91~3.49 W/(m·K);轻质石材的热导率则在0.23~0.70 W/(m·K)。具有封闭孔隙的石材,导热性较差。

(2)力学性质

①抗压强度。石材的强度取决于造岩矿物及岩石的结构和构造。当岩石中有矿物胶结物质存在,则胶结物质对强度也有一定影响,如砂岩。结晶质石材强度高于玻璃质石材强度,细颗粒构造强度高于粗颗粒构造,层片状、气孔状构造强度低,构造致密的岩石强度高。

石材的抗压强度是以三个(一组)边长为70 mm的立方体试块吸水饱和状态下的抗压强度平均值所确定的。根据《砌体结构设计规范》(GB 50003—2011)规定,石材的强度分为MU100、MU80、MU60、MU50、MU40、MU30和MU20共7个等级。抗压试件也可采用其他尺寸的立方体，但应对其试验结果乘以相应的换算系数，见表6.1。

表6.1　石材强度等级的换算系数

立方体边长/mm	200	150	100	70	50
换算系数	1.43	1.28	1.14	1	0.86

②冲击韧性。石材的冲击韧性取决于矿物成分与构造。通常晶体结构的岩石较非晶体结构的岩石具有较高的韧性。

③硬度。石材的硬度主要取决于矿物组成、结构和构造。由强度、硬度高的造岩矿物所组成的岩石，其硬度较高；结晶质结构硬度高于玻璃质结构；构造紧密的岩石硬度也较高。

④耐磨性。石材抵抗摩擦、边缘剪切以及撞击等复杂作用下的性质，称为耐磨性。石材的耐磨性与岩石中造岩矿物的硬度及岩石的结构和构造有一定的关系。岩石强度高，构造致密，则耐磨性也较好。

(3)工艺性质

石料的工艺性质主要指开采和加工过程的难易程度及可能性，包括加工性、磨光性与抗钻性等。

①加工性。加工性是指对岩石劈解、破碎与凿琢等加工工艺的难易程度。凡强度、硬度、韧性较高的石材，不易加工；质脆而粗糙，有颗粒交错结构，含有层状或片状构造以及业已风化的岩石，都难以满足加工要求。

②磨光性。磨光性指岩石能否磨成光滑表面的性质。致密、均匀、细粒的岩石，都有良好的磨光性，可以磨成光滑亮洁的表面。疏松多孔、有鳞片状构造的岩石，磨光性均不好。

③可钻性。可钻性指岩石钻孔时其难易程度的性质。影响可钻性的因素很复杂，一般与岩石的强度、硬度等性质有关。

6.1.3　常用石材及其应用与防护

1)常用石材

土木工程中常用的石材主要有花岗岩、辉长岩、玄武岩、石灰岩、大理岩、砂岩等。

花岗岩质地致密，坚硬耐磨，美观而豪华，可用于基础、勒脚、柱子、踏步、地面和室内外墙面等；花岗岩经磨光后，色泽美观，装饰效果极好，是室内外主要的高级装修、装饰材料。辉长岩韧性好、耐磨性强、耐久性好，既可作承重结构材料，又可作装饰、装修材料。玄武岩硬度高，脆性大，耐久性好，但加工困难，常用作筑路材料或混凝土集料；玄武岩高温熔化后可浇铸成耐酸、耐磨的铸石，还可以作为制造微晶玻璃的原料。石灰岩常用于基础、外墙、桥墩、台阶和路面，还可用作混凝土集料，也是生产石灰、水泥和玻璃的主要原料。大理岩质地致密，加工容易，经加工后的大理石色彩美观，纹理自然，是优良的室内装饰材料，主要用于室内墙面、柱面、地面、栏杆、踏步及花饰等。砂岩则常用于基础、墙身、人行道、踏步等。

2)石材的应用与防护

(1)石材的应用

①毛石。毛石指岩石经爆破后所得形状不规则的石块。毛石有乱毛石和平毛石之分。乱

毛石形状不规则，平毛石虽然形状也不规则，但大致有两个平行的面。建筑上用毛石一般要求中部厚度不小于15 cm，长度为30~40 cm，抗压强度应大于10 MPa，软化系数应不小于0.75。毛石常用来砌筑基础、勒脚、墙身、桥墩、涵洞、毛挡土墙、堤岸及护坡，还可以用来浇筑毛石混凝土。

②料石。料石指由开采而得到的比较规则的六面体块石，稍加凿琢修整而成。按加工平整程度分有毛料石、粗料石、半细料石和细料石。料石由致密的砂岩、石灰岩、花岗岩开凿而成，主要用于建筑物的基础、勒脚、墙体等部位，半细料石和细料石主要用作镶面材料。

③石板。石板是用致密的岩石凿平或锯解而成的厚度一般为20 mm的石材。作为饰面用的板材，常采用大理岩和花岗岩加工制作。饰面板材要求耐磨、耐久、无裂缝或水纹、色彩丰富、外表美观。花岗石板材主要用于建筑工程室外装修、装饰；粗磨板材（表面平滑无光）主要用于建筑物外墙面、柱面、台阶及勒脚等部位；磨光板材（表面光滑如镜）主要用于室内外墙面、柱面。大理石板材经研磨、抛光成镜面，主要用于室内装饰。

（2）石材的防护

石材在长期的使用过程中，受到周围自然环境因素的影响而产生物理变化和化学变化，致使岩石逐步风化、破坏。此外，寄生在岩石表面的苔藓和植物根部的生长对岩石也有破坏作用。风化的速度取决于造岩矿物的性质及岩石本身的结构和构造。在建筑物中，石材的破坏主要是水分的渗入及水的作用。通常，采用结构预防、表面磨光、表面处理等防护措施，防止与减轻石材的风化、破坏。

6.2 墙体材料

6.2.1 砖

1）烧结砖

凡通过焙烧而制得的砖，称为烧结砖。目前在墙体材料中使用最多的是烧结普通砖、烧结多孔砖及烧结空心砖。

（1）烧结普通砖

烧结普通砖（实心砖）按主要原料分为黏土砖（N）、粉煤灰砖（F）、煤矸石砖（M）、页岩砖（Y）、建筑渣土砖（Z）、淤泥砖（U）、污泥砖（W）、固体废弃物砖（G），其中以黏土砖使用最为广泛。生产工艺流程为：采土→配料调制→制坯→干燥→焙烧→成品。其中关键步骤是焙烧。

①烧结原理。黏土是天然岩石经长期风化而成，其主要成分是高岭石（$Al_2O_3 \cdot 2SiO_2 \cdot 2H_2O$），此外还含有石英砂、云母、碳酸钙、碳酸镁、铁质矿物、碱及一些有机杂质等，为多种矿物的混合体。

黏土制成坯体，经干燥然后入窑焙烧，焙烧过程中发生一系列物理化学变化，重新化合形成一些合成矿物和易熔硅酸盐类新生物。当温度升高达到某些矿物的最低共熔点时，易熔成分开始熔化，出现玻璃体液相并填充于不熔颗粒的间隙中将其黏结。此时，坯体孔隙率下降，密实度增加，强度也相应提高，这一过程称为烧结。砖坯在氧化气氛中焙烧，黏土中铁的化合物被氧化成红色的三价铁（Fe_2O_3），因此烧成的砖为红色。如砖坯开始在氧化气氛中焙烧，当达到烧结温度后（1 000 ℃左右），再在还原气氛中继续焙烧，红色的三价铁被还原成青灰色的二价铁

(FeO),即制成青砖。青砖的耐久性比红砖好。

按焙烧方法不同,烧结黏土砖又可分为内燃砖和外燃砖。内燃砖是将可燃性工业废渣(煤渣、含碳量高的粉煤灰、煤矸石等)以一定比例掺入黏土中(作为内燃原料)制坯,当砖坯在窑内被烧到一定温度后,坯体内的燃料燃烧而烧结成砖。内燃砖除可节省外投燃料和部分黏土用量外,由于焙烧时热源均匀、内燃原料燃烧后留下许多封闭空隙,因此砖的表观密度减小,强度提高,保温隔热性能增强。

砖坯在焙烧的过程中,应注意温度的控制,避免产生欠火砖和过火砖。欠火砖焙烧火候不足,强度低、耐久性差。过火砖焙烧火候过头,有弯曲等变形。

②技术性质。《烧结普通砖》(GB/T 5101—2017)对烧结普通砖的性质作了具体的规定,主要技术性质包括尺寸偏差、外观质量、强度等级、抗风化性能、泛霜和石灰爆裂,并规定产品中不允许有欠火砖、酥砖和螺旋纹砖。

合格的烧结普通砖为长方体,标准尺寸为 240 mm×115 mm×53 mm。考虑砌筑灰缝厚度 10 mm,则 4 块砖长,8 块砖宽,16 块砖厚分别为 1 m,每立方米砖砌体需用砖 512 块。

烧结普通砖按抗压强度分为 MU30、MU25、MU20、MU15、MU10 五个等级。强度等级的评定方法为:根据强度平均值与标准值确定强度等级。强度、抗风化性能和放射性物质合格的砖,根据尺寸偏差、外观质量、泛霜和石灰爆裂分为优等品(A)、一等品(B)、合格品(C)3 个质量等级。

抗风化性能是指烧结普通砖在长期经受干湿变化、冻融变化等气候作用下,抵抗破坏的能力。抗风化性能与砖的使用寿命密切相关,抗风化性能好的砖其使用寿命长。砖的抗风化性能除与砖本身性质有关外,与所处环境的风化指数也有关。风化区用风化指数进行划分。风化指数是指日气温从正温降至负温或负温升至正温的每年平均天数与每年从霜冻之日起至消失霜冻之日止这一期间降雨总量(以 mm 计)的平均值的乘积。风化指数≥12 700 为严重风化区,风化指数<12 700 为非严重风化区。各地如有可靠数据,也可按计算的风化指数划分本地区的风化区。严重风化地区的砖必须进行冻融试验,经冻融试验后,每块砖样不允许出现裂纹、分层、掉皮、缺棱、掉角等冻坏现象,质量损失不得大于 2%。

泛霜是指有些黏土原料中的可溶性盐类,随着砖内水分蒸发而在砖表面产生的盐析现象,在砖表面形成絮团状斑点的白色粉末。标准规定:每块砖不允许出现严重泛霜。

当生产黏土砖的原料含有石灰石时,则焙烧砖时,石灰石会煅烧成生石灰并留在砖内,这时的生石灰为过烧生石灰,这些生石灰在砖内会吸收外界的水分,消化并产生体积膨胀,导致砖发生膨胀性破坏,这种现象称为石灰爆裂。石灰爆裂严重影响砌体的强度与外观,应严格控制砖的石灰爆裂。优等品不允许出现最大破坏尺寸大于 2 mm 的爆裂区域;一等品的最大破坏尺寸大于 2 mm 且小于等于 10 mm 的爆裂区域,每组砖样不得多于 15 处,不允许出现最大破坏尺寸大于 10 mm 的爆裂区域;合格品不允许出现最大破坏尺寸大于 15 mm 的爆裂区域。最大破坏尺寸大于 2 mm 且小于等于 15 mm 的爆裂区域,每组砖样不得多于 15 处,其中大于 10 mm 的不得多于 7 处。试验后抗压强度损失不得大于 5 MPa。

③应用。烧结普通砖具有强度较高,耐久性和绝热性能均较好的特点,因而主要用于砌筑建筑物的内墙、外墙、柱、拱、烟囱、沟道及其他建筑物,其中青砖主要用于仿古建筑或古建筑维修。

(2)烧结多孔砖

烧结多孔砖按主要原料分为黏土砖(N)、页岩砖(Y)、煤矸石砖(M)和粉煤灰砖(F)、淤泥砖(U)和固体废弃物砖(G)。《烧结多孔砖和多孔砌块》(GB/T 13544—2011)对烧结多孔砖的性质作了具体规定:

①形状尺寸。烧结多孔砖的外形为直角六面体(见图 6.1),砖的孔形、孔结构及孔洞率应符合表 6.2 的规定。常用规格尺寸应符合下列要求:290 mm,240 mm,190 mm,180 mm,140 mm,115 mm,90 mm。

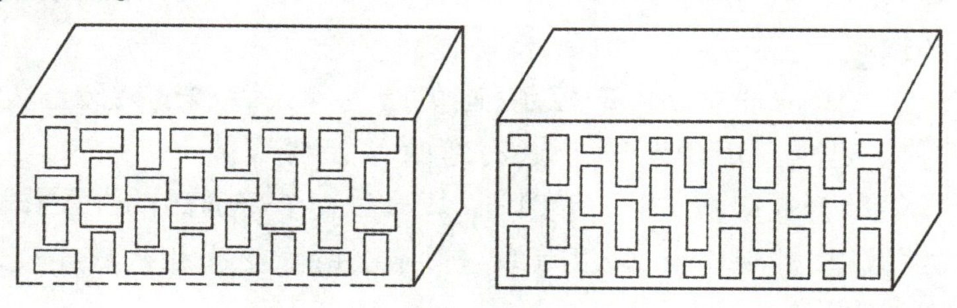

图 6.1 烧结多孔砖

表 6.2 烧结多孔砖的孔形、孔结构及孔洞率

孔 型	孔洞尺寸/mm		最小外壁厚/mm	最小肋厚/mm	孔洞率	孔洞排列
	孔宽度尺寸 b	孔长度尺寸 L				
矩形条孔或矩形孔	≤13	≤40	≥12	≥5	≥28	①所有孔宽应相等,孔采用单向或双向交错排列; ②孔洞排列上下左右应对称,分布均匀,手抓孔的长度方向必须平行于砖的条面

注:①矩形孔的孔长 L、孔宽 b 满足式 $L \geqslant 3b$ 时,为矩形条孔;

②孔四个角应做成过渡圆角,不得做成尖直角;

③如果没有砌筑砂浆槽,则砌筑砂浆槽不得算在孔洞率内;

④规格大的砖和砌块应设置手抓孔,手抓孔尺寸为(30~40)mm×(75~85)mm。

②强度等级。烧结多孔砖根据其抗压强度分为 MU30、MU25、MU20、MU15 和 MU10 共 5 个强度等级。

③烧结多孔砖的泛霜和石灰爆裂指标与烧结普通砖的相同。风化程度不同的地区应选用抗风化性能不同的烧结多孔砖。严重风化地区的砖和以淤泥、固体废弃物为主要原料生产的砖必须进行冻融试验。冻融试验后,每块砖样不允许出现裂纹、分层、掉皮、缺棱掉角等冻坏现象。

烧结多孔砖孔主要用于砌筑 6 层以下建筑物的承重墙或高层框架结构填充墙(非承重墙)。由于为多孔构造,故不宜用于基础墙、地面以下或室内防潮层以下的砌体砌筑。

(3)烧结空心砖

烧结空心砖分为黏土空心砖(N)、页岩空心砖(Y)、煤矸石空心砖(M)、粉煤灰空心砖(F)、淤泥空心砖(U)、建筑渣土空心砖(Z)和其他固体废弃物空心砖(G)。

《烧结空心砖和空心砌块》(GB/T 13545—2014)对烧结空心砖的性质作了具体的规定:

①形状尺寸。烧结空心砖的外形为直角六面体(见图 6.2),混水墙用空心砖应在大面和条面上设有均匀分布的粉刷槽或类似结构(深度不小于 2 mm),其长度、宽度、高度尺寸应符合下

列要求：

长度规格尺寸(mm)：390，290，240，190，180(175)，140；

宽度规格尺寸(mm)：190，180(175)，140，115；

高度规格尺寸(mm)：180(175)，140，115，90；

壁厚应大于10 mm，肋厚应大于7 mm。孔洞可采用宽度或直径不大于10 mm的矩形条孔或圆孔，其孔洞排列及其结构见表6.3。

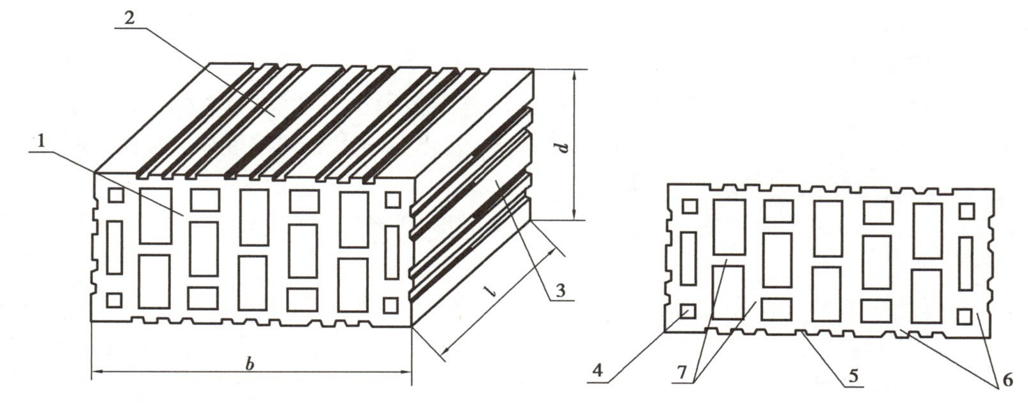

图6.2 烧结空心砖

l—顶面；*b*—宽度；*d*—高度；1—肋；2—大面；3—条面；4—壁孔；5—粉刷槽；6—外壁；7—肋

表6.3 烧结空心砖的孔洞及其结构要求

孔洞排列	孔洞排数/排		孔洞率/%	孔型
	宽度方向	高度方向		
有序或交错排列	$b \geq 200$ mm ≥4 $b<200$ mm ≥3	≥2	≥40	矩形孔

②强度与密度等级。根据10块砖抗压强度的平均值与变异系数、标准值或单块最小值，可将烧结空心砖划分为MU10.0、MU7.5、MU5.0和MU3.5四个强度等级。根据5块砖体积密度平均值，其密度可分为800、900、1 000和1 100四个密度等级。强度、密度、抗风化性能和放射性物质合格的砖和砌块，根据尺寸偏差、外观形貌、空洞排列及其结构、泛霜、石灰爆裂、吸水率等可分为合格品和不合格两个质量等级。

③烧结空心砖的耐久性。烧结空心砖的抗冻性要求、泛霜、石灰爆裂、抗风化性能与烧结普通砖相似。

烧结空心砖主要用于非承重墙体，如框架结构填充墙、非承重内隔墙。

2)蒸养(压)砖

蒸养(压)砖是以含钙材料(石灰、电石渣等)和含硅材料(砂子、粉煤灰、煤矸石、炉渣和页岩等)加水拌和，经成型、蒸养或蒸压而制成的。目前使用的主要有粉煤灰砖、灰砂砖和炉渣砖。其规格尺寸与烧结普通砖相同。

①粉煤灰砖。蒸压粉煤灰砖(AFB)是以粉煤灰和生石灰为主要原料，掺入适量石膏等外加剂和其他集料，经坯料制备、加压成型，再经高压或高压蒸汽养护而制成的实心砖。呈深灰色，

表观密度约为 1 500 kg/m^3。

粉煤灰砖可用于工业与民用建筑的墙体和基础,但用于基础或用于易受冻融和干湿交替作用的建筑部位,必须使用一等砖和优等砖。粉煤灰砖不得用于长期受热(200 ℃以上)、受急冷急热和有酸性介质侵蚀的建筑部位。为避免或减少收缩裂缝的产生,用粉煤灰砖砌筑的建筑物,应适当增设圈梁及伸缩缝。

②煤渣砖。煤渣砖是以煤燃烧后的煤渣为主要原料,配以一定数量的石灰和少量石膏,加水搅拌、陈伏、轮碾、成型和蒸汽养护而制成的砖。呈黑灰色,表观密度为 1 500~2 000 kg/m^3,吸水率 6%~18%。

煤渣砖可用于一般工程的内墙和非承重外墙,但不得用于长期受热(200 ℃以上)、受高温、受急冷急热交替作用或有酸性介质侵蚀的部位。煤渣砖与砂浆的粘结性差,施工时应根据气候条件和砖的不同湿度,及时调整砂浆的稠度。

③灰砂砖。灰砂砖是用石灰和天然砂,经混合搅拌、陈伏、轮碾、加压成型、蒸压养护而制得的砖。

灰砂砖可用于工业与民用建筑的墙体和基础。但由于灰砂砖中的某些水化产物(氢氧化钙、碳酸钙等)不耐酸,也不耐热,因此不得用于长期受热高于 200 ℃,受急冷急热交替作用或有酸性介质侵蚀的建筑部位,也不宜用于有流水冲刷的部位。灰砂砖表面光滑,与砂浆黏结力差,砌筑时应使砖的含水率控制在 5%~8%。在干燥天气,灰砂砖应在砌筑前 1~2 d 浇水。砌筑砂浆宜用混合砂浆,不宜用微沫砂浆。刚出釜的灰砂砖不宜立即使用,宜存放一个月左右再用。

6.2.2 砌块

1)混凝土小型空心砌块

混凝土砌块是以水泥为胶结材料,砂、石或炉渣、煤矸石等为骨料,经加水搅拌、成型、养护而成的块体材料。通常为减轻自重,多制成空心小型砌块。常用混凝土砌块外形如图 6.3 所示。

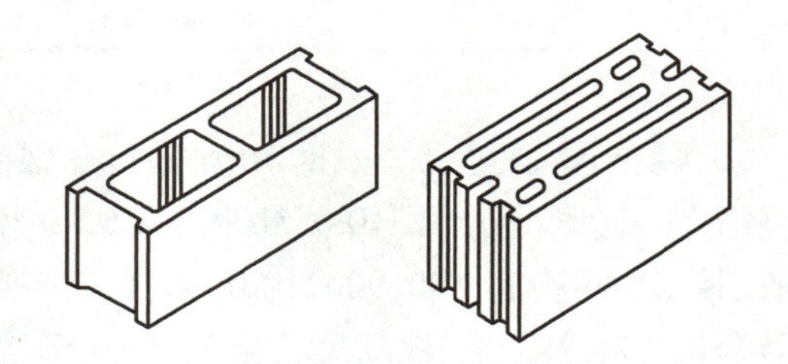

图 6.3 混凝土小型空心砌块

混凝土砌块的尺寸有主规格和辅助规格两种。主规格为:390 mm×190 mm×190 mm;辅助规格:长有 290 mm、190 mm、90 mm 三种尺寸,宽、高均为 190 mm,承重砌块最小外壁厚应不小于30 mm,最小肋厚应不小于 25 mm;非承重砌块最小外壁厚和最小肋厚应不小于 25 mm,小砌块的空心率不小于 25%。

根据《普通混凝土小型砌块》GB/T 8239—2014)规定:混凝土小型空心砌块根据抗压强度分为 MU5.0、MU7.5、MU10.0、MU15.0、MU20.0、MU25.0 共 6 个强度等级。按其结构和受力情况分为承重砌块(L)和非承重砌块(N)。承重砌块的吸水率不得大于 10%,非承重砌块的吸水率不得大于 14%。

混凝土小型空心砌块抗冻性以抗冻标号表示,夏热冬暖地区抗冻标号应达到 D15,夏热冬冷地区抗冻标号应达到 D25,寒冷地区抗冻标号应达到 D35,严寒地区抗冻标号应达到 D50。

混凝土小型空心砌块主要用于工业和民用建筑的墙体。对用于承重墙和外墙的砌块要求其干缩率不大于0.45 mm/m,非承重或内墙用的砌块其干缩率不大于0.65 mm/m。砌块的保温隔热性能随所用原料及空心率不同而有差异,空心率为50%的普通水泥混凝土小型空心砌块的热导率约为0.26 W/(m·K)。这种砌块在砌筑时不宜浇水,但在气候特别干燥炎热时,可在砌筑前稍喷水湿润。

2)轻集料混凝土小型空心砌块

轻集料混凝土小型空心砌块具有自重轻、保温性能好、抗震性能好、防火及隔音性能好等特点。按所用轻骨料的不同,可分为陶粒混凝土小砌块、火山渣混凝土小砌块、煤渣混凝土小砌块3种。

根据《轻集料混凝土小型空心砌块》(GB/T 15229—2011)标准规定,轻集料混凝土小型空心砌块按排孔数分为单排孔砌块、双排孔砌块、三排孔砌块及四排孔砌块等;按密度等级分为700级、800级、900级、1 000级、1 100级、1 200级、1 300级和1 400级共8个等级。小砌块的保温性能取决于排孔数及密度等级。

主规格与普通混凝土小型空心砌块相同,为390 mm×190 mm×190 mm,为满足多层住宅建筑需要,其块型通常有7~12种。

轻集料混凝土小型空心砌块的强度等级根据抗压强度和密度等级划分为MU2.5、MU3.5、MU5.0、MU7.5、MU10.0共5个强度等级。

轻集料混凝土小型空心砌块的耐久性包括抗冻性、抗碳化性及耐水性。

抗冻性以抗冻标号表示。温和与夏热冬暖地区,抗冻标号应达到D15;夏热冬冷地区,抗冻标号应达到D25;寒冷地区,抗冻标号应达到D35;严寒地区,抗冻标号应达到D50(环境条件应符合GB 50176的规定)。

抗碳化性以碳化系数表示。碳化系数为小型砌块碳化后强度与碳化前强度之比,碳化系数不应小于0.8。一般水泥轻骨料混凝土小砌块抗碳化性均能满足要求。

耐水性以软化系数表示,软化系数不应小于0.8。

轻骨料混凝土小型空心砌块适用于多层或高层的非承重及承重保温墙、框架填充墙及隔墙。

3)混凝土中型空心砌块

混凝土中型空心砌块是以水泥或无熟料水泥,配以一定比例的骨料,制成空心率≥25%的制品。其尺寸规格为:长度500 mm、600 mm、800 mm、1 000 mm;宽度200 mm、240 mm;高度400 mm、450 mm、800 mm、900 mm,其壁和肋厚度不应小于30 mm。砌块的构造形式如图6.4所示。

用无熟料水泥或少熟料水泥配制的砌块属硅酸盐类制品,生产中应通过蒸汽养护或相关的技术措施以提高产品质量,这类砌块的干燥收缩值≤0.8 mm/m;经15次冻融循环后其强度损失≤15%,外观无明显疏松、剥落和裂缝;自然碳化系数(1.15×人工碳化系数)≥0.85。

中型水泥混凝土空心砌块按抗压强度分为5个等级,其物理性能、外观尺寸偏差、缺棱掉角、裂缝均不应超过规定范围。

中型空心砌块具有表观密度小、强度较高、生产简单、施工方便等特点,适用于民用与一般工业建筑物的墙体。

4)蒸压粉煤灰空心砌块

蒸压粉煤灰空心砌块是以粉煤灰、生石灰(或电石渣)为主要原料,可掺加适量石膏、外加剂和其他集料,经坯料制备、压制成型、高压蒸汽养护而制成的空心率不小于45%的砌块。砌块的主规格尺寸为:390 mm × 190 mm × 190 mm。

根据《蒸压粉煤灰空心砖和空心砌块》(GB/T 36535—2018)规定:根据抗压强度,砌块分为MU3.5、MU5.0 和 MU7.5 三个强度等级;按密度等级分为 600 级、700 级、800 级、900 级、1000级、1100 级共 6 个等级。

此外,其抗冻性分为 D15、D25、D35、D50 四个等级;干缩值≤0.65 mm/m,碳化系数≥0.85。

蒸压粉煤灰空心砌块强度较低,适用于非承重结构。

5)蒸压加气混凝土砌块

蒸压加气混凝土砌块是以硅质材料和钙质材料为主要原材料,加入发气剂及其他调节材料,经配料浇注、发气静停、切割、蒸压养护等工艺制成的用于墙体砌筑的多孔轻质硅酸盐矩形块材。

蒸压加气混凝土砌块的规格尺寸(单位为 mm):长度为 600;宽度为 100、120、125、150、180、200、240、250、300;高度为 200、240、250、300。

蒸压加气混凝土强度主要来源于钙质材料和硅质材料在压蒸条件下所形成的水化硅酸钙凝胶。按《蒸压加气混凝土砌块》(GB/T 11968—2020)的规定,强度级别按抗压强度有 A1.5、A2.0、A2.5、A3.5、A5.0 五个级别,A1.5、A2.0 适用于建筑保温;干密度级别有 B03、B04、B05、B06、B07 五个级别,B03、B04 适用于建筑保温。砌块按尺寸偏差分为Ⅰ型和Ⅱ型,Ⅰ型适用于薄灰缝砌筑,Ⅱ型适用于厚灰缝砌筑。

加气混凝土砌块具有轻质、隔声、保温性能良好及施工方便等特点,但强度较低,主要用于低层建筑的承重墙、多层建筑的间隔墙和高层框架结构的填充墙,也可用于工业建筑的围护墙。作为保温隔热材料也可用于复合墙板和屋面结构中。

6)石膏砌块

石膏砌块是以石膏为主要原料,加上适当的填料、添加剂和水制成的新型轻质隔墙材料。其外形为一平面长方体,纵横四周分别设有凹凸企口(榫与槽)。石膏砌块的表面积小于 0.25 m^2,厚度为 60~150 mm。《石膏砌块》(JC/T 698—2010)规定石膏砌块的规格为:(660,666)mm×500 mm×(80,100,120,150)mm,即 3 块砌块组成 1 m^2 的墙面。

石膏砌块除具有石膏制品轻质、防火、调节室内湿度、强度高、加工性能好等优点外,还有以下几方面的特点:

①制品尺寸准确,表面光洁平整,砌筑的墙面不需抹灰就可进行喷刷涂料、粘贴壁纸等装饰工作,省工省料。

②制品规格尺寸大,四周带有榫槽,配合精密,拼装方便,整体性好,而且不需龙骨,施工效率高,一个工人每天可铺砌 20~40 m^2 石膏砌块隔墙;墙体造价低,在国外与纸面石膏板、加气混凝土及一般砖墙比,石膏砌块隔墙最多要便宜 40%左右,另外建厂投资也较少。

石膏砌块有空心、实心、夹心、发泡等品种。石膏原料有建筑石膏、高强石膏、化学石膏、硬石膏等;有时掺加硅酸盐水泥和纤维材料以提高强度和耐水性;加入膨胀珍珠岩以减轻重量;还根据不同的使用要求,加入各种不同的增强剂、防水剂等外加剂;预埋不同部件,制作出具有多种使用功能的产品用于各种场合。如普通砌块、耐水砌块、高强砌块、保温砌块、钢木门砌块等。

石膏砌块作为非承重的填充墙体材料,主要用于砌筑内隔墙。砌块施工时,先在底部用石膏胶泥作码砌粘接材料,砌块由其四周的榫槽沿自身水平、垂直方向固定,无须砌筑砂浆,填入极少嵌缝材料即可;表面用石膏胶罩面 1~2 遍,干后即可饰面;如有防水要求,可在墙最下部先砌一定高度的混凝土,或做防水砂浆踢脚处理。

7)装饰混凝土砌块

装饰混凝土砌块是一种新型复合墙体材料,它不仅是结构材料,而且是装饰材料,集砌块的优点及墙体的结构、装饰性、抗渗性,甚至保温、隔热、隔音于一体,使墙体在砌筑的同时就已做好装饰,并具有多种功能。装饰混凝土砌块的原料资源丰富,可利用废渣,着色容易,硬化前可塑性好、硬化后容易加工,应用范围广、生产成本低,可谓物美价廉。

我国的装饰混凝土砌块的品种主要有劈离砌块、琢毛砌块、拉毛砌块、磨光面砌块、雕塑砌块、釉面砌块、彩色混凝土砌块等。

6.3 屋面材料

6.3.1 瓦

1)烧结类瓦

(1)黏土瓦

黏土瓦是以黏土、页岩为主要原料,经成型、干燥、焙烧而成。生产黏土瓦的原料应杂质少、塑性好。成型方式有模压成型和挤压成型两种。生产工艺与烧结普通砖相同,黏土瓦有平瓦和脊瓦两种,颜色有青色和红色,平瓦用于屋面,脊瓦用于屋脊。黏土瓦自重大,质脆,易破损,在贮运和使用时应注意,横立堆垛,垛高不得超过五层。

(2)琉璃瓦

琉璃瓦是用难熔黏土制坯,经干燥、上釉后焙烧而成。这种瓦表面光滑、质地坚密、色彩美丽,常用的有黄、绿、黑、蓝、青、紫、翡翠等色。其造型多样,主要有板瓦、筒瓦、滴水、勾头等,有时还制成飞禽、走兽等形象作为檐头和屋脊的装饰,是一种富有我国传统民族特色的屋面防水与装饰材料。琉璃瓦耐久性好,但成本较高,通常只使用于古建筑修复、纪念性建筑及园林建筑中的亭、台、楼等。

2)水泥类瓦

(1)混凝土平瓦

混凝土平瓦是以水泥、砂或无机的硬质细骨料为主要原料,经配料混合、加水搅拌、机械滚压或人工搡压成型、养护而成。

(2)石棉水泥波瓦

石棉水泥波瓦是用水泥和温石棉为原料,经加水搅拌、压滤成型、养护而成的波形瓦。分成大波瓦、中波瓦、小波瓦和脊瓦4种。石棉水泥波瓦既可作屋面材料来覆盖屋面,也可作墙面材料来装敷墙壁。石棉纤维对人体健康有害,现正采用耐碱玻璃纤维和有机纤维生产水泥波瓦。

(3)铁丝网水泥大波瓦

铁丝网水泥大波瓦是用普通水泥和砂加水混合后浇模,中间放置一层冷拔低碳钢丝网,成型后经养护而成。适用于作工厂散热车间、仓库及临时性建筑的屋面或围护结构。

3)高分子类复合瓦

(1)聚氯乙烯波纹瓦

聚氯乙烯波纹瓦又称塑料瓦楞板,是以聚氯乙烯树脂为主体,加入其他材料,经塑化、压延、压波而制成的波形瓦。它质量轻、防水、耐腐、透光、有色泽,常用作车棚、凉棚、果棚等简易建筑的屋面,另外也可用作遮阳板。

(2)玻璃钢波形瓦

玻璃钢波形瓦是用不饱和聚酯树脂和玻璃纤维为原料,经手工糊制而成。这种瓦质量轻、强度高、耐冲击、耐高温、耐腐蚀、透光率高、色彩鲜艳和生产工艺简单。适用于屋面、遮阳、车站月台和凉棚等。

(3)玻璃纤维沥青瓦

玻璃纤维沥青瓦是以玻璃纤维薄毡为胎料,以改性沥青为涂敷材料而制成的一种片状屋面材料。其特点是质量轻,可减少屋面自重、施工方便,具有互相粘结的功能,有很好的抗风化能力,如在其表面撒以不同色彩的矿物粒料,则可制成彩色沥青瓦。沥青瓦适用于一般民用建筑屋面。

6.3.2 板材

在大跨度结构中,长期使用的钢筋混凝土大板屋盖自重达300 kgf/m^2(1 kgf/m^2=9.8 Pa)以上,且不保温,须另设防水层。现在,随着彩色涂层钢板、超细玻璃纤维、自熄性泡沫塑料的出现,使轻型保温的大跨度屋盖得以迅速发展。可用于屋面的板材有许多种,如彩色压型钢板、钢丝网水泥夹芯板、预应力空心板、金属面板与隔热芯材组成的复合板等。

(1)金属波形板

金属波形板是以铝材、铝合金或薄钢板轧制而成(亦称金属瓦楞板)。如用薄钢板轧成瓦楞状,涂以搪瓷釉,经高温烧制成搪瓷瓦楞板。金属波形板质量轻,强度高,耐腐蚀,光反射好,安装方便,适用于屋面、墙面。

(2)EPS隔热夹芯板

该板是以0.5~0.75 mm厚的彩色涂层钢板为表面板,自熄聚苯乙烯为芯材,用热固化胶在连续成型机内加热加压复合而成的超轻型建筑板材,是集承重、保温、防水、装修于一体的新型围护结构材料。可制成平面形或曲面形板材,适用于大跨度屋面结构,如体育馆、展览厅、冷库等,及其他多种屋面形式。

(3)硬质聚氨酯夹心板

该板由镀锌彩色压型钢板面层与硬质聚氨酯泡沫塑料芯材复合而成。压型钢板厚度为

0.5、0.75、1.0 mm。彩色涂层为聚酯型、硅改性聚酯型、氟氯乙烯塑料型，这些涂层均具有极强的耐候性。该板材具有质轻、高强、保温、隔音效果好，色彩丰富，施工方便等特点，是集承重、保温、防水、装饰于一体的屋面板材。可用于大型工业厂房、仓库、公共设施等大跨度建筑和高层建筑的屋面结构。

本章小结

用作砌筑材料的土木工程材料主要包括石材、砖和砌块等。

岩石按地质形成条件可分为岩浆岩（火成岩）、沉积岩（水成岩）和变质岩三大类。石材的技术性质包括物理性质、力学性质和工艺性质。常用石材主要有花岗岩、辉长岩、玄武岩、石灰岩、大理岩、砂岩等。石材常以毛石和料石等用于建筑物的基础、墙身、桥墩等；以石板用于饰面板材和室内装饰。

烧结砖主要有烧结普通砖、烧结多孔砖和烧结空心砖等。烧结普通砖主要用于砌筑建筑物的内墙、外墙、柱、烟囱等，其中的青砖主要用于仿古建筑或古建筑维修；烧结多孔砖孔主要用于砌筑六层以下建筑物的承重墙或高层框架结构填充墙；烧结空心砖主要用于非承重墙体。蒸养（压）砖主要有粉煤灰砖、煤渣砖和灰砂砖等。粉煤灰砖和灰砂砖可用于工业与民用建筑的墙体和基础；煤渣砖可用于一般工程的内墙和非承重外墙。

砌块品种繁多，如混凝土小型空心砌块、轻集料混凝土小型空心砌块、混凝土中型空心砌块、粉煤灰硅酸盐中型砌块、蒸压加气混凝土砌块、石膏砌块、装饰混凝土砌块等。

用作屋面材料的主要包括各种瓦和板材等。

课后习题

1.岩石在建筑工程中有哪些用途？试举例说明。
2.按地质成因，岩石可分为哪几类？各有何特征？
3.一般岩石应具有哪些主要的技术性质？
4.常用石材有哪些？各具有什么特性？宜用在工程的哪些部位？
5.简述烧结砖的生产原理。
6.简述烧结普通砖的产品等级和强度等级的评定依据。
7.试述烧结砖的种类及其用途。
8.蒸养（压）砖有哪些种类？各有什么用途？
9.目前所用的墙体材料有哪几类？试举例说明它们各自的优缺点。
10.用于土木工程的屋面材料有哪些？

7 钢材

本章导读：

• **基本要求** 了解钢的分类和建筑钢材的生产方法、分类及各类钢材的性能特点；熟悉钢材的主要力学性能；熟悉钢材的冷热加工性能；掌握建筑用钢的品种和选用；了解钢材的腐蚀与防护。

• **重点** 钢材的生产方法和分类及各类钢材的性能特点，建筑用钢材的技术性质，土木工程中常用的建筑钢材的分类及其选用原则。

• **难点** 微量组分对钢材性能的影响，钢材的力学性能，钢材的腐蚀机理。

土木工程中应用量最大的金属材料是钢材，广泛应用于铁路、桥梁等各种结构工程中，还大量用作门窗和建筑五金等，在国民经济建设中发挥着重要作用。钢材包括各类钢结构用的型钢、钢板、钢管和钢筋混凝土中用的各种钢筋和钢丝等。

钢材强度高、品质均匀，具有一定的弹性和塑性变形能力，能够承受冲击、振动等荷载；钢材的可加工性能好，可以进行各种机械加工，也可以通过铸造的方法，将钢铸造成各种形状；还可以通过切割、铆接或焊接等多种方式的连接，进行装配法施工。因此，钢材是最重要的土木工程材料之一。

目前，建筑、市政结构大部分采用钢筋混凝土结构，此种结构自重大，但用钢量少，因此成本较低。建筑中的超高层结构为减轻自重，往往采用钢结构，而一些小型的工业建筑和临时用房为缩短施工周期，采用钢结构的比例也很大，桥梁工程和铁路中的钢结构更是占有绝对的地位，钢结构质量轻，施工方便，适用于大跨度及高层结构，但易锈蚀，需要定期维护，因而成本及维护费用大。

7.1 钢的生产和分类

7.1.1 钢的冶炼

钢和铁的主要成分是铁和碳。含碳量系指钢铁中碳的质量分数,大于 2%的为生铁,小于2%的为钢。

生铁的冶炼是将铁矿石、石灰石、焦炭和少量锰矿石在高炉内,在高温的作用下进行还原反应和其他的化学反应,铁矿石中的氧化铁形成金属铁,然后再吸收碳而成生铁。原料中的杂质则和石灰石等化合成熔渣。

生铁中含有较多的碳和其他杂质,故生铁硬而脆,塑性差,使用受到很大的限制。生铁可用来浇铸成铸铁件,称为铸造生铁。

钢的冶炼是以铁水或生铁作为主要原料,在转炉、平炉或电炉中冶炼,与生铁的冶炼相反,是用氧化的方法来除去铁中的碳及部分杂质。

转炉炼钢现在主要是氧气转炉法。氧气顶吹转炉法炼钢是由转炉顶部吹入高压纯氧(99.5%),将铁液中多余的碳和杂质(P、S 等)迅速氧化除去,其优点是冶炼时间短(25~45 min),杂质含量少,质量好。可生产优质碳素钢和合金钢。

平炉法炼钢是以铁液或固体生铁、废钢铁和适量的铁矿石为原料,以煤气或重油为燃料,靠废钢铁、铁矿石中的氧或空气中的氧(或吹入的氧气),使杂质氧化而被除去。该方法冶炼时间长(4~12 h),容易调整和控制成分,杂质少,质量好。但投资大,需用燃料,成本高。用平炉法炼钢可生产优质碳素钢和合金钢或有特殊要求的钢种。

电炉法炼钢则是用来冶炼优质碳素钢及特殊合金钢。该方法炼钢产量低,质量好,成本最高。电炉炼钢以废钢为主原料。

7.1.2 钢材的加工方法

大部分钢材加工都是通过压力加工,使被加工的钢(坯、锭等)产生塑性变形。根据钢材加工温度不同又分冷加工和热加工两种。钢材的主要加工方法有如下几种:

(1)轧制

将金属坯料通过一对旋转轧辊的间隙(各种形状),因受轧辊的压缩使材料截面减小、长度增加的压力加工方法。这是生产钢材最常用的生产方式,主要用来生产型材、板材、管材。轧制方法有冷轧和热轧两种。热轧能提高钢材的质量。通过热轧能够消除钢材中的气泡,细化晶粒。但轧制次数、停轧温度对钢材性能有一定影响。如轧制次数少,停轧温度高,则钢材强度稍低。土木工程用钢材主要经热轧而成。

(2)锻造

利用锻锤的往复冲击力或压力机的压力使坯料改变成我们所需的形状和尺寸的一种压力

加工方法。一般分为自由锻和模锻,常用作生产大型材、开坯等截面尺寸较大的材料。

(3)拉拔

拉拔是将已经轧制的金属坯料(型、管、制品等)通过模孔拉拔成截面减小、长度增加的加工方法,大多用作冷加工。

(4)挤压

挤压是将金属放在密闭的挤压间内,一端施加压力,使金属从规定的模孔中挤出而得到相同形状和尺寸的成品的加工方法。

7.1.3 钢的分类

钢的分类常根据不同的需要而采用不同的分类方法,常用的分类方法有以下几种。

1)碳素钢按照碳的质量分数分类

①低碳钢碳的质量分数小于0.25%。

②中碳钢碳的质量分数为0.25%~0.6%。

③高碳钢碳的质量分数大于0.6%。

2)合金钢按照掺入合金元素(一种或多种)的总量分类

①低合金钢合金元素总的质量分数小于5%。

②中合金钢合金元素总的质量分数为5%~10%。

③高合金钢合金元素总的质量分数大于10%。

3)按钢材品质分类

按照钢材品质分为普通钢、优质钢和高级优质钢(主要对硫、磷有害杂质的限量不同,其他杂质也有不同的限量)。

4)按用途分类

(1)结构钢

按用途不同分建造用钢和机械用钢两类:建造用钢用于建造锅炉、船舶、桥梁、厂房和其他建筑物;机械用钢用于制造机器或机械零件。

(2)工具钢

用于制造各种工具的高碳钢和中碳钢,包括碳素工具钢、合金工具钢和高速工具钢等。

(3)特殊钢

具有特殊的物理和化学性能的特殊用途钢类,包括不锈耐酸钢、耐热钢、电热合金和磁性材料等。

5)按冶炼时脱氧程度分类

(1)沸腾钢

炼钢时仅加入锰铁进行脱氧,脱氧不完全。这种钢液铸锭时,有大量的一氧化碳气体逸出,钢液呈沸腾状,故称为沸腾钢,代号为“F”。

沸腾钢组织不够致密,成分不太均匀,硫、磷等杂质偏析较严重,钢的致密程度较差,冲击韧性和可焊性差,尤其是低温冲击韧性更差,所以质量较差。但因其成本低、产量高,故被广泛用于一般工程。

(2)镇静钢

炼钢时采用锰铁、硅铁和铝锭等作为脱氧剂,脱氧完全。这种钢液铸锭时能平静地充满锭模并冷却凝固,故称为镇静钢,代号为"Z"。

镇静钢虽成本较高,但其组织致密、成分均匀、含硫量较少、性能稳定,故质量好;但钢锭的收缩孔大、成品率低、成本高。镇静钢适用于预应力混凝土等重要结构工程。

(3)半镇静钢

脱氧程度介于沸腾钢和镇静钢之间,故称为半镇静钢,代号为"b"。半镇静钢是质量较好的钢。

(4)特殊镇静钢

比镇静钢脱氧程度更充分彻底的钢,故称为特殊镇静钢,代号为"TZ"。特殊镇静钢的质量最好,适用于特别重要的结构工程。

7.1.4 钢材的分类

炼钢炉炼出的钢水被铸成钢坯或钢锭,钢坯经压力加工成钢材(钢铁产品)。钢材种类一般可分为型、板、管和丝四大类。

1)型钢类

型钢品种很多,是一种具有一定截面形状和尺寸的实心长条钢材。按其断面形状不同又分简单和复杂断面两种。前者包括圆钢、方钢、扁钢、六角钢和角钢;后者包括钢轨、工字钢、槽钢、窗框钢和异型钢等。直径在 6.5~9.0 mm 的小圆钢称线材。

2)钢板类

钢板是一种宽厚比和表面积都很大的扁平钢材。按厚度不同分薄板(厚度<4 mm)、中板(厚度 4~25 mm)和厚板(厚度>25 mm)3 种。钢带包括在钢板类内。

3)钢管类

钢管是一种中空截面的长条钢材。按其截面形状不同可分圆管、方形管、六角形管和各种异形截面钢管。按加工工艺不同又可分无缝钢管和焊管钢管两大类。

4)钢丝类

钢丝是线材的再一次冷加工产品,按形状不同,分圆钢丝、扁形钢丝和三角形钢丝等。钢丝除直接使用外,还用于生产钢丝绳、钢纹线和其他制品。

我国目前将钢材分为 16 大品种,见表 7.1。

表 7.1 钢材分类表

类　别	品　种	说　明
型材	重轨	每米质量>30 kg 的钢轨(包括起重机轨)
	轻轨	每米质量≤30 kg 的钢轨
	大型型钢	普通钢圆钢、方钢、扁钢、六角钢、工字钢、槽钢、等边和不等边角钢及螺纹钢等。按尺寸大小分为大、中、小型
	中型型钢	
	小型型钢	
	线材	直径 5~10 mm 的圆钢和盘条
	冷弯型钢	将钢材或钢带冷弯成型制成的型钢
	优质型材	优质钢圆钢、方钢、扁钢、六角钢等
	其他钢材	包括重轨配件、车轴坯、轮箍等
板材	薄钢板	厚度≤4 mm 的钢板
	厚钢板	厚度>4 mm 的钢板。可分为中板(4 mm<厚度≤20 mm)、厚板(20 mm<厚度≤60 mm)、特厚板(厚度>60 mm)
	钢带	又称带钢,长而窄并成卷供应的薄钢板
	电工硅钢薄板	又称硅钢片或矽钢片
管材	无缝钢管	用热轧、热轧-冷拔或挤压等方法生产的管壁无接缝的钢管
	焊接钢管	将钢板或钢带卷曲成型,然后焊接制成的钢管
金属制品	金属制品	包括钢丝、钢丝绳、钢绞线等

7.2 化学成分对钢材性能的影响

碳素钢中除了铁和碳元素之外,还含有硅、锰、磷、硫、氮、氧、氢等元素。它们的含量决定了钢材的质量和性能,尤其是某些元素为有害杂质(如磷、硫等),在冶炼时应通过控制和调节限制其含量,以保证钢材的质量。下面就一些元素在钢中的作用和影响作简要介绍。

碳:存在于所有的钢材中,是影响钢材性能的主要元素之一,为最重要的硬化元素。在碳素钢中随着含碳量的增加,其强度和硬度提高,塑性和韧性降低。当碳的质量分数大于1%后,脆性增加,硬度增加,强度下降。碳的质量分数大于0.3%时钢的可焊性显著降低。此外,含碳量增加,钢的冷脆性和时效敏感性增大,耐大气锈蚀性降低,如图 7.1 所示。

硅:硅的质量分数在1%以内时,可提高钢的强度、疲劳极限、耐腐蚀性及抗氧化性,对塑性和韧性影响不大,但对可焊性和冷加工性能有所影响。硅可作为合金元素,用以提高合金钢的强度。

磷:磷是碳素钢中的有害杂质。常温下能提高钢的强度和硬度,但塑性和韧性显著下降,低温时更甚,即引起所谓“冷脆性”。磷可提高钢的耐磨性和耐腐蚀性能。

硫:硫是碳素钢中的有害杂质。在焊接时,易产生脆裂现象,称为热脆性,显著降低可焊性。

含硫过量还会降低钢的韧性、耐疲劳性等机械性能及耐腐蚀性能。

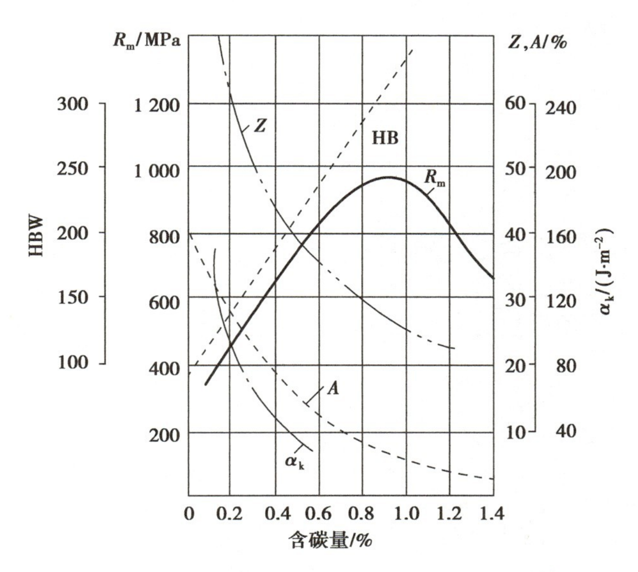

图 7.1 含碳量对热轧碳素钢性质的影响

R_m—抗拉强度;α_k—冲击韧性;HBW—硬度;

A—断后伸长率;Z—断面收缩率

氧:氧是碳素钢中的有害杂质。含氧量增加,使钢的机械强度降低、塑性和韧性降低,促进时效作用,还能使热脆性增加,焊接性能变差。

氮:氮能使钢的强度提高,塑性特别是韧性显著下降。氮还会加剧钢的时效敏感性和冷脆性,使可焊性变差。在钢中,氮若与铝或钛元素反应生成的化合物能使晶粒细化,可改善钢的性能。

下面的元素主要出现在合金钢或特殊合金钢中:

锰:可提高钢材的强度、硬度及耐磨性。能消减硫和氧引起的热脆性,提高钢的淬火性,改善钢材的热加工性能。锰是合金结构钢中的主要合金元素,可提高合金钢的强度和硬度。含锰11%~14%的钢有极高的耐磨性,用于挖土机铲斗、球磨机衬板等。锰量增高,减弱钢的抗腐蚀能力,降低焊接性能。

铬:能显著提高钢材的强度、硬度和耐磨性,但同时降低塑性和韧性。铬又能提高钢的抗氧化性和耐腐蚀性,因而是不锈钢、耐热钢的重要合金元素。

钼:碳化作用剂,防止钢材变脆,在高温时保持钢材的强度,出现在很多钢材中。

镍:能提高钢材的强度,而又保持良好的塑性和韧性。镍对酸碱有较高的耐腐蚀能力,在高温下有防锈和耐热能力。

钨:增强钢材的抗磨损性。将钨和适当比例的铬或锰混合用于制造高速钢。钨与碳形成碳化钨有很高的硬度和耐磨性。

7.3 钢材的技术性质

钢材作为主要的受力结构材料,不仅需要具有一定的力学性能,同时还要求具有容易加工的性能。其主要的力学性能有抗拉性能、抗冲击性能、耐疲劳性能及硬度。而冷弯性能和可焊接性能则是钢材应用的重要工艺性能。

7.3.1 力学性能

1)抗拉性能

抗拉性能是钢材最主要的技术性能,通过拉伸试验可以测得屈服强度、抗拉强度和伸长率,这些是钢材的重要技术性能指标。

低碳钢的抗拉性能可用受拉时的应力-应变图来阐明(见图 7.2)。低碳钢从受拉到拉断,经历了下列 4 个阶段。

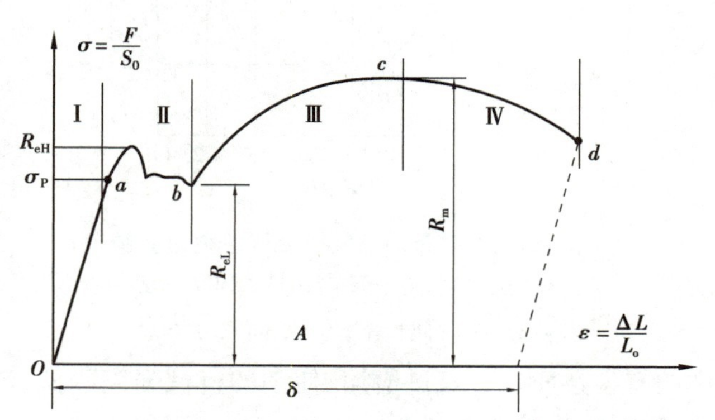

图 7.2 低碳钢受拉时的应力-应变图

(1)弹性阶段

Oa 为弹性阶段。在 Oa 范围内,随着荷载的增加,应力和应变成比例增加。如卸去荷载,则恢复原状,这种性质称为弹性。Oa 是一直线,在此范围内的变形,称为弹性变形。a 点所对应的应力称为弹性极限,用 σ_P 表示。在这一范围内,应力与应变的比值为一常量,该比值即为弹性模量,用 E 表示。弹性模量反映了钢材的刚度,是钢材在受力条件下计算结构变形的重要指标。

(2)屈服阶段

ab 为屈服阶段。此时应力与应变不能成比例变化。应力超过 σ_P 后,即开始产生塑性变形。应力到达 R_{eH}之后,变形急剧增加,应力则在不大的范围内波动,直到 b 点止。R_{eH}点是上屈服强度,R_{eL}点是下屈服强度,R_{eL}也可称为屈服极限,当应力到达 R_{eH}点时,钢材抵抗外力能力下降,发生“屈服”现象。R_{eL}是屈服阶段应力波动的次低值,它表示钢材在工作状态允许达到的应力值,即在 R_{eL}之前,钢材不会发生较大的塑性变形。故在设计中一般以下屈服强度作为强度取值的依据。

(3)强化阶段

bc 为强化阶段。过 b 点后,抵抗塑性变形的能力又重新提高,变形发展速度比较快,随着应力的提高而增加。对应于最高点 c 的应力,称为抗拉强度,用 R_m 表示,$R_m = F_m/S_0$(F_m 为 c 点时荷载,S_0 为试件受力截面面积)。

抗拉强度不能直接利用,但下屈服强度和抗拉强度的比值 R_{eL}/R_m 反映了钢材的安全可靠程度和利用率。该值称为屈强比,屈强比越小,反映钢材在应力超过屈服强度工作时的可靠性越大,即延缓结构损坏过程的潜力越大,材料不易发生危险的脆性断裂,因而结构越安全。但屈强比过小时,材料强度的有效利用率低,造成浪费。一般碳素钢屈强比为0.6~0.65,低合金结构钢为0.65~0.75,合金结构钢为0.84~0.86。

对于在外力作用下屈服现象不明显的硬钢类,规定产生残余变形为$0.2\%L_0$时的应力作为屈服强度,用$R_{p0.2}$表示。

(4)颈缩阶段

cd为颈缩阶段。过c点,材料抵抗变形的能力明显降低。在cd范围内,应变迅速增加,而应力反而下降,变形不再是均匀的。钢材被拉长,并在变形最大处发生"颈缩",直至断裂。

将拉断的钢材拼合后,测出标距部分的长度,便可按下式求得其断后伸长率A:

$$A=\frac{L_u-L_0}{L_0}\times 100\%$$

式中 L_0——试件原始标距长度,mm;

L_u——试件拉断后标距部分的长度,mm。

以A_5和A_{10}分别表示$L_0=5d_0$和$L_0=10d_0$时的断后伸长率,其中d_0为试件的原直径或厚度。对于同一钢材,A_5大于A_{10}。

伸长率反映钢材塑性的大小,在工程中具有重要意义。塑性大,钢质软,结构塑性变形大,影响使用;塑性小,钢质硬脆,超载后易断裂破坏。塑性良好的钢材,偶尔超载,产生塑性变形,会使内部应力重新分布,不致由于应力集中而发生脆断。

2)冲击韧性

冲击韧性是指钢材抵抗冲击荷载作用的能力。钢材的冲击韧性是用标准试件(中部加工有V形或U形缺口),在摆锤式冲击试验机上进行冲击弯曲试验后确定(见图7.3)。试件缺口处受冲击破坏后,以缺口底部单位面积上所消耗的功,即为冲击韧性指标,用冲击韧性值α_k(J/cm^2)表示。α_k越大,表示冲断试件时消耗的功越多,钢材的冲击韧性越好。

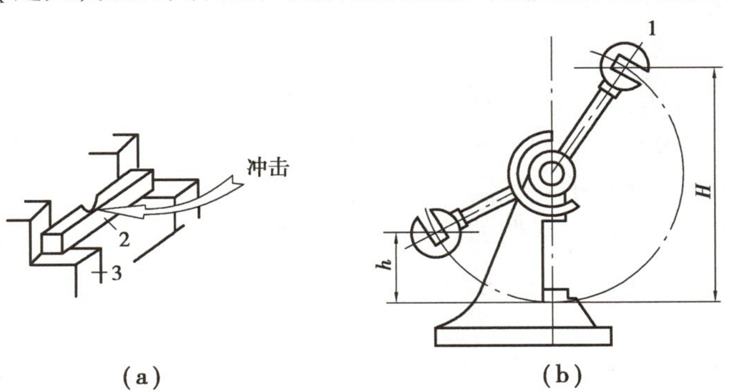

图7.3 冲击韧性试验示意图

1—摆锤;2—试件;3—台座

钢材进行冲击试验,能较全面地反映出材料的品质。钢材的冲击韧性对钢的化学成分、组织状态、冶炼和轧制质量,以及温度和时效等都较敏感。

3)耐疲劳性

钢材在交变荷载反复作用下,在远小于抗拉强度时发生突然破坏,这种破坏叫疲劳破坏。疲劳破坏的危险应力用疲劳极限或疲劳强度表示。它是指钢材在交变荷载作用下,于规定的周期基数内不发生断裂所能承受的最大应力。

钢材的疲劳破坏,先在应力集中的地方出现疲劳裂纹,由于反复作用,裂纹尖端产生应力集中致使裂纹逐渐扩大,而产生突然断裂。从断口可明显分辨出疲劳裂纹扩展区和残留部分的瞬时断裂区。

钢材耐疲劳强度的大小与内部组织、成分偏析及各种缺陷有关。同时钢材表面质量、截面变化和受腐蚀程度等都影响其耐疲劳性能。

4)硬度

表示钢材表面局部体积内,抵抗外物压入产生塑性变形的能力,是衡量钢材软硬程度的一个指标。

我国现行标准测定钢材硬度的方法有:布氏硬度(HBW)法、洛氏硬度(HR)法和维氏硬度(HV)法3种。布氏硬度法比较准确,但压痕较大,不宜用于成品检验;洛氏硬度法的压痕小,所以常用于判断工件的热处理效果。

7.3.2 工艺性能

钢材的工艺性能指钢材承受各种冷热加工的能力,包括铸造性、切削加工性、焊接性、可锻性、冲压性、冷弯性、热处理工艺性等。对土木工程用钢材而言,其中只涉及焊接和冷弯性能。

在焊接中,由于高温作用和焊接后急剧冷却作用,焊缝及附近的过热区将发生晶体组织及结构变化,产生局部变形及内应力,使焊缝周围的钢材产生硬脆倾向,降低了焊接的质量。可焊性良好的钢材,焊缝处性质应与钢材尽可能相同,焊接才牢固可靠。

钢的化学成分、冶炼质量及冷加工等都可影响焊接性能。含碳的质量分数小于0.25%的碳素钢具有良好的可焊性;含碳的质量分数超过0.3%,可焊性变差。硫、磷及气体杂质会使可焊性降低,加入过多的合金元素,也将降低可焊性。

冷弯性能指钢材在常温下承受弯曲变形的能力。工程上常把钢筋、钢板弯成要求的形状,因此要求钢材有较好的冷弯性能。

冷弯性能指标是通过试件被弯曲的角度(90°/180°)及弯心直径 d 与试件厚度 a(或直径)的比值(d/a)区分的,如图7.4所示。试件按规定的弯曲角和弯心直径进行试验,试件弯曲处的

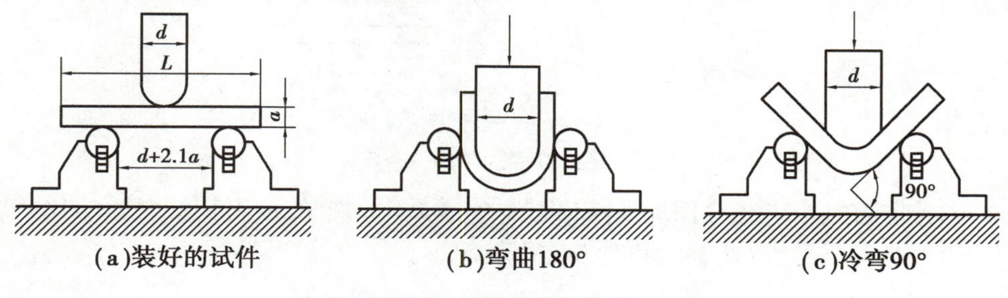

图7.4 试件冷弯示意图

外表面无裂断、裂缝或起层,即认为冷弯性能合格。

冷弯是钢材处于不利变形条件下的塑性,与表示在均匀变形下的塑性(伸长率)不同,在一定程度上冷弯更能反映钢的内部组织是否均匀、是否存在内应力及夹杂物等缺陷。一般来说,钢材的塑性越大,其冷弯性能越好。

7.4 钢材的冷加工和热处理

7.4.1 冷加工

冷加工是在常温下进行机械加工,包括冷拉、冷拔、冷扭、冷冲和冷压等各种方式。通过冷加工产生塑性变形,不但改变钢材的形状和尺寸,而且还能改变钢的晶体结构,从而改变钢的性能。

对土木工程用钢筋在常温下进行冷拉、冷拔和冷轧,使之产生塑性变形,从而提高屈服强度,相应降低了塑性和韧性,这种加工方法称为钢筋的冷加工(也称冷加工强化)。

(1)冷拉

冷拉加工就是将钢筋拉至强化阶段的某一点 K(见图 7.5),然后松弛应力,钢筋则沿 KO' 恢复部分弹性,保留 OO' 残余变形。

如果此时再拉伸,钢筋的应力与应变沿 $O'K$ 发展,原来的屈服阶段不再出现,下屈服强度由原来的 R_{eL} 提高到 K 点附近。再继续张拉,则曲线沿(略高于)KCD 发展至 D 而破坏。可见,钢材通过冷拉,其屈服点提高而抗拉强度基本不变,塑性和韧性相应降低。

如果第一次冷拉后,不立即张拉,而是松弛应力经时效处理后,再继续张拉,此时钢材的应力应变曲线沿 $O'K_1C_1D_1$ 发展,下屈服强度进一步提高到 K_1(提高 20%左右),抗拉强度也明显提高,其塑性和韧性进一步降低。

(2)冷拔

冷拔加工是强力拉拔钢筋使其通过截面小于钢筋截面积的拔丝模(见图 7.6)。冷拔作用比纯拉伸的作用强烈,钢筋不仅受拉,同时还受到挤压作用。一般而言,经过一次或多次冷拔后钢筋的屈服点可有较大提高,但其已失去软钢的塑性和韧性,具有硬钢的性质。

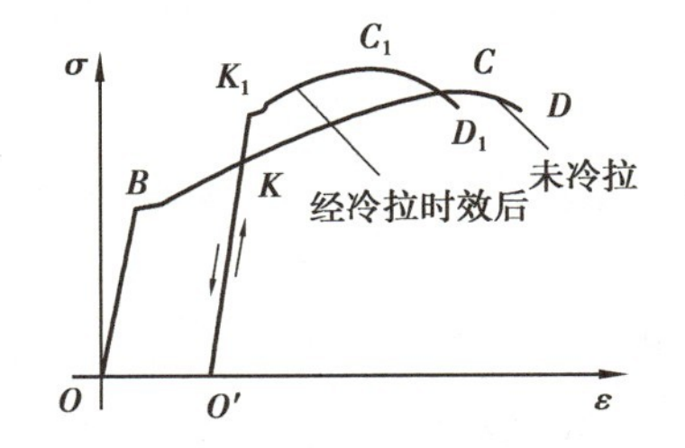

图 7.5 钢筋经冷拉时效后应力-应变图

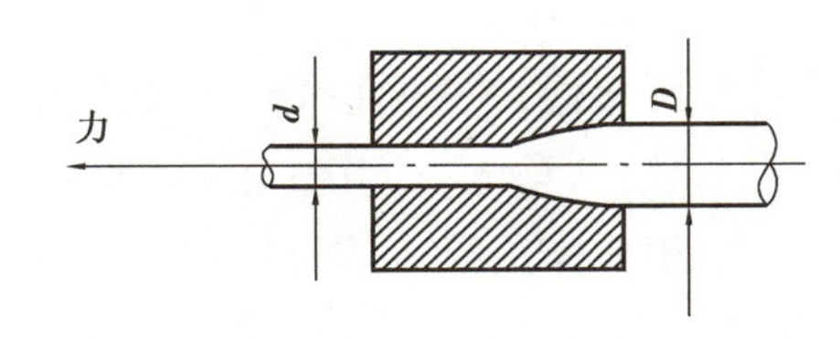

图 7.6 冷拔经过示意图

(3)冷轧

冷轧是将圆钢在轧钢机上轧成断面按一定规律变化的钢筋,可提高其强度和与混凝土间的握裹力。钢筋在冷轧时，纵向与横向同时产生变形，因而能较好地保持塑性的性质和内部结构的均匀性。

产生冷加工强化的原因是：钢材在冷加工变形时，由于晶粒间已产生滑移，晶粒形状改变，有的被拉长，有的被压扁，甚至变成纤维状。同时在滑移区域，晶粒破碎，晶格歪扭，从而对继续滑移造成阻力，要使它重新产生滑移就必须增加外力，这就意味着屈服强度有所提高，但由于减少了可以利用的滑移面，故钢的塑性降低。另外，在塑性变形中产生了内应力，钢材的弹性模量降低。

7.4.2 时效处理

钢材经冷加工后，随着时间的延长，钢的屈服强度和抗拉强度逐渐提高，而塑性和韧性逐渐降低的现象，称为应变时效，简称时效。

经过冷拉的钢筋在常温下存放 15~20 d；或加热到 100~200 ℃并保持一定时间。这个过程称为时效处理，前者称为自然时效，后者称为人工时效。

冷拉以后再经时效处理的钢筋，其屈服点进一步提高，抗拉极限强度稍有增长，塑性继续降低。由于时效过程中内应力消减，故弹性模量可基本恢复。

7.4.3 钢材的热处理

热处理是将钢材在固态范围内进行加热、保温和冷却，以改变其金相组织和显微结构组织，从而获得所需性能的一种工艺过程。热处理的方法有退火、正火、淬火和回火。

1）退火和正火

将钢材加热到一定温度，保温后缓慢冷却（随炉冷却）的一种热处理工艺，按加热温度可分为低温退火和完全退火。低温退火的加热温度在基本组织转变温度以下；完全退火的加热温度在 800~850 ℃。通过退火达到减少加工中产生的缺陷、减轻晶格畸变、消除内应力，从而达到改变组织并改善性能的目的。

正火是退火的一种变态或特例，两者仅冷却速度不同，正火是在空气中冷却。正火的主要目的是细化晶粒，消除组织缺陷等。与退火相比，正火后钢的硬度、强度较高，而塑性减小。

2）淬火和回火

淬火和回火通常是两道相连的处理过程。淬火的加热温度在基本组织转变温度以上，保温使组织完全转变，马上投入选定的冷却介质（如水或矿物油等）中急冷，使之转变为不稳定组织的一种热处理操作。淬火的目的是得到高强度、高硬度的组织，但钢的塑性和韧性显著降低。淬火结束后，随后进行回火，加热温度在转变温度以下（150~650 ℃内选定），保温后按一定速度在空气中冷却至室温。其目的是：促进不稳定组织转变为需要的组织；消除淬火产生的内应力，降低脆性，改善机械性能等。

7.5 土木工程用钢的品种和选用

7.5.1 土木工程用钢的主要类别

土木工程结构使用的钢材主要由碳素结构钢、低合金高强度结构钢、优质碳素结构钢和合金结构钢等加工而成。

1)碳素结构钢

碳素结构钢是碳素钢中的一类,可加工成各种型钢、钢筋和钢丝,适用于一般结构和工程。构件可进行焊接、铆接和栓接。碳素结构钢都由氧气转炉、平炉或电炉冶炼。

同一种钢,平炉钢和氧气转炉钢质量优于空气转炉钢;特殊镇静钢优于镇静钢,镇静钢优于半镇静钢,更优于沸腾钢;牌号增加,强度和硬度增加,塑性、韧性和可加工性能逐步降低;同一牌号内质量等级越高,钢的质量越好。

钢结构用碳素结构钢的选用大致根据下列原则:以冶炼方法和脱氧程度来区分钢材品质,选用时应根据结构的工作条件、承受荷载的类型(动荷载、静荷载)、受荷方式(直接受荷、间接受荷)、结构的连接方式(焊接、非焊接)和使用温度等因素综合考虑,对各种不同情况下使用的钢结构用钢都有一定的要求。

碳素结构钢力学性能稳定、塑性好,在各种加工过程中敏感性较小(如轧制、加热或迅速冷却),构件在焊接、超载、受冲击和温度应力等不利的情况下能保证安全。而且,碳素结构钢冶炼方便,成本较低,目前在土木工程的应用中还占相当大的比例。

2)低合金高强度结构钢

低合金高强度结构钢是在碳素结构钢的基础上加入合金元素总质量分数小于5%而形成的钢种。加入合金元素的目的是提高钢材强度和改善性能。常用的合金元素有硅、锰、钛、钒、铬、镍和铜等。大多数合金元素不仅可以提高钢的强度和硬度,还能改善塑性和韧性。低合金高强度结构钢是由氧气转炉、平炉或电炉冶炼,脱氧完全的镇静钢。

低合金高强度结构钢除强度高外,还有良好的塑性和韧性,硬度高、耐磨性好、耐腐蚀性能强、耐低温性能好。一般情况下,它的含碳的质量分数≤0.2%,因此仍具有较好的可焊性。冶炼碳素钢的设备可用来冶炼低合金高强度结构钢,故冶炼方便,成本低。

采用低合金高强度结构钢,在相同使用条件下,可比碳素结构钢节省用钢20%~25%,对减轻结构自重有利,使用寿命增加,经久耐用。

低合金高强度结构钢主要用于轧制各种型钢、钢板、钢管及钢筋,广泛用于钢结构和钢筋混凝土结构中,特别适用于各种重型结构、高层建筑、大柱网结构和大跨度结构等。

3)优质碳素结构钢

优质碳素结构钢对有害杂质含量[$w(S)<0.035\%$,$w(P)<0.035\%$]控制严格、质量稳定,性能优于碳素结构钢。

优质碳素结构钢由平炉、氧气碱性转炉和电弧炉冶炼,除少量是沸腾钢外,其余都是镇静钢。

优质碳素结构钢按含锰量的不同,分为普通含锰量[w(Mn)= 0.35%~0.80%]和较高含锰量[w(Mn)= 0.70%~1.20%]两大组。优质碳素结构钢的性能主要取决于含碳量。含碳量高,强度高,但塑性和韧性降低。

4)合金结构钢

合金结构钢均含有 Si 和 Mn,生产过程中对硫、磷等有害杂质控制严格[优质钢:w(P)≤0.035%、w(S)≤0.035%;高级优质钢:w(P)≤0.025%、w(S)≤0.025%;特级优质钢:w(P)≤0.025%、w(S)≤0.015%],并且均为镇静钢,因此质量稳定。合金结构钢与碳素结构钢相比,具有较高的强度和较好的综合性能,即具有良好的塑性、韧性、可焊性、耐低温性、耐锈蚀性、耐磨性、耐疲劳性等性能,有利于节省用钢和增长结构使用寿命。

合金结构钢主要用于轧制各种型钢(角钢、槽钢、工字钢)、钢板、钢管、铆钉、螺栓、螺帽及钢筋,特别是用于各种重型结构、大跨度结构、高层结构等,其技术经济效果更为显著。

7.5.2 钢结构用钢材

钢结构用钢材主要有热轧型钢、冷弯薄壁型钢、热(冷)轧钢板和钢管等。

1)热轧型钢

常用的热轧型钢有角钢、L 型钢、工字钢、槽钢、H 型钢和扁钢,如图 7.7 所示。

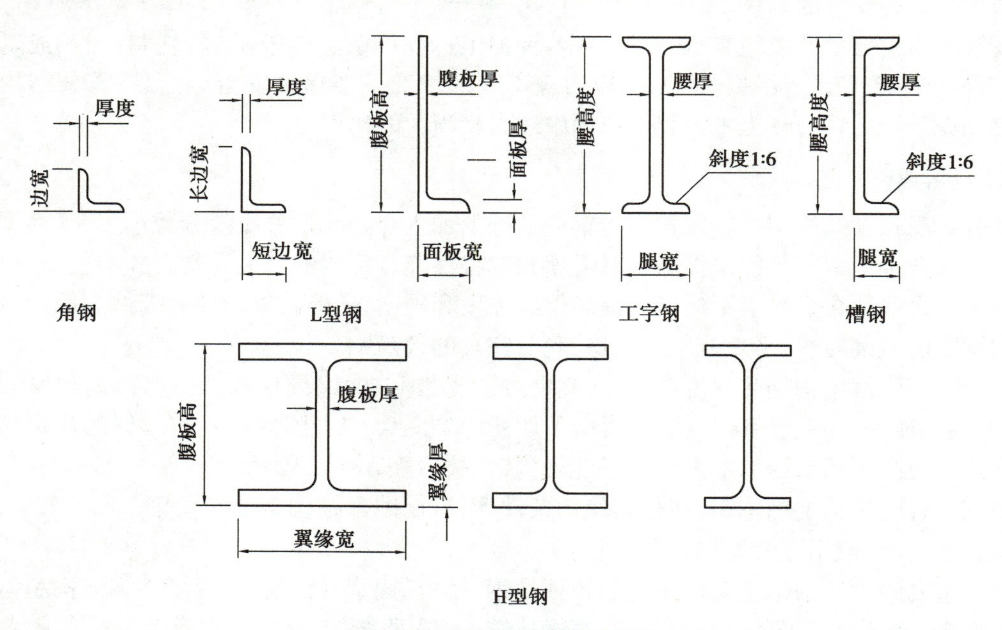

图 7.7 热轧型钢截面示意图

(1)角钢

角钢俗称角铁,是两边互相垂直成角形的长条钢材。有等边角钢和不等边角钢之分。等边角钢的两个边宽相等。其规格以边宽×边宽×边厚表示(以 mm 为单位)。如"∠30×30×3",即表示边宽为 30 mm、边厚为 3 mm 的等边角钢。不等边角钢的规格用长边宽×短边宽×厚度表示(以 mm 为单位)。如"∠100×80×8"为长边宽 100 mm、短边宽 80 mm、厚度 8 mm 的不等边角钢。

角钢可按结构的不同需要组成各种不同的受力构件，也可作构件之间的连接件。广泛地用于各种建筑结构和工程结构，如房梁、桥梁、输电塔、起重运输机械、容器架以及仓库货架等。

(2)L型钢

L型钢的外形类似于不等边角钢，其主要区别是两边的厚度不等，故又称为不等边不等厚角钢。

L型钢主要用于海洋工程结构和要求较高的土木工程结构。

(3)工字钢

工字钢也称钢梁，是截面为工字形的长条钢材。工字钢翼缘的内表面均有倾斜度，翼缘外薄而内厚。

工字钢由于宽度方向的惯性矩和回转半径比高度方向的小得多，因而在应用上有一定的局限性，一般宜用于单向受弯构件。工字钢广泛用于各种建筑结构、桥梁、支架、机械等工程中。

(4)槽钢

槽钢是截面为凹槽形的长条钢材。槽钢作为承受横向弯曲的梁和承受轴向力的杆件，主要用于建筑结构、车辆制造和其他工业结构，常与工字钢配合使用。

(5)H型钢

热轧H型钢也称宽腿工字钢，分为宽翼缘H型钢(代号为HK)、窄翼缘H型钢(HZ)和H型钢桩(HU)3类。

H型钢的特点是翼缘内表面没有斜度，与外表面平行，翼缘较宽且等厚，截面形状合理，使钢材能高效地发挥作用，其内外表面平行，便于和其他的钢材交接。与普通工字钢比较，具有截面模数大、质量轻、节省金属的优点，可使建筑结构减轻30%~40%。HK型适用于轴心受压构件和压弯构件，HZ型适用于压弯构件和梁构件。常用于要求承载能力大，截面稳定性好的大型建筑(如高层建筑、厂房等)、桥梁、起重运输机械、机械基础、支架和基础桩等。

(6)热轧扁钢

热轧扁钢是截面为矩形并稍带钝边的长条钢材。扁钢主要用于建筑上用作房架结构件、扶梯、桥梁及栅栏等。扁钢也可用作焊管和叠轧薄板的坯料。

2)冷弯型钢

冷弯型钢是一种经济的截面轻型薄壁钢材，土木工程中使用的冷弯型钢常用厚度为1.5~6 mm薄钢板或钢带(一般采用碳素结构钢或低合金结构钢)经冷轧(弯)或模压而成，故也称冷弯薄壁型钢。按截面形状分，有开口的、半闭口和闭口的，主要品种有：冷弯等边、不等边角钢，冷弯等边、不等边槽钢，冷弯槽钢，冷弯内、外卷边槽钢，冷弯Z型钢，冷弯卷边Z型钢，圆形冷弯空心型钢，方形冷弯空心型钢，矩形冷弯空心型钢等。部分截面形式如图7.8所示。

冷弯型钢由于壁薄，刚度好，能高效地发挥材料的作用，单位质量的截面系数高于热轧型钢。在同样负荷下，可减轻构件质量，节约材料。冷弯型钢用于建筑结构可比热轧型钢节约金属38%~50%。方便施工，降低综合费用。

建筑用压型钢板是冷弯型钢的另一种形式，它是用厚度为0.4~2 mm的钢板、镀锌钢板、彩色涂层钢板(表面覆盖有彩色油漆)经冷轧(压)成的各种类型波形板。

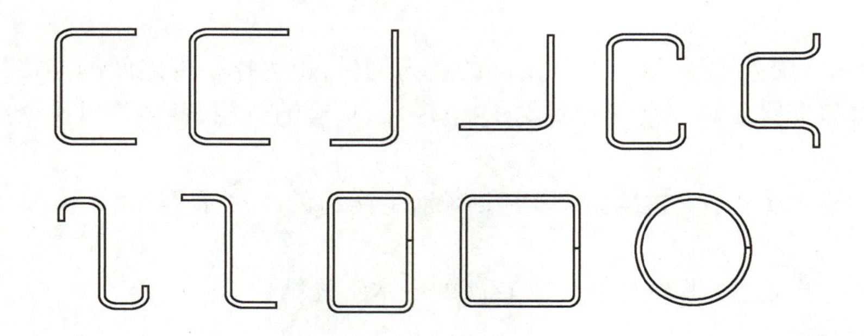

图 7.8 冷弯型钢截面示意图

3)钢管和钢板

(1)钢管

土木结构用钢管有无缝钢管和焊接钢管两类。

无缝钢管材质上通常是碳素钢或合金钢,只有在腐蚀环境中使用不锈钢钢管。无缝钢管采用热轧或冷拔无缝方法制造,热轧无缝钢管的长度通常为 3~12 m,冷拔钢管的长度通常为 2~10.5 m。普通钢管标准外径范围为 ϕ10~ϕ630 mm,不锈钢钢管标准外径范围为 ϕ10~ϕ406 mm。

焊接钢管由钢板(钢带)卷焊而成,在焊接钢管中又分为单、双直缝焊钢管和螺旋焊钢管 3 类。

(2)钢板

①建筑结构用钢板。建筑结构用钢板为热轧钢板,主要用于制造高层建筑结构、大跨度结构及其他重要建筑结构。

②彩色涂层钢板。彩色涂层钢板的基板类型有热镀锌基板、热镀锌铁合金基板、热镀铝锌合金基板、热镀锌铝合金基板和电镀锌基板,面漆有聚酯、硅改性聚酯、高耐久性聚酯和聚偏氟乙烯等。彩色涂层钢板主要用于建筑内、外墙面或顶面的面层。

③花纹钢板。钢板表面轧有防滑凸纹者称为花纹钢板,花纹钢板可用碳素结构钢、船体用结构钢、高耐候性结构钢热轧成菱形、扁豆形、圆豆形花纹。花纹钢板主要用于平台、过道及楼梯等的铺板。

7.5.3 钢筋混凝土用钢材

1)热轧钢筋

光圆钢筋是采用碳素结构钢来轧制的,带肋钢筋是采用低合金钢轧制的。钢筋余热处理的过程是经热轧后立即穿水,进行表面控制冷却,然后利用芯部余热自身完成回火处理。

2)冷轧带肋钢筋

冷轧带肋钢筋是热轧圆盘条经冷轧或冷拔减径后在其表面冷轧成二面或三面有肋的钢筋,其牌号由 CRB 和抗拉强度最小值构成。C、R、B 分别为冷轧(Cold rolled)、带肋(Ribbed)、钢筋(Bars)3 个词的英文首位字母。共有 6 个牌号:CRB550、CRB650、CRB800、CRB600H、CRB680H

和 CRB800H,其中 CRB550、CRB600H 为普通钢筋混凝土用钢筋,CRB650、CRB800、CRB800H 为预应力混凝土使用,CRB680H 则均可使用。

3)预应力筋

预应力筋除了上面冷轧带肋钢筋中提到的 4 个牌号 CRB650、CRB680H、CRB800、CRB800H 外,常用的预应力筋还有钢丝、钢绞线、螺纹钢筋等。

预应力混凝土用钢丝为高强度钢丝,是用优质碳素结构钢经冷拔或再经回火等工艺处理制成。该种钢丝按加工状态分为冷拉钢丝和消除应力钢丝两类。消除应力钢丝按松弛性能又分为低松弛级钢丝和普通松弛级钢丝,其代号为:冷拉钢丝——WCD、低松弛级钢丝——WLR、普通松弛级钢丝——WNR。钢丝按外形可分为光圆、螺旋肋、刻痕 3 种,其代号为:光圆钢丝——P、螺旋肋钢丝——H、刻痕钢丝——I。经低温回火消除应力后钢丝的塑性比冷拉钢丝要高,刻痕钢丝是经压痕轧制而成,刻痕后与混凝土握裹力大,可减少混凝土裂缝。

预应力混凝土用钢绞线由 2、3 或 7 根 2.5~5.0 mm 的高强碳素钢丝绞捻后消除内应力而制成。

预应力混凝土钢丝与钢绞线具有强度高、柔性好、无接头等优点,且质量稳定,安全可靠,施工时不需冷拉及焊接,主要用作大跨度桥梁、大型屋架、吊车梁、电杆、轨枕等预应力钢筋。

预应力混凝土用钢棒是用低合金钢热轧盘条经冷加工后(或不经冷加工)淬火和回火所得,按其外形分为光圆、螺旋槽、螺旋肋和带肋 4 种钢棒。

预应力混凝土用钢棒不能冷拉和焊接,且对应力腐蚀及缺陷敏感性较强。这种钢筋主要用于预应力混凝土梁、预应力混凝土轨枕或其他各种预应力混凝土结构。

预应力混凝土用螺纹钢筋是一种热轧成带有不连续的外螺纹的直条钢筋,该钢筋在任意截面处,均可用带有匹配形状的内螺纹的连接器或锚具进行连接或锚固。

冷加工钢筋(冷拉、冷轧、冷拔、冷压)由于其产品的延性受损较大,应谨慎使用。

4)混凝土用钢纤维

在混凝土中掺入钢纤维,能大大提高混凝土的抗冲击强度和韧性,显著改善其抗裂、抗剪、抗弯、抗拉、抗疲劳等性能。

钢纤维的原材料可以使用碳素结构钢、合金结构钢、不锈钢和其他钢,生产方式有钢丝冷拉、钢板剪切、钢锭铣削、钢丝削刮和熔融抽丝。表面粗糙或表面刻痕、形状为波形或扭曲形、端部带钩或端部有大头的钢纤维与混凝土的粘结较好,有利于混凝土增强。钢纤维直径应控制在 0.45~0.7 mm,长度与直径比控制在 50~80。增大钢纤维的长径比,可提高混凝土的增强效果;但过于细长的钢纤维容易在搅拌时候形成纤维球而失去增强作用。钢纤维按公称抗拉强度分为 400、700、1 000、1 300 和 1 700 五个等级(见表 7.2)。

表 7.2 钢纤维的强度等级

等 级	400 级	700 级	1 000 级	1 300 级	1 700 级
公称抗拉强度 f/MPa	400~<700	700~<1 000	1 000~<1 300	1 300~<1 700	≥1 700

7.5.4 特种结构用钢材

1)桥梁结构钢

铁路与公路的桥梁除了承受静载外,还要直接承受动载,其中某些部位还承受交变应力的作用。桥梁是全天候的基础设施,它们应能长期在受力状态下经受气候变化和腐蚀介质的严峻考验。因此和一般结构钢相比,桥梁结构钢除了必须具有较高的强度外,还要求有良好的塑性、韧性、可焊性及较高的疲劳强度,具有良好的抗大气腐蚀性。为了满足这些要求,对桥梁结构钢在冶炼质量上提出了更高的标准,要求气体杂质含量少,晶粒细化,脱氧完全。所以桥梁结构钢都采用平炉或氧气转炉镇静钢。由于桥梁结构钢在不同使用场合有不同的厚度要求,针对不同的厚度其机械性能和工艺性能的指标均有所差异,国家标准对其技术指标有详细的规定。

2)钢轨钢

钢轨钢由于经常处在车轮压力、冲击和磨损的作用下,要求钢轨不仅应具有较高的强度以承受较高的压力和抗剥离的能力,而且还应具有较高的耐磨性、冲击韧性和疲劳强度。由于无缝线路的发展,还应具有良好的可焊性。用于多雨潮湿地区、盐赋地带和隧道中的钢轨,会经常受到各种侵蚀作用,所以还应具有良好的耐腐蚀性能。为了满足上述要求,一般应选用含碳量较高(高碳钢)的平炉或氧气转炉镇静钢进行轧制。对轨端部分需进行淬火处理,必要时还需进行全长淬火,这样可以提高使用寿命 4~6 倍。对钢轨的质量,除严格保证一定的化学成分外,还要求质地均匀纯净,内部不含白点、残余缩孔、非金属夹杂物,表面不应有分层、翻皮相折叠等缺陷,同时尺寸要准确,外观要规整,确保行车安全。

国家标准将钢轨钢分为轻轨和重轨,其规格用单位长度质量(kg/m)来表示。轻轨的规格为 5~30 kg/m,重轨为 33~50 kg/m。

7.6 钢材的腐蚀与防护

钢材在使用中,经常与环境中的介质接触,由于环境介质的作用,其中的铁与介质产生化学反应,逐步被破坏,导致钢材腐蚀,亦可称为锈蚀。

钢材锈蚀不仅使截面面积减小,性能降低甚至报废,而且因产生锈坑,可造成应力集中,加速结构破坏。尤其在冲击荷载、循环交变荷载作用下,将产生锈蚀疲劳现象,使钢材的疲劳强度大为降低,甚至出现脆性断裂。

钢材受腐蚀的原因很多,可根据其与环境介质的作用分为化学腐蚀和电化学腐蚀两类。

7.6.1 化学腐蚀

化学腐蚀亦称干腐蚀,属纯化学腐蚀,是指钢材在常温和高温时发生的氧化或硫化作用。氧化作用的原因是钢铁与氧化性介质接触产生化学反应。氧化性气体有空气、氧、水蒸气、二氧化碳、二氧化硫和氯等,反应后生成疏松氧化物,其反应速度随温度、湿度提高而加速。干湿交替环境下腐蚀更为厉害,在干燥环境下腐蚀速度缓慢,主要的化学反应有:

由 O_2 产生：$Fe+O_2 \longrightarrow FeO, Fe_2O_3, Fe_3O_4$
由 CO_2 产生：$Fe+CO_2 \longrightarrow FeO, Fe_3O_4+CO$
由 H_2O 产生：$Fe+H_2O \longrightarrow FeO, Fe_3O_4+H_2$

7.6.2 电化学腐蚀

电化学腐蚀也称湿腐蚀，是由于电化学现象在钢材表面产生局部电池作用的腐蚀，例如在水溶液、大气、土壤中的腐蚀等。

钢材在潮湿的空气中，由于吸附作用，在其表面覆盖一层极薄的水膜，由于表面成分或者受力变形等的不均匀，使邻近的局部产生电极电位的差别，形成了许多微电池。在阳极区，铁被氧化成 Fe^{2+} 离子进入水膜。因为水中溶有来自空气中的氧，在阴极区氧被还原为 OH^- 离子，两者结合成不溶于水的 $Fe(OH)_2$，并进一步氧化成疏松易剥落的红棕色铁锈 $Fe(OH)_3$。在工业大气的条件下，钢材更容易锈蚀。

钢材在大气中的腐蚀，实际上是化学腐蚀和电化学腐蚀同时作用所致，但以电化学腐蚀为主。

7.6.3 防 腐

影响钢材腐蚀的主要因素有环境中的湿度、氧，介质中的酸、碱、盐，钢材的化学成分及表面状况等，其中有材质的原因，也有使用环境和接触介质等原因。因此，防腐蚀的方法也有所侧重。目前所采用的防腐蚀方法主要有如下 3 种：

1）采用耐候钢

耐候钢即耐大气腐蚀钢。耐候钢是在碳素钢和低合金钢中加入少量的铜、铬、镍等合金元素而制成。这种钢在大气作用下，能在表面形成一种致密的防腐保护层，起到耐腐蚀作用，同时保持钢材具有良好的焊接性能。耐候钢的强度级别与常用碳素钢和低合金钢一致，技术指标也相近，但其耐腐蚀能力却高出数倍。

2）金属覆盖

用耐腐蚀性能好的金属，以电镀或喷镀的方法覆盖在钢材的表面，提高钢材的耐腐蚀能力。如镀锌、镀铬、镀铜和镀镍等。

3）非金属覆盖

在钢材表面用非金属材料作为保护膜，与环境介质隔离，以避免或减缓腐蚀。如喷涂涂料、搪瓷和塑料等。

钢结构防止腐蚀用得最多的方法是表面油漆。常用底漆有：红丹防锈底漆、环氧富锌漆和铁红环氧底漆等。底漆要求有比较好的附着力和防锈蚀能力。常用面漆有灰铅漆、醇酸磁漆和酚醛磁漆等。面漆是为了防止底漆老化，且有较好的外观色彩，因此面漆要求有比较好的耐候性、耐湿性和耐热性，且化学稳定性要好，光敏感性要弱，不易粉化和龟裂。

7.6.4 钢筋的防锈

在正常的混凝土中 pH 值约为 12，这时在钢筋表面能形成碱性氧化膜（钝化膜），对钢筋起保护作用。若混凝土碳化后，由于碱度降低（中性化）会失去对钢筋的保护作用。此外，混凝土中氯离子达到一定浓度，也会严重破坏钢筋表面的钝化膜。

为防止钢筋锈蚀，应保证混凝土的密实度以及钢筋外侧混凝土保护层的厚度，在二氧化碳浓度高的工业区采用硅酸盐水泥或普通硅酸盐水泥，限制含氯盐外加剂的掺量并使用混凝土用钢筋防锈剂。预应力混凝土应禁止使用含氯盐的骨料和外加剂。钢筋涂覆环氧树脂或镀锌也是一种有效的防锈措施。

7.6.5 防　火

钢是不燃性材料，但这并不表明钢材能够抵抗火灾。耐火试验与火灾案例调查表明：以失去支持能力为标准，无保护层时钢柱和钢屋架的耐火极限只有 0.25 h，而裸露钢梁的耐火极限仅为 0.15 h。温度在 200 ℃以内，可以认为钢材的性能基本不变；超过 300 ℃以后，弹性模量、屈服点和极限强度均开始显著下降，应变急剧增大；到达 600 ℃时已失去承载能力。所以，没有防火保护层的钢结构是不耐火的。

钢结构防火保护通常是采用绝热或吸热材料，阻隔火焰和热量，推迟钢结构的升温速率，防火方法以包覆法为主，即以防火涂料、不燃性板材或混凝土和砂浆将钢构件包裹起来。

本章小结

钢材包括各类钢结构用的型钢、钢板、钢管和钢筋混凝土中用的各种钢筋和钢丝等，是土木工程中应用量最大的金属材料。钢材种类一般可分为型、板、管和丝四大类。

钢和铁的主要成分是铁和碳，其碳的质量分数大于2%的为生铁，小于2%的为钢。

碳素钢中除了铁和碳元素之外，还含有硅、锰、磷、硫、氮、氧、氢等元素。它们的含量决定了钢材的质量和性能，尤其是某些有害杂质（如磷、硫等）。

钢材的主要力学性能有抗拉性能、抗冲击性能、耐疲劳性能及硬度，而冷弯性能和可焊接性能则是钢材应用的重要工艺性能。

冷加工是在常温下进行机械加工，包括冷拉、冷拔、冷扭、冷冲和冷压等各种方式。通过冷加工产生塑性变形，不但改变钢材的形状和尺寸，而且还能改变钢的晶体结构，从而改变钢的性能。热处理是将钢材在固态范围内进行加热、保温和冷却，以改变其金相组织和显微结构组织，从而获得所需性能的一种工艺过程。热处理的方法有退火、正火、淬火和回火。

土木工程结构使用的钢材主要由碳素结构钢、低合金高强度结构钢、优质碳素结构钢和合金结构钢等加工而成。

钢结构用钢材主要有热轧型钢、冷弯薄壁型钢、热（冷）轧钢板和钢管等。钢筋混凝土用钢材主要有热轧钢筋、冷轧带肋钢筋、预应力筋等。

钢材在使用中，经常与环境中的介质接触，由于环境介质的作用，其中的铁与介质产生化学反应，逐步被破坏，导致钢材腐蚀，亦可称为锈蚀。

影响钢材腐蚀的主要因素有环境中的湿度、氧，介质中的酸、碱、盐，钢材的化学成分及表面状况等，其中有材质的原因，也有使用环境和接触介质等原因。因此，必须采取相应的防腐蚀的方法。

课后习题

1.请谈谈钢材的主要加工方法。

2.钢的主要冶炼方法有哪些？各有什么特点？

3.碳素结构钢中，若含有较多的磷、硫或者氮、氧及锰、硅等元素时，对钢性能的主要影响有哪些？

4.冷加工和时效处理对钢材性能有何影响？为什么？

5.土木工程中使用的钢材主要由哪几类钢种加工而成？试述它们各自的特点和用途。

6.钢结构中主要采用哪些钢材？

7.钢筋混凝土主要使用哪几种钢筋？为什么？

8.试述钢材锈蚀的原因，如何防止钢结构和钢筋混凝土中配筋的锈蚀？

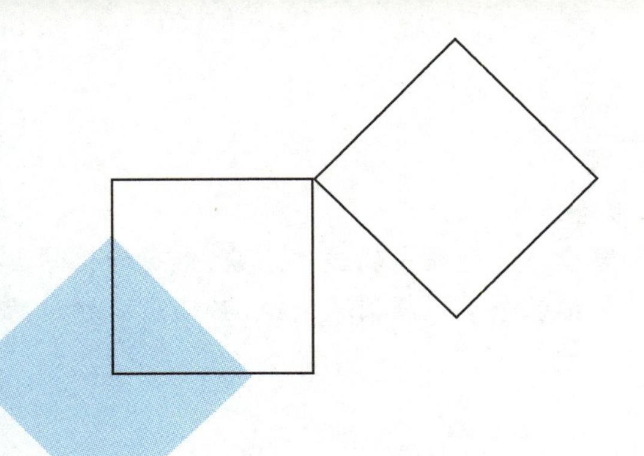

8 合成高分子材料

本章导读：

- **基本要求** 熟悉高分子化合物的概念、分类与命名、结构与性质；熟悉土木工程中合成高分子材料的主要制品及应用，包括工程塑料和胶粘剂等。
- **重点** 土木工程中合成高分子材料主要制品的性能及应用。
- **难点** 从合成高分子材料的组成了解、熟悉其性能，并能正确地选用。

合成高分子材料作为土木工程材料，始于20世纪50年代，现在已成为水泥混凝土、木材、钢材之后的一种重要土木工程材料，其发展方兴未艾。

合成高分子材料是指由人工合成的高分子化合物为基础所组成的材料。它有许多优良的性能，如密度小、比强度大、弹性高、电绝缘性能好、装饰性能好等。作为土木工程材料，由于它能减轻构筑物自重，改善性能，提高工效，减少施工安装费用，获得良好的装饰及艺术效果，因而在土木工程中得到了越来越广泛的应用。合成高分子材料产品形式多样，包括塑料制品、合成橡胶制品、涂料、胶粘剂和密封剂等，其性能范围很宽，实用面很广。

8.1 高分子化合物的基本概念

8.1.1 高分子化合物

一般把分子量低于1 000的化合物称为低分子化合物；分子量在10 000以上的称为高分子化合物；介于其间的是分子量中等的化合物。高分子化合物又称高分子聚合物（简称高聚物），是组成单元相互多次重复连接而构成的物质，因此其分子量虽然很大，但化学组成比较简单，都

是由许多低分子化合物聚合而形成的。例如,聚氯乙烯分子结构为:

$$\sim\sim\sim-CH_2-\underset{Cl}{\underset{|}{CH}}-CH_2-\underset{Cl}{\underset{|}{CH}}-CH_2-\underset{Cl}{\underset{|}{CH}}-\sim\sim\sim$$

上式中符号 ~~~ 代表碳主链。这种结构称为分子链,可简写为 $\left[CH_2-\underset{Cl}{\underset{|}{CH}}\right]_n$ 。可见,聚氯乙烯是由低分子化合物氯乙烯聚合而成的,这种可以聚合成高聚物的低分子化合物,称为“单体”,而组成高聚物最小重复结构单元称为“链节”,高聚物中所含链节的数目 n 称为“聚合度”,高聚物的聚合度为 $1\times10^3\sim1\times10^7$,因此其分子量必然很大。

几种高分子化合物的单体、链节结构示例,见表 8.1。

表 8.1　高分子化合物单体和链节结构示例

单　体	链节结构	高聚物
乙烯 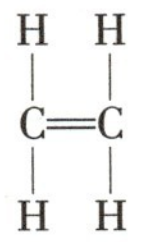 $\overset{H}{\overset{\vert}{\underset{H}{\underset{\vert}{C}}}}=\overset{H}{\overset{\vert}{\underset{H}{\underset{\vert}{C}}}}$	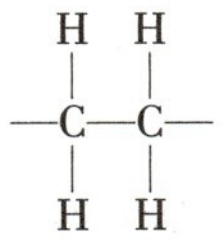 $-\overset{H}{\overset{\vert}{\underset{H}{\underset{\vert}{C}}}}-\overset{H}{\overset{\vert}{\underset{H}{\underset{\vert}{C}}}}-$	聚乙烯(PE) 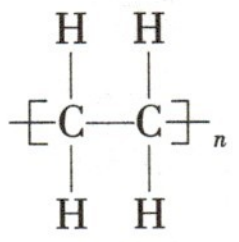 $\left[\overset{H}{\overset{\vert}{\underset{H}{\underset{\vert}{C}}}}-\overset{H}{\overset{\vert}{\underset{H}{\underset{\vert}{C}}}}\right]_n$
丙烯 $\overset{H}{\overset{\vert}{\underset{H}{\underset{\vert}{C}}}}=\overset{H}{\overset{\vert}{\underset{H-\underset{H}{\underset{\vert}{C}}-H}{\underset{\vert}{C}}}}$ 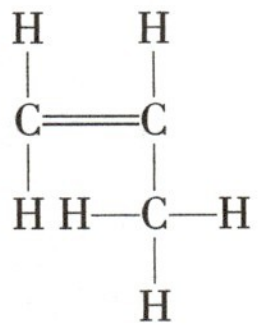	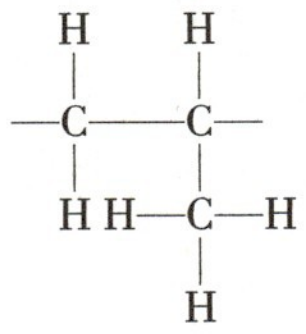 $-\overset{H}{\overset{\vert}{\underset{H}{\underset{\vert}{C}}}}-\overset{H}{\overset{\vert}{\underset{H-\underset{H}{\underset{\vert}{C}}-H}{\underset{\vert}{C}}}}-$	聚丙烯(PP) 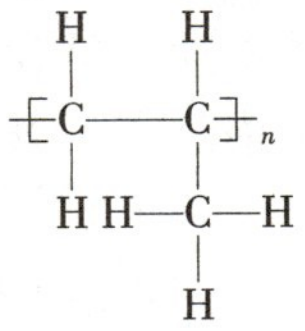 $\left[\overset{H}{\overset{\vert}{\underset{H}{\underset{\vert}{C}}}}-\overset{H}{\overset{\vert}{\underset{H-\underset{H}{\underset{\vert}{C}}-H}{\underset{\vert}{C}}}}\right]_n$
氯乙烯 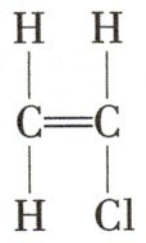 $\overset{H}{\overset{\vert}{\underset{H}{\underset{\vert}{C}}}}=\overset{H}{\overset{\vert}{\underset{Cl}{\underset{\vert}{C}}}}$	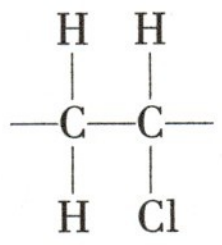 $-\overset{H}{\overset{\vert}{\underset{H}{\underset{\vert}{C}}}}-\overset{H}{\overset{\vert}{\underset{Cl}{\underset{\vert}{C}}}}-$	聚氯乙烯(PVC) 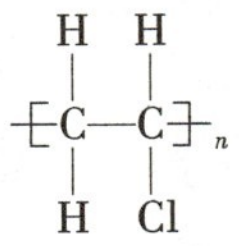 $\left[\overset{H}{\overset{\vert}{\underset{H}{\underset{\vert}{C}}}}-\overset{H}{\overset{\vert}{\underset{Cl}{\underset{\vert}{C}}}}\right]_n$
苯乙烯 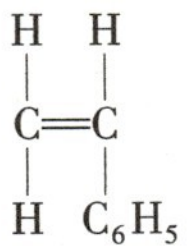 $\overset{H}{\overset{\vert}{\underset{H}{\underset{\vert}{C}}}}=\overset{H}{\overset{\vert}{\underset{C_6H_5}{\underset{\vert}{C}}}}$	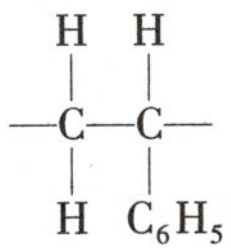 $-\overset{H}{\overset{\vert}{\underset{H}{\underset{\vert}{C}}}}-\overset{H}{\overset{\vert}{\underset{C_6H_5}{\underset{\vert}{C}}}}-$	聚苯乙烯(PS) 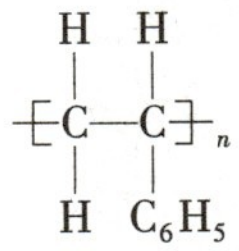 $\left[\overset{H}{\overset{\vert}{\underset{H}{\underset{\vert}{C}}}}-\overset{H}{\overset{\vert}{\underset{C_6H_5}{\underset{\vert}{C}}}}\right]_n$

8.1.2　高聚物的分类与命名

1)分类

高聚物经常采用以下几种方法进行分类:

①高聚物按其材料的性能与用途分类,可分为塑料、合成橡胶和合成纤维,此外还有胶粘

剂、涂料等。

②高聚物按其分子结构分类，可分为线形、支链形和体形 3 种。

③高聚物按其合成反应类别分类，可分为加聚反应和缩聚反应，其反应产物分别为加聚物和缩聚物。

2）命名

高聚物有多种命名方法，在土木工程材料工业领域常以习惯命名。对简单的一种单体的加聚反应产物，在单体名称前冠以“聚”字，如聚乙烯、聚丙烯等，大多数烯类单体聚合物都可按此命名；部分缩聚反应产物则在原料后附以“树脂”二字命名，如酚醛树脂等，树脂又泛指作为塑料基材的高聚物；对一些两种以上单体的共聚物，则从共聚物单体中各取一字，后附“橡胶”二字来命名，如丁二烯与苯乙烯共聚物称为丁苯橡胶，乙烯、丙烯、乙烯炔共聚物称为三元乙丙橡胶。

8.1.3　高聚物的结构与性质

1）高聚物分子链的形状与性质

高聚物按分子几何结构形态来分，可分为线形、支链形和体形 3 种。

①线形高聚物的大小分链节排列成线状主链，如图 8.1(a)所示。大多数呈卷曲状，线状大分子间以分子间力结合在一起。因分子间作用力微弱，使分子容易相互滑动，因此线形结构的合成树脂可反复加热软化、冷却硬化，称为热塑性树脂。

线形高聚物具有良好的弹性、塑性、柔顺性，但强度较低、硬度小、耐热性、耐腐蚀性较差，且可溶可熔。

②支链形高聚物的分子在主链上带有比主链短的支链，如图 8.1(b)所示。因分子排列较松，分子间作用力较弱，因而密度、熔点及强度低于线形高聚物。

③体形高聚物的分子，是由线形或支链形高聚物分子以化学键交联形成，呈空间网状结构，如图 8.1(c)所示。由于化学键结合力强，且交联成一个巨型分子，因此体形结构的合成树脂仅在第一次加热时软化，固化后再加热时不会软化，称为热固性树脂。

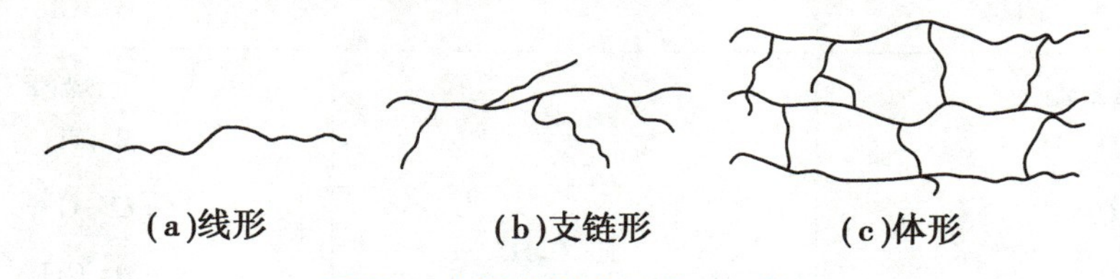

图 8.1　高聚物的分子构形示意图

热固性高聚物具有较高的强度与弹性模量，但塑性小、较硬脆，耐热性、耐腐蚀性较好，不溶不熔。

2）高聚物的聚集态结构与物理状态

聚集态结构是指高聚物内部大分子之间的几何排列与堆砌方式。按其分子在空间排列规则与否，固态高聚物中并存着晶态与非晶态两种聚集状态，但与低分子量晶体不同，由于长链高分子难免弯曲，故在晶态高聚物中也总有非晶区存在，且大分子链可以同时跨越几个晶区和非晶区。晶区所占的百分比称为结晶度。结晶度越高，则高聚物的密度、弹性模量、强度、硬度、耐热性、折光系数等越高,而冲击韧性、粘附力、塑性、溶解度等越小。晶态高聚物一般为不透明或半透明的,非晶态高聚物则一般为透明的,体形高聚物只有非晶态一种。

高聚物在不同温度条件下的形态是有差别的(见图8.2),表现为下列3种物理状态。

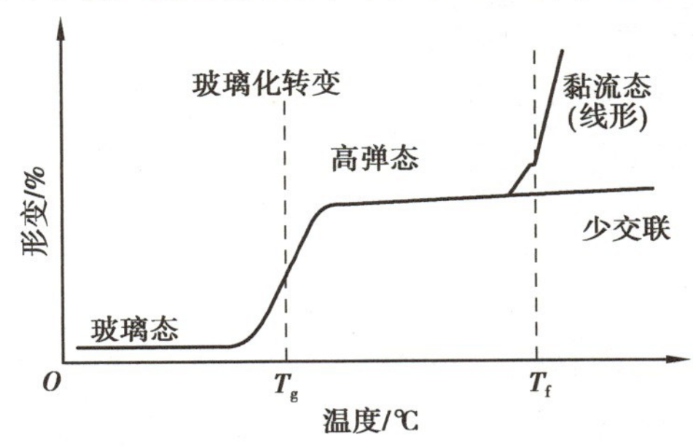

图8.2 非晶态高聚物的形变-温度关系

(1)玻璃态

当低于某一温度时,分子链作用力很大,分子链与链段都不能运动,高聚物呈非晶态的固体称为"玻璃态"。高聚物转变为玻璃态的温度称为玻璃化温度 T_g。温度继续下降,当高聚物表现为不能拉伸或弯曲的脆性时的温度,称为催化温度,简称脆点。

(2)高弹态

当温度超过玻璃化温度 T_g 时,由于分子链段可以发生旋转,使高聚物在外力作用下能产生大的变形,外力卸除后又会缓慢地恢复原状,高聚物的运动状态称为"高弹态"。

(3)粘流态

随温度继续升高,当温度达到"流动温度" T_f 后,高聚物呈极粘的液体,这种状态称为"粘流态"。此时,分子链和链段都可以发生运动,当受到外力作用时,分子间相互滑动产生形变,外力卸去后,形变不能恢复。

高聚物使用目的不同,对各个转变温度的要求也不同。通常,玻璃化温度 T_g 低于室温的称为橡胶,高于室温的称为塑料。玻璃化温度是塑料的最高使用温度,但却是橡胶的最低使用温度。

8.2 工程塑料

塑料是一种以天然或合成高分子化合物为基体材料,加入适量的填料和添加剂,在高温、高压下塑化成型,且在常温、常压下保持制品形状不变的材料。

由于塑料在一定的温度和压力下具有较大的塑性,并可以加工成各种形状和尺寸的产品,且在常温下可保持既得的形状、尺寸和一定的强度,因此塑料可被加工成许多塑料制品。目前,新的高聚物在不断出现,塑料的性能也在逐步改善。塑料作为土木工程材料有着广泛的前途,建筑工程常用的塑料制品有塑料壁纸、壁布、饰面板、塑料地板、塑料门窗、管线护套等;绝热材料有泡沫塑料与蜂窝塑料等;防水和密封材料有塑料薄膜、密封膏、管道、卫生设施等;土工材料有塑料排水板、土工织物等;市政工程材料有塑料给水管、塑料排水管、燃气管等,其发展前景十分广阔。

8.2.1 塑料的组成

塑料根据其所含的组分数目可分为单组分塑料和多组分塑料。单组分塑料基本上是由聚合物构成,仅含少量辅助物料(染料、润滑剂等);多组分塑料则除聚合物外,还包含大量辅助剂(增塑剂、稳定剂、改性剂、填料等)。大部分塑料是多组分塑料,是由作为主要成分的聚合物和根据需要加入的各种添加剂组成的。

1)合成树脂

习惯上或广义地讲,凡作为塑料基材的高分子化合物(高聚物)都称为树脂。合成树脂是塑料的基本组成材料,在塑料中起粘结作用。塑料的性质主要决定于合成树脂的种类、性质和数量。合成树脂在塑料中的质量分数为30%~60%。

用于塑料的热塑性树脂主要有聚乙烯、聚氯乙烯、聚甲基丙烯酸甲脂、聚苯乙烯、聚四氟乙烯等加聚高聚物;用于塑料的热固性树脂主要有酚醛树脂、脲酸树脂、不饱和树脂、不饱和聚酯树脂、环氧树脂、有机硅树脂等缩聚高聚物。

2)填充料

在合成树脂中加入填充料可以降低分子链间的流淌性,可提高塑料的强度、硬度及耐热性,减少塑料制品的收缩,并能有效地降低塑料的成本。

常用的填充料有木粉、滑石粉、硅藻土、石灰石粉、石棉、铝粉、刚玉粉、炭黑和玻璃纤维等,塑料中填充料的掺率为40%~70%。

3)增塑剂

增塑剂可降低树脂的流动温度 T_f,使树脂具有较大的可塑性以利于塑料加工成型,由于增塑剂的加入降低了大分子链间的作用力,因此能降低塑料的硬度和脆性,使塑料具有较好的塑性、韧性和柔顺性等机械性质。

增塑剂必须能与树脂均匀地混合在一起,并且具有良好的稳定性。常用的增塑剂有邻苯二甲酸二辛酯、磷酸三甲酚脂、樟脑、二苯甲酮等。

4)固化剂

固化剂也称硬化剂或熟化剂。它的主要作用是使线性高聚物交联成体型高聚物,使树脂具有热固性,形成稳定而坚硬的塑料制品。

酚醛树脂中常用固化剂为乌洛托品(六亚甲基四胺),环氧树脂中常用的则为胺类(乙二胺、间苯二胺)、酸酐类(邻苯二甲酸酐、顺丁烯二酸酐)及高分子类(聚酰胺树脂)。

5)着色剂

着色剂的加入使塑料具有鲜艳的色彩和光彩,改善塑料制品的装饰性。常用的着色剂是一些有机染料和无机颜料。有时也采用能产生荧光或磷光的颜料。

6)稳定剂

为防止塑料在热、光及其他条件下过早老化而加入的少量物质称为稳定剂。常用的稳定剂有抗氧化剂和紫外线吸收剂。

除上述组成材料以外，在塑料生产中还常常加入一定量的其他添加剂，使塑料制品的性能更好、用途更广泛。如加入发泡剂可以制得泡沫塑料，加入阻燃剂可以制得阻燃塑料。

8.2.2 塑料的性质

塑料具有质量轻、比强度高、保温绝热性能好、加工性能好及富有装饰性等优点，但也存在易老化、易燃、耐热性差及刚性差等缺点。

建筑塑料和传统土木工程材料相比，具有以下几方面特性：

1）装饰性优越

在建筑装饰工程中，装饰效果主要根据材料的色彩、质感、线型三要素来加以评定，而塑料则具备了这三方面要素。如塑料在生产中可用着色剂着色，使塑料获得鲜艳的色彩；可加入不同品种的填料构成不同的质感，或如脂似玉，或坚硬如石，刚柔相宜，润手实用等；也可用先进的印刷、压花、电镀、烫金技术制成具有各种图案、花型和具有立体感、金属感的制品。

2）可加工性好

建筑塑料可以采用多种方法加工成型，制成薄板、管材、门窗异型材等各种形状的产品，还便于切割和“焊接”。

3）质轻高强

塑料一般都比较轻，其密度为 0.8～2.2 g/cm^3，而泡沫塑料的密度仅为 0.01～0.5 g/cm^3。这一性质非常有利于高层建筑，如用泡沫塑料做芯材构成的复合材料，既可保温又可大大降低结构自重。常用建筑塑料的强度值并不高，如抗拉强度为 10～66 MPa，抗弯强度为 20～120 MPa，然而塑料的比强度值（强度与表观密度之比）却远远高于混凝土，甚至高于结构钢，因此塑料是一种质轻高强的材料。

4）保温性好，且抗振和吸声

塑料的导热性很小，导热系数为 0.23～0.70 W/(m·K)。泡沫塑料的导热系数更低，只有 0.02～0.046 W/(m·K)，是最好的绝热材料，隔热保温，而且塑料（特别是泡沫塑料）可减小振动、降低噪声。

5）耐化学腐蚀性好

金属材料易发生电化学腐蚀，其主要原因是金属具有失去自由电子的特性。然而塑料分子都是由饱和的化学价键构成的，缺乏与介质形成电化学作用的自由电子或离子，因而不会发生电化学腐蚀。塑料对酸、碱、盐及油脂也有较好的耐腐蚀性。

6）电绝缘性好

塑料材料的大分子结构中既无自由电子，又无足够的自由运动的离子等其他载流子，因此通常塑料都无导电能力，其电绝缘性能良好，在建筑上常用作建筑电气材料。

然而，建筑塑料是一种粘弹性材料，弹性模量较低，易发生变形，特别是受热以后，随温度升高变形更大。在工程中，不易选为结构材料。而且塑料还具有易老化、易燃、耐热性差，有些塑料有毒等缺点。针对这几种缺点，人们在生产中加入不同品种、不同数量的添加剂，使塑料的缺点得以改善，使用的范围大大加宽。

8.2.3 常用工程塑料及其制品

1) 工程塑料的常用品种

工程塑料品种很多,主要有聚氯乙烯(PVC)、聚乙烯(PE)、聚丙烯(PP)、聚苯乙烯(PS)、酚醛树脂(PF)、不饱和聚酯、环氧树脂、聚氨酯树脂、有机硅聚合物、玻璃纤维增强塑料等。使用量较多的是聚氯乙烯、酚醛塑料等。

(1) 聚氯乙烯塑料

聚氯乙烯塑料(PVC)由氯乙烯单体聚合而成,是工程上常用的一种塑料。聚氯乙烯的化学稳定性高,抗老化性好,但耐热性差,在 100 ℃以上时会引起分解、变质而破坏,通常使用温度应在80 ℃以下。根据增塑剂掺量的不同,可制得硬质或软质聚氯乙烯塑料。

(2) 聚乙烯塑料

聚乙烯塑料(PE)由乙烯单体聚合而成。按单体聚合方法,可分为高压法、中压法和低压法三种。随聚合方法不同,产品的结晶度和密度不同,高压聚乙烯的结晶度低、密度小;低压聚乙烯结晶度高,密度大。随结晶度和密度的增加,聚乙烯的硬度、软化点、强度等随之提高,而冲击韧性和伸长率则下降。

聚乙烯塑料具有较高的化学稳定性和耐水性,强度虽不高,但低温柔韧性大。掺加适量炭黑,可提高聚乙烯的抗老化性能。

(3) 聚丙烯塑料

聚丙烯塑料(PP)由丙烯聚合而成。聚丙烯塑料的特点是质轻(密度 0.90 g/cm^3),耐热性较高(100~120 ℃),刚性、延性和抗水性均好。它的不足之处是低温脆性显著,抗大气性差,故适用于室内。近年来,聚丙烯的生产发展较迅速,聚丙烯已与聚乙烯、聚氯乙烯等共同成为工程塑料的主要品种。

(4) 聚苯乙烯塑料

聚苯乙烯塑料(PS)由苯乙烯单体聚合而成。聚苯乙烯塑料的透光性好,易于着色,化学稳定性高,耐水、耐光,成型加工方便,价格较低。但聚苯乙烯性脆,抗冲击韧性差,耐热性差,易燃,使其应用受到一定限制。

(5) 酚醛树脂

酚醛树脂(PF)由酚和醛在酸性或碱性催化剂作用下缩聚而成。酚醛树脂的粘结强度高,耐光、耐水、耐热、耐腐蚀、电绝缘性好,但性脆。在酚醛树脂中掺加填料、固化剂等可制成酚醛塑料制品。这种制品表面光洁,坚固耐用,成本低,是最常用的塑料品种之一。

(6) 聚甲基丙烯酸甲酯

聚甲基丙烯酸甲酯(PMMA)是由甲基丙烯酸甲酯加聚而成的热塑性树脂,俗称有机玻璃。它的透光性好,低温强度高,吸水性低,耐热性和抗老化好,成型加工方便。缺点是耐磨性差,价格较贵。

(7) 聚酯树脂

聚酯树脂(PR)由二元或多元醇和二元或多元酸缩聚而成。聚酯树脂具有优良的胶结性能,弹性和着色性好,耐韧、耐热、耐水。

（8）有机硅树脂（OR）

有机硅树脂由一种或多种有机硅单体水解而成。有机硅树脂耐热、耐寒、耐水、耐化学腐蚀，但机械性能不佳，粘结力不高。用酚醛、环氧、聚酯等合成树脂或用玻璃纤维、石棉等增强，可提高其机械性能和粘结力。

工程塑料常用合成树脂的性能及主要用途见表 8.2。

表 8.2 工程塑料常用合成树脂的性能及主要用途

合成树脂种类	酚醛树脂	有机硅树脂	聚酯树脂（硬质）	聚氯乙烯（硬质）	聚氯乙烯（软质）	聚乙烯	聚苯乙烯	聚丙烯
密度/（g·cm^{-3}）	1.25～1.30	1.65～2.00	1.10～1.45	1.35～1.45	1.3～1.7	0.92	1.04～1.07	0.90～0.91
线膨胀系数（5～10 ℃）	2.5～6.0	5～5.8	5.5～10	5～18.5	—	16～18	6～8	10.8～11.2
吸水率/%	0.1～0.2	0.2～0.5	0.15～0.6	0.07～0.4	0.5～1	<0.015	0.03～0.05	0.03～0.04
耐热温度/℃	120	<250	120	50～70	65～80	100	65～95	100～120
抗拉强度/MPa	49～56	18～30	42～70	35～63	7～25	11～13	35～63	30～39
伸长率/%	1.0～1.5	—	<5	20～40	200～400	200～550	1～3.6	>200
抗压强度/MPa	70～210	110～170	90～255	55～90	7～12.5	—	80～110	39～56
抗弯强度/MPa	85～105	48～54	60～130	70～110	—	—	55～110	42～56
弹性模量/MPa	5 300～7 000	—	2 100～4 500	2 500～4 200	—	130～250	2 800～4 200	—
特　性	电绝缘性好、耐水、耐光、耐热、耐霉腐、强度较高	耐高温、耐寒、耐腐蚀、电绝缘、耐水性好	耐腐蚀、电绝缘好、绝热、透光	耐腐蚀、电绝缘好、常温强度良好、高温和低温强度不高	耐腐蚀、电绝缘好、质地柔软、强度低	耐化学腐蚀、电绝缘、耐水、强度不高	耐化学腐蚀、电绝缘、透光、耐水、不耐热、性脆、易燃	轻，刚性、延性、耐热性好，耐腐蚀、不耐磨、易燃
主要用途	电工器材、粘结剂、涂料等	耐热高级绝缘材料、电工器材、防水材料、涂料等	玻璃钢、各种配件	装饰板建筑零配件、管道等	薄板、薄膜、管道、壁纸、壁布、地毯等	薄板、薄膜、管道、冷水箱、电绝缘材料、各种零配件	水箱、薄膜、管道、冷水箱、电绝缘材料、各种冷配件等	管道、泡沫塑料、零件、耐腐蚀衬板等

2)常用工程塑料制品

(1)塑料门窗

塑料门窗主要采用改性硬质聚氯乙烯经挤出机形成各种型材。型材经过加工，组装成建筑物的门窗。塑料门窗可分为全塑门窗、复合门窗和聚氨酯门窗，但以全塑门窗为主。它由PVC-U中空型材拼装而成，有白色、深棕色、双色、仿木纹等品种。

塑料门窗与其他门窗相比，具有耐水、耐腐蚀、气密性、水密性、绝热性、隔声性、耐燃性、尺寸稳定性、装饰性等特点，而且不需粉刷油漆，维护保养方便，同时还能显著节能，在国外已广泛应用。鉴于国外经验和我国实情，以塑料门窗逐步取代木门窗、金属门窗是节约木材、钢材，解决能源的重要途径。

(2) 塑料管材

塑料管材与金属管材相比，具有质轻、不生锈、不生苔、不易积垢、管壁光滑、对流体阻力小、安装加工方便、节能等特点。近年来，塑料管材的生产与应用已得到了较大的发展，它在工程塑料制品中所占的比例较大。

塑料管材分为硬管与软管，按主要原料可分为聚氯乙烯管、聚乙烯管、聚丙烯管、聚丁烯管、玻璃钢管等。常用的产品主要有：建筑排水用硬聚氯乙烯管材与管件，给水用高密度与低密度聚乙烯管、硬聚氯乙烯管材与管件，热燃用埋地聚乙烯管材、管件，埋地排污废水用硬聚氯乙烯管材，流体输送用软聚氯乙烯管，电线绝缘用软聚氯乙烯管，排水用芯层发泡硬聚氯乙烯管材，硬聚氯乙烯双壁波纹管材，聚乙烯或硬聚氯乙烯塑料螺旋管，埋地用硬聚氯乙烯加筋管等。

(3)土工塑料制品

土工塑料制品是近几十年发展起来的一种新型岩土工程材料。它是由聚合材料制成的一种平面材料，与土壤、岩石、黏土或其他土工材料一起使用成为一个工程、结构或系统的组成部分。它可以以塑料、化纤、合成橡胶等为原料，制成各种类型的产品，置于土体内部、表面和各层土体之间，起着加强和保护土体的作用。它的品种甚多，如土工织物、土工薄膜、土工格栅、土工网、土工蜂窝、土工复合材料等。目前已在水利、公路、铁路、工业与民用建筑、海港、采矿、军工等工程的各个领域得到广泛的应用。

(4)其他塑料制品

塑料制品的另一大类是用作装饰材料，如墙纸和墙布等墙面装饰塑料、块状塑料地板和塑料卷材地板等地面装饰塑料、钙塑泡沫天花板等屋面和顶棚装饰塑料，以及塑料艺术制品等。

8.3 胶粘剂

能直接将两种材料牢固地粘结在一起的物质通称为胶粘剂。随着合成化学工业的发展，胶粘剂的品种和性能获得了很大发展，越来越广泛地应用于建筑构件、材料等的连接，这种连接方法有工艺简单、省工省料、接缝处应力分布均匀、密封和耐腐蚀等优点。

8.3.1 胶粘剂的基本要求

胶粘剂的粘度、分子量、极性、空间结构和体积收缩等直接影响着胶粘剂的性能。

如果胶粘剂基料分子量较低,则粘度小,流动性好,易于浸润并渗透到被粘物表面的空隙和裂缝中,故粘附性好,但内聚力低,最终的粘接强度不高;反之,若分子量过大,粘结层内聚力高,但粘度增大,不利于浸润,也会使粘接强度变差。因此,必须选择分子量适当的基料,这样才能既满足粘度要求,又具有较高的内聚力。

基料聚合物的分子结构中,极性基团(如羟基、羧基、环氧基等)的多少,极性的强弱,对胶粘剂的内聚力和粘附性也有较大的影响。大多数被用作胶粘剂的聚合物都含有较多的极性基团。

聚合物的空间结构,即侧链的种类对粘结强度也有较大的影响。若侧链的空间位阻较大,妨碍分子链节运动,不利于吸附与浸润,则会降低黏结强度;但若侧链足够长时,它本身已能起分子链的作用,这样侧链就会比大分子的中间链段更易扩散到被粘物内部,所以长的侧链有利于提高胶粘剂的粘附性和粘结力。

为将材料牢固地粘结在一起,充分发挥胶粘剂的作用,胶粘剂必须具备下列基本要求:

①具有足够的流动性,且能保证被粘结表面能充分浸润。

②易于调节粘结性和硬化速度。

③不易老化。

④膨胀或收缩变形小。

⑤具有足够的粘结强度。

8.3.2 胶粘剂的组成材料

胶粘剂一般都是由多组分物质所组成。组成胶粘剂的基本成分为粘料,但为了达到理想的粘结效果,除了起基本粘结作用的材料外,通常还要加入各种配合剂。

1)粘料

粘料又称基料,是胶粘剂的基本成分。粘料对胶粘剂的胶接性能起决定作用。合成胶粘剂的粘料,既可用合成树脂、合成橡胶,也可采用二者的共聚体和机械混合物。用于胶接结构受力部位的胶粘剂以热固性树脂为主;用于非受力部位和变形较大部位的胶粘剂以热塑性树脂和橡胶为主。

2)固化剂或硫化剂

固化剂或硫化剂能使基本粘合物质形成网状或体型结构,增加胶层的内聚强度。常用的固化剂有胺类、酸酐类、高分子类和硫磺类等。

3)填料

加入填料可改善胶粘剂的性能(如提高强度、降低收缩性,提高耐热性等),常用填料有金属及其氧化物粉末、水泥及木棉、玻璃等。

4)稀释剂

为了改善工艺性(降低粘度)和延长使用期,常加入稀释剂。稀释剂分活性和非活性,前者参加固化反应,后者不参加固化反应,只起稀释作用。常用稀释剂有环氧丙烷、丙酮等。

此外还有防老剂、催化剂等。

8.3.3 常用胶粘剂

1)热固性树脂胶粘剂

(1)环氧树脂胶粘剂(EP)

环氧树脂胶粘剂的组成材料为合成树脂、固化剂、填料、稀释剂、增韧剂等。随着配方的改进,可以得到不同品种和用途的胶粘剂。

环氧树脂未固化前是线型热塑性树脂,它的分子中含有羟基、醚链以及极为活泼的环氧基团,羟基和醚键不仅具有很高的内聚力,而且和粘接材料表面可以产生很强的粘附力。故它可与多种类型的固化剂反应生成网状体型结构高聚物,对金属、木材、玻璃、硬塑料和混凝土都有很高的粘附力。

(2)不饱和聚酯树脂胶粘剂(UP)

不饱和聚酯树脂是由不饱和二元酸、饱和二元酸组成的混合酸与二元醇起反应制成线型聚酯,再用不饱和单体交联固化后即呈体型结构的热固性树脂,主要用于制造玻璃钢,也可粘接陶瓷、玻璃钢、金属、木材、人造大理石和混凝土。

不饱和聚酯树脂胶粘剂的接缝耐久性和环境适应性较好,并有一定的强度。

2)热塑性合成树脂胶粘剂

(1)聚醋酸乙烯胶粘剂(PVAC)

聚醋酸乙烯乳液(常称白胶)由醋酸乙烯单体、水、分散剂、引发剂以及其他辅助材料经乳液聚合而得,是一种使用方便,价格便宜,应用普遍的非结构胶粘剂。它对于各种极性材料有较好的粘附力,以粘接各种非金属材料为主,如玻璃、陶瓷、混凝土、纤维织物和木材。它的耐热性在 40 ℃以下,对溶剂作用的稳定性及耐水性均较差,且有较大的徐变,多作为室温下工作的非结构胶,如粘贴塑料墙纸、聚苯乙烯或软质聚氯乙烯塑料板以及塑料地板等。

(2)聚乙烯醇胶粘剂(PVA)

聚乙烯醇由醋酸乙烯醇水解而得,是一种水溶液聚合物。这种胶粘剂适合胶接木材、纸张、织物等,其耐热性、耐水性和耐老化性很差,所以常与热固性胶结剂一同使用。

(3)聚乙烯缩醛(PVFO)胶粘剂

聚乙烯醇在催化剂作用下存在不同醛类反应,生成聚乙烯醇缩醛。低聚醛度的聚乙烯甲醛胶粘剂已成为建筑装修工程上常用的胶粘剂。它可以用来粘贴塑料壁纸、墙布、瓷砖等,也可掺入水泥砂浆中,以提高砂浆的粘结性、抗冻性、抗渗性、耐磨性和减少砂浆的收缩,还也可以配制成地面涂料。

3)合成橡胶胶粘剂

(1)氯丁橡胶胶粘剂(CR)

氯丁橡胶胶粘剂是目前橡胶胶粘剂中广泛应用的溶液型胶。它是由氯丁橡胶、氧化镁、防老剂、抗氧剂及填料等混炼后溶于溶剂而成。这种胶粘剂对水、油、弱酸、弱碱、脂肪烃和醇类都有良好的抗压性,可在-50~+80 ℃下工作,具有较高的初粘力和内聚强度,但有徐变性,易老化。多用于结构粘接或不同材料的粘接。为改善性能可掺入油溶性酚醛树脂,配成氯丁酚醛胶。它可在室温下固化,适于粘接包括钢、铝、铜、陶瓷、水泥制品、塑料和硬质纤维板等多种金属和非金属材料。工程上常用于水泥砂浆墙面或地面上粘贴塑料或橡胶制品。

(2)丁腈橡胶(NBR)

丁腈橡胶是丁二烯和丙烯腈的共聚产物。丁腈橡胶胶粘剂主要用于橡胶制品,以及橡胶与金属、织物、木材的粘接。它的最大特点是耐油性能好,抗剥离强度高,接头对脂肪烃和非氧化性酸有良好的抵抗性,加上橡胶的高弹性,所以更适于柔软的或热膨胀系数相差悬殊的材料之间的粘接,如粘合聚氯乙烯板材、聚氯乙烯泡沫塑料等。为获得更大的强度和弹性,可将丁腈橡胶与其他树脂混合。

本章小结

一般把分子量在10 000以上的称作高分子化合物,是由组成单元相互多次重复连接而构成的物质。合成高分子材料是指由人工合成的高分子化合物为基础所组成的材料。合成高分子材料产品形式多样,包括塑料制品和各种胶粘剂等。

塑料是一种以天然或合成高分子化合物为基体材料,加入适量的填料和添加剂,在高温、高压下塑化成型,且在常温、常压下保持制品形状不变的材料。大部分塑料是多组分塑料,具有质量轻、比强度高、保温绝热性能好、加工性能好及富有装饰性等优点,但也存在易老化、易燃、耐热性差及刚性差等缺点。工程塑料品种很多,主要有聚氯乙烯(PVC)、聚乙烯(PE)、聚丙烯(PP)、聚苯乙烯(PS)、酚醛树脂(PF)、不饱和聚酯、环氧树脂、聚氨酯树脂、有机硅聚合物、玻璃纤维增强塑料等。可用于制作塑料门窗、塑料管材、土工塑料制品以及装饰材料等。

能直接将两种材料牢固地粘结在一起的物质通称为胶粘剂,一般都是由粘料和各种配合剂等多组分物质所组成。胶粘剂的粘度、分子量、极性、空间结构和体积收缩等直接影响着胶粘剂的性能。常用的胶粘剂主要有环氧树脂胶粘剂(EP)、不饱和聚酯树脂胶粘剂(UP)、聚醋酸乙烯胶粘剂(PVAC)、聚乙烯醇胶粘剂(PVA)、聚乙烯缩醛(PVFO)胶粘剂、氯丁橡胶胶粘剂(CR)、丁腈橡胶(NBR)等。

课后习题

1.什么是高分子化合物?其分子结构有哪些类型?它们各具有什么性质?

2.什么是热塑性树脂和热固性树脂?它们有什么不同?

3.塑料的组成成分有哪些?各有什么作用?

4.建筑塑料和传统土木工程材料相比有哪些特性?

5.试述几种常用的工程塑料及其制品。

6.影响胶粘剂性能的因素主要有哪些?

7.简述胶粘剂的组成材料及其作用。

8.常用胶粘剂有哪几类?试述几种常用的胶粘剂品种。

9 沥青材料

本章导读：

- **基本要求**　掌握沥青材料的基本组成和结构特点、工程性质及测定方法；了解沥青的改性技术、主要沥青制品及其用途；熟悉沥青混合料的设计与配置方法及其应用。
- **重点**　沥青材料的组成和结构及工程性质、沥青基防水材料、沥青混合料。
- **难点**　沥青混合料的设计。

沥青是高分子碳氢化合物及其非金属(主要为氧、氮、硫等)衍生物组成的极其复杂的混合物，在常温下呈黑色或黑褐色的固体、半固体或液体状态。

沥青作为一种有机胶凝材料，具有良好的粘性、塑性、耐腐蚀性和憎水性，在土木工程中主要用作防潮、防水、防腐蚀材料，用于屋面、地下防水工程以及其他防水工程和防腐工程，沥青还大量用于道路工程。

沥青按产源分类有下列品种：

- 沥青
  - 地沥青
    - 天然沥青：由沥青湖或含有沥青的砂岩、砂等提炼而成
    - 石油沥青：由石油原油蒸馏后的残留物经加工而得
  - 焦油沥青
    - 煤沥青：由煤焦油蒸馏后的残留物经加工而得
    - 页岩沥青：油页岩炼油工业的副产品

目前工程中常用的主要是石油沥青，另外还使用少量的煤沥青。

9.1　石油沥青及煤沥青

9.1.1　石油沥青

石油沥青是由石油原油经蒸馏提炼出各种轻质油(如汽油、煤油、柴油等)及润滑油以后的

残留物,或再经加工而得的产品。

1)石油沥青的组分与结构

(1)石油沥青的组分

石油沥青是由多种碳氢化合物及其非金属衍生物组成的混合物。从工程使用的角度出发,通常将沥青化学成分和物理性质相近,并且具有某些共同特征的部分,划分为一个组分(或称为组丛)。石油沥青可分为油分、树脂和地沥青质 3 个主要组分。这 3 个组分可利用沥青在不同有机溶剂中的选择性溶解分离出来。三组分的主要特征见表 9.1。

表 9.1 石油沥青各组分主要特征

组　分	状　态	颜　色	密度/(g·cm^{-3})	分子量	质量分数/%
油分	油状液体	淡黄色～红褐色	0.70～1.00	300～500	40～60
树脂	粘稠状物质	黄～黑色	1.0～1.1	600～1 000	15～30
地沥青质	无定形固体粉末	深褐～黑色	>1.0	>1 000	10～30

不同组分对石油沥青性能的影响不同。油分赋予沥青流动性;树脂使沥青具有良好的塑性和粘结性;地沥青质则决定沥青的耐热性、粘性和脆性,其含量较多,软化点越高,粘性越大,越硬脆。

(2)石油沥青的结构

在沥青中,油分与树脂互溶,树脂浸润地沥青质。因此,石油沥青的结构是以地沥青质为核心,周围吸附部分树脂和油分,构成胶团,无数胶团分散在油分中而形成胶体结构。

当地沥青质含量相对较少时,油分和树脂含量相对较高,胶团外膜较厚,胶团之间相对运动较自由,这时沥青形成溶胶结构。具有溶胶结构的石油沥青粘性小而流动性大,温度稳定性较差。

当地沥青质含量较多而油分和树脂较少时,胶团外膜较薄,胶团靠近聚集,移动比较困难,这时沥青形成凝胶结构。具有凝胶结构的石油沥青弹性和粘结性较高,温度稳定性较好,但塑性较差。

当地沥青质含量适当,并有较多的树脂作为保护膜层时,胶团之间保持一定的吸引力,这时沥青形成溶胶-凝胶结构。溶胶-凝胶型石油沥青的性质介于溶胶型和凝胶型两者之间。石油沥青胶体结构的 3 种类型示意图如图 9.1 所示。

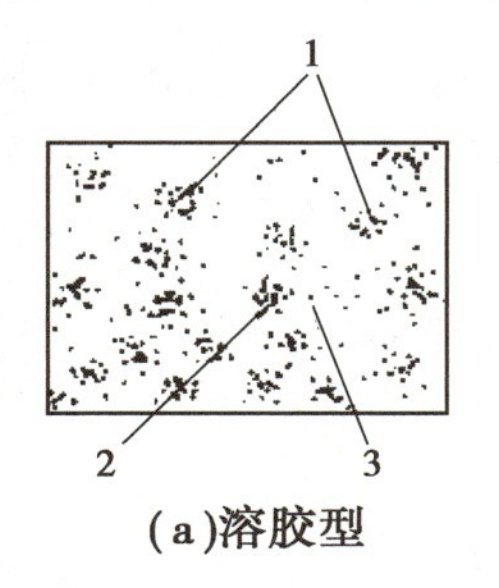

(a)溶胶型

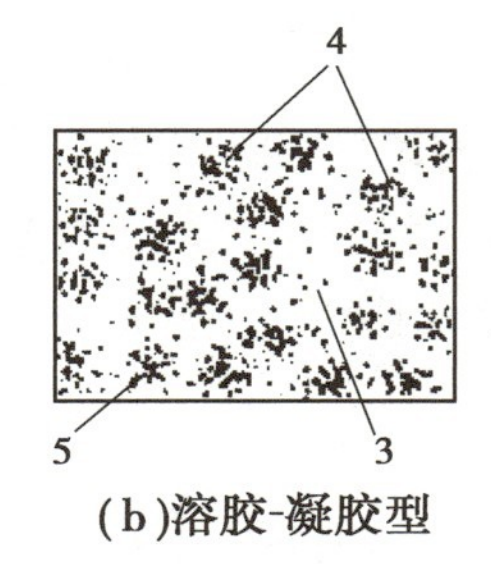

(b)溶胶-凝胶型

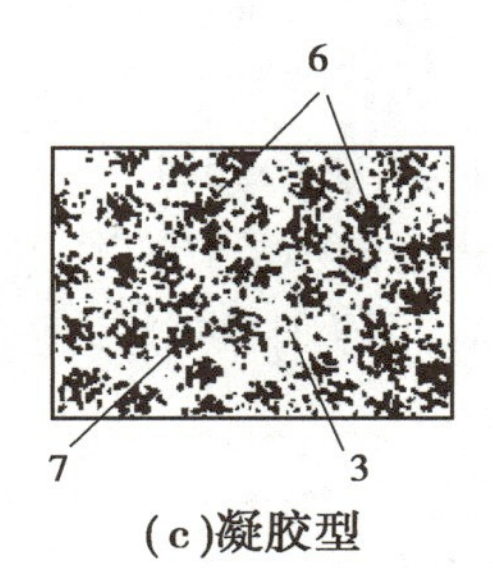

(c)凝胶型

图 9.1 石油沥青胶体结构的类型示意图

1—溶胶中的胶粒;2—质点颗粒;3—分散介质油分;4—吸附层;
5—地沥青质;6—凝胶颗粒;7—结合的分散介质油分

2)石油沥青的技术性质

(1)粘滞性

石油沥青的粘滞性是反映沥青材料内部阻碍其相对流动的一种特性。也可以说,它反映了沥青软硬、稀稠的程度,是划分沥青牌号的主要技术指标。

工程上,液体沥青的粘滞性用粘滞度(也称标准粘度)指标表示,它表征了液体沥青在流动时的内部阻力;对于半固体或固体的石油沥青则用针入度指标表示,它反映了石油沥青抵抗剪切变形的能力。

粘滞度是在规定温度 t(通常为 20 ℃、25 ℃、30 ℃或 60 ℃)、规定直径 d(3 mm、4 mm、5 mm 或10 mm)的孔流出 50 cm^3 沥青所需的时间 T(单位 s)。通常用符号"$C_{t,d}T$"表示。粘滞度测定示意图如图 9.2 所示。

针入度是在规定温度 25 ℃条件下,以规定质量 100 g 的标准针,在规定时间 5 s 内贯入试样中的深度(1/10 mm 为 1 度)表示。针入度测定示意图如图 9.3 所示。显然针入度越大,表示沥青越软,粘度越小。

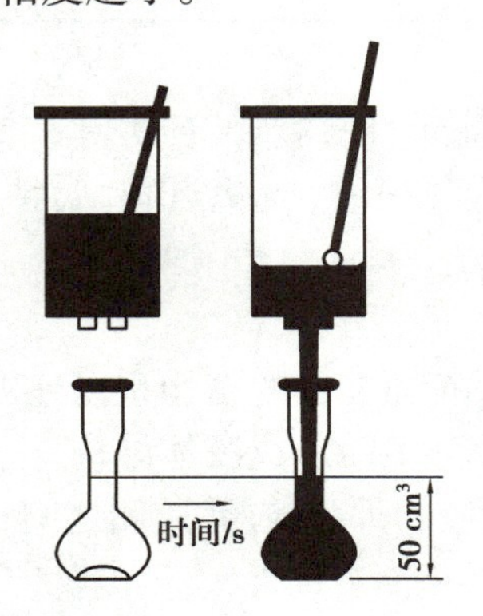

图 9.2 粘滞度测定示意图

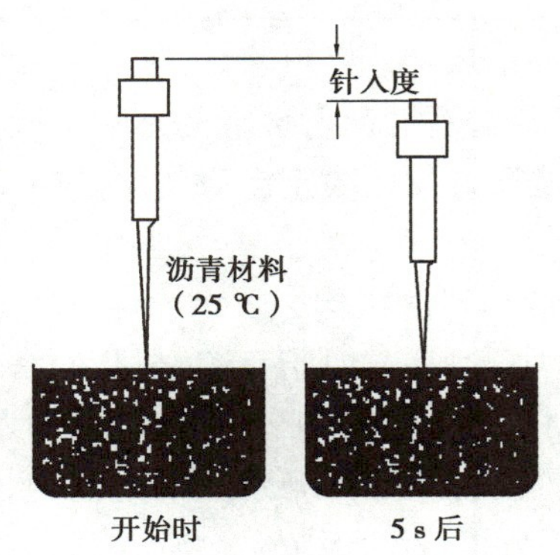

图 9.3 针入度测定示意图

一般地,地质沥青含量高,有适量的树脂和较少的油分时,石油沥青粘滞性大。温度升高,其粘性降低。

(2)塑性

塑性是指石油沥青在外力作用时产生变形而不破坏,除去外力后仍保持变形后的形状不变的性质。它是石油沥青的主要性能之一。

石油沥青的塑性是用延度指标表示。沥青延度是把沥青试样制成∞字形标准试件(中间最小截面积为 1 cm^2),在一定的拉伸速度和规定温度下拉断时的伸长长度,以 cm 为单位。延度指标测定的示意图如图 9.4 所示。延度越大,表示沥青塑性越好。

通常,沥青中油分和地沥青质适量,树脂含量越多,延度越大,塑性越好。温度升高,沥青的塑性随之增大。

(3)温度敏感性

温度敏感性是指石油沥青的粘滞性和塑性随温度升降而变化的性能,是沥青的重要指标之一。温度敏感性用软化点指标衡量。软化点是指沥青由固态转变为具有一定流动性膏体的温度,可采用环球法测定(见图 9.5)。它是把沥青试样装入规定尺寸的铜环内。试样上放置一标准钢球(直径 9.5 mm,质量 3.5 g),浸入水中或甘油中,以规定的升温速度(5 ℃/min)加热,使沥青软化下垂。当沥青下垂 25 mm 时的温度(℃),即为沥青软化点。软化点温度越高,表明沥青的耐热性越好,即温度稳定性越好。

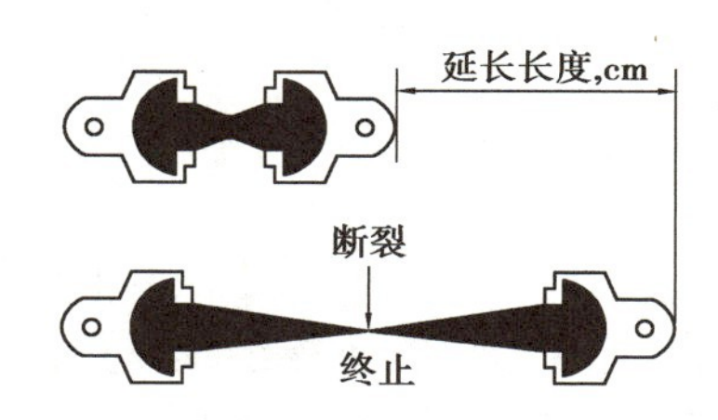

图 9.4 延度测定示意图

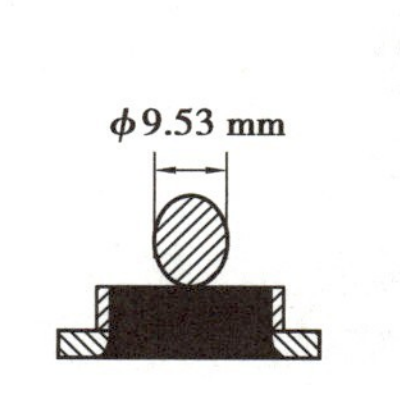

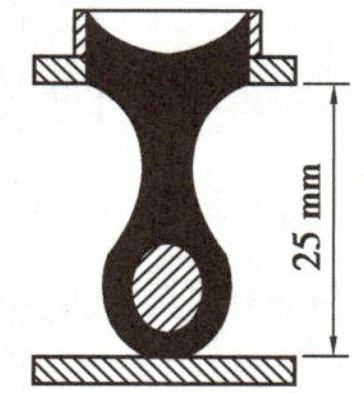

图 9.5 软化点测定示意图

沥青软化点不能太低,不然夏季易融化发软;但也不能太高,否则不易施工,并且质地太硬,冬季易发生脆裂现象。石油沥青温度敏感性与地沥青质含量和蜡含量密切相关。地沥青质增多,温度敏感性降低。工程上往往用加入滑石粉、石灰石粉或其他矿物填料的方法来减小沥青的温度敏感性。沥青中含蜡量多时,其温度敏感性大。

(4)大气稳定性

大气稳定性是指石油沥青在热、阳光、氧气和潮湿等因素长期综合作用下抵抗老化的性能。

在大气因素的综合作用下,沥青中的低分子量组分会向高分子量组分转化递变,即油分→树脂→地沥青质。由于树脂向地沥青质转化的速度要比油分变为树脂的速度快得多,因此石油沥青会随时间进展而变硬变脆,即“老化”。

石油沥青的大气稳定性以沥青试样在加热蒸发前后的“蒸发损失百分率”和“蒸发后针入度比”来评定。其测定方法是:先测定沥青试样的质量及其针入度,然后将试样置于烘箱中,在 163 ℃下加热蒸发 5 h,待冷却后再测定其质量和针入度,则

$$\text{蒸发损失百分率} = \frac{\text{蒸发前质量} - \text{蒸发后质量}}{\text{蒸发前质量}} \times 100\%$$

$$\text{蒸发后针入度比} = \frac{\text{蒸发后针入度}}{\text{蒸发前针入度}} \times 100\%$$

蒸发损失百分率越小,蒸发后针入度比越大,则表示沥青大气稳定性越好,即“老化”越慢。

以上 4 种性质是石油沥青的主要性质,是鉴定土木工程中常用石油沥青品质的依据。

此外,为全面评定石油沥青质量和保证安全,还需了解石油沥青的溶解度、闪点等性质。

溶解度是指石油沥青在三氯乙烯、四氯化碳或苯中溶解的百分率。用以限制有害的不溶物(如沥青碳或似碳物)含量。不溶物会降低沥青的粘结性。

闪点也称闪火点,是指加热沥青产生的气体和空气的混合物,在规定的条件下与火焰接触,初次产生蓝色闪光时的沥青温度。闪点的高低,关系到运输、贮存和加热使用等方面的安全。

3)石油沥青的种类与用途

石油沥青按用途分为建筑石油沥青、道路石油沥青、防水防潮石油沥青和普通石油沥青。

建筑石油沥青粘性不大,耐热性较好,但塑性较差,多用来制作防水卷材、防水涂料、沥青胶和沥青嵌缝膏,用于建筑屋面和地下防水、沟槽防水防腐,以及管道防腐等工程。

道路石油沥青的塑性较好,粘性较小,主要用于各类道路路面或车间地面等工程,还可用于地下防水工程。

防水防潮石油沥青的温度稳定性较好,适用于寒冷地区的防水防潮工程。

普通石油沥青含蜡量较大,一般蜡的质量分数大于5%,有的高达20%以上,因而温度敏感性较大,达到液态时的温度与软化点相差很小,并且粘度较小,塑性较差,故不宜在土木工程上直接使用。可用于掺配或在改性处理后使用。

4)改性石油沥青

沥青材料无论是用作屋面防水材料还是用作路面胶结材料,都是直接暴露于自然环境中的,而沥青的性能又容易受环境因素的影响,并逐渐变脆、开裂、老化,不能继续发挥其原有的粘结或密封作用。另外,工程中使用的沥青材料必须具有特定的性质,而通常沥青自身的性质不一定能全面满足这些要求,因此常常需要对沥青进行改性。

(1)氧化改性

氧化也称吹制,是在250~300 ℃高温下向残留沥青或渣油吹入空气,通过氧化作用和聚合作用,使沥青分子变大,提高沥青的粘度和软化点,从而改善沥青的性能。

工程使用的道路石油沥青、建筑石油沥青和普通石油沥青均为氧化沥青。

(2)矿物填充料改性

为提高沥青的粘结能力和耐热性,降低沥青的温度敏感性,经常在石油沥青中加入一定数量的矿物填充料进行改性。常用的改性矿物填充料大多是粉状和纤维状的,主要是滑石粉、石灰石粉和石棉等。

滑石粉主要化学成分是含水硅酸镁($3MgO \cdot SiO_2 \cdot H_2O$),属亲油性矿物,易被沥青湿润,是很好的矿物填充料。石灰石粉主要成分为碳酸钙,属亲水性矿物。但由于石灰石粉与沥青中的酸性树脂有较强的物理吸附能力和化学吸附力,故石灰石粉与沥青也可形成稳定的混合物。石棉绒或石棉粉主要成分为钠钙镁铁的硅酸盐,呈纤维状,富有弹性,内部有很多微孔,吸油(沥青)量大,掺入后可提高沥青的抗拉强度和热稳定性。

矿物填充料之所以能对沥青进行改性,是由于沥青对矿物填充料的湿润和吸附作用。沥青成单分子状排列在矿物颗粒(或纤维)表面,形成结合力牢固的沥青薄膜(见图9.6)。这部分沥青称为"结构沥青",具有较高的粘性和耐热性。为形成恰当的结构沥青薄膜,掺入的矿物填充料数量要恰当,通常不宜少于15%。

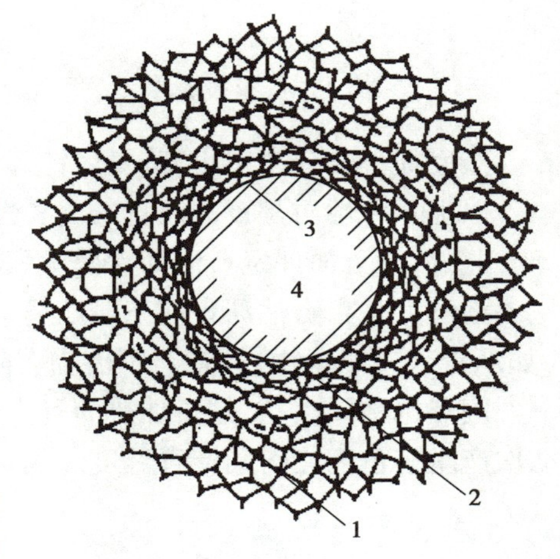

图9.6　沥青与矿粉相互作用的结构图示

1—自由沥青;2—结构沥青;3—钙质薄膜;4—矿粉颗粒

(3)聚合物改性

聚合物(包括橡胶和树脂)同石油沥青具有较好的相溶性,可赋予石油沥青某些橡胶的特性,从而改善石油沥青的性能。聚合物改性的机理复杂,一般认为聚合物改变了体系的胶体结构,当聚合物的掺量达到一定的限度,变形成聚合物的网络结构,将沥青胶团包裹。用于沥青改性的聚合物很多,目前使用最普遍的是SBS橡胶(丁苯橡胶的一种)和APP树脂(聚丙烯的一种)。

SBS改性沥青是目前最成功和用量最大的一种改性沥青,在国内外已得到普遍使用,主要用途是改性沥青防水卷材。APP改性石油沥青与石油沥青相比，其软化点高，延度大，冷脆点降低，粘度增大，具有优异的耐热性和抗老化性，尤其适用于气温较高的地区，主要用于制造防水卷材。

9.1.2 煤沥青

煤质沥青是炼焦厂或煤气厂的副产品。烟煤在干馏过程中的挥发物质经冷凝而成的黑色粘性流体，称为煤焦油。将煤焦油进行分馏加工提取轻油、中油、重油和蒽油后所得的残渣，即为煤沥青。根据蒸馏温度不同，煤沥青可分为低温煤沥青、中温煤沥青和高温煤沥青 3 种。建筑上所采用的煤沥青多为黏稠或半固体的低温煤沥青。

煤沥青与石油沥青同是复杂的高分子碳氢化合物。它们的外观相似，具有不少共同点，但由于组分不同，故存在某些差别，主要有：

①煤沥青中含有挥发性成分和化学稳定性差的成分较多，在热、阳光、氧气等长期综合作用下，煤沥青组成变化较大，易硬脆，故大气稳定性差。

②含可溶性树脂较多，受热易软化，冬季易硬脆，故温度敏感性较大。

③含有较多的游离碳，塑性差，容易因变形而开裂。

④因含蒽、酚等物质，故有毒性和臭味，但防腐能力强，适用于木材的防腐处理。

⑤因含酸、碱等表面活性物质较多，故与矿物材料表面的粘附能力好。

由上述可见，煤沥青的主要技术性质都比石油沥青差，所以土木工程上较少使用。但它抗腐性能好，故用于地下防水层或做防腐材料等。

9.2 沥青基防水材料

9.2.1 沥青基防水卷材

沥青基防水卷材是指以各种石油沥青或煤焦油、煤沥青为防水基材，以原纸、织物、毯等为胎基，用不同矿物粉料、粒料或合成高分子薄膜、金属膜作为隔离材料所制成的可卷曲装防水材料。沥青基防水卷材具有原材料广、价格低、施工技术成熟等特点，可以满足建筑物的一般防水要求，是我国目前用量最大的防水卷材品种。

1) 石油沥青纸胎油毡

石油沥青纸胎油毡是采用低软化点石油沥青浸渍原纸，然后用高软化点石油沥青涂盖油纸两面，再涂或撒隔离材料所制成的一种纸胎防水卷材。

油毡幅宽为 1 000 mm，每卷总面积为(20±0.3) m^2。按卷重和物理性能分为Ⅰ型、Ⅱ型、Ⅲ型。Ⅰ型、Ⅱ型油毡适用于辅助防水、保护隔离层、临时性建筑防水、防潮及包装等。Ⅲ型油毡适用于屋面工程的多层防水。各种油毡性能应符合《石油沥青纸胎油毡》(GB 326—2007)的规定，见表 9.2。

纸胎油毡价格低，目前在我国防水工程中仍占主导地位。但总体而言，纸胎油毡低温柔性差，胎体易腐烂，耐用年限较短。

为克服纸胎抗拉能力低、易腐蚀、耐久性差的缺点，通过改进胎体材料，我国发展了玻璃布胎油毡、玻纤胎防水卷材、铝箔面沥青油毡等一系列防水沥青卷材。目前,大部分发达国家已淘汰了纸胎,以玻璃布胎体和玻纤胎体为主。

表 9.2 石油沥青油毡物理性能

项目		指标		
		Ⅰ型	Ⅱ型	Ⅲ型
卷重/kg		≥17.5	22.5	28.5
单位面积浸涂材料质量/($g \cdot m^{-2}$)		≥600	750	1 000
不透水性	压力/MPa	≥0.02	0.02	0.10
	保持时间/min	≥20	30	30
吸水率/%		≤3.0	2.0	1.0
耐热度		(85±2) ℃,2 h 涂盖层应无滑动、流淌和集中性气泡		
每 50 mm 拉力(纵向)/N		≥240	270	340
柔度		(18±2)℃,绕 ϕ20 mm 棒或弯板无裂纹		

注:表中Ⅲ型产品物理性能要求为强制性,其余为推荐性。

2)石油沥青玻璃纤维胎卷材

石油沥青玻璃纤维胎防水卷材是以玻璃纤维毡为胎基,浸涂石油沥青,并在两面覆以隔离材料制成的一种防水卷材。

玻纤胎卷材公称宽度为 1 m,公称面积有 10 m^2、20 m^2两种规格。按力学性能分为Ⅰ、Ⅱ型,按单位面积质量分为 15、25 号。技术指标应符合《石油沥青玻璃纤维胎防水卷材》(GB/T 14686—2008)的要求,见表 9.3。

表 9.3 玻璃纤维胎卷材性能

项目		指标	
		Ⅰ型	Ⅱ型
可溶物含量/($g \cdot m^{-2}$) ≥	15 号	700	
	25 号	1 200	
	试验现象	胎基不燃	
每 50 mm 拉力/N≥	纵向	350	500
	横向	250	400
耐热性		85 ℃	
		无滑动、流淌、滴落	
低温柔性		10 ℃	5 ℃
		无裂缝	
不透水性		0.1 MPa,30 min 不透水	
钉杆撕裂强度/N≥		40	50

续表

项目		指标	
		Ⅰ型	Ⅱ型
热老化	外观	无裂纹、无起泡	
	拉力保持率/% ≥	85	
	质量损失率/% ≤	2.0	
	低温柔性	15 ℃	10 ℃
		无裂缝	

3) 其他石油沥青卷材

铝箔面卷材是采用玻纤毡为胎基浸涂氧化沥青，在其表面上用压纹铝箔贴面，底面撒以细颗粒矿物材料或覆盖聚乙烯(PE)膜所制成的一种具有热反射和装饰功能的防水卷材。铝箔面油毡具有很高的阻隔蒸汽的能力，并且抗拉强度较高。按标称卷重分别为30、40号两种标号。30号铝箔面油毡适用于多层防水工程的面层；40号铝箔面油毡适用于单层或多层防水工程的面层。铝箔面石油沥青卷材技术指标应符合《铝箔面石油沥青防水卷材》(JC/T 504—2007)的规定。

9.2.2　沥青防水涂料

沥青防水涂料是指以沥青为基料配制而成的水乳型或溶剂型防水涂料。溶剂型防水涂料即冷底子油，一般不单独使用。

水乳型沥青防水涂料系以乳化沥青为基料的防水涂料。乳化沥青是以水为分散介质，并借助于乳化剂的作用将沥青微粒(<10 μm)分散成乳液型稳定的分散体系。乳化剂为表面活性剂，分矿物胶体乳化剂(如石棉、膨润土、石灰膏)和化学乳化剂两类。其作用是在沥青微颗粒表面定向吸附排列成乳化剂单分子膜，有效地降低微粒表面能，使形成的沥青微粒稳定悬浮在水溶液中。当乳化沥青涂刷于材料表面后，其中水分逐渐散失，沥青微粒靠拢而将乳化剂薄膜挤破，从而相互团聚而粘结，最后成膜。

水乳型沥青防水涂料按性能分为H型和L型。技术指标应符合《水乳型沥青防水涂料》(JC/T 408—2005)的要求，见表9.4。

表9.4　水乳型沥青防水涂料物理力学性能

项　目	L	H
固体含量(质量分数)/%	≥45	
耐热度/℃	80±2	110±2
	无流淌、滑动、滴落	
不透水性	0.10 MPa，30 min 无渗水	
粘结强度/ MPa	≥0.30	

续表

<table>
<tr><th colspan="2">项　目</th><th>L</th><th>H</th></tr>
<tr><td rowspan="4">低温柔度/ ℃</td><td>标准条件</td><td>-15</td><td>0</td></tr>
<tr><td>碱处理</td><td rowspan="3">-10</td><td rowspan="3">5</td></tr>
<tr><td>热处理</td></tr>
<tr><td>紫外线处理</td></tr>
<tr><td rowspan="4">断裂伸长率/%</td><td>标准条件</td><td colspan="2" rowspan="4">≥600</td></tr>
<tr><td>碱处理</td></tr>
<tr><td>热处理</td></tr>
<tr><td>紫外线处理</td></tr>
</table>

注:供需双方可以商定温度更低的低温柔度指标。

9.3 沥青混合料

9.3.1 沥青混合料的特点与种类

1)沥青混合料的特点

沥青混合料是指由矿料(粗集料、细集料、矿粉)与沥青拌和而成的混合料,是高等公路最主要的路面材料。

作为路面材料,它具有许多其他材料无法比拟的优越性。

①沥青混合料是一种弹—塑—黏性材料,具有良好的力学性能和一定的高温稳定性能和低温抗裂性。它不需设置施工缝和伸缩缝。

②路面平整且有一定的粗糙度,即使雨天也有较好的抗滑性;黑色路面无强烈反光,行车比较安全;路面平整且有弹性,能减震降噪,行车较为舒适。

③施工方便快速,能及时开放交通。

④经济耐久,并可分期改造和再生利用。

沥青混合料路面也存在着一些问题,如温度敏感性和老化现象等。

2)沥青混合料种类

沥青混合料有不同的分类方法:

①按胶结材料的种类不同,沥青混合料可分为石油沥青混合料和煤沥青混合料。

②按集料的最大粒径,沥青混合料可分为特粗式、粗粒式、中粒式、细粒式和砂粒式等。

③按施工温度,沥青混合料可分为热拌热铺沥青混合料、热拌冷铺沥青混合料和冷拌冷铺沥青混合料。

④按集料级配类型,沥青混合料可分为连续级配沥青混合料、间断级配沥青混合料。

⑤按用途,沥青混合料可分为路用沥青混合料、机场道面沥青混合料、桥面铺装用沥青混合料等。

⑥按特性，沥青混合料可分为防滑式沥青混合料、排水性沥青混合料、高强沥青混合料、彩色沥青混合料等。

目前，我国公路和城市道路大多采用连续级配密实式热拌热铺沥青混合料，因此下面主要针对该类沥青混合料进行讨论。

9.3.2 沥青混合料的组成结构

沥青混合料主要是由沥青和粗、细集料以及矿粉，按一定比例拌和而成的一种复合材料。根据粗集料的级配和粗、细集料的比例不同，可形成以下 3 种结构形式（见图 9.7）。

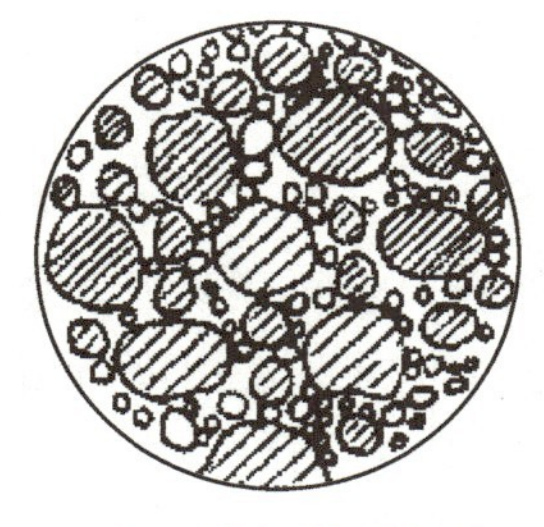

(a)悬浮密实结构

(b)骨架空隙结构

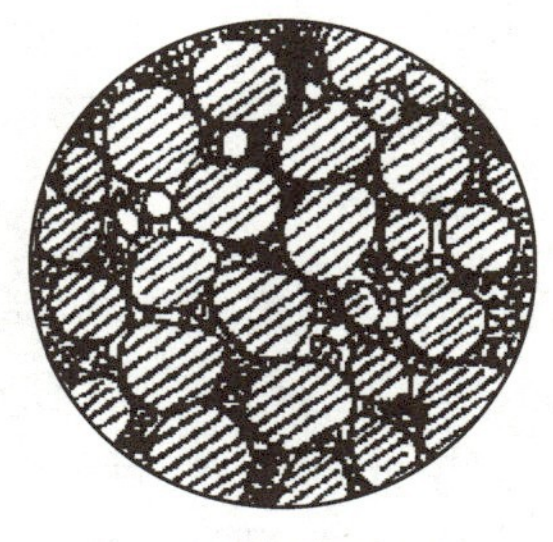

(c)骨架密实结构

图 9.7 沥青混合料组成结构示意图

1）悬浮密实结构

对于连续级配密实式沥青混合料，因粗集料数量相对较少，细集料数量较多，使粗集料悬浮在细集料之中。这种结构的沥青混合料的密实度和强度较高，且连续级配不易离析而便于施工，但由于粗集料不能形成骨架，所以稳定性较差。这是目前我国沥青混凝土主要采用的结构。

2）骨架空隙结构

间断级配开式或半开式沥青混合料含粗集料较多，彼此紧密相接形成骨架，细集料的数量较少，不足以充分填充空隙，形成骨架空隙结构。由于集料之间的嵌挤力和内摩擦力较大，因此这种沥青混合料受沥青材料性质的变化影响较小，热稳定性较好。但沥青与矿粉的粘结力较小，耐久性较差。

3）骨架密实结构

间断级配密实式沥青混合料既有一定数量的粗集料形成骨架，又有足够的细集料填充到粗集料之间的空隙，而形成骨架密实结构。这种结构综合了以上两种结构之长处，其密实度、强度和稳定性都较好，是一种较理想的结构类型。但是，由于间断级配粗、细集料易分离，对施工技术要求较高，目前我国应用还不多。

9.3.3 沥青混合料的技术性质

沥青混合料作为路面材料，要承受车辆行驶反复荷载和气候因素的作用，所以它应具有较好的高温稳定性、低温抗裂性、抗滑性、耐久性等技术性质，以及良好的施工和易性。

1)高温稳定性

沥青混合料的高温稳定性是指在高温条件下,沥青混合料承受外力不断作用,抵抗永久变形的能力。沥青是热塑性材料,在夏季高温下沥青混合料因沥青软化而稳定性变差,路面易在行车荷载作用下出现车辙现象,在经常加速或减速的路段出现波浪现象。通常,采用马歇尔试验法和车辙试验来测定沥青混合料的高温稳定性。

2)低温抗裂性

冬季气温急剧下降时,沥青混合料的柔韧性大大降低,在行车荷载产生的应力和温度下降引起的材料收缩应力联合作用下,沥青路面会产生横向裂缝,降低使用寿命。

选用粘度相对较低的沥青或橡胶改性沥青,适当增加沥青用量,可增强沥青混合料的柔韧性,防止或减少沥青路面的低温开裂。

3)耐久性

沥青混合料的耐久性,是指在长期受自然因素(阳光、温度、水分等)的作用下抗老化的能力,抗水损害的能力,以及在长期行车荷载作用下抗疲劳破坏的能力。水损害是指沥青混合料在水的侵蚀作用下,沥青从集料表面发生剥落,使集料颗粒失去粘结作用,从而导致沥青路面出现脱离、松散,进而形成坑洞。

选用耐老化性能好的沥青,适当增加沥青用量,采用密实结构,都有利于提高沥青路面的耐久性。

4)抗滑性

雨天路滑是交通事故的主要原因之一,对于快速干道,路面的抗滑性尤为重要。沥青路面的抗滑性能与集料的表面结构(粗糙度)、级配组成、沥青用量等因素都有关。选用质地坚硬具有棱角的碎石集料,适当增大集料粒径,减少沥青用量等措施,都有助于提高路面的抗滑性。

5)施工和易性

要获得符合设计性能的沥青路面,沥青混合料应具备良好的施工和易性,使混合料易于拌和、摊铺和碾压施工。影响和易性的主要因素是集料级配和沥青用量。采用连续级配集料,沥青混合料易于拌和均匀,不产生离析。细集料用量太少,沥青层不容易均匀地包裹在粗颗粒表面;如细集料过多,则拌和困难。沥青用量过少,混合料容易出现疏松,不易压实;沥青用量过多,则混合料容易粘结成块,不易摊铺。

9.3.4 沥青混合料的技术指标

1)稳定度和残留稳定度

稳定度是评价沥青混合料高温稳定性的指标。残留稳定度反映沥青混合料受水损害时抵抗剥落的能力,即水稳定性。

2)流值

流值是评价沥青混合料抗塑性变形能力的指标。在马歇尔稳定度试验时,当达到最大荷载时试件的垂直压缩变形值,也就是此时流值表上的读数,即为流值(FL),以 0.1 mm 计。

3）空隙率

空隙率是评价沥青混合料密实程度的指标，它是指压实沥青混合料中空隙的体积占沥青混合料总体积的百分率，由理论密度（绝对密度）和实测密度（容积密度）计算而得。空隙率大的沥青混合料，其抗滑性和高温稳定性都比较好，但其抗渗性和耐久性明显降低，对强度也有不利影响，所以沥青混合料应有合理的空隙率。

4）饱和度（*VFA*）

饱和度也称沥青填隙度，即压实沥青混合料中沥青体积占矿料以外体积的百分率。饱和度过小，沥青难以充分裹覆矿料，影响沥青混合料的粘聚性，降低沥青混凝土的耐久性；饱和度过大，减少了沥青混凝土的空隙率，妨碍夏季沥青体积膨胀，引起路面泛油，降低沥青混凝土的高温稳定性。因此，沥青混合料应有适当的饱和度。

《沥青路面施工及验收规范》（GB 50092—1996）对热拌沥青混合料马歇尔试验技术标准的规定见表 9.5。

表 9.5　热拌沥青混合料技术指标

技术指标	沥青混合料类型	高速公路、一级公路、城市快速路、主干路	其他等级公路、城市道路
稳定度（*MS*）/kN	Ⅰ型沥青混凝土	>7.5	>5.0
	Ⅱ型沥青混凝土、抗滑表层	>5.0	>4.0
流值（*FL*）/0.1 mm	Ⅰ型沥青混凝土	20～40	20～45
	Ⅱ型沥青混凝土、抗滑表层	20～40	20～45
空隙率（*VV*）/%	Ⅰ型沥青混凝土	3～6	3～5
	Ⅱ型沥青混凝土、抗滑表层	4～10	4～10
沥青饱和度（*VFA*）/%	Ⅰ型沥青混凝土	70～85	70～85
	Ⅱ型沥青混凝土、抗滑表层	60～75	60～75
残留稳定度（MS_0）	Ⅰ型沥青混凝土	>75	>75
	Ⅱ型沥青混凝土、抗滑表层	>70	>70

注：①粗粒式沥青混凝土的稳定度可降低 1 kN。
②Ⅰ型细粒式及砂粒式沥青混凝土的空隙率可放宽至 2%～6%。
③沥青混凝土混合料的矿料间隙率应符合下表要求。矿料间隙率指压实沥青混合料中矿料以外体积占沥青混合料总体积的百分率。

集料最大粒径/mm	37.5	31.5	26.5	19	16.0	13.2	9.5	4.75
矿料间隙率（*VMA*）/%	≥12	≥12.5	≥13	≥14	≥14.5	≥15	≥16	≥18

9.3.5　热拌沥青混合料的配合比设计

沥青混合料配合比设计的任务是确定粗集料、细集料、矿粉和沥青等材料相互配合的最佳组成比例，使沥青混合料的各项指标既达到工程要求，又符合经济性原则。通常按照《沥青路面施工及验收规范》(GB 50092—1996)或《公路沥青路面施工技术规范》(JTG F40—2004)的规定,进行热拌沥青混合料的配合比设计。

热拌沥青混合料的配合比设计包括目标配合比设计、生产配合比设计和生产配合比验证3个阶段。

1)目标配合比设计

目标配合比设计在试验室进行,分矿质混合料组成设计和沥青最佳用量确定两部分。

(1)矿质混合料的组成设计

矿质混合料组成设计的目的,是让各种矿料以最佳比例相混合,从而在加入沥青后,沥青混凝土既密实,又有一定空隙适应夏季沥青膨胀。

为了应用已有的研究成果和实践经验,通常是采用推荐的矿质混合料级配范围来确定矿质混合料的组成,依下列步骤进行:

①确定沥青混合料类型和集料最大粒径。根据道路等级、所处路面结构的层次,气候条件等,按表9.6选定沥青混合料的类型和集料最大粒径。

表9.6 沥青混合料类型和集料最大粒径

结构层次	高速公路、一级公路、城市快速路、主干路		其他等级公路	城市道路
	三层式路面	二层式路面		
上面层	AC—13 AK—13 AC—16 AK—16 AC—20	AC—13 AK—13 AC—16 AK—16	AC—13 AC—16	AC—5 AK—13 AC—10 AK—16 AC—13
中面层	AC—20 AC—25	— —	— —	AC—20 AC—25
下面层	AC—20 AC—30	AC—20 AC—25	AC—20 AM—25 AC—25 AM—20 AC—30	AC—20 AM—25 AC—25 AM—20

②矿质混合料级配范围的确定。根据已确定的沥青混合料类型,按表9.7查阅矿质混合材级配范围。

③矿料配合比的计算。根据粗集料、细集料和矿粉筛析试验结果,计算出符合级配要求范围的各矿料用量比例。计算可以采用试算法,即先估计一个各矿料用量比例,然后按该比例计算出合成级配;如果不符合要求,调整后再计算,直到符合预定的级配为止。用计算机能极大地提高计算的效率,如果没有专业的软件,推荐使用MS Excel。在Excel中使用公式或VBA可以方便快速地算出符合要求的矿料配比。

通常情况下,合成级配曲线宜尽量接近设计级配范围的中值,尤其应使0.075 mm、2.36 mm和4.75 mm筛孔的通过量:对交通量大、车载重的公路,宜偏向级配范围的下(粗)限,对中小交通量或人行道路等宜偏向级配范围的上(细)限。

(2)沥青最佳用量的确定

沥青用量即在沥青混合料中沥青的质量分数。

目前,我国采用的是马歇尔试验法来确定沥青最佳用量,其步骤为:

表 9.7 矿渣混合料级配范围

级配类型			通过下列筛孔(方孔筛,mm)颗粒的质量分数/%															沥青用量(质量分数)/%
			53.0	37.5	31.5	26.5	19.0	16.0	13.2	9.5	4.75	2.36	1.18	0.6	0.3	0.15	0.075	
沥青混凝土	粗粒	AC-30 Ⅰ		100	90~100	79~92	66~82	59~77	52~72	43~63	32~52	25~42	18~32	13~25	8~18	5~13	3~7	4.0~6.0
		Ⅱ		100	90~100	65~85	52~70	45~65	38~58	30~50	18~38	12~28	8~20	4~14	3~11	2~7	1~5	3.0~5.0
		AC-25 Ⅰ			100	95~100	75~90	62~80	53~73	43~63	32~52	25~42	18~32	13~25	8~18	5~13	3~7	4.0~6.0
		Ⅱ			100	90~100	65~85	52~70	42~62	32~52	20~40	13~30	9~23	6~16	4~12	3~8	2~5	3.0~5.0
	中粒	AC-20 Ⅰ				100	95~100	75~90	62~80	52~72	38~58	28~46	20~34	15~27	10~20	6~14	4~8	4.0~6.0
		Ⅱ				100	90~100	65~85	52~70	40~60	26~45	16~33	11~25	7~18	4~13	3~9	2~5	3.5~5.5
		AC-16 Ⅰ					100	95~100	75~90	58~78	42~63	32~50	22~37	16~28	11~21	7~15	4~8	4.0~6.0
		Ⅱ					100	90~100	65~85	50~70	30~50	18~35	12~26	7~19	4~14	3~9	2~5	3.5~5.5
	细粒	AC-13 Ⅰ						100	95~100	70~88	48~68	36~53	24~41	18~30	12~22	8~16	4~8	4.5~6.5
		Ⅱ						100	90~100	60~80	34~52	22~38	14~28	8~20	5~14	3~10	2~6	4.0~6.0
		AC-10 Ⅰ							100	95~100	55~75	38~58	26~43	17~33	10~24	6~16	4~9	5.0~7.0
		Ⅱ							100	90~100	40~60	24~42	15~30	9~22	6~15	4~10	2~6	4.5~6.5
	砂粒	AC-5 Ⅰ								100	95~100	55~75	35~55	20~40	12~28	7~18	5~10	6.0~8.0
沥青碎石	特粗	AM-40	100	90~100	50~80	40~65	30~54	25~30	20~45	13~38	5~25	2~15	0~10	0~8	0~6	0~5	0~4	2.5~4.0
	粗粒	AM-30		100	90~100	50~80	38~65	32~57	25~50	17~42	8~30	2~20	0~15	0~10	0~8	0~5	0~4	2.5~4.0
		AM-25			100	90~100	50~80	43~73	38~65	25~55	10~32	2~20	0~14	0~10	0~8	0~6	0~5	3.0~4.5
	中粒	AM-20				100	90~100	60~85	50~75	40~65	15~40	5~22	2~16	1~12	0~10	0~8	0~5	3.0~4.5
		AM-16					100	90~100	60~85	45~68	18~42	6~25	3~18	1~14	0~10	0~8	0~5	3.0~4.5
	细粒	AM-13						100	90~100	50~80	20~45	8~28	4~20	2~16	0~10	0~8	0~6	3.0~4.5
		AM-10							100	85~100	35~65	10~35	5~22	2~16	0~12	0~9	0~6	3.0~4.5
抗滑表层		AK-13A						100	90~100	60~80	30~53	20~40	15~30	10~23	7~18	5~12	4~8	3.5~5.5
		AK-13B						100	85~100	50~70	18~40	10~30	8~22	5~15	3~12	3~9	2~6	3.5~5.5
		AK-16					100	90~100	60~82	45~70	25~45	15~35	10~25	8~18	6~13	4~10	3~7	3.5~5.5

①制作马歇尔试件。按照所设计的矿料配合比配制五组分矿质混合料,每组按规范推荐的沥青用量范围加入适量沥青,沥青用量按0.5%间隔递增,拌和均匀,制成马歇尔试件。

②测定物理性质。根据集料吸水率大小和沥青混合料的类型,采用合适的方法测出试件的实测密度,并计算理论密度、空隙率和沥青饱和度等物理指标。

③测定马歇尔稳定度和流值。

④测定沥青最佳用量。以沥青用量为横坐标,以实测密度、空隙率、饱和度、稳定值和流值为纵坐标,画出关系曲线(见图9.8)。

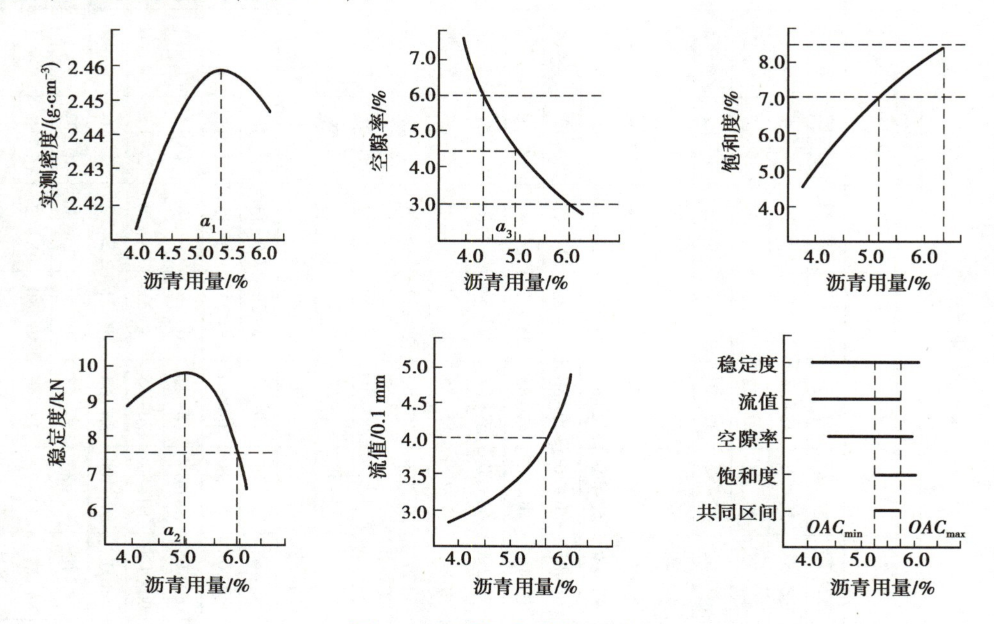

图9.8 马歇尔试验结果示例

从图9.8中取相应于密度最大值的沥青用量 a_1、相应于稳定度最大值的沥青用量 a_2、相应于规定空隙率范围中值的沥青用量 a_3,以三者平均值作为最佳沥青用量的初始值 OAC_1。

$$OAC_1 = \frac{a_1 + a_2 + a_3}{3}$$

根据表9.5中技术指标的范围来确定各关系曲线上沥青用量的范围,取各关系曲线上各沥青用量范围的共同部分,即为沥青最佳用量范围 $OAC_{min} \sim OAC_{max}$,求其中值 OAC_2。

$$OAC_2 = \frac{OAC_{min} + OAC_{max}}{2}$$

按最佳沥青用量初始值 OAC_1,在图9.8中取相应的各项指标值,当各项指标值均符合表9.5中的各项马歇尔试验技术标准时,以 OAC_1 和 OAC_2 的中值为最佳沥青用量 OAC。如不能符合表中的规定时,应重新进行级配调整和计算,直至各项指标均符合要求。

⑤沥青混合料性能校核。按最佳沥青用量 OAC 制作马歇尔试件车辙试验试件,进行水稳定性校验和抗车辙能力校验。水稳定性校验,进行浸水马歇尔试验,当残留稳定度不符合要求时,应调整配比;进行车辙试验,当动稳定度不符合要求时,应调整配合比,还应考虑采用改性沥青等措施。

2)生产配合比设计

在目标配合比确定之后,应进行生产配合比设计。因为,在进行沥青混合料生产时,虽然所用的材料与目标配合比设计时相同,但是实际情况较实验室还是有所差别的;另外,在生产时,砂、石料经过干燥筒加热,然后再经筛分,这热料筛分与实验室的冷料筛分也可能存在差异。对间歇式拌和机,应从两次筛分后进入各热料仓的材料中取样,并进行筛分,确定各热料仓的材料比例,使所组成的级配与目标配合比设计的级配一致或基本接近,供拌和机控制室使用。同时,应反复调整冷料仓进料比例,使供料均衡,并取目标配合比设计的最佳沥青用量、最佳沥青用量加 0.3%和最佳沥青用量减 0.3%这 3 个沥青用量进行马歇尔试验,确定生产配合比的最佳沥青用量,供试拌试铺使用。

3)生产配合比验证

生产配合比确定后,还需要铺试验路段,并用拌和的沥青混合料进行马歇尔试验,同时钻取芯样,以检验生产配合比,如符合标准要求,则整个配合比设计完成,由此确定生产用的标准配合比;否则,还需要进行调整。

标准配合比即作为生产的控制依据和质量检验的标准。标准配合比的矿料合成级配中,0.075 mm、2.36 mm、4.75 mm 三档筛孔的通过率,应接近要求级配的中值。

本章小结

石油沥青是由多种碳氢化合物及其非金属衍生物组成的混合物。

石油沥青的结构是以地沥青质为核心,周围吸附部分树脂和油分,构成胶团,无数胶团分散在油分中而形成胶体结构,胶体结构有溶胶型、溶胶-凝胶型和凝胶型 3 种。

石油沥青的主要技术性质包括粘滞性、塑性、温度敏感性、大气稳定性等,分别通过测定沥青的针入度、延度、软化点等指标来表征。

沥青基防水材料主要有沥青基防水卷材和沥青基防水涂料两大类。沥青基防水卷材主要有石油沥青纸胎油毡、石油沥青玻璃布油毡、玻纤胎卷材以及铝箔面卷材等。

沥青混合料是指由矿料(粗集料、细集料、矿粉)与沥青拌和而成的混合料,是高等级公路最主要的路面材料。沥青混合料的设计要点包括目标配合比设计、生产配合比设计以及生产配合比设计的验证过程。

课后习题

1.沥青按产源分类有哪些品种?

2.石油沥青的主要组分有哪些?它们相对含量的变化对沥青的性质有何影响?

3.石油沥青的改性方法有哪些?

4.沥青基防水材料有哪些?

5.沥青混合料有哪些特点?

6.沥青混合料按其组成结构可分为哪几种类型?各种结构类型的沥青混合料各有什么优缺点?

7.试述沥青混合料的技术性质和技术指标。

8.试述热拌沥青混合料配合比设计的方法。

10 木 材

本章导读:

- **基本要求** 熟悉木材的分类和构造、木材的典型连接方式;掌握木材的性质特征、木材的产品种类和应用;了解木材的腐朽虫害和防护措施。
- **重点** 木材的性质特征、木材的主要种类和应用。
- **难点** 木材的物理和力学性质。

木材应用于土木工程,历史悠久。木材是基本建设的一种重要土木工程材料,土木建筑工程中如屋架、梁、柱、支撑、门窗、地板、桥梁、混凝土模块以及室内装修,都需要使用大量木材。我国在木材建筑技术和木材装饰艺术上都有很高的水平和独特的风格,如世界闻名的天坛祈年殿、被誉为“天下第一塔”的山西应县木塔。近年来,虽然出现了很多新材料,但由于木材具有其独特的优点,故它仍不失其在土木工程中的重要地位。

木材作为建筑和装饰材料具有以下的优点:比强度大,具有轻质高强的特点;弹性韧性好,能承受冲击和振动作用;导电和导热性能低,具有较好的隔热、保温性能;长期保持干燥或长期置于水中,均有很高的耐久性;纹理美观、色调温和、风格典雅,极富装饰性;易于加工,可制成各种形状的产品;无毒性,易解体分解;木材的弹性、绝热性和暖色调的结合,给人以温暖和亲切感等优点。

木材的组成和构造是由树木生长的需要而决定,因此人们在使用时必然会受到木材自然属性的限制,主要有以下几个方面:构造不均匀,呈各向异性;容易吸湿、吸水,湿胀干缩大,处理不当易翘曲和开裂;容易腐朽、虫蛀和燃烧,天然缺陷较多,降低了材质和利用率;如经常处于干湿交替的环境中,耐久性较差;耐火性差,易着火燃烧等几个方面。不过,木材在经过一定的加工和处理后,这些缺点可以得到相当程度的减轻。

木材是天然资源,树木生长比较缓慢,大量使用木材将导致森林覆盖率的下降,破坏人类赖以生存的自然环境。因此,为了保持生态平衡,保证人类的生存,在土木工程中应尽可能少用木材,合理使用木材,并用其他材料来代替木材。

10.1 木材的分类和构造

10.1.1 分类

木材产自木本植物中的乔木,即针叶树和阔叶树。至于棕榈和竹子,虽也是单主干木本植物,但与针叶树和阔叶树有本质的区别。棕榈和竹子在生长上仅由初生生长而长成粗壮的茎,没有次生长活动。棕榈茎干中央部分的组织不结实、松软,而竹子中央部位常成空腔。

1)针叶材

针叶树树叶如针状(如松)或鳞片状(如侧柏),习惯上也包括宫扇形叶的银杏。针叶树树干通直高大,枝杈较小分布较密,易得大材,其纹理顺直,材质均匀。大多数针叶材的木质较轻软而易于加工,故针叶材又称软材。针叶材强度较高,胀缩变形较小,耐腐蚀性强,建筑上广泛用作承重构件和装修材料。我国常用的针叶树树种有陆均松、红松、红豆杉、云杉、冷杉和福建柏等。

2)阔叶材

阔叶树树叶多数宽大、叶脉成网状。阔叶树树干通直部分一般较短,枝杈较大数量较少。相当数量阔叶材的材质重硬而较难加工,故阔叶材又称硬材。阔叶材强度高,胀缩变形大,易翘曲开裂。阔叶材板面木纹和颜色美观,具有很好的装饰作用,适用于家具、室内装修及胶合板等。我国常用的阔叶树树种有水曲柳、栎木、樟木、黄菠萝、榆木、锥木、核桃木、酸枣木、梓木和檫木等。

10.1.2 构造

由于树种和树木生长的环境不同,其构造差异很大,构造不同木材的性质也有所不同。因而,研究木材的构造是掌握木材性能的重要手段。木材构造分宏观构造和微观构造。

1)宏观构造

木材的宏观构造指用肉眼和放大镜能观察到的构造,如图 10.1 所示。

木材是非均质材料,其构造通常从树干的三个主要切面来剖析:

横切面——垂直于树轴的切面;

径切面——通过树轴的纵切面;

弦切面——平行于树轴的切面。

从图 10.1 看,树木由树皮、木质部和髓心等部分组成。树皮由外皮、软木组织(栓皮)和内皮组成,起保护树木的作

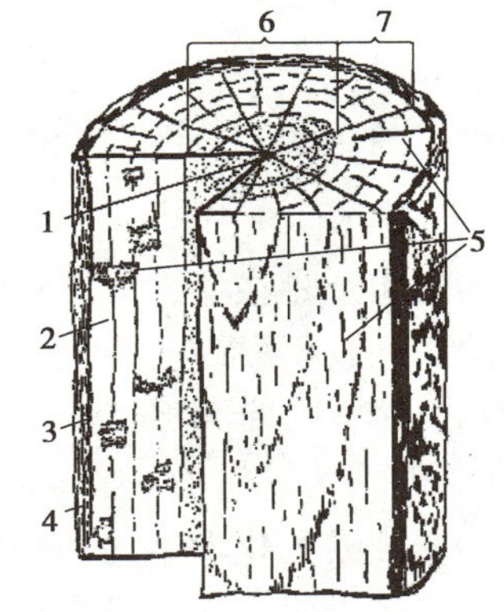

图 10.1 木材的构造

1—髓心;2—木质部;3—形成层;4—树皮;5—髓线;6—心材;7—边材

用。有些树种(如栓皮栎、黄菠萝)的软木组织较发达,可用作绝热材料和装饰材料。木质部位于髓心和树皮之间,是土木工程材料使用的主要部分。研究木材的构造即指木质部的构造。髓心位于树干的中心,由最早生成的细胞所构成;其质地疏松而脆弱,易被腐蚀和虫蛀。

(1)年轮、早材和晚材

树木生长呈周期性,在一个生长周期内所产生的一层木材环轮称为一个生长轮。树木在温带气候一年仅有一度的生长,所以生长轮又称为年轮。从横切面上看,年轮是围绕髓心、深浅相间的同心环。

在同一生长年中,春天细胞分裂速度快,细胞腔大壁薄,所以构成的木质较疏松,颜色较浅,称为早材或春材;夏秋两季细胞分裂速度慢,细胞腔小壁厚,构成的木质较致密,颜色较深,称为晚材或夏材。

一年中形成的早、晚材合称为一个年轮。相同的树种,径向单位长度的年轮数越多,分布越均匀,则材质越好。同样,径向单位长度的年轮内晚材含量(称晚材率)越高,则木材的强度也越大。

(2)边材和心材

有些树种在横切面上,材色可分为内、外两大部分。颜色较浅靠近树皮部分的木材称为边材,颜色较深靠近髓心的木材称为心材。在立木时期,边材具有生理功能,能运输和贮藏水分、矿物质和营养物,边材逐渐老化而转变成心材。心材无生理活性,仅起支撑作用。与边材相比,心材中有机物积累多,含水量少,不易翘曲变形,耐腐蚀性好。

(3)髓线

髓线(又称木射线)是指从髓心向外的辐射线,由横行薄壁细胞所组成,它的功能为横向传递和储存养分。在横切面上,髓线以髓心为中心,呈放射状分布;从径切面上看,髓线为横向的带条。木材的变形和开裂常由髓线引起,阔叶树的髓线比针叶树发达。通常髓线颜色较浅且略带光泽。有些树种(如栎木)的髓线较宽,其径切面常呈现出美丽的银光纹理。

(4)树脂道和导管

树脂道是大部分针叶树所特有的构造。它是由泌脂细胞围绕而成的孔道,富含树脂。当树木受损伤,树脂包覆在受伤表面,以免腐蚀。在横切面上树脂道呈棕色或浅棕色的小点,在纵切面上呈深色的沟漕或浅线条。

导管是一串纵行细胞复合生成的管状构造,起输送养料的作用。导管仅存在于阔叶树中,所以阔叶材也叫有孔材;针叶材没有导管,因而又称为无孔材。

2)微观结构

微观构造是在显微镜下观察的木材组织,它是由无数管状细胞紧密结合而成。它们绝大部分纵向排列,少数横向排列(髓线)。每一个细胞分为细胞壁和细胞腔两部分。细胞壁由纤维素(约占一半)、半纤维素(约占 24%)和木质素(约占 25%)组成。纤维素的化学结构为$(C_6H_{10}O_5)_n$,为长链分子,n=8 000~10 000,大多数纤维素沿细胞长轴呈小角度螺旋状成束排列。半纤维素的化学结构类似纤维素,但链较短,n 大约为 150。木质素是一种无定形物质,其作用是将纤维素和半纤维素粘结在一起,构成坚韧的细胞壁,使木材具有强度和刚度。木材的细胞壁越厚,腔越小,木材越密实,强度也越大,但胀缩也大。

细胞因功能不同,可分为许多种;树种不同,其构成细胞也不同。针叶树主要由管胞组成。管胞占木材总体积的90%以上,由细胞壁和细胞腔所组成,起支撑和输送养分的作用;另有少量纵行和横行薄壁细胞起储存和输送养分作用。阔叶树由导管分子、木纤维、纵行和横行薄壁细胞组成。导管分子是构成导管的一个细胞,导管约占木材体积的20%。木纤维是一种壁厚腔小的细胞,起支撑作用,其体积占木材体积50%以上。

3)木材的缺陷

木材在生长、采伐、储运、加工和使用过程中会产生一些缺陷(疵病),如节子、裂纹、夹皮、斜纹、弯曲、伤疤、腐朽和虫害等。这些缺陷不仅降低木材的力学性能,而且影响木材的外观质量。其中节子、裂纹和腐朽对材质的影响最大。

(1)节子

埋藏在树干中的枝条称为节子。活节由活枝条所形成,与周围木质紧密连生在一起,质地坚硬,构造正常。死节由枯死枝条所形成,与周围木质大部分或全部脱离,质地坚硬或松软,在板材中有时脱落而形成空洞。材质完好的节子称为健全节,腐朽的节子称为腐朽节,漏节不但节子本身已经腐朽,而且深入树干内部,引起木材内部腐朽。木节对木材质量的影响随木节的种类、分布位置、大小、密集程度及木材的用途而不同。健全活节对木材力学性能无不利影响,死节、腐朽节和漏节对木材力学性能和外观质量影响最大。

(2)裂纹

木材纤维与纤维之间分离所形成的缝隙称为裂纹。在木材内部,从髓心沿半径方向开裂的裂纹称为径裂,沿年轮方向开裂的裂纹称为轮裂,纵裂是沿材身顺纹理方向、由表及里的径向裂纹。木材裂纹主要是在立木生长期因环境或生长应力等因素或伐倒木因不合理干燥而引起。裂纹破坏了木材的完整性,影响木材的利用率和装饰价值,降低木材的强度,也是真菌侵入木材内部的通道。

10.2 木材的物理和力学性质

木材的物理力学性质主要有含水率、湿胀干缩、强度等性能,其中含水率对木材的湿胀干缩性和强度影响较大。

10.2.1 含水量

木材中的含水量以含水率表示,即木材中所含水的质量占干燥木材质量的百分数。新伐倒的树木称为生材,其含水率在70%~140%。木材气干含水量因地而异,南方为15%~20%,北方为10%~15%。窑干木材的含水率在4%~12%。

1)木材中的水

木材中所含水分可分为化学结合水、自由水和吸附水3种。

①化学结合水。木材中的化合水,它在常温下不变化,故其对木材的性质无影响。

②自由水。存在于木材细胞腔和细胞间隙中的水分。自由水影响木材的表观密度、保存性、抗腐蚀性和燃烧性。

③吸附水。被吸附在细胞壁基体相中的水分。由于细胞壁基体相具有较强的亲水性,且能吸附和渗透水分,所以水分进入木材后首先被吸入细胞壁。吸附水是影响木材强度和胀缩的主

要因素。

2)纤维饱和点

湿木材在空气中干燥,当自由水蒸发完毕而吸附水尚处于饱和时的状态,称为纤维饱和点。此时的木材含水率称为纤维饱和点含水率,其大小随树种而异,通常介于23%~33%。纤维饱和点含水率的重要意义不在其数值的大小,而在于它是木材许多性质在含水率影响下开始发生变化的起点。在纤维饱和点之上,含水量变化是自由水含量的变化,它对木材强度和体积影响甚微;在纤维饱和点之下,含水量变化即吸附水含量的变化将对木材强度和体积等产生较大的影响。

3)平衡含水率

潮湿的木材会向较干燥的空气中蒸发水分,干燥的木材也会从湿空气中吸收水分。木材长时间处于一定温度和湿度的空气中,当水分的蒸发和吸收达到动态平衡时,其含水率相对稳定,这时木材的含水率称为平衡含水率。木材平衡含水率是木材进行干燥的重要指标,并随周围空气的温湿度而变化(见图10.2)。各地区、各季节木材的平衡含水率常不相同(见表10.1)。事实上,各种树种木材的平衡含水率也有差异。

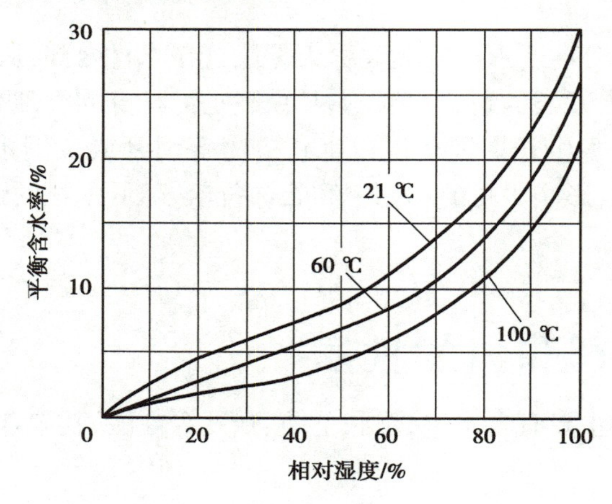

图10.2 木材的平衡含水率

表10.1 我国部分城市木材平衡含水率 单位:%

城市	月份												
	1	2	3	4	5	6	7	8	9	10	11	12	年均
广州	13.3	16.0	17.3	17.6	17.6	17.5	16.6	16.1	14.7	13.0	12.4	12.9	15.1
上海	15.8	16.8	16.5	15.5	16.3	17.9	17.5	16.6	15.8	14.7	15.2	15.9	16.0
北京	10.3	10.7	10.6	8.5	9.8	1.1	14.7	15.6	12.8	12.2	12.2	10.8	11.4
拉萨	7.2	7.2	7.6	7.7	7.6	10.2	12.2	12.7	11.9	9.0	7.2	7.8	8.6
徐州	15.7	14.7	13.3	11.8	12.4	11.6	16.2	16.7	14.0	13.0	13.4	14.4	13.9

10.2.2 湿胀与干缩

木材具有显著的湿胀干缩性，其纤维饱和点是木材发生湿胀干缩变形的转折点。当木材从潮湿状态干燥至纤维饱和点时，自由水蒸发不改变其尺寸；继续干燥，细胞壁中吸附水蒸发，细胞壁基体相收缩，从而引起木材体积收缩。反之，干燥木材吸湿时将发生体积膨胀，直到含水量达纤维饱和点时为止。细胞壁愈厚，则胀缩愈大。因而，表观密度大、夏材含量多的木材胀缩变形较大。

由于木材构造不均匀，各方向、各部位胀缩也不同，其中弦向最大，径向次之，纵向最小，边材大于心材。一般新伐木材完全干燥时，弦向收缩 6%～12%，径向收缩 3%～6%，纵向收缩 0.1%～0.3%，体积收缩 9%～14%。图 10.3 是新伐木材的干燥曲线示意图。细胞壁基体相失水收缩时，纤维素束沿细胞轴向排列限制了在该方向收缩，且细胞多数沿树干纵向排列，所以木材主要表现为横向收缩。由于复杂的构造原因，木材弦向收缩总是大于径向，弦向收缩与径向收缩比率通常为 2∶1。木材干燥时其横截面变形如图 10.4 所示。不均匀干缩会使板材发生翘曲（包括顺弯、横弯、翘弯）和扭弯，如图 10.5 所示。

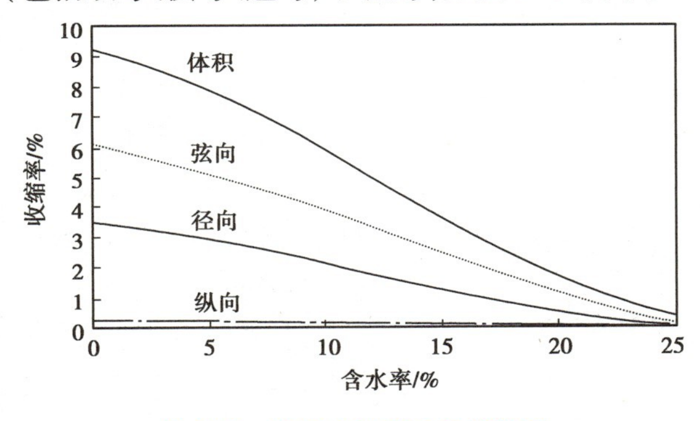

图 10.3 新伐木材的干燥曲线图

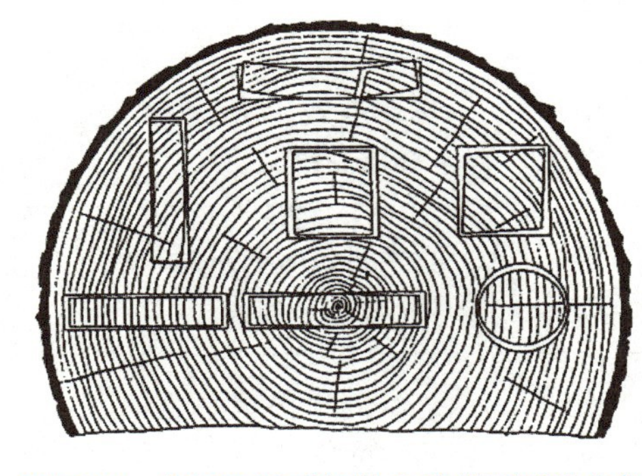

图 10.4 木材干燥引起的几种截面形状变化

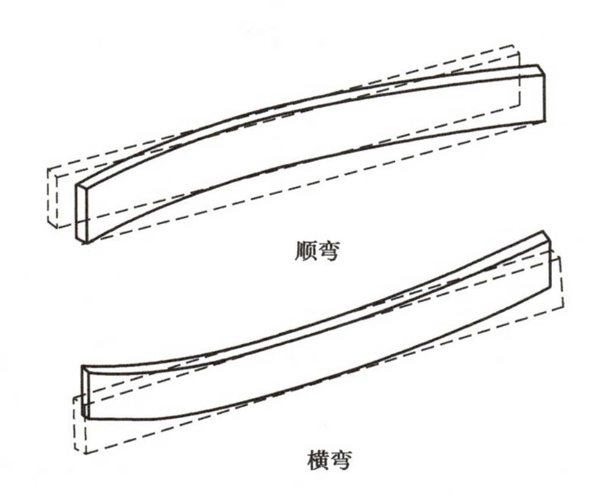

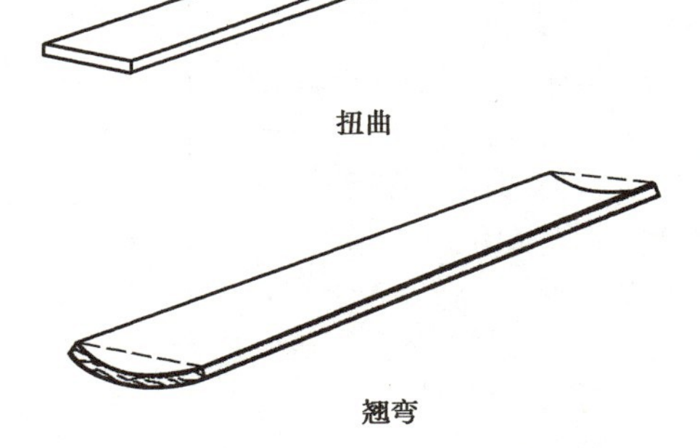

图 10.5 木材变形示意图

木材湿胀干缩性将影响到其实际使用。干缩会使木材翘曲开裂、接榫松弛、拼缝不严，湿胀则造成凸起变形，强度降低。为了避免这种情况，在木材加工制作前必须预先进行干燥处理，使木材的含水率比使用地区平衡含水率低2%~3%。

10.2.3　木材的强度

1)木材的各种强度

在土木工程中,结构木材常用的强度有:抗压、抗拉、抗剪和抗弯强度。由于木材构造各向不同,其强度呈现出明显的各向异性,因此木材强度有顺纹和横纹之分。木材的顺纹抗压、抗拉强度均比相应的横纹强度大得多,这与木材细胞结构及细胞在木材中的排列有关。表10.2是木材各强度的特征及应用。

表10.2　木材各强度的特征及应用

强度类型	受力破坏原因	无缺陷标准试件强度相对值	我国主要树种强度范围/MPa	缺陷影响程度	应　用
顺纹抗压	纤维受压失稳甚至折断	1	25~85	较小	木材使用的主要形式,如柱、桩
横纹抗压	细胞腔被压扁,所测为比例极限强度	$\frac{1}{10}$~$\frac{1}{3}$		较小	应用形式有枕木和垫木等
顺纹抗拉	纤维间纵向联系受拉破坏,纤维被拉断	2~3	50~170	很大	抗拉构件连接处首先因横纹受压或顺纹受剪破坏,难以利用
横纹抗拉	纤维间横向联系脆弱,极易被拉开	$\frac{1}{20}$~$\frac{1}{3}$			不允许使用
顺纹抗剪	剪切面上纤维纵向连结破坏	$\frac{1}{7}$~$\frac{1}{3}$	4~23	大	木构件的榫、销连接处
横纹抗剪	剪切面平行于木纹,剪切面上纤维横向连结破坏	$\frac{1}{14}$~$\frac{1}{6}$			不宜使用
横纹切断	剪切面垂直于木纹,纤维被切断	$\frac{1}{2}$~1			构件先被横纹受压破坏,难以利用
抗弯	在试件上部受压区首先达到强度极限,产生皱褶;最后在试件下部受拉区因纤维断裂或撕开而破坏	$1\frac{1}{2}$~2	50~170	很大	应用广泛,如梁、桁条、地板等

(1)抗拉强度

顺纹抗拉强度是木材所有强度中最大的。顺纹抗拉强度指拉力方向与木材纤维方向一致时的抗拉强度。这种受拉破坏,往往木纤维未被拉断,而纤维间先被撕裂。因为木材纤维间横向联结薄弱,横纹抗拉强度很低,为顺纹抗拉强度的2.5%~10%,工程中一般不使用。

木材在实际使用中很少用作受拉构件,木材的疵点如木节、斜纹等对木材抗拉强度影响极为显著,而木材又多少有一些缺陷,因此木材实际的顺纹抗拉能力反较顺纹抗压为低,这使顺纹抗拉强度难以被充分利用。

(2)抗压强度

顺纹抗压强度为作用力方向与木材纤维方向平行时的抗压强度,它次于顺纹抗拉强度和抗弯强度。顺纹受压破坏是木材细胞壁失去稳定而非纤维的断裂。横纹受压,起初变形与应力成正比关系,超过比例极限后,细胞壁失稳,细胞腔被压扁。因此木材的横纹抗压强度以使用中所限定的变形量来决定,通常取其比例极限作为横纹抗压强度极限指标。

木材的横纹抗压强度比木材的顺纹抗压强度低得多,其比值随木纤维构造和树种而异,针叶树横纹抗压强度约为顺纹抗压强度的10%;阔叶树为10%~20%。

木材的顺纹抗压强度较高,且木材的疵点对其影响较小,因此这种强度在土木工程中利用最广,常用于柱、桩、斜撑及桁架承重构件。顺纹抗压强度是确定木材强度等级的依据。

(3)抗弯强度

木材受弯时,其受弯区域内应力十分复杂,在试件的上部产生顺纹压力,下部为顺纹拉力,而在水平面和垂直面上则有剪切力,当达到强度极限时,则因纤维本身及纤维间联结的断裂而最后破坏。木材受弯破坏时,通常在受压区首先达到强度极限,开始形成微小的不明显的皱纹,但不立即破坏。随着外力增大,皱纹慢慢地在受压区扩展,产生大量塑性变形;最后在试件下部受拉区因纤维断裂或撕开而破坏。木材的抗弯强度仅次于顺纹抗拉强度,为顺纹抗压强度的1.5~2.0倍,在土木工程中常用于地板、梁、桁等结构中。

(4)抗剪强度

木材受剪切作用时,由于作用力对木材纤维方向的不同,可分为顺纹剪切、横纹剪切和横纹切断3种。顺纹剪切破坏是由于纤维间联结撕裂产生纵向位移和受横纹拉力作用所致;横纹剪切破坏是因剪切面中纤维的横向联结被撕裂的结果;横纹切断破坏则是木材纤维被切断,这时强度较大,一般为顺纹剪切的4~5倍。

根据《木结构设计标准》(GB 50005—2017),木材的强度等级可根据其弦向静曲强度来评定(见表10.3)。木材强度等级代号中的数值为木结构设计时的强度设计值,它要比试件实际强度低数倍,这是因为木材实际强度会受到各种因素的影响。

表10.3 木材强度等级评定标准

木材种类	针叶材				阔叶材				
强度等级	TC11	TC13	TC15	TC17	TB11	TB13	TB15	TB17	TB20
静曲强度最低值/MPa	44	51	58	72	58	68	78	88	98

2)影响木材强度的主要因素

(1)含水量

木材含水量对强度影响极大(见图10.6)。在纤维饱和点以下时,水分减少,则木材多种强度增加,其中抗弯和顺纹抗压强度提高较明显,对顺纹抗拉强度影响最小。在纤维饱和点以上,强度基本为一恒定值。为了正确判断木材的强度和比较试验结果,应根据木材实测含水率将强度按下式换算成标准含水率(12%的含水率)时的强度值:

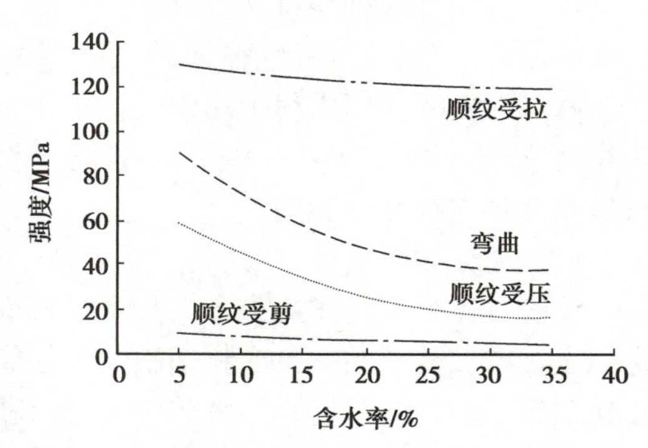

图10.6　含水率对木材强度的影响

$$\sigma_{12} = \sigma_w[1 + \alpha(w - 12\%)]$$

式中　σ_{12}——含水率为12%时的木材强度,MPa;

σ_w——含水率为 w 时的木材强度,MPa;

w——试验时的木材含水率,%;

α——含水率校正系数,当木材含水率在9%~15%内时,按表10.4取值。

表10.4　α 取值表

强度类型	抗压强度		顺纹抗拉强度		抗弯强度	顺纹抗剪强度
	顺纹	横纹	阔叶材	针叶材		
α 值	0.05	0.045	0.015	0	0.04	0.03

(2)环境温度

温度对木材强度有直接影响。试验表明,温度从25 ℃升至50 ℃时,将因木纤维和木纤维间胶体的软化等原因,使木材抗压强度降低20%~40%,抗拉和抗剪强度下降12%~20%。此外,木材长时间受干热作用可能出现脆性。在木材加工中,常通过蒸煮的方法来暂时降低木材的强度,以满足某种加工的需要(如胶合板的生产)。

(3)外力作用时间

木材极限强度表示抵抗短时间外力破坏的能力,木材在长期荷载作用下所能承受的最大应力称为持久强度。由于木材受力后将产生塑性流变,使木材强度随荷载时间的增长而降低,木材的持久强度仅为极限强度的50%~60%(见图10.7)。

(4)木材纤维组织的影响

木材受力时,主要靠细胞壁承受外力,细胞壁越均匀密实,强度就越高。当夏材率高时,木材的强度高,表观密度也大。

(5)缺陷

木材的强度是以无缺陷标准试件测得的,而实际木材在生长、采伐、加工和使用过程中会产生一些缺陷,如木节、裂纹和虫蛀等,这些缺陷影响了木材材质的均匀性,破坏了木材的构造,从而使木材的强度降低,其中对抗拉和抗弯强度影响最大。

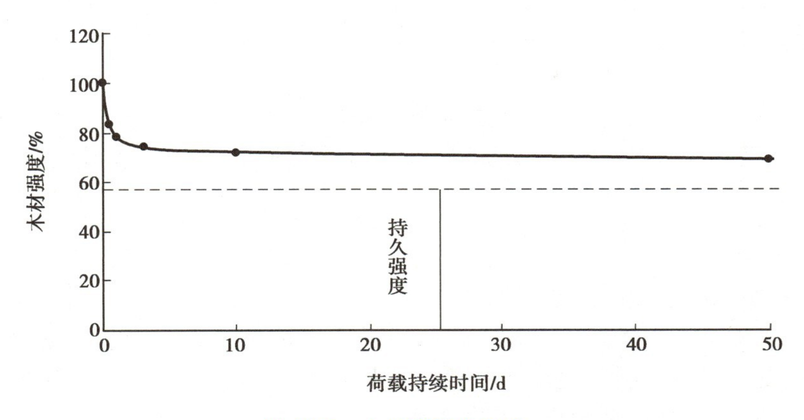

图 10.7 木材的持久强度

除了上述影响因素外，树木的种类、生长环境、树龄以及树干的不同部位均对木材强度有影响。

10.3 木材的防护

木材作为土木工程材料，最大的缺点是容易腐朽、虫蛀和易燃，因而缩短了木材的使用年限，使用范围也受到限制。使用中应采取必要的措施以提高木材的耐久性。

10.3.1 干燥

木材在加工和使用之前进行干燥处理，可以提高强度、防止收缩、开裂和变形、减轻质量以及防腐防虫，从而改善木材的使用性能和寿命。大批量木材干燥以气体介质对流干燥法（如大气干燥法、循环窑干法）为主。室外建筑用料干燥至含水率 8%～15%，门窗及室内建筑用料干燥至含水率 6%～10%。

10.3.2 防腐防虫

1）腐朽

木材的腐朽是因真菌在木材中寄生而引起的。侵蚀木材的真菌有 3 种，即霉菌、变色菌和木腐菌。霉菌一般只寄生在木材表面，并不破坏细胞壁，对木材强度几乎无影响。变色菌多寄生于边材，是以细胞腔内物质（如淀粉、糖类）为养料，对木材力学性质影响不大。但变色菌侵入木材较深，难以除去，损害木材外观质量。

木腐菌侵入木材，分泌一种酶素把木材细胞壁物质分解成可以吸收的简单养料，供自身生长繁殖。腐朽初期，木材仅颜色改变；以后真菌逐渐深入内部，木材强度开始下降；至腐朽后期，木材呈海绵状、蜂窝状或龟裂状等，颜色大变，材质松软，甚至可用手捏碎。

2）虫害

因各种昆虫危害而造成的木材缺陷称为木材虫害。往往木材内部已被蛀蚀一空，而外表依然完整，几乎看不出破坏的痕迹，因此危害极大。白蚁喜温湿，在我国南方地区种类多、数量大，常对建筑物造成毁灭性的破坏。甲壳虫(如天牛、蠹虫等)则在气候干燥时猖獗，它们危害木材主要在幼虫阶段。

木材中被昆虫蛀蚀的孔道称为虫眼或虫孔。虫眼对材质的影响与其大小、深度和密集程度有关。深的大虫眼或深而密集的小虫眼能破坏木材的完整性，降低其力学性质，也成为真菌侵入木材内部的通道。

3)防腐防虫的措施

真菌在木材中生存必须同时具备以下 3 个条件：水分、氧气和温度。木材含水率为 35%～50%，温度为 24～30 ℃，并含有一定量空气时最适宜真菌的生长。当木材含水率在 20%以下时，真菌生命活动就受到抑制。浸没水中或深埋地下的木材因缺氧而不易腐朽，俗语有“水浸千年松”之说。所以，可从破坏菌虫生存条件和改变木材的养料属性着手，进行防腐防虫处理，延长木材的使用年限。

(1)干燥

采用气干法或窑干法将木材干燥至较低的含水率，并在设计和施工中采取各种防潮和通风措施，如在地面设防潮层、木地板下设通风洞、木屋顶采用山墙通风等，使木材经常处于通风干燥状态。

(2)涂料覆盖

涂料种类很多，作为木材防腐应采用耐水性好的涂料。涂料本身无杀菌杀虫能力，但涂刷涂料可在木材表面形成完整而坚韧的保护膜，从而隔绝空气和水分，并阻止真菌和昆虫的侵入。

(3)化学处理

化学防腐是将对真菌和昆虫有毒害作用的化学防腐剂注入木材中，使真菌、昆虫无法寄生。防腐剂主要有水溶性、油溶性和油质防腐剂 3 大类。室外应采用耐水性好的防腐剂。防腐剂注入方法主要有表面涂刷、常温浸渍、冷热槽浸透和压力渗透法等。其中表面涂刷简单易行，但防腐剂不能深入木材内部，故防腐效果较差。常压浸渍法是将木材浸入防腐剂中一定时间后取出使用，使防腐剂渗入木材有一定深度，以提高木材的防腐能力。冷热槽浸透法是先将木材浸入热防腐剂中(>90 ℃)数小时，再迅速移入冷防腐剂中，以获得更好的防腐效果。压力渗透法是将木材放入密闭罐中，经一定时间后则防腐剂充满木材内部，防腐效果更好，但所需设备较多。

10.3.3 防火

易燃是木材最大的缺点。在热作用下，木材会分解出可燃气体，并放出热量；当温度到达 260 ℃时，即使在无热源的情况下，木材也会自行发焰燃烧。木材在火的作用下，外层炭化，结构疏松，内部温度升高，强度降低，当强度低于承载能力时，木结构即被破坏。因而木质结构必须注重防火。所谓木材的防火，是将木材经过具有阻燃性能的化学物质处理后，变成难燃的材料，以达到遇到小火能自熄，遇大火能延缓或阻滞燃烧蔓延。木材防火处理的方法有以下几种：

①用防火浸剂对木材进行浸渍处理，为了达到要求的防火性能，应保证一定的吸药量和透入深度。

②将防火涂料涂刷或喷洒于木材表面，待涂料固结后即构成防火保护层。防火效果与涂层厚度或每平方米涂料用量有密切关系。

防火处理能推迟或消除木材的引燃过程,降低火焰在木材上蔓延的速度,延缓火焰破坏木材的速度,从而给灭火或逃生提供时间。但应注意:防火涂料或防火浸剂中的防火组分随着时间的延长和环境因素的作用会逐渐减少或变质,从而导致其防火性能不断减弱。

10.4 木材的应用

木材在建筑上的应用具有悠久的历史,古今中外,木质建筑在建筑史上占据着相当显赫的位置。由于木材具有许多其他材料所无法比拟的装饰质量和特殊的效果,如美丽的天然花纹、颜色,良好的弹性,给人以淳朴、古典、雅致、温暖、亲切的特有质感,时至今日,木材仍大量应用于建筑结构,特别在建筑装修上。

10.4.1 木材初级产品

树木经采伐修枝后,按加工程度和用途不同,木材分为圆条、原木、锯材 3 类,见表 10.5。承重结构用的木材,其材质按缺陷(木节、腐朽、裂纹、夹皮、虫害、弯曲和斜纹等)状况分为 3 等,各等级木材的应用范围见表 10.6。

表 10.5 木材的初级产品

<table>
<tr><th colspan="2">分 类</th><th>说 明</th><th>用 途</th></tr>
<tr><td colspan="2">圆条</td><td>除去根、梢、枝的伐倒木</td><td>用作进一步加工</td></tr>
<tr><td colspan="2">原木</td><td>除去根、梢、枝和树皮并加工成一定长度和直径的木段</td><td>用作屋架、柱、桁条等,也可用于加工锯材和胶合板等</td></tr>
<tr><td rowspan="7">锯材</td><td rowspan="3">板材:宽度≥3 倍厚度</td><td>薄板:厚度 12~21 mm</td><td>门芯板、隔断、木装修等</td></tr>
<tr><td>中板:厚度 25~30 mm</td><td>屋面板、装修、地板等</td></tr>
<tr><td>厚板:厚度 40~60 mm</td><td>门窗</td></tr>
<tr><td rowspan="4">方材:宽度<3 倍厚度</td><td>小方:截面积 54 cm² 以下</td><td>椽条、隔断木筋、吊顶格栅</td></tr>
<tr><td>中方:截面积 55~100 cm²</td><td>支撑、搁栅、扶手、檩条</td></tr>
<tr><td>大方:截面积 101~225 cm²</td><td>屋架、檩条</td></tr>
<tr><td>特大方:截面积 226 cm² 以上</td><td>木或钢木屋架</td></tr>
</table>

表 10.6 各质量等级木材的应用范围

木材等级	Ⅰ	Ⅱ	Ⅲ
应用范围	受拉或拉弯构件	受弯或压弯构件	受压构件及次要受弯构件

10.4.2 人造板材

木材经加工成型材以及制作成构件时,将留下大量的碎块废屑,将这些下脚料进行加工处理,或将原木旋切成薄片进行胶合,就可以制成各种人造板材,常用的人造板材有以下几种。

1)胶合板

胶合板是由一组单板按相邻层木纹方向互相垂直组坯经热压胶合而成的板材,常见的有三夹板、五夹板和七夹板等。图 10.8 是胶合板构造的示意图。胶合板多数为平板,也可经一次或几次弯曲处理制成曲形胶合板。根据《普通胶合板》(GB/T 9846—2015),普通胶合板的分类、要求及应用见表 10.7。

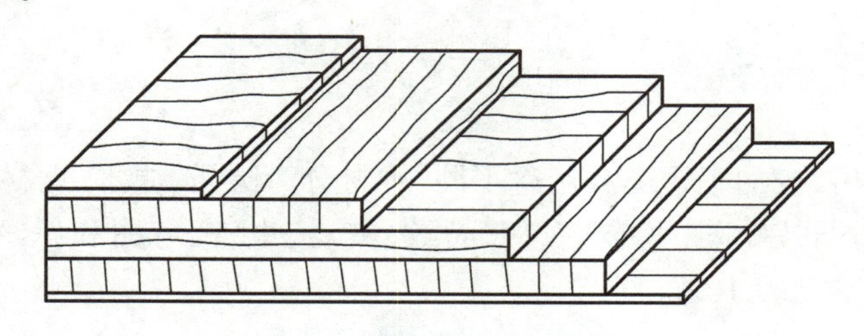

图 10.8　胶合板构造示意图

表 10.7　胶合板分类、性能及应用

分类	名称	要求	应用环境
Ⅰ类	耐气候胶合板	能够通过煮沸试验	室外
Ⅱ类	耐水胶合板	能够通过(63 ± 3)℃热水浸渍试验	潮湿
Ⅲ类	不耐潮胶合板	能够通过(20 ± 3)℃冷水浸泡试验	干燥

胶合板克服了木材的天然缺陷和局限,大大提高了木材的利用率,其主要特点是:消除了天然疵点、变形、开裂等缺点,各向异性小,材质均匀,强度较高;纹理美观的优质材做面板,普通材做芯板,增加了装饰木材的出产率;因其厚度小、幅面宽大,产品规格化,使用起来很方便。胶合板常用作门面、隔断、吊顶、墙裙等室内高级装修。

2)纤维板

纤维板是用木材废料,经切片、浸泡、磨浆、施胶、成型及干燥或热压等工序制成。为了提高纤维板的耐燃性和耐腐性,可在浆料里施加或在湿板坯表面喷涂耐火剂或防腐剂。纤维板材质均匀,完全避免了节子、腐朽、虫眼等缺陷,且胀缩性小、不翘曲、不开裂。纤维板按密度大小分为硬质纤维板、半硬质纤维板和软质纤维板。

硬质纤维板表观密度大于 800 kg/m^3,且强度高,在建筑应用中最广,主要用作壁板、门板、地板、家具和室内装修等。半硬质纤维板表观密度为 400~800 kg/m^3,常制成带有一定孔型的盲孔板,板表面施以白色涂料,是家具制造和室内装修的优良材料。软质纤维板表观密度小于 400 kg/m^3,吸声绝热性能好,可作为吸声或绝热材料使用。

3）刨花板、木丝板和木屑板

刨花板、木丝板和木屑板是利用刨花碎片、短小废料刨制的木丝和木屑，经干燥、拌胶料辅料，加压成型而制得的板材。这些板材所用胶结材料有动物胶、合成树脂、水泥、石膏和菱苦土等；若使用无机胶结材料，则可大大提高板材的耐火性。表观密度小、强度低的板材主要作为绝热和吸声材料，表面喷以彩色涂料后，可以用于天花板等；表观密度大、强度较高的板材可粘贴装饰单板或胶合板作饰面层，用作隔墙等。

4）细木工板

细木工板是一种夹心板，芯板用木板条拼接而成，两个表面胶贴木质单板，经热压粘合制成。它集实木板与胶合板之优点于一身，可作为装饰构造材料，用于门板、壁板等。

10.4.3 木材的连接

木材因天然尺寸有限，或结构构造的需要，而用拼合、接长和节点联结等方法，将木料连接成结构和构件。连接是木结构的关键部位，设计与施工的要求应严格，传力应明确，韧性和紧密性良好，构造简单，检查和制作方便。木材连接的常见的方法有榫卯连接、齿连接、螺栓连接和钉连接等。

1）榫卯连接

中国古代匠师创造的一种连接方式，其特点是利用木材承压传力，以简化梁柱连接的构造。利用榫卯嵌合作用，使结构在承受水平外力时，能有一定的适应能力。因此，这种连接至今仍在中国传统的木结构建筑中得到广泛应用，其缺点是对木料的受力面积削弱较大，用料不甚经济。图 10.9 为方材丁字形结合的一种榫卯连接方式。

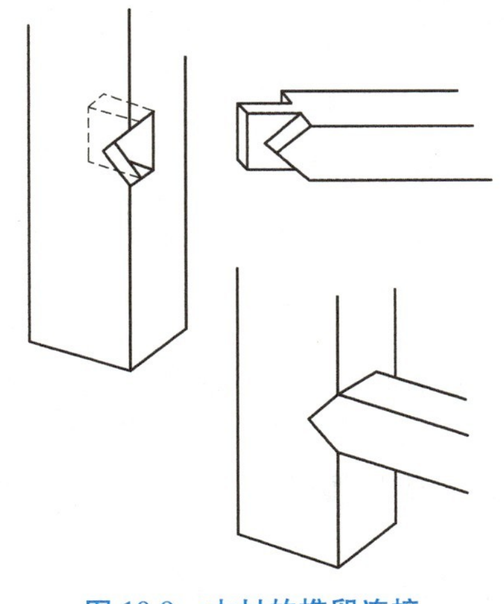

图 10.9 木材的榫卯连接
（方材丁字形结合）

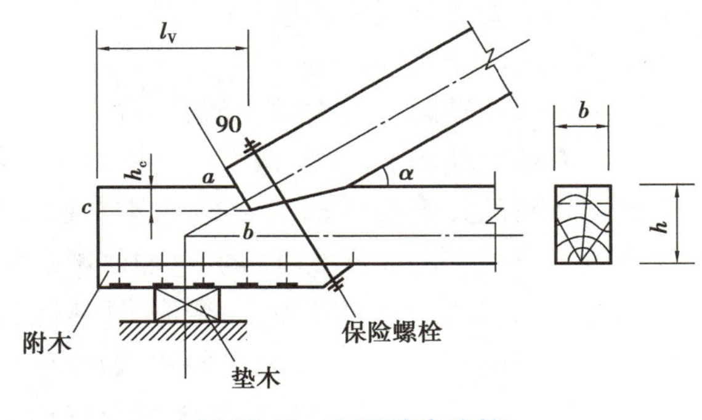

图 10.10 木材的齿连接

2）齿连接

用于桁架节点的连接方式。将压杆的端头做成齿形，直接抵承于另一杆件的齿槽中，通过木材承压和受剪传力，如图 10.10 所示。为了提高其可靠性，要求压杆的轴线必须垂直于齿槽的承压面($a—b$)并通过其中心。这样使压杆的垂直分力对齿槽的受剪面($b—c$)有压紧作用,提高木材的抗剪强度。为了防止刻槽过深削弱杆件截面影响杆件承载能力,对于桁架中间节点,应要求齿深(h_c)不大于杆件截面高度的 1/4;对于桁架支座节点应不大于 1/3。受剪面过短容易撕裂,过长又起不了应有的作用,为此宜将受剪面长度(l_V)控制在 $4h \sim 10h$。并应设置保险螺栓,以防受剪面意外剪坏时,可能引起的屋盖结构倒塌。

3) 螺栓连接和钉连接

在木结构中,螺栓和钉能够阻止构件的相对移动,并受到其孔壁木材的挤压,这种挤压可以使螺栓和钉受剪与受弯,木材受剪与受劈。

本章小结

木材可分为针叶材和阔叶材。由于树种和树木生长的环境不同,其构造差异很大,构造不同木材的性质也有不同。

木材的物理力学性质主要有含水率、湿胀干缩、强度等性能,其中含水率对木材的湿胀干缩性和强度影响较大。

木材的宏观构造指用肉眼和放大镜能观察到的构造,主要包括树皮、木质部、形成层、髓心等;微观构造是在显微镜下观察的木材组织,它是由无数管状细胞紧密结合而成;木材的缺陷主要有节子和裂纹等。

木材在建筑上的应用具有悠久的历史,古今中外,木质建筑在建筑史上占据着相当显赫的位置。用于土木工程的主要木材产品包括木材初级产品(圆条、原木、锯材等)和各种人造板材,如胶合板、纤维板、刨花板、木丝板、木屑板、细木工板等。

木材连接的常见的方法有榫卯连接、齿连接、螺栓连接和钉连接等。

课后习题

1.木材的主要优缺点有哪些?

2.试述木材的分类与构造。

3.木材有哪些缺陷?对木质有何影响?

4.木材有哪些典型的连接方式?

5.何谓木材的纤维饱和点、平衡含水率和标准含水率?在实际使用中有何意义?

6.影响木材强度的因素有哪些?是如何影响的?

7.木材含水率的变化对其强度、变形、导热性和耐久性等的影响各如何?

8.引起木材腐朽的主要原因有哪些?如何防止木材腐朽?

9.人造板材主要有哪些品种?与天然板材相比,他们有何特点?

11 其他工程材料

本章导读：

● **基本要求** 熟悉和了解绝热材料、吸声材料、隔声材料、装饰材料、新型防水材料、防火材料等具有特殊功能的其他土木工程材料。

● **重点** 绝热材料、吸声材料、隔声材料、装饰材料、新型防水材料、防火材料的组成和结构及性能和应用。

● **难点** 材料的吸声系数和透射系数。

前几章主要介绍了无机气硬性胶凝材料、水泥、砂浆、混凝土、砌筑材料和屋面材料、钢材、合成高分子材料、沥青材料、木材等各大类土木工程材料，除了这些大量使用的材料以外，土木工程上为了满足一些特殊功能的需求，还经常需要使用一些功能性的土木工程材料，如绝热材料、吸声材料、隔声材料、装饰材料、新型防水材料、防火材料等，本章将主要介绍这些材料。

11.1 绝热材料

11.1.1 概述

1)定义

在建筑上，习惯把用于控制室内热量外流的材料称为保温材料；把防止室外热量进入室内的材料称为隔热材料。保温材料和隔热材料的本质是一样的，其标准术语为绝热材料。

2)绝热材料的性能

(1)导热系数

导热系数是绝热材料最重要的性能指标,导热系数越小越好。导热系数是通过材料本身热量传导能力大小的量度,它受材料本身的分子结构及化学成分、空隙特征、材料所处的环境的温度、湿度及热流方向的影响。

①材料的分子结构及其化学成分。金属材料导热系数最大,无机非金属材料次之,有机材料导热系数最小。相同化学组成的材料,晶体结构的导热系数最大,微晶结构次之,玻璃体结构的导热系数最小。

②空隙特征。由于固体物质的导热系数比空气的导热系数大得多,一般来说,材料的孔隙率越大,导热系数越小。在孔隙率相同的条件下,孔隙尺寸越大,导热系数就越大;孔隙相互连通比封闭而不连通的导热系数要高。对于容重很小的材料,特别是纤维状材料(如超细玻璃纤维),当容重低于某一极限时,导热系数反而增大,这是因为孔隙增大且相互连通的孔隙增多,而使对流作用加强导热系数增大。

③湿度。因为固体导热最好,液体次之,气体导热最差。因此,材料受潮会使导热系数增大,如果空隙中的水分冻结成冰,材料的导热系数将更大。

④温度。材料的导热系数随温度提高而增大,但这种影响当温度在0~50 ℃范围内时并不大,只有处于高温或低温下的材料,才要考虑温度的影响。

⑤热流方向。对于各向异性材料,如木材等纤维材料,当热流与纤维延伸方向平行时,导流受到的阻力小;而热流垂直于纤维延伸方向时,受到的阻力最大。

(2)热稳定性

热稳定性是指材料能经受温度的剧烈变化而不生成裂缝、裂纹和碎块的性能。绝热材料的热稳定性,随材料的抗压或抗折强度的提高而提高,并随热膨胀系数、弹性模数的增加而降低,还与导热系数成正比。

(3)吸水性与吸湿性

吸水性与吸湿性要小,因为水的热传导能力是空气的24倍,所以绝热材料吸附了水分后将使导热系数大大增加。

(4)机械强度

绝热材料要有一定的机械强度。硬制品的抗压强度不应小于0.3 MPa,因为绝热材料在运输和使用过程中,可能受到拉伸、压缩、弯曲、扭曲等负荷的作用,如果所受的负载大于材料允许承受的极限,材料会发生变形甚至破坏,因此,必须知道材料的机械强度。半硬质材料或毡、毡制品要有足够的弹性。

3)绝热材料的作用原理

在任何介质中,当两处存在着温差时,就会产生热的传递现象,热能将会从温度较高处转移到较低处。热量的传递方式有3种:导热、对流和热辐射。

为了能常年保持室内有适宜于人们生活、工作的气温,房屋的外围结构所采用的材料必须具有一定的保温隔热性能。土木工程材料通常都有一定的保温作用,材料保温性能的好坏,是由材料的导热系数大小来决定的。导热系数越小,保温性能越好。通常我们所称的保温材料,就是导热系数(λ)小于0.23 W/(m·K)的材料,这种材料的特点是孔隙小而多,容重轻,保温效果好。由于保温材料常是多孔的,材料孔隙内有空气,起着辐射和对流作用,因此严格讲,当热量通过材料层时,并不单靠导热方式,但因辐射和对流所占的比例很小,故在建筑热工计算中一般不予考虑。

11.1.2 常用绝热材料

绝热材料的品种很多,按材质可分为无机绝热材料、有机绝热材料和金属绝热材料 3 大类。按形态,又可分为纤维状、多孔(微孔、气泡)状、层状等数种。常用绝热材料的品种和性能见表 11.1。

表 11.1 常用绝热材料

名 称	表观密度/($kg \cdot m^{-3}$)	导热系数/($W \cdot m^{-1} \cdot K^{-1}$)
矿棉	45~150	0.049~0.44
矿棉毡	135~160	0.048~0.052
酚醛树脂矿棉板	<150	<0.046
玻璃棉(短)	100~150	0.035~0.058
玻璃棉(超细)	>18	0.028~0.037
发泡黏土	350	0.105
轻集料混凝土	1 100	0.222
泡沫混凝土	300~500	0.082~0.186
加气混凝土	400~700	0.093~0.164
陶瓷纤维	140~150	0.116~0.186
微孔硅藻钙	250	0.041
泡沫玻璃	150~600	0.06~0.13
泡沫塑料	15~50(堆积密度)	0.028~0.055
膨胀蛭石	80~200(堆积密度)	0.046~0.07
膨胀珍珠岩	40~300(堆积密度)	0.025~0.048
碳化软木板	105~437	0.044~0.079

11.2 吸声材料与隔声材料

11.2.1 吸声材料

声音起源于物质的振动,称为声源。声源的振动迫使邻近的空气跟着振动而成为声波,并在空气介质中向四周传播(声音沿发射方向最响,称为声音的方向性)。当声波遇到材料表面时,部分被反射;另一部分穿透材料;其余的部分则传递给材料。在材料的孔隙中引起空气分子与孔隙的摩擦与粘滞力,相当一部分声音转化为热能而被吸收掉。

评定材料吸声性能好坏的主要指标称为吸声系数,用公式表示如下:

$$\alpha = \frac{E}{E_0} \tag{11.1}$$

式中 α—— 吸声系数；

E——传递给材料而被吸收的能量；

E_0——传递给材料的全部能量。

吸声系数与声音的频率及声音入射方向有关。吸声系数用声音从各方向入射的吸收平均值表示，并须指出是对哪一频率的吸收。任何材料对声音都能吸收，只是吸收程度有很大不同。通常对各频率的平均吸声系数 $\alpha>0.2$ 的材料列为吸声材料。

吸声材料大多为疏松多孔的材料，如矿渣棉、毡子等。当声波深入材料内部互相贯通的孔隙时，空气分子受到摩擦和粘滞阻力，以及使细小纤维作机械振动，而使声能转化为热能。影响吸声材料吸声效果的主要因素如下：

①材料的表观密度。对同一种多孔材料而言，当其表观密度增大（即孔隙率减小）时，对低频的吸声效果有所提高，而对高频效果则有所降低。

②材料的厚度。增加多孔材料的厚度，可提高低频的吸声效果，而对高频影响不大。

③孔隙特征。孔隙越多越细小，吸声效果越好。如材料中的孔隙大部分为单独的封闭的气泡（如聚氯乙烯泡沫塑料），则因空气不能进入，从吸声机理上讲，就不属于多孔性吸声材料。在室内采用吸声材料可以抑止噪声，保持良好的音质（声音清晰但不失真），如在礼堂、剧院、大会议室等处必须采用吸声材料。

常用的吸声材料及其吸声系数见表 11.2。

表 11.2 常用吸声材料及其吸声系数

名称	厚度/cm	表观密度/(kg·m^{-3})	各频率下的吸声系数						装置情况
			125 Hz	250 Hz	500 Hz	1 000 Hz	2 000 Hz	4 000 Hz	
石膏砂浆（掺有水泥或玻璃砂浆）	2.2		0.24	0.12	0.09	0.30	0.32	0.83	粉刷在墙上
水泥膨胀珍珠岩板	2.0	350	0.16	0.46	0.64	0.48	0.56	0.56	贴实
矿渣棉	3.13	210	0.10	0.21	0.60	0.95	0.85	0.72	贴实
	8.0	240	0.35	0.65	0.65	0.75	0.88	0.92	
沥青矿渣棉毡	6.0	200	0.19	0.51	0.67	0.70	0.85	0.86	贴实
酚醛玻璃纤维板	8.0	100	0.25	0.55	0.80	0.92	0.98	0.95	贴实
泡沫玻璃	4.0	1 260	0.11	0.32	0.52	0.44	0.52	0.33	贴实
软木板	2.5	260	0.05	0.11	0.25	0.63	0.70	0.20	贴实
穿孔胶合板（孔径 5 mm，孔心距 25 mm）	0.5		0.01	0.25	0.55	0.30	0.16	0.19	钉在木龙骨上，后留 5 cm 空心层
工业毛毡	3.0	370	0.10	0.28	0.55	0.60	0.60	0.59	张贴在墙上
地毯	厚		0.20		0.30		0.50		铺于木隔栅、楼板上
帷幕	厚		0.10		0.50		0.60		有折叠、靠墙装置

11.2.2 隔声材料

声波传播到材料或结构时,因材料或结构的吸收会失去一部分声能,透过材料的声能总是小于入射声能,这样材料或结构起到了隔声作用,材料的隔声能力可通过材料对声波的透射系数(τ)来衡量。

$$\tau = \frac{E_r}{E_0} \tag{11.2}$$

式中 τ——声音透射系数;
E_r——透过材料的声能;
E_0——入射总声能。

材料对声波的透射系数越小,隔声性能越好。工程上常用构件的隔声量 R(dB)来表示构件对空气声隔绝能力,它与透射系数的关系是 $R = -10\ \lg\ \tau$。必须指出,吸声材料性能好的材料,不能简单地把它们作为隔声材料来使用。

人们要隔绝的声音,按传播途径有空气声(通过空气传播的声音)和固体声(通过固体的撞击或振动传播的声音)两种,两者隔声的原理不同。

对空气声的隔绝,主要是依据声学中的"质量定律",即材料的表现密度越大,越不易受波作用而产生振动,声波通过材料传递的速度迅速减弱,其隔声效果越好。所以,应选用表观密度大的材料(如钢筋混凝土、实心砖等)作为隔绝空气的材料,如砖、混凝土、钢板等。如采用轻质材料或薄壁材料,需辅以多孔吸声材料或采用夹层结构,如夹层玻璃就是一种很好的隔声材料。

对固体声隔绝的最有效措施是隔断其声波的连续传递。即在产生和传递固体声的结构(如梁、框架、楼板与隔墙以及它们的交接处等)层中加入具有一定弹性的衬垫材料,如软木、橡胶、毛毡、地毯或设置空气隔音层等,以阻止或减弱固体声的继续传播。

11.3 装饰材料

土木工程中,为保护主体结构不受外界的侵害,改善外观效果或弥补外观缺陷,通常采用装饰材料覆盖在主体结构的表面。装饰材料的外观应满足颜色、光泽、透明性、特定的表面组织、一定的形状和尺寸以及美观的立体造型等方面的基本要求。除此之外,装饰材料还应具有某些基本性质,如一定的强度、耐水性、抗火性、耐侵蚀性等。外墙装饰材料更要选用能耐大气侵蚀、不易褪色、不易沾污、不产生霜花的材料。装饰材料如能兼具绝热、吸声、防护等功能则更加理想。

11.3.1 装饰材料的分类

在建筑装饰工程中,为便于使用,常按照建筑物的装饰部位进行如下分类:

1)内墙墙面装饰材料

墙纸与墙布、石材、涂料、装饰墙板、玻璃、金属装饰材料、陶瓷砖等。

2)地面装饰材料

地毯、石材、陶瓷砖、木地板、塑料地板、涂料以及其他特殊功能地板等。

3）吊顶装饰材料

墙纸与墙布、涂料、塑料、石膏板、铝合金以及玻璃棉装饰吸声板等其他吊顶材料。

4）外墙装饰材料

外墙涂料、陶瓷类装饰材料、建筑装饰石材、玻璃制品、金属装饰板材以及碎屑饰面等。

11.3.2 石材类装饰材料

1）天然石材

①花岗石板既是优良的砌筑石材，又是优良的装饰石材。天然花岗岩耐久性和耐磨性都很好。磨光的可用于室外墙面及地面；经斩凿加工的可铺设勒脚及阶梯踏步等。

②大理石板加工工艺同花岗石板，多具有美丽花纹，有黄、绿、白、黑等颜色，但用于室外易风化，可用于室内墙面、地面、柱面等处。

2）胶结型人造石材

胶结型人造大理石是以胶结剂、填料及颜料为原料，经模制、固化和加工制成的人造石材。按生产人造大理石的胶结材料不同可分为以下几种：

①树脂型人造大理石是以不饱和聚酯为胶结剂，天然碎石和石粉为填料，加入适当的颜料拌制而成的混合料，经浇捣、固化、脱模、烘干、抛光等工序制成的人工石材，可用于室内外的墙面和地面装饰，是性能优良的人工石材。

②水泥型人造大理石是以白水泥、普通水泥或特种水泥为胶结剂，与碎大理石及颜料配制而成的混合料，经浇捣成型和养护制成的人工石材。这种人造大理石成本低，耐大气稳定性好，也具有较强的耐磨性。

3）复合型人造石材

它是以水泥型人造石材为基层，树脂型人造大理石为面层，将两层胶结在一起形成的人工石材，或以水泥型人造石材为基体，将其浸在有机单体中浸渍，再使浸入内部的单体聚合而固化形成的人工石材。复合型人造石材既有树脂型人造大理石的外在质量，又有水泥型人造大理石成本低的优点，是工程中较受欢迎的贴面人工石材。

11.3.3 涂抹类装饰材料

涂抹类装饰材料是指将粘稠胶凝材料涂抹在建筑物的表面，使其与建筑结构粘结在一起，并形成表面装饰层的材料。对于建筑物结构表面较粗糙，需要较厚装饰覆盖层的装饰工程可以采用涂抹类装饰材料。常用的涂抹类装饰材料有各种装饰混凝土、装饰砂浆、装饰灰膏等。

1）装饰混凝土

目前，常见的装饰混凝土有以下几类：

①清水装饰混凝土。清水装饰混凝土是利用混凝土的本色和模制外观作为装饰的混凝土，可以充分显示混凝土坚实的质感，并获得耐久与经济的效果。

②色彩装饰混凝土。常采用的色彩装饰混凝土有:白色混凝土墙面、栏杆及雕塑;彩色混凝土墙面、屋面、现浇地面;彩色混凝土地面砖、花格砖等。这些彩色混凝土在装饰效果方面自然、庄重,给人以粗犷坚实的感觉;而且其色彩耐久性好,能抵抗大气环境的各种腐蚀作用,即使表面因风化脱层也会保持基本一致的颜色。

色彩装饰混凝土和清水装饰混凝土对混凝土表面泛霜十分敏感,对于碱含量较高或原材料中可溶物含量较高的混凝土不适宜,对于掺加外加剂的混凝土应慎用。

③质感装饰混凝土。通过改变表面质感,改善混凝土的外观效果也是混凝土装饰的常用手法。它可以以普通水泥或彩色水泥混凝土为基本材料,通过改变表面外观,给人以不同于一般混凝土的质感,获得所期望的装饰效果。工程中常用的质感装饰方法有劈离石表面、露骨料表面、仿蘑菇石、仿木纹、仿面砖等。

④图案装饰混凝土。利用表面图案可以改善混凝土单调的外观,优美的图案还可以产生良好的装饰效果。由于混凝土的可塑性,其表面图案很容易制作,而且很容易改变局部颜色。常用的图案装饰混凝土方式有板缝处理装饰、线条装饰、浮雕装饰、艺术字装饰等。

⑤水泥细石渣装饰。水泥细石渣装饰是以水泥和细石渣为主要原料配制而成的特种混凝土,由于其中不含有细骨料(砂),所用骨料均为细石子,可产生特殊的装饰效果。工程中常用的有水磨石、斩假石、剁斧石、水刷石、干粘石等表面装饰方法,所用石子有 8 mm、6 mm、4 mm 和 2~6 mm 等不同粒径。

2)装饰砂浆

装饰砂浆主要是大面积涂抹在墙、柱、梁或天棚的表面,起填充、找平与装饰的作用,其功能是保护结构主体免遭各种侵害,提高结构的耐久性,改善结构的外观。因为足够的粘结能力是保证与基层牢固粘结的基本条件,所以对砂浆的要求主要是良好的和易性、足够的粘结能力,而对强度的要求并不高。对和易性的要求主要是流动性和保水性,以方便涂抹和阻止泌水对表面的污损。

由于砂浆成本低,使用方便,在新建建筑或旧建筑翻修中得到了广泛应用。根据所用材料和操作方式不同,装饰砂浆的类型有多种,为建筑装饰装修的多样化提供了良好的物质条件。

①彩色装饰砂浆。通过改变砂浆的颜色也可以获得某种装饰效果。常用彩色装饰砂浆主要有涂抹彩色砂浆、彩色喷涂砂浆、滚涂彩色砂浆、弹涂彩色水泥浆等。涂抹彩色砂浆的配比与工艺与普通抹灰砂浆类似。

②砂浆表面加工装饰。为改善外观装饰效果,砂浆抹面后可以进行搓毛、扫毛、拉条、仿石材或假面砖处理,从而获得表面纹理,或粗细相间的表面,获得一定仿天然石材的装饰效果。

基层进行素水泥浆罩面后,可以进行拉毛处理,表面形成凹凸和斑痕的装饰效果。在硬化基层表面进行甩毛处理,即用竹刷蘸不同色彩的水泥浆向基层甩水泥斑点,可以形成花色云斑的装饰效果,还可以在结构物用砂浆模制成规则块状的表面凸出仿蘑菇石,使得结构物表现出与天然料石相同的外观,给人以粗犷坚实的感觉。

此外,土木工程中还可以采用石灰麻刀、石膏等膏状胶凝材料进行表面装饰。

11.3.4　涂刷类装饰材料

对于只要求改变建筑物的表面美观效果,或对表面装饰的寿命要求较短的建筑装饰,可以采用涂刷类装饰材料。涂刷类装饰材料具有成本低、施工方便和速度快、不增加建筑物荷载等优点,可广泛应用于各类工程的装饰处理。工程中所采用的涂刷类装饰材料统称为涂料,常用的涂料有以下几类:

1) 油漆

油漆是土木工程中采用较早的涂刷装饰材料,它主要用于木结构、钢及其他金属结构的表面装饰。油漆的品种有很多,根据其形成可分为天然漆和人工合成漆。

天然漆使用性能优异,但耐环境侵蚀能力差,而且其来源受限制,成本也较高,主要应用于一些室内的高级装饰。

人工合成漆又分为调和漆、清漆、磁漆、光漆、喷漆、防锈漆等。其中调和漆是由干性油、颜料、溶剂及其他辅助料等调和而成的,其质地均匀,稀稠容易调整。形成的漆膜耐环境侵蚀能力强,是工程中较为常用的油漆。

2) 建筑涂料

建筑涂料是由成膜物质、填料、颜料、溶剂和助剂等组成的均匀混合物。其中成膜物质是主要成分,它在涂料凝固后起粘结作用,可使涂料与基层材料牢固地粘附在一起,并使其他组分相互粘结成均匀、坚固的保护膜层。常用的成膜物质有两类:有机类和无机类。

常用的有机类成膜物质多为各种树脂,如聚乙烯醇系缩聚物、丙烯酸酯及其共聚物、氯乙烯-偏氯乙烯共聚物、环氧树脂、聚氨酯树脂、氯磺化聚乙烯等。它们具有成膜后强度高、耐水性好、耐腐蚀能力强、表面光泽度好等优点。但大多具有耐高温差、耐久性欠佳、易产生老化等缺点。

常用的无机类成膜物质主要有水泥浆、硅溶胶、磷酸盐系、硅酮系、碱金属硅酸盐及其他无机聚合物等。它们具有耐高温、耐久性好、抗老化、成本低等优点,但多数有耐水性差、光泽度差、粘结力小或耐腐蚀性差等缺点。

11.3.5 烧结类装饰材料

凡以黏土、长石、石英为基本原料,经配料、制坯、干燥、焙烧而制得的成品,统称为陶瓷制品。用于建筑工程的陶瓷制品,则称为建筑陶瓷。用于土木工程的装饰陶瓷包括釉面砖、墙地砖、锦砖和建筑琉璃制品等,可广泛用于建筑物内、外墙面、地面和屋面的装饰,已成为建筑装饰材料中的一个重要装饰材料品种。

玻璃是一种透明的无定形硅酸盐固体物质。熔制玻璃的原材料主要有石英砂、纯碱、长石、石灰石等。玻璃的制造主要包括熔化、成型、退火 3 个工序。用于土木工程的装饰玻璃主要有白片玻璃和磨砂玻璃、压花玻璃和喷花玻璃、有色玻璃、幕墙玻璃、泡沫玻璃、玻璃空心砖、玻璃锦砖、镜子玻璃等。

铸石是以玄武岩、辉绿岩及某些工业废渣等较低熔点的矿物为原料,经配料和高温熔化后浇注成型,并经冷却结晶和退火,再经加工制成所需的产品。由于铸石的形状和性质能够在生产中控制,它不仅可生产各种板材,还可生产管材等各种异型材。铸石除可代替天然石材外,还可代替各种金属、橡胶或木材等,应用于各种土木工程、冶金、化工、电力及机械等工程。

11.3.6 纤维类装饰材料

纤维类材料因其具有特有的色彩、光泽、表面形态、纹理等,使其表现出良好的装饰效果。根据其使用环境与用途的不同,可分为地面装饰、墙面贴饰、挂帷遮饰、纤维工艺美术品等。

地面装饰纤维材料是一种软质铺地材料——地毯。地毯具有吸音、保温、行走舒适和装饰作用。地毯种类很多,目前使用较广泛的有手织地毯、机织地毯、簇绒地毯、针刺地毯、编结地毯等。

墙面贴饰纤维材料泛指墙布织物。墙布具有吸音、隔热、调节室内湿度与改善环境的作用。墙布较常见的有黄麻墙布、印花墙布、无纺墙布、植物纺织墙布。此外,还有较高档次的丝绸墙布、静电植绒墙布等。

挂帷遮饰纤维材料是挂置于门、窗、墙面等部位的织物,也可用作分割室内空间的屏障,具有隔音、遮蔽、美化环境等作用。主要形式有悬挂式、百叶式两种。常用的织物有薄型窗纱,中、厚型窗帘,垂直帘,横帘,卷帘,帷幔等。

纤维工艺美术品是以各式纤维为原料编结、制织的艺术品,主要用于装饰墙面,为纯欣赏性的织物。这类织物有平面挂毯、立体型现代艺术壁挂等。

11.4 新型防水材料

建筑防水材料是指应用于建筑物和构筑物中起着防潮、防漏,保护建筑物和构筑物及其构件不受水浸蚀破坏作用的一类土木工程材料。

依据建筑防水材料的外观形态,可将新型建筑防水材料分为防水卷材、防水涂料、防水密封材料、刚性防水材料和堵漏止水材料等五大系列。这五大类材料又根据其组成不同可划分为上百个品种。

11.4.1 防水卷材

沥青基防水卷材在第9章中作过介绍,本节主要介绍性能良好的新型防水卷材。

1)高聚物改性沥青防水卷材

沥青材料本身存在一些固有的缺陷,如冷脆、热淌、易老化、开裂等,为改善沥青的防水性能,提高其低温下的柔韧性、塑性、变形性和高温下的热稳定性和机械强度,必须对沥青进行氧化、乳化、催化或掺入橡胶、树脂、矿物质等措施,对沥青材料加以改性,使沥青的性质得到不同程度的改善。高聚物改性沥青防水卷材以SBS改性沥青防水卷材和APP改性沥青防水卷材为代表。

(1)SBS改性沥青防水卷材

SBS改性石油沥青防水卷材是在石油沥青中加入10%~15%的SBS进行改性,属弹性体沥青防水卷材中的代表品种。SBS改性石油沥青防水卷材拉伸强度高、伸长率大、自重轻、耐老化性好、施工方便,在-50 ℃以下仍然有防水功能,特别适宜于在严寒地区使用。

SBS改性石油沥青防水卷材按材料性能可分为Ⅰ型和Ⅱ型;按胎基分为聚酯毡(PY)、玻纤毡(G)和玻纤增强聚酯毡(PYG);按上表面隔离材料分为矿物粒料、细砂、聚乙烯膜;按下表面隔离材料分为细砂和聚乙烯膜。本系列卷材执行国家标准《弹性体改性沥青防水卷材》(GB 18242—2008),其性能应符合表 11.3 的要求。

表 11.3　弹性体改性沥青防水卷材性能

型　号		Ⅰ		Ⅱ		
胎　基		PY	G	PY	G	PYG
可溶物含量/(g·m^{-2})	3 mm	≥2 100				—
	4 mm	≥2 900				—
	5 mm	≥3 500				
	试验现象	—	胎基不燃	—	胎基不燃	—
不透水性 30 min		0.3 MPa	0.2 MPa	0.3 MPa		
耐热性	℃	90		105		
	mm	≤2				
	试验现象	无流淌、滴落				
低温柔性/℃		-20		-25		
		无裂缝				
拉力	每 50 mm 最大峰拉力/N	≥500	≥350	≥800	≥500	≥900
	每 50 mm 次高峰拉力/N	—	—	—	—	≥800
	试验现象	拉伸过程中,试件中部无沥青涂盖层开裂或与胎基分离现象				
浸水后质量增加/% ≤	*PE*、*S*	≤1.0				
	M	≤2.0				
延伸率	最大峰时延伸率/%	≥30	—	≥40	—	—
	第二峰时延伸率/%	—		—		≥15
热老化	拉力保持率/%	≥90				
	延伸率保持率/%	≥80				
	低温柔性/℃	-15		-20		
		无裂缝				
	尺寸变化率/%	≤0.7	—	≤0.7	—	≤0.3
	质量损失/%	≤1.0				
渗油性	张数	≤2				
接缝剥离强度/(N/mm)		≥1.5				
钉杆撕裂强度[a]/N		—				≥300
矿物粒料粘附性[b]/g		≤2.0				
卷材下表面沥青涂盖层厚度[c]/mm		≥1.0				
人工气候加速老化	外观	无滑动、流淌、滴落				
	拉力保持率/%	≥80				
	低温柔性/℃	-15		-20		
		无裂纹				

注:a.仅适用于单层机械固定施工方式卷材;
　b.仅适用于矿物粒料表面的卷材;
　c.仅适用于热熔施工的卷材。

(2)APP 改性沥青防水卷材

APP 改性沥青防水卷材是在石油沥青中加入 30%~35%APP 进行改性，属塑性体沥青防水卷材中的代表品种。APP 改性沥青防水卷材分子结构稳定、老化期长，具有良好的耐热性，拉伸强度高、伸长率大、施工简便、无污染，温度适应范围为-15~130 ℃，特别适宜于有强烈阳光照射的炎热地区使用。

APP 改性石油沥青防水卷材可分为Ⅰ型和Ⅱ型；按胎基分为聚酯毡(PY)、玻纤毡(G)和玻纤增强聚酯毡(PYG)；按上表面隔离材料分为矿物粒料、细砂、聚乙烯膜；按下表面隔离材料分为细砂和聚乙烯膜。本系列卷材执行国家标准《塑性体改性沥青防水卷材》(GB 18243—2008)，其性能应符合表 11.4 的要求。

表 11.4　塑性体改性沥青防水卷材性能

<table>
<tr><td colspan="2">型　号</td><td colspan="2">Ⅰ</td><td colspan="3">Ⅱ</td></tr>
<tr><td colspan="2">胎　基</td><td>PY</td><td>G</td><td>PY</td><td>G</td><td>PYG</td></tr>
<tr><td rowspan="4">可溶物含量/(g·m^{-2})</td><td>3 mm</td><td colspan="4">≥2 100</td><td>—</td></tr>
<tr><td>4 mm</td><td colspan="4">≥2 900</td><td>—</td></tr>
<tr><td>5 mm</td><td colspan="5">≥3 500</td></tr>
<tr><td>试验现象</td><td>—</td><td>胎基不燃</td><td>—</td><td>胎基不燃</td><td>—</td></tr>
<tr><td colspan="2">不透水性 30 min</td><td>0.3 MPa</td><td>0.2 MPa</td><td colspan="3">0.3 MPa</td></tr>
<tr><td rowspan="3">耐热性</td><td>℃</td><td colspan="2">110</td><td colspan="3">130</td></tr>
<tr><td>mm</td><td colspan="5">≤2</td></tr>
<tr><td>试验现象</td><td colspan="5">无流淌、滴落</td></tr>
<tr><td colspan="2" rowspan="2">低温柔性/℃</td><td colspan="2">-7</td><td colspan="3">-15</td></tr>
<tr><td colspan="5">无裂缝</td></tr>
<tr><td rowspan="3">拉力</td><td>每 50 mm 最大峰拉力/N</td><td>≥500</td><td>≥350</td><td>≥800</td><td>≥500</td><td>≥900</td></tr>
<tr><td>每 50 mm 次高峰拉力/N</td><td>—</td><td>—</td><td>—</td><td>—</td><td>≥800</td></tr>
<tr><td>试验现象</td><td colspan="5">拉伸过程中，试件中部无沥青涂盖层开裂或与胎基分离现象</td></tr>
<tr><td rowspan="2">浸水后质量增加/%</td><td>PE,S</td><td colspan="5">≤1.0</td></tr>
<tr><td>M</td><td colspan="5">≤2.0</td></tr>
<tr><td rowspan="2">延伸率</td><td>最大峰时延伸率/%</td><td>≥25</td><td rowspan="2">—</td><td>≥40</td><td rowspan="2">—</td><td>—</td></tr>
<tr><td>第二峰时延伸率/%</td><td>—</td><td>—</td><td>≥15</td></tr>
<tr><td rowspan="6">热老化</td><td>拉力保持率/%</td><td colspan="5">≥90</td></tr>
<tr><td>延伸率保持率/%</td><td colspan="5">≥80</td></tr>
<tr><td rowspan="2">低温柔性/℃</td><td colspan="2">-2</td><td colspan="3">-10</td></tr>
<tr><td colspan="5">无裂缝</td></tr>
<tr><td>尺寸变化率/%</td><td>≤0.7</td><td>—</td><td>≤0.7</td><td>—</td><td>≤0.3</td></tr>
<tr><td>质量损失/%</td><td colspan="5">≤1.0</td></tr>
</table>

续表

<table>
<tr><td colspan="2">接缝剥离强度/(N·mm^{-1})</td><td colspan="3">≥1.0</td></tr>
<tr><td colspan="2">钉杆撕裂强度[a]/N</td><td colspan="2">—</td><td>≥300</td></tr>
<tr><td colspan="2">矿物粒料粘附性[b]/g</td><td colspan="3">≤2.0</td></tr>
<tr><td colspan="2">卷材下表面沥青涂盖层厚度[c]/mm</td><td colspan="3">≥1.0</td></tr>
<tr><td rowspan="4">人工气候加速老化</td><td>外观</td><td colspan="3">无滑动、流淌、滴落</td></tr>
<tr><td>拉力保持率/%</td><td colspan="3">≥80</td></tr>
<tr><td rowspan="2">低温柔性/℃</td><td>-2</td><td colspan="2">-10</td></tr>
<tr><td colspan="3">无裂纹</td></tr>
</table>

注:a.仅适用于单层机械固定施工方式卷材;

b.仅适用于矿物粒料表面的卷材;

c.仅适用于热熔施工的卷材。

2)合成高分子防水卷材

合成高分子防水卷材是以合成橡胶、合成树脂或二者的共混体系为基料,加入适量的化学助剂、填充剂等,采用混炼、塑炼、压延或挤出成型、硫化、定型等橡胶或塑料的加工工艺所制成的无胎加筋或不加筋的弹性或塑性的片状可卷曲的一类防水材料。

(1)三元乙丙橡胶(EPDM)防水卷材

三元乙丙橡胶是以乙烯、丙稀和双环戊二烯或亚乙基降冰片烯3种单体共聚合成的一类合成高分子橡胶。三元乙丙橡胶防水卷材是以三元乙丙橡胶中掺入适量的丁基橡胶为基本原料,加入软化剂、填充剂、补强剂、硫化剂、促进剂、稳定剂等,经精确配料、密炼、塑炼、过滤、拉片、挤出或压延成型、硫化、检验、分卷、包装等工序加工而成的可卷曲的高弹性防水卷材。

三元乙丙橡胶防水卷材的物理力学性能应符合《高分子防水材料 第1部分:片材》(GB/T 18173.1—2012)的要求。三元乙丙橡胶防水卷材分为硫化型和非硫化型两类,广泛使用的硫化型卷材耐老化性能好,拉伸强度高,耐高低温性能好,可以单层施工,属高档防水材料。

(2)聚氯乙烯(PVC)防水卷材

聚氯乙烯防水卷材根据产品组成分为均质卷材(H)、带纤维背衬卷材(L)、织物内增强卷材(P)、玻璃纤维内增强卷材(G)、玻璃纤维内增强纤维背衬卷材(GL)。该防水卷材的物理力学性能应符合《聚氯乙烯(PVC)防水卷材》(GB 12952—2011)的规定。这种防水卷材适用于新建和翻修工程的屋面防水,也适用于水池、堤坝等防水抗渗工程。

(3)氯化聚乙烯-橡胶共混防水卷材

氯化聚乙烯-橡胶共混防水卷材,是以氯化聚乙烯树脂和合成橡胶为主体,加入适量的硫化剂、促进剂、稳定剂、软化剂和填充料等,经过素炼、混炼、过滤、压延成型、硫化等工序而制成的防水卷材。

氯化聚乙烯-橡胶共混防水卷材的物理力学性能兼有橡胶和塑料的特点，不仅具有氯化聚乙烯所特有的高强度和优异的耐臭氧、耐老化性能，而且具有橡胶类材料所特有的高弹性、高延伸性以及良好的低温柔性，最适用于屋面工程作单层外露防水。

11.4.2　防水涂料

1）概述

防水涂料一般是以沥青、合成高分子聚合物与水泥或以无机复合材料等为主要成膜物质，掺入适量的颜料、助剂、溶剂等加工制成的溶剂型、水乳型或反应型的，在常温下呈无固定形状的粘稠状液态或可液化的固体粉末状态的高分子合成材料。

防水涂料可分层涂刷或喷涂在需要进行防水处理的基层表面上，通过溶剂的挥发或水分的蒸发或反应固化后可形成一个连续、无缝、整体的且具有一定厚度、坚韧的涂层，能满足工业与民用建筑的屋面、地下室、厕浴厨房间以及外墙等部位的防水渗漏要求。

（1）防水涂料的分类

防水涂料按其成膜物质可分为沥青类、高聚物改性沥青（亦称橡胶沥青类）、合成高分子类（分为合成树脂类和合成橡胶类）、无机类、聚合物水泥类五大类；按其涂料状态与形式，大致可以分为溶剂型、反应型、乳液型三大类型。根据防水涂料的组分不同，可分为单组分防水涂料和双组分防水涂料两类，单组分防水涂料按液态不同，有溶剂型、水乳型两种；双组分防水涂料则以反应型为主。建筑防水涂料按其在建筑物上的使用部位不同，可分为屋面防水涂料、立面防水涂料、地下工程防水涂料等类。

（2）防水涂料的性能特点

①在固化前呈液态，特别适用于各种不规则屋面、墙面、节点等复杂表面，固化后可形成无接缝的完整防水膜。

②可采用刷涂、喷涂等方式进行冷施工，环境污染小，施工简便，劳动强度较小。

③所形成的防水层自重小，特别适用于轻型屋面等。

④涂布的防水涂料，既是防水层的主体，又是粘结剂，施工质量易保证，维修较简单。

⑤由于施工时须采用刷子、刮板等逐层涂刷或涂刮，或采用喷枪喷涂，防水膜的厚度难以做到像防水卷材那样均一。

2）常用防水涂料

（1）高聚物改性沥青防水涂料

高聚物改性沥青防水涂料一般是以沥青为基料，用合成高分子聚合物对其进行改性，配制而成的溶剂型或水乳型防水材料。常用品种有氯丁橡胶改性沥青防水涂料、再生橡胶沥青防水涂料、SBS 改性沥青防水涂料以及丁苯橡胶改性沥青防水涂料等。

高聚物改性沥青防水涂料与其他防水材料相比，具有材料来源广、成本相对低、施工简单、柔韧性较好、耐久性能优良等特点，广泛适用于各种建筑结构的屋面、墙体、厕浴间、地下室、冷库、桥梁、铁路路基、水池、地下管道等的防水、防渗、防潮、隔气及补漏等工程。

(2)合成高分子防水涂料

合成高分子防水涂料是以合成橡胶或合成树脂为主要成膜物质,加入其他辅助材料而配制成的单组分或多组分的防水涂膜材料。

合成高分子防水涂料的种类繁多,不易明确分类,如按其形态进行分类,则主要有 3 种类型:第一类为乳液型,属单组分高分子防水涂料中的一种,其特点是经液状高分子材料中的水分蒸发而成膜;第二类为溶剂型,也是单组分高分子防水涂料中的一种,其特点是经液状高分子材料中的溶剂挥发而成膜;第三类为反应型,属双组分型高分子材料,其特点是用液状高分子材料作为主剂与固化剂进行反应而成膜(固化)。高分子防水涂料的具体品种更是多种多样,如聚氨酯、丙烯酸、硅橡胶(有机硅)、氯磺化聚乙烯、氯丁橡胶、丁基橡胶、偏二氯乙烯涂料以及它们的混合物,等等。

高分子防水涂料除聚氨酯、丙烯酸和硅橡胶(有机硅)等涂料外,均属中低档防水涂料,若用涂料进行一道设防,其防水耐用年限仅聚氨酯、丙烯酸和硅橡胶等涂料可达 10 年以上,但也超不过 15 年,所以按屋面防水等级、防水耐用年限、设防要求,涂膜防水屋面只能适用于屋面防水等级为Ⅲ、Ⅳ级的工业与民用建筑。但涂膜防水可单独做成一道设防,同时涂膜防水又具有整体性好,对屋面节点和不规则屋面便于防水处理等特点,所以涂膜防水也可作Ⅰ、Ⅱ级屋面多道设防中的一道防水层。

11.4.3 防水密封材料

1)概述

建筑密封材料是指填充于建筑物的各种接缝、裂缝、变形缝、门窗框、幕墙材料周边或其他结构连接处,防止液体、气体、固体的侵入,起到水密、气密作用的一类土木工程材料。防水密封材料必须具备下列性能:

①非渗透性。

②优良的抗下垂性、伸缩性、粘结性和施工性,能随接缝运动和接缝处出现的运动速率变形,并经循环反复变形后能充分恢复其原有性能和形状,不断裂、不剥落,使构件与构件形成完整的防水体系。

③必须具有耐候性、耐热性、耐寒性、耐水性、耐化学药品性以及保持外观色泽稳定性。

防水密封材料的品种很多,可按表 11.5 对其进行分类。

表 11.5 防水密封材料的分类

材料类型	品名举例
油基类密封材料	马牌油膏
	桐油厚质防潮油
高聚物改性石油沥青密封材料	丁基橡胶改性沥青密封膏
	SBS 改性沥青弹性密封膏
	再生橡胶沥青嵌缝密封膏

续表

材料类型			品名举例
合成高分子密封材料	不定型密封材料		硅橡胶密封胶
			聚氨酯密封胶
			聚硫密封胶
			丙烯酸酯密封胶
			丁基密封胶
			氯磺化聚乙烯密封胶
			氯丁密封胶
			丁苯密封胶
	定型密封材料	橡胶类	橡胶止水带
			遇水膨胀橡胶
		树脂类	塑料止水带
		金属类	不锈钢止水带、铜片止水带

2)常用防水密封材料

(1)硅橡胶防水密封材料

有机硅橡胶密封胶是以聚硅氧烷为主要成分的非定形密封材料，主要由硅橡胶、硫化剂、填充剂、结构控制剂、增粘剂等组分组成。有机硅橡胶密封胶根据其包装形式可分为单组分和双组分。单组分有机硅橡胶密封胶是由硅橡胶为主剂，加入硫化剂、填充剂、颜料等组分组成；双组分有机硅橡胶密封胶的主剂与单组分相同，但硫化剂及机理不同。有机硅橡胶密封胶按其使用的硫化剂种类不同可分为醋酸型、酮肟型、醇型、胺型、酰胺型和氨氧型等多种类型。

硅橡胶密封胶是一种优质嵌缝材料，可以在室温下固化或加热固化的液态橡胶。硅橡胶密封胶十分适合作耐热、耐寒、绝缘、防水、防潮及防震的密封和粘接材料。有机硅密封胶的贮存性稳定，使用后的密封胶耐久性好，硫化后的密封胶可在-50~250 ℃范围内长期保持弹性。在土木工程领域中，硅橡胶密封胶可作为预制构件的嵌缝密封材料和防水堵漏材料，金属窗框中镶嵌玻璃的密封材料以及中空玻璃构件的密封材料。

(2)聚硫防水密封材料

聚硫防水密封材料是以液态聚硫橡胶为主要成分的非定形密封材料，是由聚硫橡胶和金属过氧化物等硫化剂反应，在常温下形成弹性体，可用于活动量大的接缝，属高档密封材料。按操作性能可分为干型密封胶、流动型密封胶和喷涂型密封胶 3 类。

聚硫密封胶具有以下几方面的特点：良好的耐气候、耐燃油、耐湿热、耐水和耐低温性能，使用温度范围为-40~96 ℃；抗撕裂性强，对钢、铝等金属及各种土木工程材料有良好的粘结性;适合接缝活动量大的部位;双组分聚硫密封胶粘度低,两种组分极易混合均匀,施工性能好;单组分聚硫密封胶施工操作简便,免除了配料、装胶等繁杂的工序;工艺性良好,不需溶剂,无毒,使用安全可靠;具有极佳的气密性和水密性,良好的低温柔性,可常温或加温固化。

聚硫防水密封材料广泛应用于土木工程领域中的现代幕墙接缝,建筑物护墙板及高层建筑接缝,窗门框周围的防水防尘密封,中空玻璃制造中的组合件密封及中空玻璃安装,建筑门窗玻璃装嵌密封,游泳池、贮水槽、公路、机场跑道、上下管道、冷藏库等接缝的密封。

(3)丙烯酸酯防水密封材料

丙烯酸酯密封胶是以丙烯酸酯类聚合物为主要成分的非定形密封材料,主要有乳液型密封胶和溶剂型密封胶两大类。丙烯酸酯密封胶属中等性能的密封胶,它的突出特点是除具有足够的密封性能外,还有更好的粘结性能,但它的柔韧性较差,不能允许接缝有大幅度的运动,如果制成柔软性品级,又会失去优良的粘附性能。

丙烯酸酯密封胶广泛用于门、窗框与墙体的接缝密封,钢、铝、木窗与玻璃间的密封,刚性屋面伸缩缝,内外墙拼缝,内外墙与屋面接缝,管道与楼层面接缝,混凝土外墙板以及屋面板构件接缝等工程场合。

(4)聚氨酯防水密封材料

聚氨酯密封胶是以聚氨基甲酸酯为主要成分的非定形密封材料,它是含有两个或多个羟基或氨基官能团的化合物与二异氰酸酯或多异氰酸酯进行加成聚合反应制备的。聚氨酯密封胶分为单组分和双组分两种基本类型;按是否有流动性,又可分为不垂挂型和自流平型;按使用后的性质还可以分为不干型、半干型和全固化弹性体型;按材性可分为聚氨酯密封胶和焦油聚氨酯密封胶等。

聚氨酯密封胶低温柔软性、粘结性、弹性、复原性、耐磨性、耐候性、耐油性和耐生物老化性优良,机械强度大,可适合于动态接缝,使用寿命可达15~20年。聚氨酯密封胶也有一些缺点,如不能长期耐热,浅色配方容易受紫外光老化,单组分胶贮存稳定性受包装及外界影响较大,固化较慢,高温热环境下可能产生气泡和裂纹等。

聚氨酯密封胶在建筑方面的具体应用有:混凝土预制件等土木工程材料的连接及施工缝的填充密封,门窗的木框四周与墙及混凝土之间的密封嵌缝,建筑物上轻质结构(如幕墙)的粘贴嵌缝,阳台、游泳池、浴室等设施的防水嵌缝,空调及其他体系连接处的密封,隔热双层玻璃和隔热窗框的密封等。

11.4.4 刚性防水材料

1)概述

刚性防水材料是指以水泥、砂石为原料,或其内掺入少量外加剂、高分子聚合物等材料,通过调整配合比、抑制或减少孔隙率、改变孔隙特征等方法,配制成具有一定抗渗透能力的水泥砂浆混凝土类防水材料。刚性防水材料具有以下几方面特点:

①有较高的压缩强度、拉伸强度及一定的抗渗能力,是一种既可防水又可兼作承重围护结

构的多功能材料。

②抗冻、抗老化性能好,能满足耐久性要求,其耐久年限最少20年。

③材料易得、造价低廉、施工简便,且易于查找渗漏水源,便于进行修补,综合经济效果较好。

④一般为无机材料,不燃烧、无毒、无异味,有透气性。

2)常用刚性防水材料

(1)防水混凝土

防水混凝土是以调整混凝土的配合比、掺外加剂或使用新品种水泥等方法提高自身的密实性、憎水性和抗渗性的不透水性混凝土。防水混凝土可分为普通防水混凝土、外加剂防水混凝土和膨胀水泥防水混凝土3大类。用防水混凝土与采用卷材防水相比较,防水混凝土兼有防水和承重两种功能,能节约材料,加快施工速度;材料来源广泛,成本低廉;在结构构造复杂的情况下,施工简便,防水性能可靠;渗漏水时易于检查,便于修补;耐久性好;可改善劳动条件。

(2)防水砂浆

应用与制作建筑防水层的砂浆称为防水砂浆。防水砂浆是通过严格的操作技术或掺入适量的防水剂、高分子聚合物等材料,以提高砂浆的密实性来达到抗渗防水目的的一种重要的刚性防水材料。常用的防水砂浆可分为多层抹面水泥砂浆、掺外加剂的防水砂浆和膨胀水泥与无收缩性水泥配制的防水砂浆3类。

水泥砂浆防水与卷材、金属、混凝土等几种其他防水材料相比,虽具有施工操作简便、造价便宜、容易修补等优点,但由于其韧性差、较脆、极限抗拉强度低,易随基层开裂而开裂,故难以满足防水工程越来越高的要求,为了克服这些缺点,利用高分子聚合物材料制成聚合物改性砂浆来提高材料的抗拉强度和韧性是一个重要的途径。

水泥砂浆防水层适用于结构刚度较大,建筑物变形较小,埋置深度不大,在使用时不会因结构沉降,温度、湿度变化以及受振动等产生有害裂纹的地面及地下防水工程。除聚合物防水砂浆外,其他防水砂浆均不宜用于长期受冲击荷载和较大振动作用下的防水工程,也不适用于处在侵蚀性介质、100 ℃以上高温环境及遭受着反复冻融的砖砌工程。

11.4.5 堵漏止水材料

堵漏止水材料是指能在短时间内迅速凝结从而堵住水渗出的一类防水材料。常用的堵漏止水材料可以分为水泥系列灌浆堵漏材料、无机防水堵漏材料和化工防水堵漏灌浆材料。

1)水泥系列灌浆堵漏材料

水泥系列灌浆料是以水泥为主要材料,掺入水玻璃、石膏粉、缓凝剂、减水剂、早强剂等,加水搅拌而成的灌浆料。水泥系列灌浆料材料来源广,价格低,灌浆工艺简单,但很难灌入细小的裂缝中。水泥系列灌浆堵漏材料主要包括水泥灌浆料、水泥水玻璃灌浆材料、水泥加石膏堵漏材料和堵漏灵等。

2) 无机防水堵漏材料

无机防水堵漏材料种类繁多,主要包括防水宝、防水灵和快速堵漏剂等。

(1)防水宝

防水宝是刚性无机材料,呈固体粉状,配合速凝剂可快速堵漏。防水宝强度高、粘结力强、抗渗性能良好,无毒、无味、不污染环境,可带水作业,适用于地下室防水堵漏以及新旧混凝土和砖石结构的墙体、屋面、地面等工程的防水堵漏。

(2)防水灵

防水灵是一种灰白色粉状物的无机高效防水材料,呈微碱性,用水拌和后即可施工。防水灵具有无毒、无味、不污染环境、抗老化性能好、粘结强度高、不锈蚀钢筋等优点,能带水作业,在流水条件下堵漏止渗快速有效。防水灵适用于地下建筑、水池、水坝、隧道、厕所、卫生间等的防潮堵漏,尤其适合于管道结合部位的堵漏。

(3)快速堵漏剂

快速堵漏剂是一种灰黑色粉末,用水拌和,是一种微膨胀水硬性胶凝材料。快速堵漏剂可在潮湿基层上施工,能带水堵漏,快凝快硬,有立刻止漏的功效,且粘结力强,可与基层牢固粘结成为一个整体。快速堵漏剂广泛用于房屋地下室、地下和水下各种构筑物的堵漏止水、抢修灌注等工程。

3) 化工防水堵漏灌浆材料

化工防水堵漏灌浆材料是将配制成的浆液,用压浆设备将浆液灌压入渗漏水的缝隙或孔洞中,使其扩散、胶凝、反应、固化、膨胀从而达到止水的目的,包括环氧糠醛浆料、氰凝灌浆料、甲凝灌浆料、丙凝灌浆料等。

11.5 防火材料

土木工程建筑物火灾给人类的生命也带来了巨大的危害。发生火灾的原因很多,它对建筑物的破坏程度与建筑中所用的建筑材料有着密切的关系。因此,在土木工程上,应采用防火材料,积极选用不燃材料和难燃材料,避免使用会产生大量浓烟或有毒气体的内部材料,以防为主,就能在很大程度上减少火灾对人类的危害,降低火灾造成的损失。

11.5.1 概述

1) 防火材料的性能要求

(1)在高温下的物理力学性能

材料在高温下的物理力学性能表示材料受火后,其应力与温度的变化关系。它可以反映各种材料发生破坏时(失去承载能力、出现裂缝或穿孔)的温度,即材料在火灾中所能承受的最高温度。

(2)导热性能

导热性能表示了材料的导热能力,通过试验可得知当材料一面受火后,另一面温度的变化情况。即使是不燃烧体,如果其具有较强的导热能力,那么该材料也不能说具有较好的防火性能。

(3)燃烧性能

燃烧性能主要通过材料的可燃程度及对火焰的传播速度来确定。材料的燃烧速度是材料燃烧性能的一个非常重要的数据。如果材料具有较大的燃烧速度,那么在火灾发生后,火焰就会迅速蔓延。各种可燃性材料其燃烧速度是不相同的。它与许多因素如通风状态、氧气浓度等有关。

(4)发烟性能

如果材料燃烧时产生了大量烟雾,就会使逃生者视线受阻,使逃生变得更加困难,同时也不利于消防人员的救灾抢险,另外,烟的大量出现还会使人员神智丧失甚至窒息而死。考虑材料的防火性能时必须重视材料的发烟性能。

(5)潜在毒性性能

在烟气生成的同时,如果材料燃烧或热解中产生了大量毒性气体,将对人员产生更大的危害性。

材料的防火性能必须综合考虑上述5个方面的因素,才能使我们对材料的防火性能有一个较全面的认识。

2)土木工程材料的分级和建筑物的耐火等级

(1)土木工程材料的分级

《建筑内部装修设计防火规范》(GB 50222—2017)将建筑材料按其燃烧性能分为4级,见表11.6。燃烧性能等级的判定,应按国家标准的规定进行。

表 11.6 建筑材料燃烧性能等级

等　级	燃烧性能	检测方法
A	不燃性	GB/T 5464—2010
B1	难燃性	GB/T 8625—2005
B2	可燃性	GB/T 8626—2007
B3	易燃性	不检测

(2)建筑物的耐火等级

众所周知,火灾的危险性与建筑物的使用功能、重要程度和层数多少直接相关,因此就存在区别对待的问题。通用的一种做法就是将建筑物人为地划分成若干个耐火等级。建筑物的耐火等级是与构件的耐火强度和所用的材料情况密切相关的。《建筑设计防火规范》(GB 50016—2014)将民用建筑的耐火等级按其构件的燃烧性能和耐火极限,分为四级,见表11.7。

表 11.7　民用建筑物构件的燃烧性能和耐火极限

单位:h

名　称		耐火等级			
构　件		一级	二级	三级	四级
墙	防火墙	不燃烧体 3.00	不燃烧体 3.00	不燃烧体 3.00	不燃烧体 3.00
	承重墙	不燃烧体 3.00	不燃烧体 2.50	不燃烧体 2.00	难燃烧体 0.50
	非承重墙	不燃烧体 1.00	不燃烧体 1.00	不燃烧体 0.50	燃烧体
	楼梯间的墙 电梯井的墙 住宅单元之间的墙 住宅分户墙	不燃烧体 2.00	不燃烧体 2.00	不燃烧体 1.50	难燃烧体 0.50
	疏散走道两侧的隔墙	不燃烧体 1.00	不燃烧体 1.00	不燃烧体 0.50	难燃烧体 0.25
	房间隔墙	不燃烧体 0.75	不燃烧体 0.50	难燃烧体 0.50	难燃烧体 0.25
柱		不燃烧体 3.00	不燃烧体 2.50	不燃烧体 2.00	难燃烧体 0.50
梁		不燃烧体 2.00	不燃烧体 1.50	不燃烧体 1.00	难燃烧体 0.50
楼板		不燃烧体 1.50	不燃烧体 1.00	不燃烧体 0.50	燃烧体
屋顶承重构件		不燃烧体 1.50	不燃烧体 1.00	燃烧体 0.50	燃烧体
疏散楼梯		不燃烧体 1.50	不燃烧体 1.00	不燃烧体 0.50	燃烧体
吊顶(包括吊顶搁栅)		不燃烧体 0.25	难燃烧体 0.25	难燃烧体 0.15	燃烧体

11.5.2 常用建筑防火材料

1) 防火涂料

防火涂料是一类能降低可燃基材火焰传播速度或阻止热量向可燃物传递,进而推迟或消除基材的引燃过程或者推迟结构失稳或力学强度降低的涂料。即对可燃基材,防火涂料能推迟或消除可燃基材的引燃过程;对于不燃性基材,防火涂料能降低基材温度升高速率、推迟结构的失稳过程。

人们常按阻燃作用原理,将防火涂料分为膨胀型防火涂料与非膨胀型防火涂料。

(1)膨胀型防火涂料(称薄涂层防火涂料)

它的特点是当涂料受热达到一定温度后,涂层中将产生发泡气体,使涂层膨胀,以形成一个泡状绝缘层,它使火焰与底层隔离,从而防止了底层达到燃点温度及破坏。温度膨胀型防火涂料的化学成分从功能上分,主要由 3 种组分组成:一是催化剂——磷源;二是碳化剂——炭源;三是发泡剂——此成分当受热分解时应为不燃性气体并形成泡沫状。催化剂的化学成分一般是磷酸铵类;碳化剂的化学成分为多元醇类;发泡剂的化学成分为三聚氰胺等。

膨胀防火涂料在火中被加热,涂膜表面逐渐变为熔融膜,此时催化剂中含磷的化合物分解成磷酸;熔融物逐渐形成均匀的发泡碳化层;在形成碳化层的同时,发泡剂分解产生气体(通常为不燃性的 NH_3、Cl_2、HCl 等气体)使漆膜膨胀形成发泡层,隔绝空气和热量。在火灾发生后,由于受热使涂层膨胀,一方面阻止了火焰的传播;另一方面阻止了基层材料的破坏。

(2)非膨胀型防火材料(又称厚涂层防火涂料)

非膨胀型防火涂料包括两种类型,即:难燃性防火涂料和不燃性防火涂料。

难燃性防火涂料有乳胶类防火涂料和含阻燃剂的防火涂料。乳胶类防火涂料其乳胶本身为难燃性物质,这样再加些无机颜料便形成一种防火涂料。含阻燃剂的防火涂料大多采用卤素使基料难燃化,然后再加阻燃剂。含阻燃剂的防火涂料一方面由于其本身的难燃性;另一方面由于这些助剂与基料的相互作用结果使其具有防火性能。

不燃性防火涂料主要为无机涂料,这种涂料是在无机基料中加一些无机颜料及辅料而形成的一种完全不燃性防火涂料。但这种涂料存在着耐水性差,装饰性不好,不易固化等缺点。

膨胀型防火涂料与非膨胀型防火涂料相比,两者都对火焰传播有抑制作用,但仅从隔热性能看,膨胀型防火涂料优于非膨胀型防火涂料。膨胀型防火涂料受热后,可膨胀为原来厚度的 5~10 倍,最大可达 100~200 倍,而且导热系数 λ 也因此比固态涂层小。由此可见,膨胀型防火涂料的防火性能在某种程度上优于非膨胀型防火涂料。

2) 常用建筑防火材料

(1)常用防火涂料

常用建筑防火涂料有 TN-LG 钢结构防火涂料、TN-LB 钢结构膨胀防火涂料、B60-2 木结构防火涂料、G60-3 膨胀型过氧乙烯防火涂料等。TN-LG 钢结构防火涂料,是以改性无机高温粘合剂合成配以膨胀蛭石、膨胀珍珠岩等,及增强材料和化学助剂而成的一种防火材料。

它的防火性能好，粘结强度高，耐水性好，施工温度低。TN-LB 钢结构膨胀防火涂料为水溶性有机与无机材料相结合的乳胶膨胀防火材料。该涂料涂层薄，防火性能好，装饰效果好，粘结强度高，耐水性好。B60-2 木结构防火涂料是以水作溶剂的、不燃不爆、防火阻燃效果突出，颜色可多样化的防火涂料。G60-3 膨胀型过氧乙烯防火涂料是采用过氧乙烯树脂和氧化橡胶作基料，添加防火剂、颜料、增塑剂等，经研磨分散制成，其特点是遇火膨胀并能生成均匀致密的蜂窝状隔层，适用于建筑物、船舶、地下工程的可燃性基材及电缆等危险性较大的物体的防火保护。

(2)常用防火板

常用防火板有 FC 纤维水泥加压板、泰柏板、硅钙板和纸面石膏板等。FC 纤维水泥加压板是以各种纤维和水泥为主要原料、经抄取成型，加压、蒸养等工序制成。泰柏板是由板块焊接钢丝笼和泡沫聚苯乙烯芯材组成。硅钙板是采用硅钙质原材料为基材，选用合适的无机和有机纤维材料增强，经过抄取法工艺制成。纸面石膏板是以石膏及其他掺加剂为夹芯，以纸板作为护面的薄板。

本章小结

绝热材料的主要技术参数有导热系数、热稳定性、吸水性与吸湿性和机械强度。常见的绝热材料主要有矿棉、玻璃棉、发泡黏土、轻集料混凝土、加气混凝土、陶瓷纤维、微孔硅藻钙、泡沫塑料、膨胀珍珠岩、碳化软木板等。

影响吸声材料吸声效果的主要因素有材料的表观密度、厚度、孔隙特征等。常用的吸声材料有石膏砂浆、水泥膨胀珍珠、矿渣棉、沥青矿渣棉毡、酚醛玻璃纤维板、泡沫玻璃、软木板、穿孔胶合板、工业毛毡等。材料的隔声能力则是通过材料对声波的透射系数来衡量，透射系数越小，隔声性能越好。吸声材料性能好的材料，不能简单地把它们作为隔声材料来使用。

装饰材料是指为保护主体结构不受外界的侵害，改善外观效果，或弥补外观缺陷而在主体结构的表面覆盖的材料。常见的装饰材料主要有石材类装饰材料、涂抹类装饰材料、涂刷类装饰材料、烧结类装饰材料和纤维类装饰材料等。

建筑防水材料是指应用于建筑物和构筑物中起着防潮、防漏，保护建筑物和构筑物及其构件不受水浸蚀破坏作用的一类土木工程材料，包括防水卷材、防水涂料、防水密封材料、刚性防水材料和堵漏止水材料等五大系列。

防火材料需从高温下的物理力学性能、导热性能、燃烧性能、发烟性能以及潜在毒性性能等技术指标进行综合评价。防火材料可分为防火涂料和防火板。常用的建筑防火涂料有 TN-LG 钢结构防火涂料、TN-LB 钢结构膨胀防火涂料、B60-2 木结构防火涂料、G60-3 膨胀型过氧乙烯防火涂料等。常用的防火板有 FC 纤维水泥加压板、泰柏板、硅钙板和纸面石膏板等。

课后习题

1.什么是绝热材料？绝热材料的性能包括哪些方面？
2.绝热材料为什么总是轻质材料？使用时为什么要防水防潮？
3.试述几种常见的绝热材料，它们各有何特点？
4.隔声材料和吸声材料有何区别？
5.材料的吸声系数为多少时被列为吸声材料？试列举5种常用的吸声材料。
6.何谓吸声系数？它有何物理意义？
7.什么叫作装饰材料？装饰材料有什么作用？
8.常用的装饰材料有哪些？
9.高聚物改性沥青防水卷材和高分子防水卷材包括哪些品种？各自特征和应用如何？
10.常用的防水涂料有哪些？
11.防水密封材料有哪些性能要求？
12.刚性防水材料与防水卷材和防水涂料相比有哪些优缺点？
13.试举出几种常见的堵漏止水材料，它们各有何特点？
14.试举出几种常见的防火材料。

12 土木工程材料试验

试验一　材料基本物理性质试验

土木工程材料的基本性质很多，相应的试验方法也很多，而且对于不同材料同一性质的测试方法也各有差异，但其基本原理是一致的。本试验主要列举了块状石材的密度、表观密度和容积密度、孔隙率、吸水率的基本测试方法。通过试验，不仅可以熟悉和掌握材料的基本试验方法，而且可以更好地了解材料的基本性质。

1）试验目的

测定密度、表观密度和容积密度，计算孔隙率，了解材料的基本性质。

2）采用标准

《天然石材试验方法 第3部分：吸水率、体积密度、真密度、真气孔率试验》（GB/T 9966.3—2020）。

3）试验设备

（1）鼓风干燥箱：温度可控制在（65±5）℃范围内；干燥器。

（2）天平：最大称量1 000 g，精度10 mg；最大称量200 g，精度1 mg。

（3）比重瓶：容积25~30 mL（见图12.1）。

（4）63 μm标准筛。

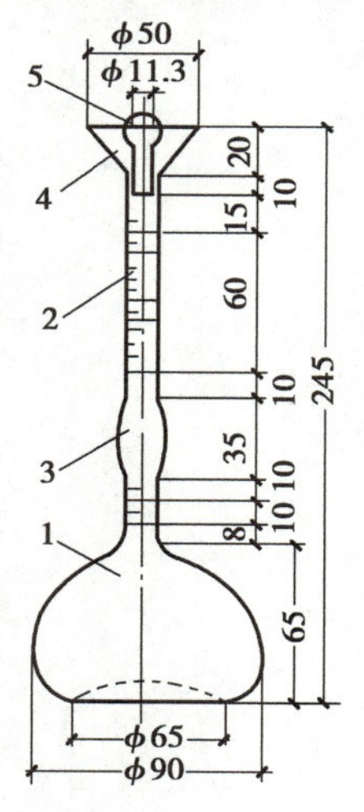

图12.1　比重瓶

1—底瓶；2—细颈；3—鼓形扩大颈；4—喇叭形漏斗；5—玻璃磨口塞

4）试样及其制备

（1）密度、孔隙率试样

取洁净样品1 000 g左右，并将其破碎成小于5 mm的颗粒，以四分法缩分，取一份研磨至可通过63 μm标准筛的粉状样品，取 150 g 作为试样。

(2)表观密度、容积密度、吸水率试样

试样为边长 50 mm 立方体或直径、高度均为 50 mm 的圆柱体。每组 5 块。试样不允许有裂纹，表面应平滑，粗糙面应打磨平滑。有特殊要求时可选用其他规则形状试样，外形几何体积应不小于 60 cm^3，其表面积与体积之比应在 0.08~0.20 mm^{-1}之间。

5)试验步骤

(1)密度、孔隙率测定试验

①将 150 g 粉状试样装入称量瓶中，放入(65±5)℃的鼓风干燥箱内干燥 48 h 至恒重，即在干燥 46 h、47 h、48 h 时分别称其质量，质量保持恒定时表明达到恒重，否则继续干燥，直至出现 3 次恒定的质量。取出，放入干燥器中冷却至室温。

②称取 3 份试样，每份质量(m_0') 10 g，精确至 0.001 g。每份试样分别装入洁净的比重瓶中。

③向比重瓶内注入蒸馏水或去离子水，其体积不超过比重瓶容积的一半，将比重瓶放入水浴中煮沸 30 min 或将比重瓶放在真空干燥器内，以排除试样中的气泡。

④擦干比重瓶，待冷却至室温后，用蒸馏水或去离子水装至比重瓶口下 2~3 mm，右液面做标记，称其质量(m_1')，精确至 0.001 g。

⑤清空比重瓶并将其冲洗干净，重新用蒸馏水或去离子水装至标记处，称其质量(m_2')，精确至 0.001 g。

(2)表观密度、容积密度、吸水率测定试验

①将试样放入(65±5)℃的鼓风干燥箱内干燥 48 h 至恒重，即在干燥 46 h、47 h、48 h 时分别称其质量，质量保持恒定时表明达到恒重，否则继续干燥，直至出现 3 次恒定的质量。取出，放入干燥器中冷却至室温，然后称其质量(m_0)，精确至 0.01 g。

②将试样置于水箱中的玻璃棒支撑上，试样间隔应不小于 15 mm。加入去蒸馏水或离子水[(20±2)℃]到试样高度的一半，静置 1 h；然后继续加水到试样高度的 3/4，再静置1 h；继续加满水，水面应超过试样高度(25±5) mm。试样在水中浸泡(48±2) h 后同时取出，包裹于湿毛巾内，用拧干的湿毛巾擦去试样表面水分，立即称其质量(m_1)，精确至 0.01 g。

③立即将水饱和的试样置于金属网篮中并将网篮与试样一起浸入(20±2)℃的蒸馏水或离子水中，小心除去附着在网篮和试样上的气泡，称试样和网篮在水中总质量，精确至 0.01 g。单独称量网篮在相同深度的水中质量，精确至 0.01 g。当天平允许时可直接测量出这两次测量的差值(m_2)，精确至 0.01 g。称量装置如图 12.2 所示。

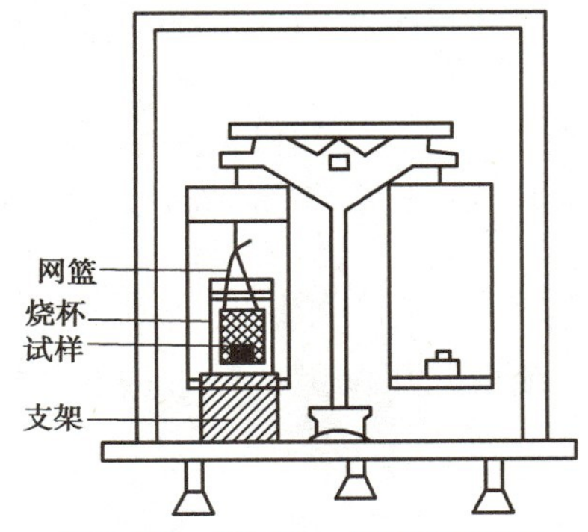

图 12.2　称量(m_2)装置示意图

6)结果计算

(1)密度

密度 ρ (又称真密度、绝对密度，g/cm^3) 是材料在绝对密实状态下单位体积的质量，按下式计算(3 位有效数字)：

$$\rho = \frac{m_0'}{V} = \frac{m_0' \rho_w}{m_2' + m_0' - m_1'} \tag{12.1}$$

式中　m_0'——干粉试样在空气中的质量,g;

V——干粉试样的体积,cm^3;

m_1'——装粉样加蒸馏水或去离子水的比重瓶质量,g;

m_2'——装同样体积蒸馏水或去离子水的比重瓶质量,g;

ρ_w——试验时室温水的密度,g/cm^3。

计算精度为 0.01 g/cm^3,以两次试验结果的算术平均值作为测定值。两次结果相差不应大于 2%。

(2)表观密度、容积密度

表观密度ρ'(又称视密度、近似密度,g/cm^3)表示材料单位细观外形体积(包括内部封闭孔隙)的质量,按下式计算(3 位有效数字):

$$\rho' = \frac{m_0}{V'} = \frac{m_0 \rho_w}{m_0 - m_2} \tag{12.2}$$

容积密度ρ_0(又称为体积密度、表观毛密度、容重,g/cm^3)表示材料单位宏观外形体积(包括内部封闭孔隙和开口孔隙)的质量,按下式计算(3 位有效数字):

$$\rho_0 = \frac{m_0}{V_0} = \frac{m_0 \rho_w}{m_1 - m_2} \tag{12.3}$$

式中　V'——材料细观外形体积,cm^3;

V_0——材料宏观外形体积,cm^3;

m_0——干燥试样在空气中的质量,g;

m_1——水饱和试样在空气中的质量,g;

m_2——水饱和试样在水中的质量,g。

(3)孔隙率

总孔隙率 P(%)按下式计算(两位有效数字):

$$P = \left(1 - \frac{\rho_0}{\rho}\right) \times 100\% \tag{12.4}$$

开口孔孔隙率 P_K(%)按下式计算(两位有效数字):

$$P_K = \frac{V_K}{V_0} = \frac{m_1 - m_0}{V_0 \rho_w} \times 100\% \tag{12.5}$$

闭口孔孔隙率 P_B(%)按下式计算(两位有效数字):

$$P_B = \frac{V_B}{V_0} = \frac{(V_0 - V) - V_K}{V_0} = P - P_K \tag{12.6}$$

式中　V_K——开口孔孔隙体积,cm^3;

V_B——闭口孔孔隙体积,cm^3。

(4)吸水率

吸水率 W(%)按下式计算(两位有效数字):

$$W = \frac{m_1 - m_0}{m_0} \times 100\% \tag{12.7}$$

试验二 水泥试验

水泥标准稠度用水量、凝结时间、安定性按国家标准《水泥标准稠度用水量、凝结时间、安定性检验方法》(GB/T 1346—2011)进行检验;并采用《水泥胶砂强度检验方法(ISO)》(GB/T 17671—2021)对水泥的抗折强度与抗压强度进行检验。

1)水泥标准稠度用水量测定

(1)试验目的

测定水泥标准稠度用水量,用于水泥凝结时间和安定性试验。

(2)主要仪器设备

①标准稠度测定仪(见图 12.3),滑动部分的总重为(300±1)g;金属空心试锥,锥底直径 40 mm,高 50 mm(见图 12.4)。

②净浆搅拌机应符合《水泥净浆搅拌机》(JC/T 729—2005)规定的要求。

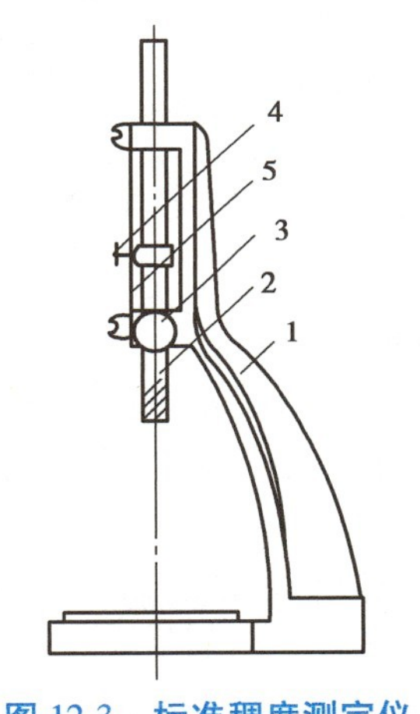

图 12.3 标准稠度测定仪

1—铁座;2—金属圆棒;
3—松紧;4—螺丝;5—指针

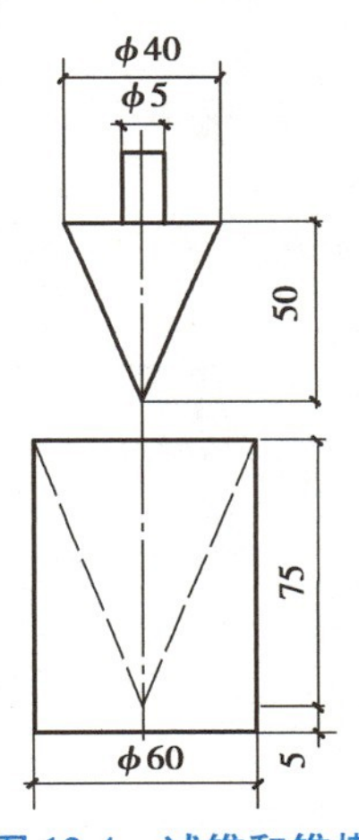

图 12.4 试锥和锥模

(3)测定方法(代用法)

①标准稠度用水量可用调整水量和固定水量两种方法中的任一种测定,如发生争议时,以调整水量方法为准。

②测定前须检查,测定仪的金属棒应能自由滑动。试锥降至锥模顶面位置时,指针应对标准尺零点;搅拌机应运转正常。

③拌和时称取水泥试样 500 g,拌和用水量当采用调整水量方法时按经验找水,采用固定水量方法时用水量为 142.5 mL,水量精确至 0.5 mL。用机械拌和,拌和前先用湿布擦抹拌和用具。

④机械拌合时,将拌合水倒入搅拌锅内,然后在 5~10 s 内小心将称好的水泥加入水中,防止水和水泥的溅出,将锅置搅拌机上,升至搅拌位置,开动机器;慢速搅拌 120 s,停拌 15 s,同时将叶片和锅壁上的水泥浆挂入锅中间,接着快速搅拌 120 s 后停机。

⑤拌和完毕,立即将净浆一次装入锥模内,用宽约 25 mm 的直边刀在浆体表面轻轻插捣 5

次，再轻振5次，刮去多余净浆，抹平后迅速放到试铰下面的固定位子上。将试锥降低至与水泥净浆表面接触，拧紧螺丝1~2 s后，然后突然放松，让试锥自由沉入水泥净浆中。当试锥停止下沉或释放试锥30 s时，记录试锥下沉深度 S，或标准稠度用水量百分数。升起试锥后立刻擦净。整个操作应在搅拌后1.5 min内完成。

⑥用调整水量方法测定，以下沉深度为(30±1)mm时的拌和水量(单位mL)为标准稠度用水量 $P(\%)$：$P=\dfrac{\text{拌和用水量}}{500\ \text{mL}}\times 100\%$

如超出范围，须另称试样，调整水量，重新测定，直至 S 达到(30±1)mm时为止。

⑦用固定水量方法测定时，根据测得的试锥下沉深度 S(mm)，按下列经验公式计算标准稠度用水量 $P(\%)$：

$$P = 33.4 - 0.185S \tag{12.8}$$

计算所得标准稠度用水量应作试拌验证。如该用水量水泥净浆未能达到标准稠度，则应调整水量重新配料拌和，直至达到标准稠度。

注：当试锥下沉深度小于13 mm时，则不能用固定水量方法，应用调整水量方法测定。

2)水泥净浆凝结时间测定

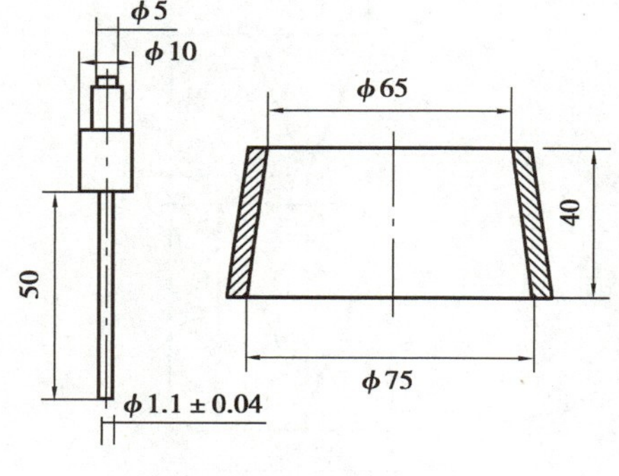

图12.5 试针与圆模

(1)试验目的

测定水泥的初凝和终凝时间，作为评定水泥质量的依据之一。

(2)主要仪器设备

①测定仪，与测定标准稠度时所用的测定仪相同，但试锥应换成试针，装净浆用的锥模应换成圆模(见图12.5)。

②净浆搅拌机，与测定标准稠度时所用的相同。

(3)测定方法

①测定前，将圆模放在底板上，在内侧稍涂上一层机油。调整测定仪使试针接触底板时，指针对准标尺零点。

②称取水泥试样500 g，以标准稠度用水量，按测定标准稠度时拌和净浆的方法制成净浆，按照标准稠度用水量试验的方法装模刮平后，立即放入湿气养护箱中。记录水泥全部加入水中的时间作为凝结时间的起始时间。

③初凝时间的测定：试件在湿气养护箱中养护至加水后30 min进行第一次测定。测定时，从湿气养护箱内取出试模放到试针下，降低试针与水泥净浆表面接触，拧紧螺丝1~2 s后，突然放松，试针垂直自由地沉入净浆，观察试针停止下沉或释放试针30 s时指针的读数。临近初凝时间时，每隔5 min(或更短时间)测定一次，当试针沉至距底板(4±1)mm时，为水泥达到初凝状态。由水泥全部加入水中至初凝状态的时间为水泥的初凝时间，用"min"表示。

④终凝时间的测定：为了准确观测试针沉入的状况，在终凝针上安装了一个环形附件。在完成初凝时间测定后，立即将试模连同浆体以平移的方式从玻璃板取下，翻转180°，直径大端向上、小端向下放在玻璃板上，再放入湿气养护箱中继续养护，临近终凝时，每隔15 min测定一次，当试针沉入试体0.5 mm时，即环形附件开始不能在试体上留下痕迹时，为水泥的终凝状态。

由水泥全部加入水中至终凝状态的时间为水泥的终凝时间，用“min”表示。

⑤测定时应注意，在最初测定的操作时，应轻轻扶持金属柱，使其徐徐下降，以防试针撞弯，但结果以自由下落为准；在整个测试过程中，试针沉入的位置至少要距试模内壁 10 mm。临近初凝时，每隔5 min（或更短时间）测一次；临近终凝时，每隔15 min（或更短时间）测一次。到达初凝时，应立即重复测一次，当两次结论相同时，才能确定到达初凝状态；到达终凝时，需要在试体另外两个不同点测试，确认结论相同才能确定到达终凝状态。每次测定，不能让试针落入原针孔，每次测试完毕后，须将试针擦净并将试模放回湿气养护箱内，整个测试过程中要防止试模受振。

3）安定性检验

（1）试验目的

测定水泥的体积安定性，作为评定水泥质量合格的依据之一。

（2）主要仪器设备

①净浆搅拌机与标准稠度测定时所用的相同。

②沸煮箱有效容积约为 410 mm×240 mm×310 mm，篦板结构应不影响试验结果，篦板与加热器之间的距离大于 50 mm。箱的内层由不易锈蚀的金属材料制成，能在（30±5）min 内将箱内的试验用水由室温加热至沸腾并可保持沸腾状态 3 h 以上，整个试验过程中不需补充水量。

③雷氏夹。由铜质材料制成，其结构如图 12.6 所示。当一根指针的根部先悬挂在一根金属丝或尼龙丝上，另一根指针的根部再挂上 300 g 质量的砝码时，两根指针的针尖距离应在（17.5±2.5）mm范围以内，即 $2X=(17.5\pm2.5)$ mm（见图 12.7），当去掉砝码后针尖的距离能恢复至挂砝码前的状态。

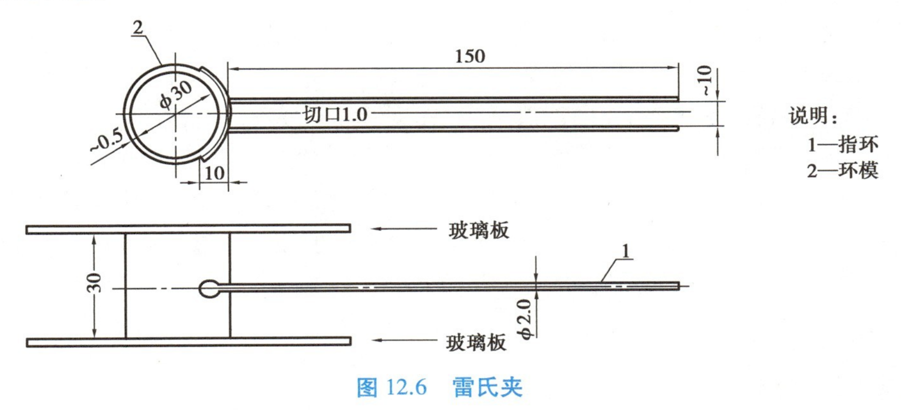

图 12.6　雷氏夹

④雷氏夹膨胀值测定仪，如图 12.8 所示，标尺最小刻度为 0.5 mm。

（3）测定方法

①安定性检验方法可以用试饼法也可用雷氏法，有争议时以雷氏法为准。

②试饼方法。称取水泥试样 500 g，以标准稠度用水量，按标准稠度测定时拌和净浆的方法制成净浆。从其中取出净浆约 150 g 分成两等份，使成球形，放在涂过油的玻璃板上，轻轻振动玻璃板，并用湿布擦过的小刀，由边缘向饼的中央抹动，做成直径 70～80 mm，中心厚约 10 mm，边缘渐薄表面光滑的试饼。接着将试饼放入养护箱内，自成型时起，养护（24±2）h。

从玻璃板上取下试饼，置于沸煮箱内水中的篦板上，在（30±5）min 加热至沸，再连续沸煮 3 h±5 min，在整个沸煮过程中，使水面高出试样。煮毕将水放出，待箱内温度冷却至室温时，取

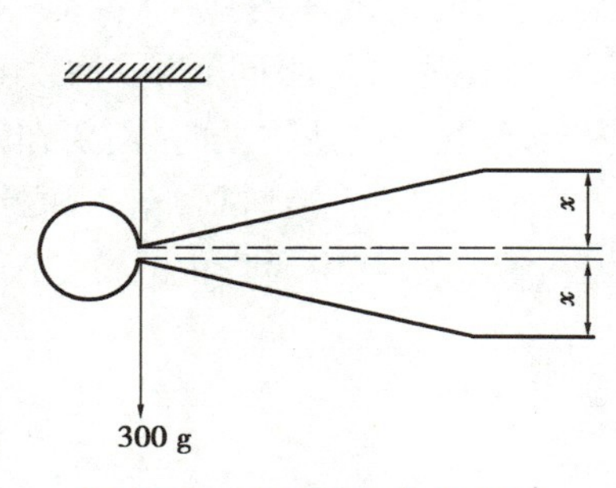

图 12.7　雷氏夹受力示意图

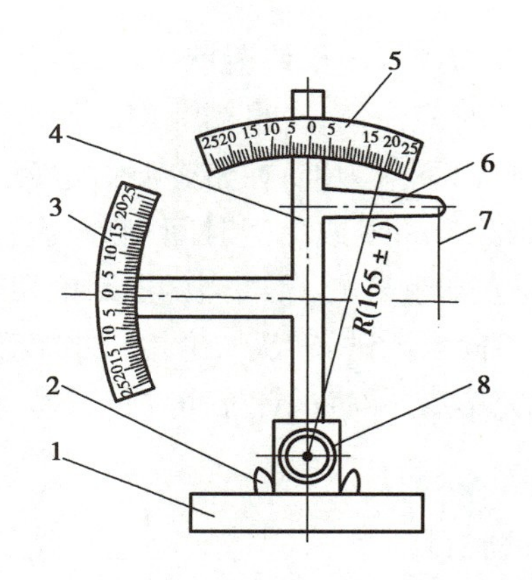

图 12.8　雷氏夹膨胀值测量仪

1—底座；2—模子座；3—测弹性标尺；4—立柱；
5—测膨胀值标尺；6—悬臂；7—悬丝；8—弹簧顶钮

出检查。

试饼煮后，经肉眼观察未发现裂纹，用直尺检查没有弯曲，称为体积安定性合格。反之，为不合格。

③雷氏法。采用雷氏法时，每个雷氏夹需配备两个边长或直径为80 mm，厚度为 4~5 mm的玻璃板。将预先准备好的雷氏夹放在已稍擦油的玻璃板上，并立刻将已制好的标准稠度净浆一次装满雷氏夹，装浆时一只手轻轻扶雷氏夹，另一只手用宽约25 mm的直边刀在浆体表面轻轻振捣 3 次然后抹平，盖上稍涂油的玻璃板，接着立刻将试模移至养护箱内养护(24±2)h。调整好沸煮箱内的水位，使能保证在整个煮沸过程中不需中途添水，从玻璃板上取下雷氏夹试件，先测量试件指针尖端间的距离(A)，精确到 0.5 mm，接着将试件放入水中篦板上，指针朝上，试件之间互不交叉，然后在(30±5)min 内加热至沸并恒沸 3 h±5 min。

沸煮结束后，立即放掉箱中的热水，打开箱盖，待箱体冷却至室温，取出雷氏夹，测量试件指针尖端的距离(C)记录精确到 0.5 mm，当两试件煮后增加距离(C-A)的平均值不大于 5.0 mm 时，即认为该水泥安定性合格。当两个试件的(C-A)平均值相差超过 5 mm 时，应取同一样品立即重新做一次试验。以复检结果为准。

4)水泥胶砂强度检验

(1)试验目的

测定水泥胶砂试件的抗折强度和抗压强度，评定水泥的强度等级。

(2)主要仪器设备

①搅拌机。行星式水泥胶砂搅拌机(见图 12.9)。

②试模。成型操作时，应在试模上面加有一个壁高 20 mm 的金属模套，当从上往下看时，模套壁与试模内壁重叠，超出内壁不应大于 1 mm。为了控制料层厚度和刮平胶砂，应备有两个播料器和一根金属刮平直尺。

③振实台。振实台(见图 12.10)可用全波振幅(0.75±0.02)mm，频率 2 800~3 000 次/min 的振动台为代用振实设备。

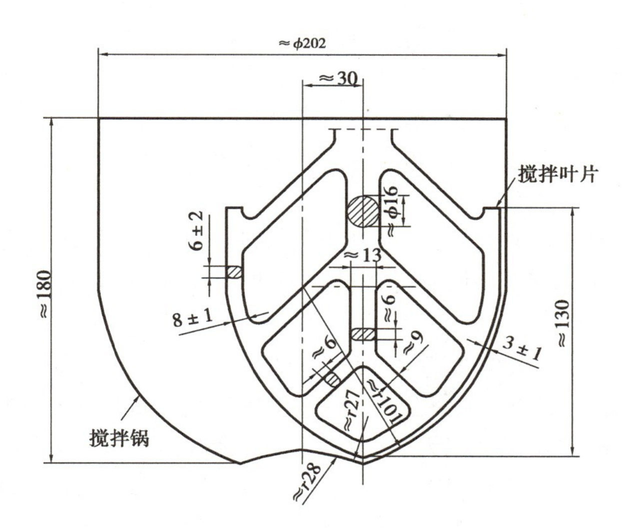

图 12.9 搅拌锅与搅拌机叶片

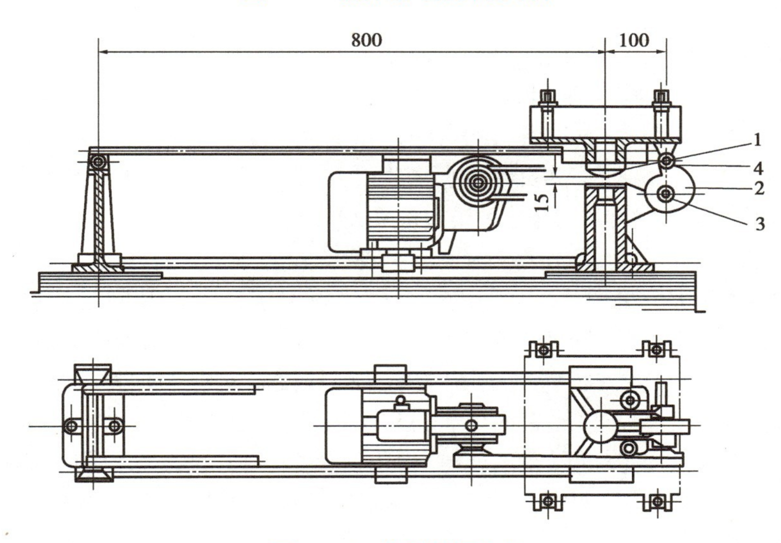

图 12.10 典型的振实台

1—突头；2—凸轮；3—制动器；4—随动轮

④抗折强度试验机和抗折夹具。抗折强度试验试件在夹具中受力状态如图 12.11 所示。抗折强度也可用抗压强度试验机来测定。

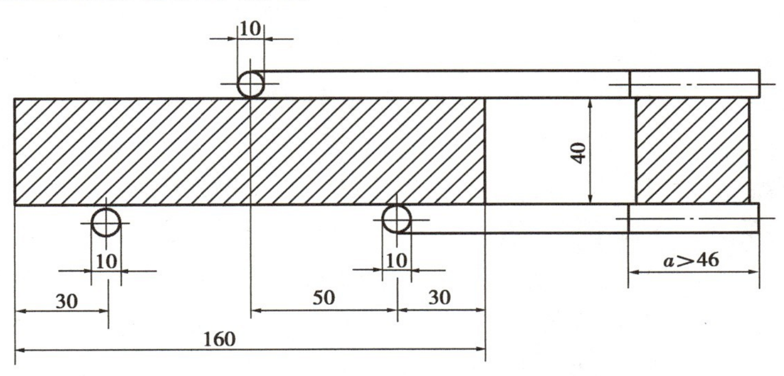

图 12.11 抗折强度测定加荷图

⑤抗压强度试验机与夹具。抗压强度试验机的最大荷载以200~300 kN为佳。抗压强度试验机,在较大的4/5量程范围内使用时,记录的荷载应有±1%的精度,并具有按(2 400±200) N/s速率的加荷能力,应有一个能指示试件破坏时荷载并把它保持到试验机卸荷以后的指示器,可以用表盘里的峰值指针或显示器来达到。人工操纵的试验机应配有一个速度动态装置以便于控制荷载增加。

当需要使用夹具时,应把它放在压力机的上、下压板之间并与压力机处于同一轴线,以便将压力机的荷载传递至胶砂试件表面。受压面积为40 mm×40 mm。

(3)胶砂的组成与制备

①砂。ISO标准砂是由德国标准砂公司制备的SiO_2质量分数不低于98%的天然圆形硅质砂组成。中国产的ISO标准砂其鉴定、质量验证与质量控制以德国标准砂公司的ISO标准砂为基准材料。

②配合比。胶砂的质量配合比为1份水泥、3份标准砂和0.5份水。一锅胶砂成型3条试体。每锅材料需要量如下:水泥(450±2)g,标准砂(1 350±5)g,水(225±1)g。

③搅拌。每锅胶砂用搅拌机进行机械搅拌。先使搅拌机处于待工作状态,然后按以下的程序进行操作:

把水加入锅里,再加入水泥,把锅放在固定架上,上升至固定位置。

立即开动机器,低速搅拌30 s后,在第二个30 s开始的同时均匀地将砂子加入。当各级砂子分装时,从最粗粒级开始,依次将所需的每级砂量加完。把机器转至高速再拌30 s。

停拌90 s,在第一个15 s内将搅拌锅放下,将叶片、锅壁和锅底上的胶砂刮入锅中间。在高速下继续搅拌60 s。各个搅拌阶段,时间误差应在±1 s以内。

(4)试件的制备与养护

①用振实台成型。胶砂制备后,立即进行成型。将空试模和模套固定在振实台上,用料勺将锅壁上的胶砂清理到锅内并翻转搅拌胶砂使其更加均匀,成型时将胶砂分两层装入试模。装第一层时,每个槽里约放300 g胶砂,先用料勺沿试模长度方向划动胶砂以布满模槽,再用大播料器垂直架在模套顶部沿每个模槽来回一次将料层播平,接着振实60次。再装入第二层胶砂,用料勺沿试模长度方向划动胶砂以布满模槽,但不能接触已振实胶砂,再用小播料器播平,振实60次。每次振实时可将一块用水湿过拧干、比模套尺寸稍大的棉纱布盖在模套上,以防止振实时胶砂飞溅。移走模套,从振实台上取下试模,用一金属直尺以近似90°的角度架在试模模顶的一端,然后沿试模长度方向以横向锯割动作慢慢向另一端移动,将超过试模部分的胶砂刮去。锯割动作的多少和直尺角度的大小取决于胶砂的稀稠程度,较稠的胶砂需要多次锯割,锯割动作要慢以防止拉动已振实的胶砂。用拧干的湿毛巾将试模端板顶部的胶砂擦拭干净。再用同一直边尺以近乎水平的角度将试体表面抹平。抹平的次数要尽量少,总次数不应超过3次。最后将试模周边的胶砂擦除干净。

②用振动台成型。当使用代用的振动台成型时,操作如下:在搅拌胶砂的同时,将试模和下料漏斗卡紧在振动台的中心。将搅拌好的全部胶砂均匀地装入下料漏斗中,开动振动台,胶砂通过漏斗流入试模。振动(120±5)s停止。振动完毕,取下试模,用刮平尺以上文所述的刮平手法刮去其高出试模的胶砂并抹平。接着在试模上作标记或用字条标明试件编号。

③脱模前的处理和养护。在试模上盖一块玻璃板(应有磨边),也可用相似尺寸的钢板或不渗水的、和水泥没有反应的材料制成的板。盖板不应与水泥胶砂接触,盖板与试模之间的距离应控制在2~3 mm。立即将作好标记的试模放入雾室或湿箱的水平架子上养护,湿空气应能

与试模各边接触。养护时，不应将试模放在其他试模上。一直养护到规定的脱模时间时取出脱模。脱模前，用防水墨汁或颜料笔对试体进行编号和做其他标记。两个龄期以上的试体，在编号时应将同一试模中的 3 条试体分在两个以上龄期内。

④脱模。脱模应非常小心。对于 24 h 龄期的，应在破型试验前 20 min 内脱模。对于 24 h 以上龄期的，应在成型后 20~24 h 脱模。

已确定作为 24 h 龄期试验（或其他不下水直接做试验）的已脱模试体，应用湿布覆盖至做试验时为止。

⑤水中养护。将做好标记的试件立即水平或竖直放在(20±1)℃水中养护，水平放置时，刮平面应朝上。

试件放在不易腐烂的篦子上，并彼此间保持一定距离，以让水与试件的 6 个面接触。养护期间，试件之间间隔或试体上表面的水深不得小于 5 mm。

每个养护池只养护同类型的水泥试件。最初用自来水装满养护池（或容器），之后随时加水保持适当的恒定水位，不允许在养护期间更换超过 50%的水。除 24 h 龄期或延迟至 48 h 脱模的试体外，任何到龄期的试件应在试验（破型）前 15 min 从水中取出。揩去试体表面沉积物，并用湿布覆盖至试验为止。

（5）强度试验与计算

①强度试验试体的龄期。试体龄期是从水泥加水搅拌开始试验时算起。不同龄期强度试验在下列时间里进行：

- 24 h±15 min；
- 48 h±30 min；
- 72 h±45 min；
- 7 d±2 h；
- 28 d±8 h。

②抗折强度测定。将试体一个侧面放在试验机支撑圆柱上，试体长轴垂直于支撑圆柱，通过加荷圆柱以(50±10)N/s 的速率均匀地将荷载垂直地加在棱柱体相对侧面上，直至折断。

保持两个半截棱柱体处于潮湿状态直至抗压试验。

抗折强度以 R_f 表示，单位 MPa，按下式进行计算：

$$R_f = \frac{1.5F_f L}{b^3} \tag{12.9}$$

式中　F_f——折断时施加于棱柱体中部的荷载，N；

L——支撑圆柱之间的距离，mm；

b——棱柱体正方形截面的边长，mm。

③抗压强度测定。抗压强度试验通过规定的仪器，在经抗折试验折断后的半截棱柱体的侧面上进行。

半截棱柱体中心与压力机压板受压中心差应在±0.5 mm 内，棱柱体露在压板外的部分约有 10 mm。

在整个加荷过程中，以(2 400±200)N/s 的速率均匀地加荷直至破坏。

抗压强度以 MPa 为单位，按下式进行计算：

$$R_c = \frac{F_c}{A} \tag{12.10}$$

式中　F_c——破坏时的最大荷载,N;

A——受压部分面积,mm^2,40 mm×40 mm=1 600 mm^2。

④试验结果的确定。以一组3个棱柱体抗折结果的平均值作为试验结果。当3个强度值中有超出平均值±10%时,应剔除后再取平均值作为抗折强度试验结果。当3个强度值中有2个超出平均值±10%时,则以剩余一个作为抗折强度结果。各试体的抗折强度记录至0.1 MPa,计算精确至0.1 MPa。

以一组3个棱柱体上得到的6个抗压强度测定值的算术平均值为试验结果。如6个测定值中有一个超出6个平均值的±10%时,就应剔除这个结果,而以剩下5个测定值的平均数为结果。如果5个测定值中再有超过它们平均值±10%的,则此组结果作废。当6个测定值中同时有2个或2个以上超出平均值的±10%时,则此组结果作废。各试体的抗压强度记录至0.1 MPa,计算也精确至0.1 MPa。

试验三　混凝土用骨料试验

采用《普通混凝土用砂、石质量及检验方法标准》(JGJ 52—2006)进行混凝土用骨料试验。

1)砂的筛分析试验

(1)试验目的

测定砂在不同孔径筛上的筛余量,用于评定砂的颗粒级配,以及计算砂的细度模数,评定砂的粗细程度。

(2)仪器设备

试验筛(公称直径分别为10.0 mm、5.00 mm、2.50 mm、1.25 mm、630 μm、315 μm、160 μm的方孔筛各一只,筛的底盘和盖各一只;筛框直径为300 mm或200 mm)、天平(称量1 000 g,感量1 g)、摇筛机、烘箱、浅盘、软、硬毛刷等。

(3)试样制备

用于筛分析的试样,其颗粒的公称粒径不应大于10.0 mm。试验前应先将来样通过公称直径10.0 mm的方孔筛,并计算筛余。称取经缩分后样品不少于550 g两份,分别装入两个浅盘,在(105±5)℃的温度下烘干到恒重。冷却至室温备用。

(4)试验步骤

①准确称取烘干试样500 g(特细砂可称250 g),置于按筛孔大小顺序排列(大孔在上、小孔在下)的套筛的最上一只筛(公称直径为5.00 mm的方孔筛)上;将套筛装入摇筛机内固紧,筛分10 min;然后去除套筛,再按筛孔由大到小的顺序,在清洁的浅盘上逐一进行手筛,直至每分钟筛出量不超过试样总量的0.1%时为止;通过的颗粒并入下一只筛子,并和下一只筛子的试样一起进行手筛。按这样顺序依次进行,直至所有的筛子全部筛完为止。

②试样在各只筛子上的筛余量均不得超过按式(12.11)计算得出的剩留量,否则应将筛余试样分成两份或数份,再次进行筛分,并以其筛余量之和作为该筛的筛余量。

$$m_r=\frac{A\sqrt{d}}{300} \tag{12.11}$$

式中　m_r——某一筛上的剩留量,g;

d——筛孔边长,mm;

A——筛的面积,mm^2。

③称取各筛筛余试样的质量(精确至 1 g),所有各筛的分计筛余量和底盘中的剩余量之和与筛分前的试样总量相比,其相差不得超过 1%。

(5)结果计算与评定

①分计筛余(各筛上的筛余量除以试样总量的百分率),精确至 0.1%。

②累计筛余(该筛的分计筛余与筛孔大于该筛的各筛的分计筛余之和),精确至 0.1%。

③根据各筛两次试验累计筛余的平均值,评定该试样的颗粒级配分布情况,精确至 1%;以累计筛余百分率为纵坐标,以筛孔尺寸为横坐标,可以画出砂的级配曲线。

④砂的细度模数应按下式计算,精确至 0.01:

$$\mu_f = \frac{\beta_2 + \beta_3 + \beta_4 + \beta_5 + \beta_6 - 5\beta_1}{100 - \beta_1} \tag{12.12}$$

式中　μ_f——砂的细度模数;

$\beta_1, \beta_2, \cdots, \beta_6$——分别为公称直径 5.00 mm、2.50 mm、1.25 mm、630 μm、315 μm、160 μm 方孔筛上的累计筛余。

⑤以两次试验结果的算术平均值作为测定值,精确至 0.1。当两次试验所得的细度模数之差大于 0.20 时,应重新取样进行试验。

2)砂的表观密度试验(标准法)

(1)试验目的

测定砂的表观密度,用于混凝土配合比设计。

(2)仪器设备

天平(称量 1 000 g,感量 1 g)、容量瓶(500 mL)、烘箱、干燥器、浅盘、铝制料勺、温度计等。

(3)试样制备

经缩分后不少于 650 g 的试样装入浅盘,在温度为(105±5)℃的烘箱中烘至恒重,并在干燥器内冷却至室温。

(4)试验步骤

①称取烘干试样 300 g(m_0),装入盛有半瓶冷开水的容量瓶中。

②摇转容量瓶,使试样在水中充分搅动以排除气泡,塞紧瓶塞,静置 24 h;然后用滴管加水至瓶颈刻度线平齐,再塞紧瓶塞,擦干容量瓶外壁的水分,称其质量(m_1)。

③倒出容量瓶中的水和试样,将瓶的内外壁洗净,再向瓶内加入与上一项规定的水温相差不超过 2 ℃的冷开水至瓶颈刻度线。塞紧瓶塞,擦干容量瓶外壁水分,称质量(m_2)。

(5)结果计算

表观密度 ρ(标准法)按下式计算,精确至 10 kg/m^3:

$$\rho = \left(\frac{m_0}{m_0 + m_2 - m_1} - \alpha_t\right) \times 1\ 000 \tag{12.13}$$

式中　α_t——水温对砂的表观密度影响的修正系数,见表 12.1 查取。

表 12.1 不同水温下对砂的表观密度的修正系数

水温/℃	15	16	17	18	19	20	21	22	23	24	25
α_t	0.002	0.003	0.003	0.004	0.004	0.005	0.005	0.006	0.006	0.007	0.008

以两次试验结果的算术平均值作为测定值。当两次结果之差大于 20 kg/m^3 时,应重新取样进行试验。

3)砂的堆积密度、紧密密度及空隙率试验

(1)试验目的

测定砂的堆积密度、紧密密度及空隙率。

(2)仪器设备

秤(称量 5 kg,感量 5 g)、容量筒(金属制,圆柱形,内径 108 mm,净高 109 mm,筒壁厚2 mm,容积 1 L,筒底厚为 5 mm)、漏斗(见图 12.12)或铝制料勺、烘箱、直尺、浅盘等。

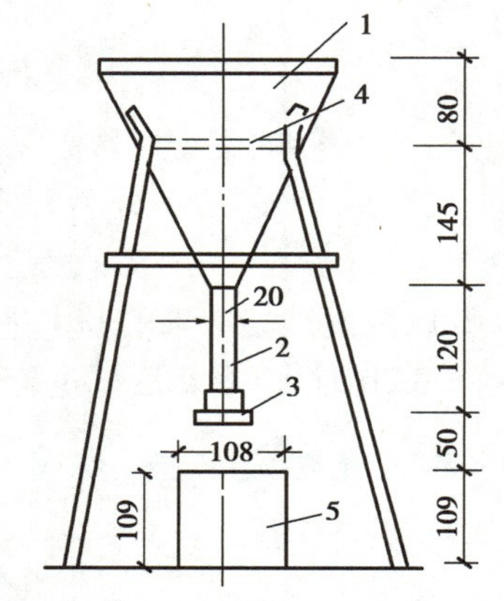

图 12.12 标准漏斗(单位:mm)

1—漏斗;2—ϕ20 mm 管子;3—活动门;4—筛;5—金属量筒

(3)试样制备

先用公称直径 5.00 mm 的筛子过筛,然后取经缩分后的样品不少于 3 L,装入浅盘,在温度在(105±5)℃烘箱中烘干至恒重,取出并冷却至室温,分成大致相等的两份备用。试样烘干后若有结块,应在试验前先予捏碎。

(4)试验步骤

①堆积密度。取试样一份,用漏斗或铝制勺,将它徐徐装入容量筒(漏斗出料口或料勺据容量筒筒口不应超过 50 mm)直至试样装满并超出容量筒筒口。然后用直尺将多余的试样沿筒口中心线向相反方向刮平,称其质量(m_2)。

②紧密密度。取试样一份,分两层装入容量筒。装完一层后,在筒底垫一根直径为 10 mm 的钢筋,将筒按住,左右交替颠击地面各 25 下,然后再装入第二层;第二层装满后用同样方法颠实(但筒底所垫钢筋的方向应与第一层放置方向垂直);二层装完并颠实后,加料至试样超出容量筒筒口,然后用直尺将多余的试样沿筒口中心线向两个相反方向刮平,称其质量(m_2)。

(5)结果计算

①堆积密度(ρ_L)、紧密密度(ρ_c)按下式计算,精确至 10 kg/m^3:

$$\rho_L(\rho_c) = \frac{m_2 - m_1}{V} \times 1\ 000 \tag{12.14}$$

式中 $\rho_L(\rho_c)$——堆积密度(紧密密度),kg/m^3;

m_1——容量筒的质量,kg;

m_2——容量筒和砂总质量,kg;

V——容量筒容积,L。

以两次试验结果的算术平均值作为测定值。

②空隙率按下式计算,精确至 1%:

$$\nu_L=\left(1-\frac{\rho_L}{\rho}\right)\times 100\% \tag{12.15}$$

$$\nu_c=\left(1-\frac{\rho_c}{\rho}\right)\times 100\% \tag{12.16}$$

式中 ν_L——堆积密度的空隙率,%;

ν_c——紧密密度的空隙率,%;

ρ_L——砂的堆积密度,kg/m^3;

ρ——砂的表观密度,kg/m^3;

ρ_c——砂的紧密密度,kg/m^3。

4)砂的含水率试验(标准法)

(1)试验目的

测定砂的含水率。

(2)主要仪器设备

烘箱、天平(称量 1 000 g,感量 1 g)、容器浅盘等。

(3)测定步骤

由密封的样品中取重约 500 g 的试样两份,分别放入已知质量的干燥容器(m_1)中称重,记下每盘试样与容器的质量(m_2)。将容器连同试样放入温度为(105±5)℃的烘箱中烘干至恒重,称量烘干后的试样与容器的总质量(m_3)。

(4)结果计算

砂的含水率(标准法)按下式计算,精确至 0.1%:

$$W_{wc}=\frac{m_2-m_3}{m_3-m_1}\times 100\% \tag{12.17}$$

式中 W_{wc}——砂的含水率,%;

m_1——容器质量,g;

m_2——未烘干的砂与容器的总质量,g;

m_3——烘干后的砂与容器的总质量,g。

以两次试验结果的算术平均值作为测定值。

5)砂中含泥量试验(标准法)

(1)试验目的

测定粗砂、中砂和细砂的含泥量,作为评定砂质量的依据之一。

(2)仪器设备

天平(称量 1 000 g,感量 1 g)、烘箱、试验筛(孔径公称直径为 80 μm 及 1.25 mm 的方孔筛各 1 个)、洗砂用的容器及烘干用的浅盘等。

(3)试样制备

样品缩分至 1 100 g,置于温度为(105±5)℃的烘箱中烘干至恒重,冷却至室温后,称取 400 g(m_0)的试样两份备用。

(4)试验步骤

①取烘干的试样一份置于容器中,并注入饮用水,使水面高出砂面约 150 mm,充分拌匀后,

浸泡2 h,然后用手在水中淘洗试样,使尘屑、淤泥和黏土与砂粒分离,并使之悬浮或溶于水中。缓缓地将浑浊液倒入公称直径为1.25 mm及80 μm的套筛(1.25 mm筛放置于上面)上,滤去小于80 μm的颗粒。试验前筛子的两面应先用水润湿,在整个试验过程中应注意避免砂粒丢失。

②再次加水于容器中,重复上述过程,直到筒内洗出的水清澈为止。

③用水淋洗剩留在筛上的细粒。并将80 μm筛放在水中(使水面略高出筛中砂粒的上表面)来回摇动,以充分洗除小于80 μm的颗粒。然后将两只筛上剩留的颗粒和容器中已经洗净的试样一并装入浅盘,置于温度为(105±5)℃的烘箱中烘干至恒重。取出来冷却至室温后,称试样的质量(m_1)。

(5)结果计算

砂中含泥量应按下式计算,精确至0.1%:

$$W_c = \frac{m_0 - m_1}{m_0} \times 100\% \tag{12.18}$$

式中 W_c——砂中含泥量,%;

m_0——试验前的烘干试样质量,g;

m_1——试验后的烘干试样质量,g。

以两个试样试验结果的算术平均值作为测定值。两次结果的差值超过0.5%时,应重新取样进行试验。

6)碎石或卵石的筛分析试验

(1)试验目的

测定碎石或卵石在不同孔径筛上的筛余量,用于评定碎石或卵石的颗粒级配。

(2)仪器设备

试验筛(筛孔公称直径为100.0,80.0,63.0,50.0,40.0,31.5,25.0,20.0,16.0,10.0,5.00,2.50 mm的方孔筛以及筛的底盘和盖各一只,筛框直径为300 mm)、天平和秤(天平的称量5 kg,感量5 g;秤的称量20 kg,感量20 g)、烘箱、浅盘等。

(3)试样制备

将试样缩分至表12.2所规定的试样最少质量,并烘干或风干后备用。

表12.2 筛分析所需试样的最少质量

公称粒径/mm	10.0	16.0	20.0	25.0	31.5	40.0	63.0	80.0
试样最少质量/kg	2.0	3.2	4.0	5.0	6.3	8.0	12.6	16.0

(4)试验步骤

①按筛分析所需试样的最少质量的规定称取试样。

②碎石或卵石中公称直径的上限称为碎石或卵石的最大粒径。

③将试样按筛孔大小顺序过筛,当每号筛上筛余层的厚度大于试样的最大粒径值时,应将该筛上的筛余试样分成两份,再次进行筛分。直至各筛每分钟通过量不超过试样总量的0.1%。

④称取各筛筛余的质量,精确至试样总质量的0.1%。各筛上的分计筛余量和筛底剩余的

总和与筛分前测定的试样总量相比,其相差不得超过 1%。

(5)结果计算与评定

①分计筛余(试样中各筛上筛余的质量分数),精确至 0.1%。

②累计筛余(该筛的分计筛余的质量分数与筛孔大于该筛的各筛的分计筛余的质量分数之总和),精确至 0.1%。

③根据各筛的累计筛余,评定该试样的颗粒级配。

7)碎石或卵石的表观密度试验(标准法)

(1)试验目的

测定碎石或卵石的表观密度。

(2)仪器设备

液体天平(见图 12.13,称量 5 kg,感量 5 g,其型号及尺寸应能允许在臂上悬挂试样的吊篮,并在水中称重)、吊篮(直径和高度均为 150 mm,由孔径为 1~2 mm 的筛网或钻有孔径为2~3 mm孔洞的耐锈蚀金属板制成)、盛水容器(有溢流孔)、烘箱、试验筛(筛孔公称直径为 5.00 mm的方孔筛一只)、温度计、带盖容器、浅盘、刷子和毛巾等。

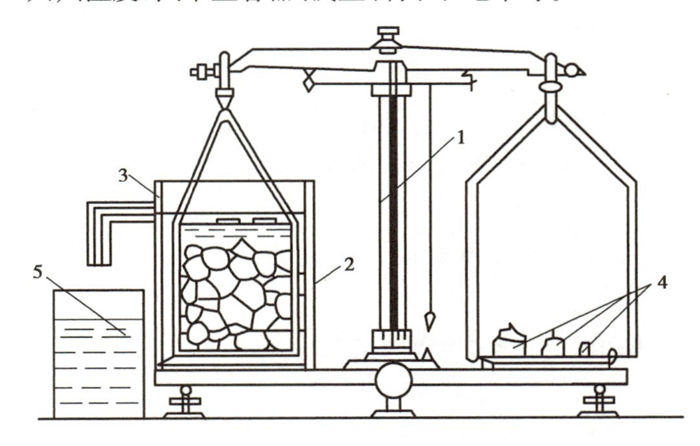

图 12.13 液体天平

1—5 kg 天平;2—吊篮;3—带有溢流孔的金属容器;4—砝码;5—容器

(3)试样制备

将样品筛除公称粒径 5.00 mm 以下的颗粒,并缩分至大于两倍表 12.3 所规定的最少质量,冲洗干净后分成两份备用。

表 12.3 表观密度试验所需的试样最少用量

最大公称粒径/mm	10.0	16.0	20.0	25.0	31.5	40.0	63.0	80.0
试样最少质量/kg	2.0	2.0	2.0	2.0	3.0	4.0	6.0	6.0

(4)试验步骤

①按表 12.3 的规定称取试样。

②取试样一份装入吊篮,并浸入盛水的容器中,水面至少高出试样 50 mm。

③浸水 24 h 后,移放到称量用的盛水容器中,并用上下升降吊篮的方法排除气泡(试样不

得露出水面)。吊篮每升降一次约为 1 s,升降高度为 30~50 mm。

④测定水温(此时吊篮应全浸在水中),用天平称取吊篮及试样在水中的质量(m_2)。称量时盛水容器中水面的高度由容器的溢流孔控制。

⑤提起吊篮,将试样置于浅盘中,放入(105±5)℃的烘箱中烘干至恒重;取出来放在带盖的容器中冷却至室温后,称重(m_0)。

⑥称取吊篮在同样温度的水中质量(m_1),称量时盛水容器的水面高度仍应由溢流口控制。

(5)结果计算

表观密度 ρ 应按下式计算,精确至 10 kg/m³:

$$\rho = \left(\frac{m_0}{m_0 + m_1 - m_2} - \alpha_t\right) \times 1\,000 \tag{12.19}$$

式中 α_t——水温对表观密度影响的修正系数,见表 12.4。

表 12.4 不同水温下碎石或卵石的表观密度影响的修正系数

水温/℃	15	16	17	18	19	20	21	22	23	24	25
α_t	0.002	0.003	0.003	0.004	0.004	0.005	0.005	0.006	0.006	0.007	0.008

以两次试验结果的算术平均值作为测定值。当两次结果之差大于 20 kg/m³ 时,应重新取样进行试验。对颗粒材质不均匀的试样,两次试验结果之差大于 20 kg/m³ 时,可取 4 次测定结果的算术平均值作为测定值。

8)碎石或卵石的堆积密度、紧密密度及空隙率试验

(1)试验目的

测定碎石或卵石的堆积密度、紧密密度及空隙率。

(2)仪器设备

秤(称量 100 kg,感量 100 g)、容量筒(金属制,规格见表 12.5)、平头铁锹、烘箱等。

表 12.5 容量筒的规格要求及取样数量

碎石或卵石的最大公称粒径/mm	容量筒容积/L	容量筒规格/mm		筒壁厚度/mm
		内径	净高	
10.0,16.0,20.0,25.0	10	208	294	2
31.5,40.0	20	294	294	3
63.0,80.0	30	360	294	4

(3)试样制备

按表 12.5 的规定称取试样,放入浅盘,在(105±5)℃的烘箱中烘干,也可以摊在清洁的地面上风干,拌匀后分成两份备用。

(4)试验步骤

①堆积密度。取试样一份,置于平整干净的地板(或铁板)上,用平头铁锹铲起试样,使石子自由落入容量筒内。此时,从铁锹的齐口至容量筒上口的距离应保持为 50 mm 左右,装满容

量筒并除去凸出筒口表面的颗粒，并以合适的颗粒填入凹陷部分，使表面稍凸起部分和凹陷部分的体积大致相等，称取试样的容量筒总质量（m_2）。

②紧密密度。取试样一份，分三层装入容量筒。装完一层后，在筒底垫放一根直径为25 mm的钢筋，将筒按住并左右交替颠击地面各25下，然后装入第二层。第二层装满后，用同样方法颠实（但筒底所垫钢筋的方向应与第一层放置方向垂直），然后再装入第三层，如法颠实。待三层试样装填完毕后，加料直到试样超出容量筒筒口，用钢筋沿筒口边缘滚转，刮下高出筒口的颗粒，用合适的颗粒填平凹处，使表面稍凸起部分和凹陷部分的体积大致相等。称取试样和容量筒总质量（m_2）。

（5）结果计算

①堆积密度（ρ_L）或紧密密度（ρ_c）按下式计算，精确至10 kg/m³：

$$\rho_L(\rho_c) = \frac{m_2 - m_1}{V} \times 1\ 000 \tag{12.20}$$

式中 ρ_L——堆积密度，kg/m³；

ρ_c——紧密密度，kg/m³；

m_1——容量筒的质量，kg；

m_2——容量筒和试样总质量，kg；

V——容量筒的体积，L。

以两次试验结果的算术平均值作为测定值。

②空隙率（ν_L、ν_c）按式（12.21）和式（12.22）计算，精确至1%：

$$\nu_L = \left(1 - \frac{\rho_L}{\rho}\right) \times 100\% \tag{12.21}$$

$$\nu_c = \left(1 - \frac{\rho_c}{\rho}\right) \times 100\% \tag{12.22}$$

式中 ν_L、ν_c——堆积密度的空隙率和紧密密度的空隙率，%；

ρ_L——碎石或卵石的堆积密度，kg/m³；

ρ_c——碎石或卵石的紧密密度，kg/m³；

ρ——碎石或卵石的表观密度，kg/m³。

9）碎石或卵石的含水率试验

（1）试验目的

测定碎石或卵石的含水率。

（2）仪器设备

秤（称量20 kg，感量20 g）、烘箱、浅盘等。

（3）试验步骤

①按要求称取试样，并分成两份备用。

②将试样置于干净的容器中，称取试样和容器的总质量（m_1），并在（105±5）℃的烘箱中烘干至恒重。

③取出试样，冷却后称取试样与容器的总质量（m_2），并称取容器的质量（m_3）。

(4)结果计算

含水率应按下式计算,精确至0.1%:

$$W_{wc}=\frac{m_1-m_2}{m_2-m_3}\times 100\% \tag{12.23}$$

式中 W_{wc}——碎石或卵石的含水率,%;

m_1——烘干前试样与容器总质量,g;

m_2——烘干后试样与容器总质量,g;

m_3——容器质量,g。

以两次试验结果的算术平均值作为测定值。

注:碎石或卵石含水率简易测定法可采用“烘干法”。

10)碎石或卵石的含泥量试验

(1)试验目的

测定碎石或卵石中的含泥量。

(2)仪器设备

秤(称量20 kg,感量20 g)、烘箱、试验筛(筛孔公称直径为1.25 mm及80 μm的方孔筛各一个)、容器(容积约10 L的瓷盘或金属盒)、浅盘等。

(3)试样制备

将样品缩分至表12.6所规定的量(注意防止细粉丢失),并置于温度为(105±5)℃的烘箱内烘干至恒重,冷却至室温后分成两份备用。

表12.6 含泥量试验所需的试样最小质量

最大公称粒径/mm	10.0	16.0	20.0	25.0	31.5	40.0	63.0	80.0
试样量不少于/kg	2	2	6	6	10	10	20	20

(4)试验步骤

①称取试样一份(m_0)装入容器中摊平,并注入饮用水,使水面高出石子表面150 mm;浸泡2 h后,用手在水中淘洗颗粒,使尘屑、淤泥和黏土与较粗颗粒分离,并使之悬浮或溶解于水。缓缓地将浑浊液倒入公称直径为1.25 mm及80 μm的方孔套筛(1.25 mm筛放置上面)上,滤去小于80 μm的颗粒。试验前筛子的两面应先用水湿润,在整个试验过程中应注意避免大于80 μm的颗粒丢失。

②再次加水于容器中,重复上述过程,直至洗出的水清澈为止。

③用水冲洗剩留在筛上的细粒,并将公称直径为80 μm的方孔筛放在水中(使水面略高出筛内颗粒)来回摇动,以充分洗除小于80 μm的颗粒。然后将两只筛上剩留的颗粒和筒中已洗净的试样一并装入浅盘,置于温度为(105±5)℃的烘箱中烘干至恒重。取出冷却至室温后,称取试样的质量(m_1)。

(5)结果计算

碎石或卵石中含泥量ω_c应按下式计算,精确至0.1%:

$$\omega_c=\frac{m_0-m_1}{m_0}\times 100\% \tag{12.24}$$

式中 ω_c——含泥量,%;

m_0——试验前烘干试样的质量,g;

m_1——试验后烘干试样的质量,g。

以两个试样试验结果的算术平均值作为测定值。两次结果之差大于0.2%时,应重新取样进行试验。

试验四 普通混凝土试验

试验采用的标准为《普通混凝土拌合物性能试验方法标准》(GB/T 50080—2016)、《混凝土物理力学性能试验方法标准》(GB/T 50081—2019)。

1)混凝土拌合物拌制方法

(1)一般规定

①试验环境相对湿度不应小于50%,温度应保持在(20±5)℃。所用原材料、试验设备、容器及辅助设备的温度宜与实验室保持一致。

②材料用量应以质量计。称量精度:骨料为±5%;水、水泥、掺和料及外加剂均为±0.2%。

③混凝土拌合物应采用搅拌机搅拌,一次搅拌量不宜少于搅拌机公称容量的1/4,不应大于搅拌机公称容量,且不应少于20 L。

④从试样制备完毕到开始做各项性能试验不宜超过5 min。

(2)仪器设备

混凝土搅拌机(容量30~100 L,转速为35~55 r/min)、磅秤(称量50 kg,感量50 g)、天平(称量5 kg,感量1 g)、量筒(200 mL,1 000 mL)、拌板(1.5 m×2 m左右)、拌铲、盛器等。

(3)拌和方法

搅拌前应将搅拌机冲洗干净,并预拌少量同种混凝土拌合物或水胶比相同的砂浆,搅拌机内壁挂浆后将剩余料卸出。开动搅拌机,将称好的粗骨料、胶凝材料、细骨料和水依次加入搅拌机,液体和可溶外加剂宜与拌和水同时加入搅拌机。混凝土拌合物宜搅拌2 min以上,直至搅拌均匀。

2)稠度试验(坍落度与坍落度扩展度法)

(1)试验目的

测定骨料最大粒径不大于40 mm、坍落度不小于10 mm的混凝土拌合物稠度。测定时需拌合物约15 L。

(2)仪器设备

坍落度筒、捣棒、小铲、木尺、钢尺、拌板、镘刀等。

(3)试验步骤

①湿润坍落度筒及底板,在坍落度筒内壁和底板上应无明水。底板应放置在坚实水平面上,并把筒放在底板中心,然后用脚踩住二边的脚踏板,坍落度筒在装料时应保持固定的位置。

②把按要求取得的混凝土试样用小铲分三层均匀地装入筒内,使捣实后每层高度为筒高的1/3左右。每层用捣棒插捣25次。插捣应沿螺旋方向由外向中心进行,各次插捣应在截面上均匀分布。插捣筒边混凝土时,捣棒可以稍稍倾斜。插捣底层时,捣棒应贯穿整个深度,插捣第二层和

顶层时，捣棒应插透本层至下一层的表面；浇灌顶层时，混凝土应灌到高出筒口。插捣过程中，如混凝土沉落到低于筒口，则应随时添加。顶层插捣完后，刮去多余的混凝土，并用抹刀抹平。

③清除筒边底板上的混凝土后，垂直平稳地提起坍落度筒。坍落度筒的提离过程应在 5~7 s内完成；从开始装料到提坍落度筒的整个过程应不间断地进行，并应在 150 s 内完成。

④提起坍落度筒后，当试样不再继续坍落或坍落时间达到 30 s 时，测量筒高与坍落后混凝土试体最高点之间的高度差，即为该混凝土拌合物的坍落度值；坍落度筒提离后，如混凝土发生崩坍或一边剪坏现象，则应重新取样另行测定；如第二次试验仍出现上述现象，则表示该混凝土和易性不好，应予记录备查。

⑤观察坍落后的混凝土试体的粘聚性及保水性。粘聚性的检查方法是用捣棒在已坍落的混凝土锥体侧面轻轻敲打，此时如果锥体逐渐下沉，则表示粘聚性良好，如果锥体倒塌、部分崩裂或出现离析现象，则表示粘聚性不好。保水性以混凝土拌合物稀浆析出的程度来评定，坍落度筒提起后如有较多的稀浆从底部析出，锥体部分的混凝土也因失浆而骨料外露，则表明此混凝土拌合物的保水性能不好；如坍落度筒提起后无稀浆或仅有少量稀浆自底部析出，则表示此混凝土拌合物保水性良好。

⑥当混凝土拌合物的坍落度不小于 160 mm 时，用钢尺测量混凝土扩展后最终的最大直径及与最大直径呈垂直方向的直径，在这两个直径之差小于 50 mm 的条件下，用其算术平均值作为坍落扩展度值；否则，此次试验无效，应重新取样另行测定。

如果发现粗骨料在中央集堆或边缘有水泥浆析出，表示此混凝土拌合物抗离析性不好，应予记录。

⑦混凝土拌合物坍落度和坍落扩展度值以毫米为单位，测量精确至 1 mm，结果表达修约至 5 mm。

3）稠度试验（维勃稠度法）

（1）试验目的

测定骨料最大粒径不大于 40 mm，维勃稠度在 5~30 s 的混凝土拌合物稠度测定。

（2）仪器设备

维勃稠度仪、其他用具与坍落度试验相同。

（3）试验步骤

①维勃稠度仪应放置在坚实水平面上，用湿布把容器、坍落度筒、喂料斗内壁及其他用具润湿。

②将喂料斗提到坍落度筒上方扣紧，校正容器位置，使其中心与喂料中心重合，然后拧紧固定螺丝。

③把按要求取样或制作的混凝土拌合物试样用小铲分三层经喂料斗均匀地装入筒内。装料及插捣的方法与坍落度的方法相同。

④顶层插捣完应把喂料斗转离，沿坍落度筒口刮平顶面，垂直地提起坍落度筒，此时应注意不使混凝土试体产生横向的扭动。

⑤把透明圆盘转到混凝土圆台体顶面，放松测杆螺钉，应使透明圆盘转至混凝土锥体上部，降下圆盘，使其轻轻接触到混凝土顶面。

⑥拧紧定位螺钉，并检查测杆螺钉是否已经完全放松。

⑦开启振动台，同时用秒表计时，当振动到透明圆盘整个底面与泥浆接触时应停止计时，并

关闭振动台。

⑧由秒表读出时间即为该混凝土拌合物的维勃稠度值,精确至1 s。

4)表观密度试验

(1)试验目的

测定混凝土拌合物捣实后的单位体积质量(即表观密度)。

(2)仪器设备

容量筒(容积≥5 L)、电子天平(最大量程50 kg,感量≤10 g)、振动台、捣棒。

(3)试验步骤

①测定容量筒的容积,将干净容量筒与玻璃板一起称重;将容量筒装满水,缓慢将玻璃板从筒口一侧推到另一侧,容量筒中应满水且无气泡,擦干容量筒外壁,再次称重;两次称重质量差除以该温度下水的密度(常温下1 kg/L)为容量筒容积。容量筒内外壁擦干净,称出容量筒质量 m_1,精确至10 g。

②混凝土的装料及捣实方法应根据拌合物的稠度而定。坍落度不大于90 mm的混凝土,用振动台振实为宜;大于90 mm的用捣棒捣实为宜。采用捣棒捣实时,应根据容量筒的大小决定分层与插捣次数:用5 L容量筒时,混凝土拌合物应分两层装入,每层的插捣次数应为25次;用大于5 L的容量筒时,每层混凝土的高度不应大于100 mm,每层插捣次数应按每10 000 mm^2截面不小于12次计算。各次插捣应由边缘向中心均匀地插捣,插捣底层时捣棒应贯穿整个深度,插捣第二层时,捣棒应插透本层至下一层的表面;每一层捣完后用橡皮锤轻轻沿容器外壁敲打5~10次,进行振实,直至拌合物表面插捣孔消失并不见大气泡为止。

采用振动台振实时,应一次将混凝土拌合物灌到高出容量筒口。装料时可用捣棒稍加插捣,振动过程中如混凝土低于筒口,应随时添加混凝土,振动直至表面出浆为止。自密实混凝土应一次性填满,且不应进行振动和插捣。

③用刮尺将筒口多余的混凝土拌合物刮去,表面如有凹陷应填平;将容量筒外壁擦净,称出混凝土试样与容量筒总质量 m_2,精确至10 g。

(4)结果计算

混凝土拌合物表观密度的计算应按下式计算:

$$\rho = \frac{m_2 - m_1}{V} \times 1\ 000 \tag{12.25}$$

式中 ρ——表观密度,kg/m^3;

m_1——容量筒质量,kg;

m_2——容量筒和试样总质量,kg;

V——容量筒容积,L。

试验结果的计算精确至10 kg/m^3。

5)立方体抗压强度试验

(1)试验目的

测定混凝土立方体抗压强度,作为评定混凝土强度等级的依据。

(2)仪器设备

①压力试验机:试验机的精度(示值的相对误差)至少应为±1%,其量程应能使试件的预期

破坏荷载不小于全量程的 20%,也不大于全量程的 80%。

②振动台、试模、捣棒、小铁铲、金属直尺、镘刀等。

(3)试件制作

①混凝土抗压强度试验应以 3 个试件为一组,每一组试件所用的混凝土拌合物应由同一次拌和成的拌合物中取出。

②150 mm×150 mm×150 mm 的试件为标准试件。试件尺寸按骨料最大粒径由表 12.7 选用,当混凝土强度等级≥C60 时,宜采用标准试件。制作前,应将试模擦干净并在试模的内表面涂一薄层矿物油或脱模剂。

表 12.7　试件尺寸及强度换算系数

试件尺寸/mm	骨料最大粒径/mm	每层插捣次数/次	抗压强度换算系数
100×100×100	31.5	12	0.95
150×150×150	37.5	25	1
200×200×200	63	50	1.05

③混凝土应在拌制后尽量短的时间内成型,一般不宜超过 15 min。

④坍落度不大于 90 mm 的混凝土宜用振动振实,坍落度大于 90 mm 的混凝土宜用捣棒人工捣实。

振动台振实。将拌合物一次装入试模,装料时应用抹刀沿试模内壁插捣,并使混凝土拌合物高出试模口。振动时试模不得有任何自由跳动。振动应持续到拌合物表面出浆为止,不得过度振动。

振捣棒振实。将混凝土拌合物一次装入试模,装料时应用抹刀沿试模内壁插捣,并使混凝土拌合物高出试模口。宜用直径为 25 mm 的插入式振捣棒,插入试模振捣时,振捣棒距试模底板 10~20 mm 且不得触及试模底板,振动应持续到表面出浆为止,且应避免过振,以防止混凝土离析。一般振捣时间为 20 s。振捣棒拔出时要缓慢,拔出后不得留有孔洞。

人工捣实。将混凝土拌合物分两层装入试模,每层厚度大致相等。插捣应按螺旋方向从边缘向中心均匀进行。插捣底层时,捣棒应达到试模底面,插捣上层时,捣棒应插入下层 20~30 mm。插捣时捣棒应保持垂直,不得倾斜。然后用抹刀沿试模内壁插拔数次。每层的插捣次数见表 12.7。插捣后应用橡皮锤轻轻敲击试模四周,直至捣棒留下的孔洞消失为止。

振实或捣实后,刮除多余的混凝土,待混凝土临近初凝时用抹刀抹平。

(4)试件的养护

①试件成型后应立即用不透水的薄膜覆盖表面,以防水分蒸发。采用标准养护的试件应在温度为(20±5)℃、相对湿度大于 50%的室内环境下静置一至两昼夜,然后编号、拆模。

②拆模后的试件应立即放在温度为(20±2)℃,湿度为 95%以上的标准养护室中养护,或在温度为(20±2)℃的不流动的 $Ca(OH)_2$ 饱和溶液中养护。在标准养护室内试件应放在架上,彼此间隔为 10~20 mm,试件表面应保持潮湿,并不得被水直接冲淋。

③同条件养护试件的拆模时间可与实际构件的拆模时间相同。拆模后,试件仍需保持同条件养护。

(5)抗压强度测试

①试件自养护地点取出后,应尽快进行试验,以免试件内部的温度发生显著变化。先将试件擦干净,测量尺寸(精确至0.1 mm),据此计算试件的承压面积,并检查其外观。如实测尺寸与公称尺寸之差不超过1 mm,可按公称尺寸计算承压面积。

试件承压面的不平度应为每100 mm不超过0.05 mm,承压面与相邻面的不垂直度不应超过±0.5°。

②将试件安放在下承压板上,试件的承压面应与成型时的顶面垂直。试件的中心应与试验机下压板中心对准。开动试验机,当上压机与试件接近时,调整球座,使接触均衡。当混凝土强度等级≥C60时,试件周围应设置防崩裂网罩。

③加压时,应连续而均匀地加荷,加荷速度应为:混凝土强度等级<C30时,取0.3~0.5 MPa/s;当混凝土强度等级≥C30且<C60时,取0.5~0.8 MPa/s;当混凝土强度等级≥C60时,取0.8~1.0 MPa/s。当试件接近破坏而开始迅速变形时,停止调整试验机油门,直至试件破坏。然后记录破坏荷载。

(6)结果计算

①混凝土立方体试件抗压强度f_{cc}应按下式计算,精确至0.1 MPa:

$$f_{cc} = \frac{P}{A} \tag{12.26}$$

式中 P——破坏荷载,N;

A——受压面积,mm^2;

f_{cc}——混凝土立方体试件抗压强度,MPa。

②以3个试件的算术平均值作为该组试件的抗压强度值(精确至0.1 MPa)。3个测定值的最大值或最小值中如有一个与中间值的差超过中间值的15%时,则把最大及最小值一并舍去,取中间值作为该组试件的抗压强度值。如有两个测定值与中间值的差超过中间值的15%,则该组试件的试验结果无效。

③用非标准试件测得的强度值均应乘以尺寸换算系数(见表12.7)。

6)劈裂抗拉强度试验

(1)试验目的

测定混凝土的抗拉强度,评价其抗裂性能。

(2)仪器设备

①压力试验机、试模。

②垫块。采用直径为150 mm的钢制弧形垫块,其长度应与试件相同,其截面尺寸如图12.14(a)所示。

③垫条。应为普通胶合板或硬质纤维板。其尺寸:宽为20 mm,厚为3~4 mm,长度不应短于试件长。垫层不得重复使用。

(3)测定步骤

①试件从养护地点取出后,应及时进行试验。在试验前试件应保持与原养护地点相似的干湿状态。

②先将试件擦拭干净。在试件侧面中部画线定出劈裂面的位置,劈裂面应与试件成型时的顶面垂直。

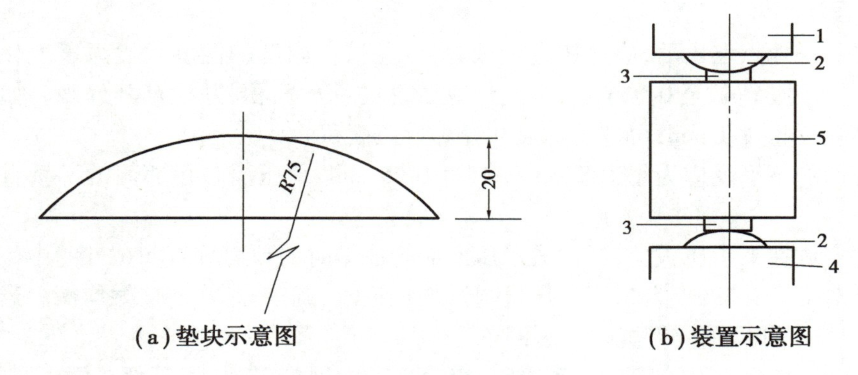

图 12.14　混凝土劈裂抗拉试验装置图

1，4—压力机上下垫板；2—垫条；3—垫层；5—试件

③测量劈裂面的边长(精确至 0.1 mm)，并据此计算试件的劈裂面积。如实测尺寸与公称尺寸之差不超过 1 mm，按公标尺寸计算劈裂面积。

④将试件放在压力机下压板的中心位置。在上下压板与试件之间加垫条和垫层各一条，垫条应与成型时的顶面垂直，使垫条的接触母线与试件上的荷载作用线对准。

⑤加荷时必须连续而均匀地进行，使荷载通过垫条均匀地传至试件上，加荷速度为：混凝土强度等级<C30 时，取 0.02~0.05 MPa/s；强度等级≥C30 且<C60 时，取 0.05~0.08 MPa/s；当混凝土强度等级≥C60 时，取 0.08~0.10 MPa/s。

当试件接近破坏时，应停止调整试验机油门，直至试验破坏，然后记下破坏荷载。

(4)结果计算

①劈裂抗拉强度按下式计算，精确至 0.01 MPa：

$$f_{ts} = \frac{2P}{\pi A} = 0.637\frac{P}{A} \tag{12.27}$$

式中　f_{ts}——混凝土劈裂抗拉强度，MPa；

P——破坏荷载，N；

A——试件劈裂面积，mm^2。

②以 3 个试件测定值的算术平均值作为该组试件的劈裂抗拉强度值，其异常数据的取舍原则同混凝土抗压强度试验。

③采用边长为 150 mm 的立方体试件作为标准试件，如采用边长为 100 mm 立方体试件，则测得的结果应乘以换算系数 0.85。当混凝土强度等级≥C60 时，宜采用标准试件，当使用非标准试件时，换算系数应由试验确定。

7)混凝土强度现场无损检测

我国混凝土无损检测技术研究起始于 20 世纪 50 年代，无损检测技术与常规强度试验方法相比，具有以下主要优点：

①无损或微损混凝土构件或结构物，不影响其使用性能，检测简便快速。

②可直接在新旧结构混凝土上作全面检测，能比较真实地反映混凝土工程的质量。

③可进行连续测试和重复测试，使测试结果有良好的可比性，还能了解环境因素和使用情况对混凝土性能的影响。用于混凝土质量的无损检验的方法很多，有回弹法、超声波法、成熟度

法、贯入阻力法、拔出法等。

(1)回弹法

通过回弹仪钢锤冲击混凝土表面的回弹值来估算混凝土强度。回弹值越大,说明混凝土表面层硬度越高,从而推断混凝土强度也越高。该法测试简便,但难以准确反映混凝土内部的强度。试验结果受到混凝土表面光滑度、碳化深度、含水量、龄期以及粗骨料种类的影响。

(2)超声脉冲速率法

通过测量超声脉冲在混凝土中的传播速率来估计混凝土的强度。传播速率越快,说明混凝土越密实,由此推测混凝土强度越高。超声速率和强度间的关系受到许多因素的影响,如混凝土龄期、含水状态、骨灰比、骨料种类和钢筋位置等。

(3)成熟度法

其基本原理是混凝土强度随时间和温度函数而变化。用热电偶或成熟度仪监测现场混凝土的成熟度,再由成熟度推算出混凝土的强度。

(4)贯入阻力法(又称射钉法)

用火药将探针射入混凝土,由探针的贯入深度或外露长度推定混凝土的强度。该法测定比较容易,但骨料硬度会影响试验结果。

(5)拔出法

在混凝土浇注前预先埋设或在混凝土硬化后开孔设置锚盘,由拔出时的极限拉拔力推算混凝土抗压强度。拔出法检测精度较高,但对结构有一定的破损。

(6)折断法

在混凝土浇筑前预先埋置塑性圆筒状模板或在混凝土硬化后钻制圆柱芯样,在圆柱芯样上面施加弯曲荷载,使芯底部断裂,由折断时的极限荷载推定混凝土抗压强度。

(7)钻芯法

用钻芯机钻取混凝土芯样,然后进行抗压试验,以芯样强度评定结构混凝土的强度。该法测量精度较高,但对结构破坏较大。

(8)综合法

采用两种或两种以上检测方法综合评定混凝土的强度,如超声—回弹、回弹—拔出、超声—钻芯综合法等。不同的检测方法具有各自的特点,同时也都受到一些因素的影响,综合法可获得更多的信息,有助于提高强度推定精度。

试验五　砂浆试验

采用《建筑砂浆基本性能试验方法标准》(JGJ/T 70—2009)进行砂浆稠度、砂浆分层度、砂浆保水性和砂浆抗压强度试验。

1)砂浆取样及试样制备

(1)取样

①建筑砂浆试验用料应从同一盘砂浆或同一车砂浆中取样。取样量应不少于试验所需量的4倍。

②施工中取样进行砂浆试验时,其取样方法和原则应按相应的施工验收规范执行。一般在使用地点的砂浆槽、砂浆运送车或搅拌机出料口,至少从3个不同部位取样。现场取来的试样,

试验前应人工搅拌均匀。

③从取样完毕到开始进行各项性能试验不宜超过 15 min。

(2)试样制备

①在试验室制备砂浆拌合物时，所用材料应提前 24 h 运入室内。拌和时试验室的温度应保持在(20±5)℃。

②试验所用原材料应与现场使用材料一致。砂应通过公称粒径 5 mm 筛。

③试验室拌制砂浆时，材料用量应以质量计。称量精度：水泥、外加剂、掺和料等为±0.5%；砂为±1%。

④在试验室搅拌砂浆时应采用机械搅拌，搅拌的用量宜为搅拌机容量的 30%～70%，搅拌时间不应少于 120 s。掺有掺和料和外加剂的砂浆，其搅拌时间不应少于 180 s。

2)砂浆稠度试验

(1)试验目的

砂浆稠度即砂浆在外力作用下的流动性，反映了砂浆的可操作性。砂浆配合比设计时，可以通过稠度试验，以达到控制用水量的目的。

(2)试验设备

砂浆稠度仪(见图 12.15)、捣棒、秒表等。

(3)试验步骤

①用少量润滑油轻擦滑杆，再将滑杆上多余的油用吸油纸擦净，使滑杆能自由滑动。

②用湿布擦净盛浆容器和试锥表面，将砂浆拌合物一次装入容器，使砂浆表面低于容器口约10 mm。用捣棒自容器中心向边缘均匀地插捣 25 次，然后轻轻地将容器摇动或敲击 5~6 下，使砂浆表面平整，然后将容器置于稠度测定仪的底座上。

③拧松制动螺丝，向下移动滑杆，当试锥尖端与砂浆表面刚接触时，拧紧制动螺丝，使齿条侧杆下端刚接触滑杆上端，并将指针对准零点上)。

④拧松制动螺丝，同时计时间，10 s 时立即拧紧螺丝，将齿条测杆下端接触滑杆上端，从刻度盘上读出下沉深度(精确至1 mm)，即为砂浆的稠度值。

⑤盛装容器内的砂浆，只允许测定一次稠度，重复测定时，应重新取样测定。

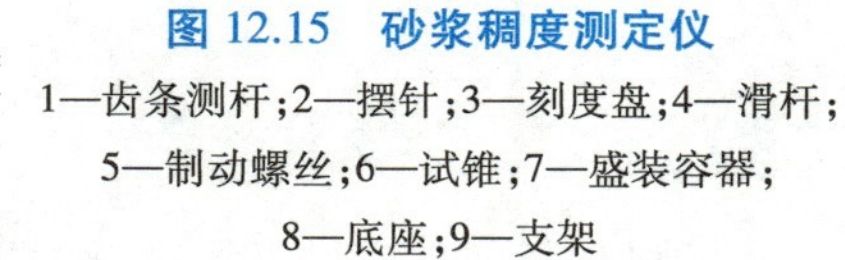

图 12.15　砂浆稠度测定仪

1—齿条测杆；2—摆针；3—刻度盘；4—滑杆；5—制动螺丝；6—试锥；7—盛装容器；8—底座；9—支架

(4)试验结果

取两次试验结果的算术平均值，精确至 1 mm；如两次试验值之差大于 10 mm，应重新取样测定。

3)砂浆分层度试验

(1)试验目的

测定砂浆拌合物的分层度，评定砂浆的保水性。

(2)仪器设备

砂浆分层度筒(见图12.16)、振动台、稠度仪、木锤等。

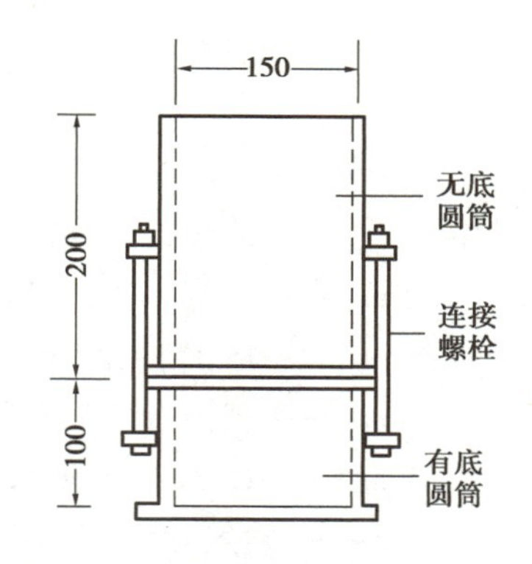

图12.16　砂浆分层度测定仪

(3)试验步骤

①首先将砂浆拌合物按稠度试验方法测定稠度。

②将砂浆拌合物一次装入分层度筒内,待装满后,用木锤在容器周围距离大致相等的4个不同部位轻轻敲击1~2下,如砂浆沉落到低于筒口,则应随时添加,然后刮去多余的砂浆并用抹刀抹平。

③静置30 min后,去掉上节200 mm砂浆,剩余的100 mm砂浆倒出放在拌和锅内拌2 min,再按稠度试验方法测其稠度。前后测得的稠度之差即为该砂浆的分层度值(mm)。

(4)试验结果

取两次试验结果的算术平均值作为该砂浆的分层度值;两次分层度试验值之差如大于10 mm,应重新取样测定。

4)砂浆保水性试验

(1)试验目的

测定砂浆保水率。

(2)试验仪器

①金属或硬塑料圆环试模,内径100 mm、内部高度25 mm。

②可密封的取样容器。

③2 kg的重物。

④金属滤网:网格尺寸45 μm,圆形,直径为(110±1)mm。

⑤超白滤纸:符合国家标准《化学分析滤纸》(GB/T 1914)规定的中速定性滤纸;直径为110 mm,单位面积质量200 g/m^2。

⑥2片金属或玻璃的方形或圆形不透水片,边长或直径大于110 mm。

⑦天平:量程200 g,感量0.1 g;量程2 000 g,感量1 g。

⑧烘箱。

(3)试验步骤

①称量底部不透水片与干燥试模质量m_1和15片中速定性滤纸质量m_2。

②将砂浆拌合物一次性填入试模,并用抹刀插捣数次,当填充砂浆略高于试模边缘时,用抹刀以45°角一次性将试模表面多余的砂浆刮去,然后再用抹刀以较平的角度在试模表面反方向将砂浆刮平。

③抹掉试模边的砂浆,称量试模、底部不透水片与砂浆总质量m_3。

④用金属滤网覆盖在砂浆表面,再在滤网表面放上15片滤纸,用上部不透水片盖在滤纸表面,以2 kg的重物把上部不透水片压住。

⑤静置2 min后移走重物及上部不透水片,取出滤纸(不包括滤网),迅速称量滤纸质量m_4。

⑥从砂浆的配比及加水量计算砂浆的含水率,若无法计算,可按(5)测定砂浆的含水率。

(4)计算与评定

$$W = \left[1 - \frac{m_4 - m_2}{\alpha(m_3 - m_1)}\right] \times 100\% \tag{12.28}$$

式中　W——砂浆保水率,%;

m_1——底部不透水片与干燥试模质量,精确至 1 g;

m_2——15 片滤纸吸水前的质量,精确至 0.1 g;

m_3——试模、底部不透水片与砂浆总质量,精确至 1 g;

m_4——15 片滤纸吸水后的质量,精确至 0.1 g;

α——砂浆含水率,%。

取两次试验结果的算数平均值作为砂浆的保水率,精确至 0.1%,且第二次试验应重新取样测定。当两个测定值之差超过 2%时,此组试验结果无效。

(5)砂浆含水率测试方法

称取(100±10)g 砂浆拌合物试样,置于一干燥并已称重的盘中,在(105±5)℃的烘箱中烘干至恒重,砂浆含水率应按下式计算:

$$\alpha = \frac{m_6 - m_5}{m_6} \times 100\% \tag{12.29}$$

式中　α——砂浆含水率,精确至 0.1%;

m_5——烘干后砂浆样本的质量,精确至 1 g;

m_6——砂浆样本的总质量,精确至 1 g。

取两次试验结果的算数平均值作为砂浆的含水率,精确至 0.1%。当两个测定值之差超过 2%时,此组试验结果无效。

5)立方体抗压强度试验

(1)试验目的

砂浆立方体抗压强度是评定砂浆强度的依据,它是砂浆质量的主要指标。

(2)仪器设备

①试模。尺寸为 70.7 mm×70.7 mm×70.7 mm 的带底试模、捣棒等。

②压力试验机。精度为 1%,试件破坏荷载应不小于压力机量程的 20%,且不大于全量程的 80%。

③垫板。试验机上、下压板及试件之间可垫以钢垫板,垫板的尺寸应大于试件的承压面,其不平度应为每 100 mm 不超过 0.02 mm。

④振动台。空载中台面的垂直振幅应为(0.5±0.05)mm,空载频率应为(50±3)Hz,空载台面振幅均匀度不大于 10%,一次试验至少能固定(或用磁力吸盘)3 个试模。

(3)试件的制作及养护

①采用立方体试件,每组试件 3 个。

②应用黄油等密封材料涂抹试模的外接缝,试模内涂刷薄层机油或脱模剂,将拌制好的砂浆一次性装满砂浆试模,成型方法根据稠度而定。当稠度≥50 mm 时采用人工振捣成型,当稠度<50 mm 时采用振动台振实成型。

人工振捣是用捣棒均匀地由边缘向中心按螺旋方式插捣 25 次,插捣过程中如砂浆沉落低于试模口，应随时添加砂浆，可用油灰刀插捣数次，并用手将试模一边抬高 5~10 mm 各振动 5 次，使砂浆高出试模顶面 6~8 mm。机械振动是将砂浆一次装满试模，放置到振动台上，振动时试模不得跳动，振动 5~10 s 或持续到表面出浆为止不得过振。

③待表面水分稍干后，将高出试模部分的砂浆沿试模顶面刮去并抹平。

④试件制作后应在室温为(20±5)℃的环境下静置(24±2)h，当气温较低时可适当延长，但不应超过两昼夜，然后对试件进行编号、拆模。试件拆模后应立即放入温度为(20±2)℃，相对湿度为 90%以上的标准养护室中养护。养护期间，试件彼此间隔不小于 10 mm，混合砂浆试件上面应覆盖以防有水滴在试件上。

(4)抗压强度的测定

①试件从养护地点取出后应及时进行试验。试验前将试件表面擦拭干净，测量尺寸，并检查其外观。并据此计算试件的承压面积，如实测尺寸与公称尺寸之差不超过 1 mm，可按公称尺寸进行计算。

②将试件安放在试验机的下压板(或下垫板)上，试件的承压面应与成型时的顶面垂直，试件中心应与试验机下压板(或下垫板)中心对准。开动试验机，当上压板(或上垫板)与试件接近时，调整球座，使接触面均衡受压。承压试验应连续而均匀地加荷，加荷速度应为每秒钟0.25~1.5 kN(砂浆强度不大于 2.5 MPa 时，宜取下限)，当试件接近破坏而开始迅速变形时，停止调整试验机油门，直至试件破坏，然后记录破坏荷载。

(5)结果计算

砂浆立方体抗压强度应按下式计算：

$$f_{m,cu}=\frac{N_u}{A} \tag{12.30}$$

式中 $f_{m,cu}$——砂浆立方体试件抗压强度，MPa，精确至 0.1 MPa；

N_u——试件破坏荷载，N；

A——试件承压面积，mm^2。

以 3 个试件测值的算术平均值的 1.35 倍(f_2)作为该组试件的砂浆立方体试件抗压强度平均值(精确至 0.1 MPa)。

当 3 个测值的最大值或最小值中如有一个与中间值的差值超过中间值的 15%时，则把最大值及最小值一并舍除，取中间值作为该组试件的抗压强度值；如有两个测值与中间值的差值均超过中间值的 15%时，则该组试件的试验结果无效。

试验六　烧结普通砖抗压强度试验

本试验采用的标准有《砌墙砖试验方法》(GB/T 2542—2012)、《烧结普通砖》(GB/T 5101—2017)和《砌墙砖检验规则》(JC 466—1992(1996))。

1)试验目的

测定砌墙砖的抗压强度，用于评定其强度等级。

2)取样方式

(1)检验批的构成

构成检验批的基本原则是尽可能使得批内砖质量分布均匀，具体实施中应做到：

①非正常生产与正常生产的砌墙砖不能混批。

②原料变化或不同配料比例的砌墙砖不能混批。

③不同质量等级的砌墙砖不能混批。

检验批的批量宜在3.5万~15万块,但不得超过一条生产线的日产量。

(2)取样数量

进行抗压强度试验应抽取砖样10块。

(3)抽样方式

①从由随机数目确定的10个砖垛和砖垛中的抽样位置各抽取一块砖样,共10块组成一组用于抗压强度试验,或从已顺序编号经非破坏性检验(如外观质量检验)后的砖样中间隔抽取10块组成一组砖样。

②不论抽样位置上砌墙砖质量如何,不允许以任何理由以别的砖替代。抽取样品后,在样品上标识表示检验内容的编号,检验时也不允许变更检验内容。

3)试验设备

①材料试验机:试验机的示值相对误差不超过±1%,其上、下加压板至少应有一个球铰支座,预期最大破坏荷载应在量程的20%~80%。

②钢直尺:分度值不应大于1 mm。

③振动台、制样模板、搅拌机:应符合GB/T 25044的要求。

④切割设备。

⑤抗压强度试验用净浆材料:应符合GB/T 25183的要求。

4)试样制备与养护

制样方法有3种:一次成型制样、二次成型制样与非成型制样。

(1)一次成型制样

①一次成型制样适应于采用样品中间部分切割,交错叠加灌浆制成强度试验试样的方式。

②测定抗压强度砖样数量10块(样品用随机抽样法从外观质量和尺寸偏差检验后的样品中抽取)。将试样锯成两个半截砖,两个半截砖用于叠合部分的长度不得小于100 mm,如果不足100 mm,应另取备用试样补足。

③将已切割开的半截砖放入室温的净水中浸20~30 min后取出,在铁丝网架上滴水20~30 min,以断口相反方向装入制样模具中,用插板控制两个半砖间距不应大于5 mm,砖大面与模具间距不应大于3 mm,砖断面、顶面与模具间垫以橡胶垫或其他密封材料,模具内表面涂油或脱模剂。制样模具及插板如图12.17(a)所示。

④将净浆材料按照配制要求,置于搅拌机中搅拌均匀。

⑤将装好试样的模具置于振动台上,加入适量搅拌均匀的净浆材料,振动时间为0.5~1 min,停止振动,静止至净浆材料达到初凝时间(15~19 min)后拆模。

⑥一次成型制样应置于不低于10 ℃的不通风室内养护4 h。

(2)二次成型制样

①二次成型制样适用于采用整块样品上下表面灌浆制成强度试验试样的方法。

②将整块试样放入室温的净水中浸20~30 min后取出,在铁丝网架上滴水20~30 min。

③按照净浆材料配制要求，置于搅拌机中搅拌均匀。

④模具内表面涂油或者脱模剂，加入适量搅拌均匀的净浆材料，将整块试块一个承压面与净浆接触，装入制样模具中，承压面找平厚度不应大于 3 mm。接通振动台电源，振动 0.5～1 min，停止振动，静置至净浆材料初凝（15～19 min）后拆模。按同样方法完成整块试样另一承压面的找平。二次成型制样模具如图 12.17（b）所示。

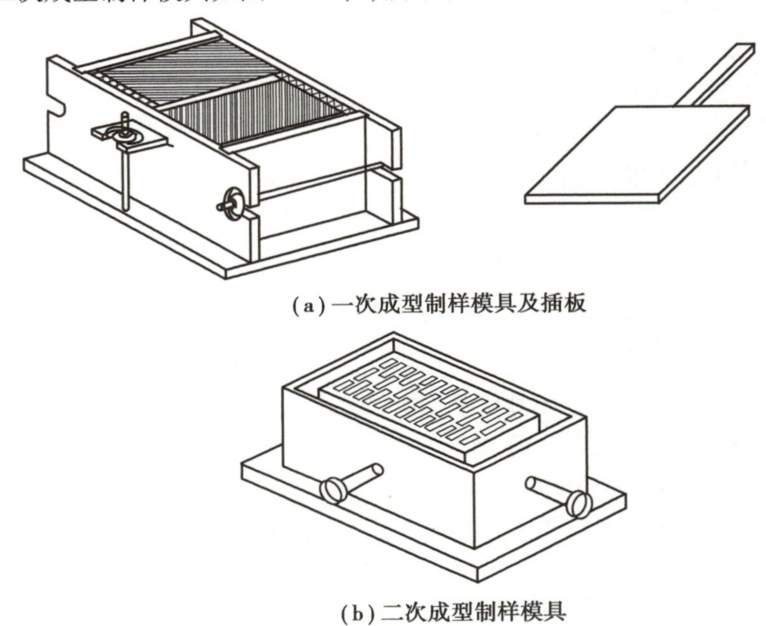

（a）一次成型制样模具及插板

（b）二次成型制样模具

图 12.17　成型制样模具

⑤二次成型制样应置于不低于 10 ℃的不通风室内养护 4 h。

（3）非成型制样

①非成型制样适应于试样无需进行平面找平处理制样的方式。

②测定抗压强度砖样数量 10 块（样品用随机抽样法从外观质量和尺寸偏差检验后的样品中抽取）。将砖样切成两个半截砖，两个半截砖用于叠合部分的长度不得小于 100 mm，如果不足 100 mm，应另取备用试样补足。

③两半截砖切断口相反叠放，叠合部分不得小于100 mm，即为抗压强度试样。

④非成型制样不需养护，试样气干状态直接进行试验。

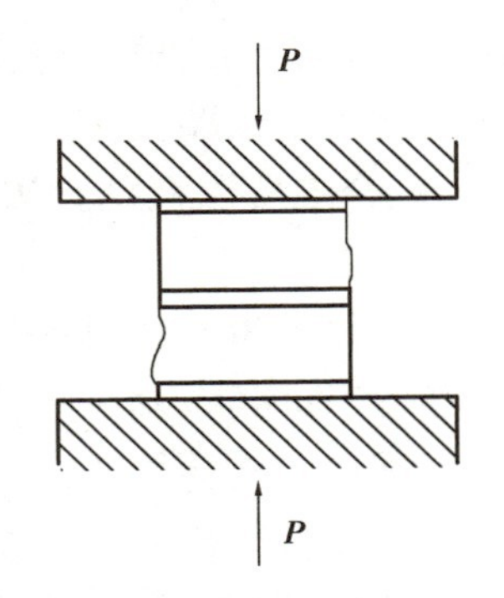

图 12.18　砖的抗压强度试验示意图

5）试验步骤

①试验前，测量每块试件连接面的长、宽尺寸各两个，分别取其平均值，精确至 1 mm。

②将试件平放在压力机的承压板中央（见图 12.18），启动压力机并调整其零点后，开始加荷。加荷速度应控制在2～6 kN/s为宜，加荷时应均匀平稳，不得发生冲击或振动，直至试件破坏为止，记录破坏荷载 P（N）。

6) 结果计算与评定

①每块试件的抗压强度 R_p 按下式计算,精确至 0.1 MPa:

$$R_p = \frac{P}{LB} \tag{12.31}$$

式中 R_p——砖的抗压强度,MPa;

P——最大破坏荷载,N;

L——试件受压面(连接面)的长度,mm;

B——试件受压面(连接面)的宽度,mm。

②10 块试件的强度标准值 f_k,按下式计算,精确至 0.1 MPa:

$$f_k = \overline{R}_p - 2.1S \tag{12.32}$$

$$S = \sqrt{\frac{1}{9}\sum_{i=1}^{10}(R_{pi} - \overline{R}_p)^2} \tag{12.33}$$

式中 f_k——强度标准值,MPa;

$\overline{R}_p$——10 块试件的抗压强度算术平均值,MPa;

R_{pi}——单块试件的抗压强度值,MPa;

S——10 块试件的抗压强度标准差,MPa。

试验结果以试样抗压强度的算术平均值和标准值或单块最小值表示,精确至 0.1 MPa。

试验七 钢筋试验

本实验采用的标准有《金属材料 拉伸试验 第 1 部分:室温试验方法》(GB/T 228.1—2021)、《金属材料 弯曲试验方法》(GB/T 232—2010)、《钢筋混凝土用钢 第 2 部分:热轧带肋钢筋》(GB/T 1499.2—2018)和《钢筋混凝土用钢 第 1 部分:热轧光圆钢筋》(GB/T 1499.1—2017)。

1) 检验规则

(1)取样

钢筋应按批进行检查和验收,每批质量通常不大于 60 t。每批应由同一牌号、同一炉罐号、同一规格的钢筋组成。超过 60 t 的部分,每增加 40 t(或不足 40 t 的余数)增加一个拉伸试验试样和一个弯曲试验试样。允许由同一牌号、同一冶炼方法、同一浇铸方法的不同炉罐号组成混合批,混合批质量不大于 60 t,各炉罐号碳的质量分数之差不得大于 0.02%,锰的质量分数之差不大于 0.15%。

拉伸试验取样原则及数量:自每批同一公称直径的钢筋中任意抽取两根,于每根钢筋距端部大于 50 cm 处截取一段,每次取两根钢筋作试样,试样长度 $\geqslant 3a+2h+L_0$(a 为钢筋公称直径;h 为试验机夹具夹持长度;L_0 为原始标距)。

弯曲试验取样原则及数量:自每批同一公称直径的钢筋中任意抽取两根,于每根钢筋距端部大于 50 cm 处截取一段,每次取两根钢筋作试样,试样长度 $\geqslant 0.5\pi(d+a)+140$ mm(d 为弯心直径,π 取 3.1)。

拉伸、冷弯试验用钢筋试样不允许进行车削加工。

(2)判定与复验

热轧钢筋进行的两个拉伸、两个冷弯试验中,所有指标均符合标准要求,该试样对应的钢筋批判定合格。

任何检验如有某一项试验结果不符合标准要求,则从同一批中按取样规则再取双倍数量的试样进行该不合格项目的复验。复验结果(包括该项试验所要求的任一指标)即使有一个指标不合格,则整批钢筋对于供货单位不得交付用户,对使用单位不得使用。钢筋的重量偏差项目不允许重复试验。

(3)环境温度

除非另有规定,试验一般在室温 10~35 ℃进行。对温度要求严格的试验,试验温度应为(23±5)℃。

2)拉伸试验

(1)试验目的

拉伸试验是测定钢筋在拉伸过程中应力和应变之间的关系曲线以及屈服点、抗拉强度和断后伸长率 3 个重要指标,来评定钢材的质量。

(2)仪器设备

①万能材料试验机:准确度为 1 级或优于 1 级(测力示值相对误差±1%);为保证机器安全和试验准确,所有测量值应在试验机被选量程的 20%~80%。

②尺寸量具:公称直径≤10 mm 时,分辨率为 0.01 mm;公称直径>10 mm 时,分辨率为 0.05 mm。

(3)试验步骤

①根据钢筋公称直径 d_0 确定试件的标距长度。原始标距 $L_0=5d_0$,如钢筋的平行长度(夹具间非夹持部分的长度)比原始标距长许多,可在平行长度范围内用小标记、细划线或细墨线均匀划分 5~10 mm 的等间距标记,标记一系列套叠的原始标距,便于在拉伸试验后根据钢筋断裂位置选择合适的原始标记。

②试验机指示系统调零。

③将试件固定在试验机夹头内,应确保试样受轴向拉力的作用。开动机器进行拉伸,直至钢筋被拉断。拉伸速率要求:屈服前,应力增加速率按表 12.8 规定;屈服后,平行长度的应变速率不应超过 0.008/s。

表 12.8　试件屈服前的应力速率

钢筋的弹性模量/($N\cdot mm^{-2}$)	应力速率 /($N\cdot mm^{-2}\cdot s^{-1}$)	
	最小	最大
<150 000	2	20
≥150 000	6	60

注:热轧钢筋的弹性模量约为 200 000 N/mm^2。

(4)结果计算

①强度:

a.从力-位移曲线图或测力盘读取不计初始瞬时效应时屈服阶段的最小力或屈服平台的恒定力(F_{eL}),试验过程中的最大力(F_m)。

b.按式(12.34)和式(12.35)分别计算下屈服强度(R_{eL})、抗拉强度(R_m)

$$R_{eL}=\frac{F_{eL}}{S_0} \tag{12.34}$$

$$R_m=\frac{F_m}{S_0} \tag{12.35}$$

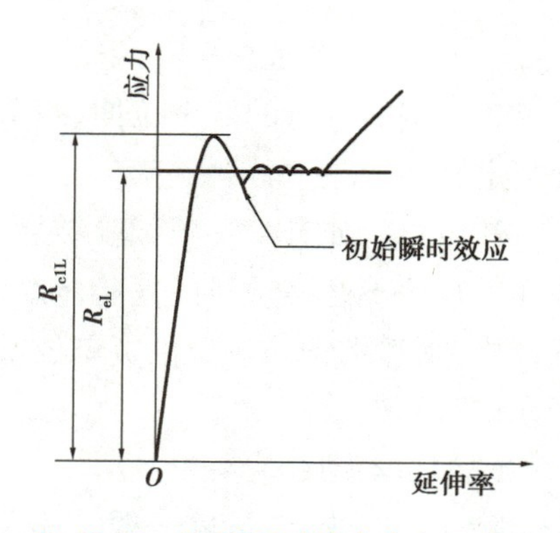

图 12.19 初始瞬时效应含义示意图

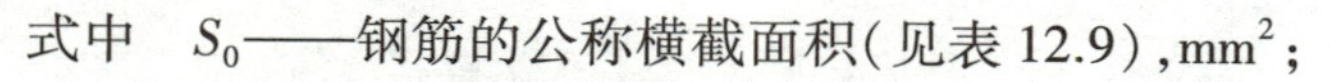

式中 S_0——钢筋的公称横截面积(见表 12.9),mm^2;

F_{eL}——屈服阶段的最小力,N;

F_m——试验过程中的最大力,N。

表 12.9 钢筋的公称横截面积

公称直径/mm	公称横截面积/mm^2	公称直径/mm	公称横截面积/mm^2
6	28.27	22	380.1
8	50.27	25	490.9
10	78.54	28	615.8
12	113.1	32	804.2
14	153.9	36	1 018
16	201.1	40	1 257
18	254.5	50	1 963
20	314.2		

c.强度数值修约至 1 MPa($R\leqslant 200$ MPa),5 MPa(200 MPa$<R<$1 000 MPa)。也可以使用自动装置(例如微处理机等)或自动测试系统测定下屈服强度和抗拉强度,而不绘制拉伸曲线图。

②断后伸长率测定:

a.选取平行长度中包含断裂处的一个 L_0,将试样断裂的部分仔细地配接在一起,使其轴线处于同一直线上,并确保试样断裂部分适当接触后测量试样断裂后标距 L_u,准确到±0.25 mm(请注意下面 c 中 L_u 的确定原则)。

b.按下式计算断后伸长率(精确至 0.5%):

$$A=\frac{L_u-L_0}{L_0}\times 100\% \tag{12.36}$$

式中 A——断后伸长率,%;

L_u——断后标距,mm;

L_0——原始标距,mm。

c.L_u 的确定原则：

● 若任取一个标距测量其 L_u，计算断后伸长率大于或等于规定值，不管断裂位置处于何处测量均为有效。

● 当断裂处与最接近的标距标记距离不小于原始标距的 1/3 时，直接选取包含断裂处的一个标距测量其 L_u 为有效。

● 当断裂处在标距点上或标距外，则试验结果无效，应重作试验。

● 当断裂处在上述情况以外时，可按下述移位法确定断后标距 L_u：在长段上，从拉断处 O 点取最接近等于短段的格数，得 B 点；再取长段所余格数（偶数，图 12.20（a））的一半，得 C 点；或者取所余格数（奇数，图 12.20（b））减 1 与加 1 之半，得 C 与 C_1 点。移位后的 L_u，分别为$AO+OB+2BC$ 或者 $AO+OB+BC+BC_1$。

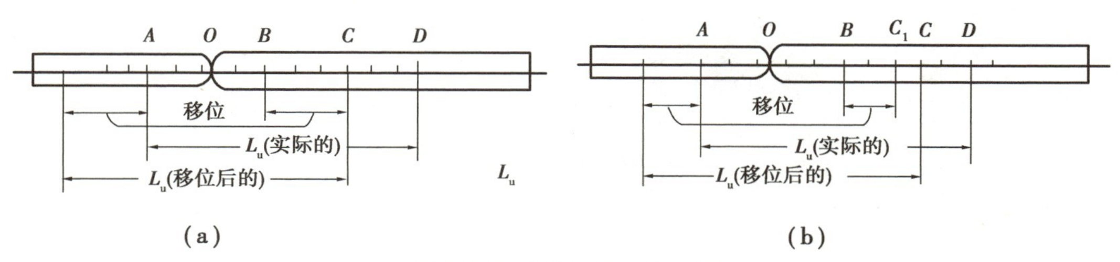

图 12.20 用移位法计算标距

3）冷弯试验

（1）试验目的

检验钢筋承受规定弯曲角度的弯曲变形能力。

（2）仪器设备

万能材料试验机或压力试验机、弯曲装置。

（3）试验步骤

①虎钳式弯曲。试样一端固定，绕弯心直径进行弯曲，如图 12.21（a）所示，试样弯曲到规定的角度或出现裂纹、裂缝或断裂为止。

②支辊式弯曲：

a.试样放置于两个支点上，将一定直径的弯心在试样的两个支点中间施加压力，使试样弯曲到规定的角度，如图 12.21（b）所示，或出现裂纹、裂缝、断裂为止。两支辊间距离 $l=(d+3a)\pm0.5a$，并且在试验过程中不允许有变化。

b.当弯曲角度为 180°时，弯曲可一次完成试验，亦可先弯曲到如图 12.21（b）所示的状态，然后放置在试验机平板之间继续施加压力，压至试样两臂平行。此时可以加与弯心直径相同尺寸的衬垫进行试验，如图 12.21（c）所示。

弯曲试验时，应缓慢施加弯曲力。

（4）结果评定

检查试件弯曲处的外表面，若无裂纹、裂缝或裂断，则评定试样合格。

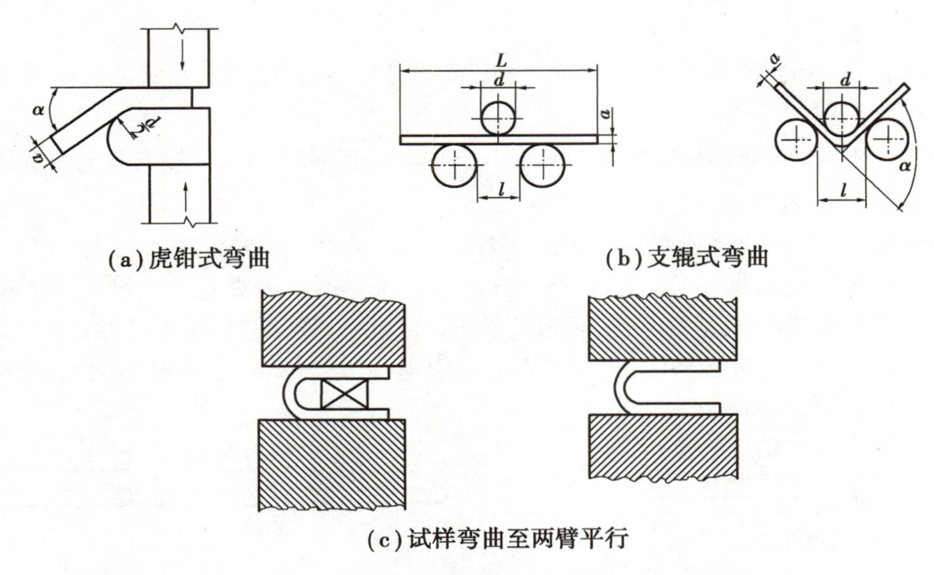

(a)虎钳式弯曲　　(b)支辊式弯曲

(c)试样弯曲至两臂平行

图 12.21　弯曲试验示意图

试验八　石油沥青试验

试验采用的标准有《沥青取样法》(GB/T 11147—2010)、《沥青针入度测定法》(GB/T 4509—2010)、《沥青软化点测定法　环球法》(GB/T 4507—2014)和《沥青延度测定法》(GB/T 4508—2010)。

1)取样方法

从桶、袋、箱中取样,应在样品表面以下及容器侧面以内至少 75 mm 处采取。若沥青是能够打碎的,则用干净的适当工具打碎后取样;若沥青是软的,则用干净的适当工具切割取样。

当能确认是同一批生产的产品时,应随机取出一件按上述取样方式取 4 kg 供检验用。当不能确认是同一批生产的产品或按同批产品取样取出的样品,经检验不符合规格要求时,则须按随机取样的原则,选出若干件后再按上述取样方式取样,其件数等于总件数的立方根。表 12.10给出了不同装载件数所要取出的样品件数。每个样品的质量应不少于 0.1 kg,这样取出的样品,经充分混合均匀后取出 4 kg 供检验用。当不是一批产品且批次可以明显分出,从每一批次中取出 4 kg 样品供检验。

表 12.10　石油沥青取样数量

装载件数	选取件数	装载件数	选取件数
2~8	2	217~343	7
9~27	3	344~512	8
28~64	4	513~729	9
65~125	5	730~1 000	10
126~216	6	1 001~1 331	11

2)针入度测定

(1)试验目的

针入度反映了石油沥青的粘滞性,是评定牌号的主要依据。石油沥青的牌号主要根据针入度、延度和软化点等指标划分,并以针入度值表示。

(2)仪器设备

①针入度计(见图 12.22)。试验温度为(25±0.1)℃时,标准针、连杆与附加砝码可以组成(100±0.05)g和(200±0.05)g 的载荷以满足试验所需的载荷条件。

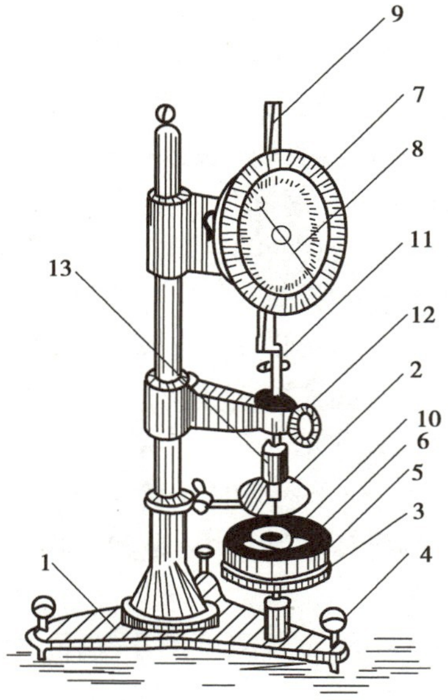

②标准针。硬化回火的不锈钢针,针长约50 mm,长针长约为 60 mm。所有针直径为 1.00~1.02 mm。

③试样皿。金属制或玻璃制,圆柱形平底皿。

④恒温水浴。容量不小于 10 L,能保持温度在试验温度的±0.1 ℃范围内。水中应备有一带孔的支架,位于水面下不少于 100 mm,距浴底不少于 50 mm 处。

⑤平底玻璃皿。容器不小于 350 mL,深度要没过最大的样品皿。内设一个不锈钢三角支架,以保证试样皿稳定。

⑥秒表(刻度为 0.1 s 或小于 0.1 s)、温度计(刻度范围-8~55 ℃,分度值为 0.1 ℃)等。

图 12.22　针入度计

1—底座;2—小镜;3—圆形平台;4—调平螺丝;5—保温皿;6—试样;7—刻度盘;8—指针;9—活杆;10—标准针;11—连杆;12—按钮;13—砝码

(3)准备工作

小心加热样品,不断搅拌以防局部过热,加热到使样品能够流动。加热时焦油沥青的加热温度不超过软化点的 60 ℃,石油沥青不超过软化点的 90 ℃。加热时间在保证样品充分流动的情况下尽量少。加热、搅拌过程避免试样中进入气泡。

将试样倒入预先选好的试样皿中。试样深度应至少是预计锥入深度的 120%,如果试样皿直径小于 65 mm,而预期针入度高于 200 mm,每个试验条件都要倒 3 个样品。如果样品充足,浇注的样品要达至试样皿的边缘。

轻轻盖住试样皿以防灰尘落入。在室温(15~30 ℃)下冷却 45 min~1.5 h(小试样皿 ϕ35 mm×16 mm)或1~1.5 h(中等试皿 ϕ55 mm×35 mm)或 1.5~2 h(大试样皿),冷却结束后将试样皿和平底玻璃皿一起放入测试温度下的恒温水浴中,水面应没过试样表面 10 mm 以上。在规定的试验温度下恒温,小试样皿恒温 45 min~1.5 h,中等试样皿恒温 1~1.5 h,大试样皿恒温 1.5~2 h。

(4)试验步骤

①调节针入度计的水平,检查针连杆和导轨,确保上面没有水和其他物质。如果预测针入度超过 350 mm 应选择长针,否则选用标准针。先用合适的溶剂将针擦干净,再用干净的布擦干,然后将针插入针连杆中固定。按试验条件选用合适的砝码,并放好砝码。

②如果测试时针入度计是在水浴中,则直接将试样皿放在浸于水中的支架上,使试样完全浸在水中。如果试验时针入度计不在水浴中,将已经恒温到试验温度的试样皿放在水平玻璃皿中的三角支架上,用与水浴相同温度的水完全覆盖样品,将平底玻璃皿放置在针入度计的平台

上，慢慢放下针连杆，使针尖刚刚接触到试样的表面，必要时用放置在合适位置的光源观察针头位置使针尖与水中针头的投影刚刚接触为止。轻轻拉下活杆，使其与针连杆顶端相接触，调节针入度计上的表盘读数指零或归零。

③在规定时间内快速释放针连杆，同时启动秒表或计时装置，使标准针自由下落穿入沥青试样中，到规定时间使标准针停止移动。

④拉下活杆，再使其与针连杆顶端相接触，此时，表盘指针的读数即为试样的针入度，或自动方式停止锥入，通过数据显示设备直接读出锥入深度数值，得到针入度，用 1/10 mm 表示。

⑤用同一试样至少重复测定 3 次。每一试验点的距离和试验点与试验皿边缘的距离都不得小于 10 mm。每次试验前都应将试样和平底玻璃皿放入恒温水浴中，每次测定都要用干净的针。当针入度小于 200 mm 时，可将针取下用合适的溶剂擦净后继续使用。当针入度超过 200 mm时，每个试样皿中扎一针，3 个试样皿得到 3 个数据；或者每个试样至少用 3 根针，每次试验用的针留在试样中，直到 3 根针扎完时再将针从试样中取出。

(5)结果评定

取 3 次测定针入度的平均值，取至整数作为试验结果。3 次测定的针入度值相差不应大于表 12.11 所列数值，否则试验应重做。

表 12.11　针入度测试允许最大差值　　单位：1/10 mm

针入度	0~49	50~149	150~249	250~349	350~500
最大差值	2	4	6	8	20

3) 延度测定

(1)试验目的

延度反映了石油沥青的塑性，是评定牌号的依据之一，并且能够测定沥青材料拉伸性能。

(2)仪器与材料

①模具：模具应按图 12.23 所给样式进行设计。试件模具由黄铜制造，由两个弧形端模和两个侧模组成。

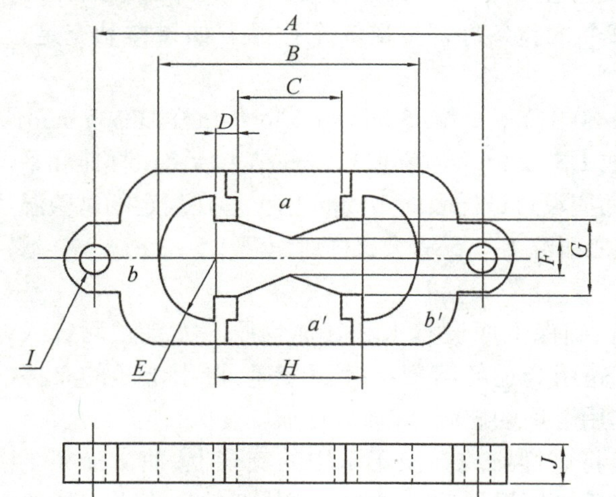

A—两端模环中心点距离 111.5~113.5 mm；
B—试件总长 74.54~75.5 mm；
C—端模间距 29.7~30.3 mm；
D—肩长 6.8~7.2 mm；
E—半径 15.75~16.25 mm；
F—最小横断面宽 9.9~10.1 mm；
G—端模口宽 19.8~20.2 mm；
H—两半圆心间距离 42.9~43.1 mm；
I—端模孔直径 6.54~6.7 mm；
J—厚度 9.9~10.1 mm。

图 12.23　延度仪模具

②水浴：水浴能保持试验温度变化不大于 0.1 ℃，容量至少为 10 L，试件浸入水中深度不得小于 100 mm，水浴中设置带孔搁架以支撑试件，搁架距水浴底部不得小于 50 mm。

③延度仪：满足试件持续浸没于水中，能按照一定的速度拉伸试件的仪器。启动时应无明显振动。

④温度计：0~50 ℃，分度为 0.1 ℃和 0.5 ℃各一支。

⑤隔离剂：由两份甘油和一份滑石粉调制而成（以质量计）。

⑥支撑板：黄铜板，一面磨光至表面粗糙度为 Ra 0.63。

(3)准备工作

①将模具在支撑板上卡紧，调和均匀隔离剂并涂于支撑板表面及侧模的内表面。

②加热样品且充分搅拌以防止局部过热，直至样品容易倾倒。石油沥青加热温度不超过预计石油沥青软化点 90 ℃；煤焦油沥青样品加热温度不超过煤焦油沥青预计软化点温度 60 ℃。样品的加热时间在不影响样品性质和在保证样品充分流动的基础上应尽量短。将熔化后的样品充分搅拌后倒入模具中。倒样时使试样呈细流状，自模的一端至另一端往返倒入至试样略高出模具。

③浇注好的试样在空气中冷却 30~40 min，接着放在（25±0.5）℃水浴中 30 min 后取出，用热的刀或铲刮去高出模具部分的沥青，使沥青面与模面齐平。将试件、模具与支撑板一起放入水浴中，并在试验温度下保持 85~95 min，然后取下试件，拆去侧模，立即进行拉伸试验。

(4)试验步骤

①将模具两边的空孔分别套在滑板及槽端的金属柱上，然后以（5±0.25） cm/min 的速度拉伸至断裂。拉伸速度允许误差在±5%以内，测量试件从拉伸到断裂的距离，以 cm 表示。试件距水面和水底的距离应不小于 25 mm，且温度保持在规定温度的±0.5 ℃范围内。

②测定时如果沥青浮于水面或沉入槽底时，加入乙醇或氯化钠，调整水的密度，使沥青材料既不浮于水面也不沉入槽底时，再进行测定。

③正常的试验应将试样拉成锥形或线形或柱形，直至断裂时实际横断面面积接近于零或一均匀断面。

试件拉断时指针所指标尺上的读数即为试样的延度。

(5)结果评定

若 3 个试件测定值在其平均值的 5%内，取平行测定 3 个结果的平均值作为测定结果。若 3 个试件测定值不在其平均值的 5%以内，但其中两个较高值在平均的 5%之内，则弃去最低测定值，取两个较高值的平均值作为测定结果，否则重新测定。

4)软化点测定

(1)试验目的

软化点反映了石油沥青的温度稳定性，用于沥青分类，是沥青产品标准中的重要技术指标。

(2)仪器与材料

①沥青软化点测定仪，包括温度计（测温范围 30 ~ 180 ℃，最小分度值 0.5 ℃）、浴槽（内径不小于 85 mm，离加热底部深度不小于 120 mm）、支撑板（约 50 mm× 75 mm）、钢球（ϕ9.5 mm，3.50 ± 0.05 g）、钢球定位器、环支撑架支架。如图 12.24 所示。

②电炉或其他加热器、金属板（一面必须磨至光洁度▽ 8）或玻璃板、刀（切沥青用）、筛（筛孔 0.3~0.5 mm）、甘油滑石粉隔离剂、新煮沸的蒸馏水、甘油。

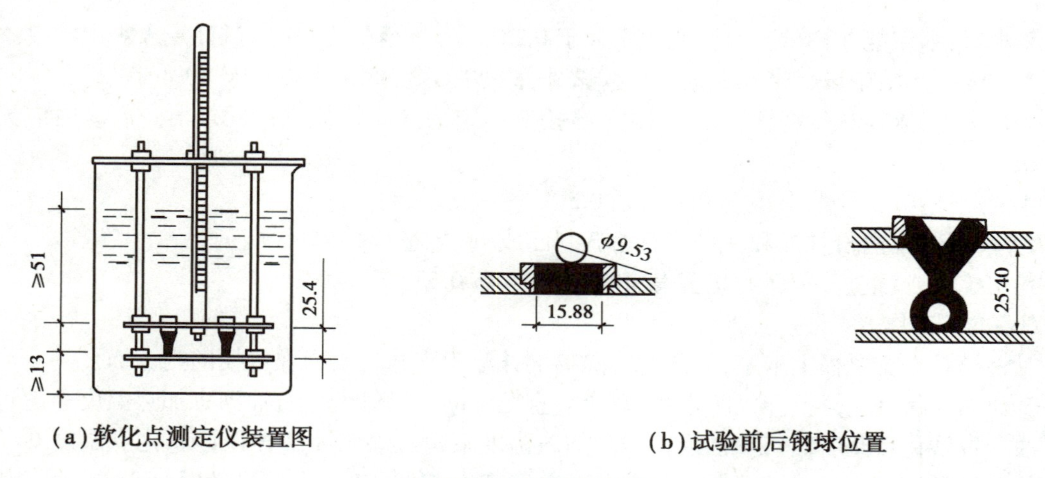

(a)软化点测定仪装置图

(b)试验前后钢球位置

图 12.24 软化点测定仪

(3)准备工作

①样品的加热时间在不影响样品性质和在保证样品充分流动的基础上尽量短。石油沥青、改性沥青、天然沥青以及乳化沥青残留物加热温度不应超过预计沥青软化点 110 ℃。煤焦油沥青样品加热温度不应超过其预计软化点 55 ℃。

②将黄铜环置于涂有隔离剂的金属板或玻璃上，将预先脱水的试样加热熔化，搅拌、过筛后注入黄铜环内至略高于环面为止，若估计软化点在 120～157 ℃，应将黄铜环与支撑板预热至80～100 ℃，然后将铜环放到涂有隔离剂的支撑板上。否则会出现沥青试样从铜环中完全脱落的现象。

③向每个环中倒入略过量的沥青试样，让试件在室温下至少冷却 30 min。对于在室温下较软的样品，应将试件在低于预计软化点 10 ℃以上的环境中冷却 30 min。从开始倒试样时起至完成试验的时间不得超过 240 min。

④当试样冷却后，用稍加热的小刀或刮刀干净地刮去多余沥青，使得每一个圆片饱满且和环的顶部齐平。

⑤加热介质的选取遵循以下：新煮沸过的蒸馏水适于软化点为 30～80 ℃的沥青，起始加热介质温度应为(5±1)℃；甘油适于软化点为 80～157 ℃的沥青，起始加热介质温度应为(30±1)℃。

(4)试验步骤

①从水浴或甘油保温槽中取出盛有试样的黄铜环置在环架中层板上的圆孔中，并套上钢球定位器，把整个环架放入烧杯内，调整水面或甘油液面至深度标记，环架上任何部分不得有气泡。将温度计由上层板中心孔垂直插入，使水银球与铜环下面齐平。

②移烧杯至放有石棉网的三脚架上或电炉上，然后将钢球放在试样上(须使各环的平面在全部加热时间内完全处于水平状态)立即加热，使烧杯内水或甘油温度在 3 min 后保持每分钟上升(5±0.5)℃，否则重做。

③试样受热软化下坠至与下层底板面接触时记录温度计显示的温度，两个温度的平均值即为试样的软化点。

(5)结果评定

当软化点在 30～157 ℃时，重复测定两个结果间的差数不得大于 1 ℃，否则重新试验。

参考文献

[1] 施惠生. 土木工程材料性能、应用与生态环境[M]. 北京：中国电力出版社,2008.
[2] 施惠生. 生态水泥与废弃物资源化利用技术[M]. 北京：化学工业出版社,2005.
[3] 陈志源,李启令.土木工程材料[M].2 版.武汉:武汉工业大学出版社,2003.
[4] 施惠生. 无机材料实验[M]. 上海：同济大学出版社,2003.
[5] 王春阳. 建筑材料[M]. 2 版.北京：高等教育出版社,2006.
[6] 吴科如,张雄. 土木工程材料[M]. 上海：同济大学出版社,2003.
[7] 王培铭. 商品砂浆的研究与应用[M]. 北京：机械工业出版社,2005.
[8] 施惠生. 材料概论[M]. 2 版.上海：同济大学出版社,2009.
[9] 施惠生,孙振平,邓恺.混凝土外加剂实用技术大全[M]. 北京：中国建筑出版社,2008.
[10] 符芳. 土木工程材料[M]. 南京:东南大学出版社,2006.
[11] 刘超臣,蒋辉. 环境学基础[M]. 北京:化学工业出版社,2003.
[12] 王福川. 土木工程材料[M]. 北京:中国建材工业出版社,2004.
[13] 刘祥顺. 土木工程材料[M]. 北京:中国建材工业出版社,2001.
[14] 黄政宇. 土木工程材料[M]. 北京:高等教育出版社,2002.
[15] 陈雅福. 土木工程材料[M]. 广州:华南理工大学出版社,2001.
[16] 任平弟. 建筑材料[M]. 北京:中国铁道出版社,2004.
[17] 钱晓倩. 土木工程材料[M]. 杭州:浙江大学出版社,2003.
[18] 李亚杰. 建筑材料[M]. 4 版. 北京:中国水利水电出版社,2002.
[19] 张人为. 循环经济与中国建材产业发展[J]. 水泥,2003(11):1-3.
[20] 王福川. 新型建筑材料[M]. 北京：中国建筑工业出版社,2003.
[21] 陈燕,岳文海,等. 石膏建筑材料[M]. 北京：中国建材工业出版社,2003.
[22] 苏芳, 赵宇龙, 盖国胜,等. 石膏资源应用及其研究进展[J]. 山东建材,2003,24(2):39-41.
[23] 谭月华. 发展石膏建材促进堵体改革[J]. 上海建材,2002(3):35-37.
[24] 杨钧山,译. 石膏[M]. 北京：中国建筑工业出版社, 1987.
[25] 彭烈火. 开发石膏建材前景光明[J]. IM & P 化工矿物与加工,1999 (10):3.
[26] 杨静. 建筑材料[M]. 北京:中国水利水电出版社,2004.
[27] 林克辉. 新型建筑材料及应用[M]. 广州：华南理工大学出版社,2006.
[28] 周士琼. 建筑材料[M]. 北京:中国铁道出版社,1999.

[29] 陆玉峰. 干混砂浆生产现状及发展建议[J]. 建筑机械化,2005(12): 18-20.
[30] 王培铭. 商品砂浆在中国的发展[J]. 上海建材,2002(5):19-20.
[31] 鲁纹. 中国建筑干混砂浆产业政策及前景展望[J]. 干混砂浆,2004(10): 38-39.
[32] 赵方冉. 土木工程材料[M]. 上海:同济大学出版社,2004.
[33] 郑德明,钱红萍. 土木工程材料[M]. 北京:机械工业出版社,2005.
[34] 徐瑛,陈友治,吴力. 建筑材料化学[M]. 北京:化学工业出版社,2005.
[35] 赵熙元. 钢结构材料手册[M].北京:中国建筑工业出版社,1994.
[36] 张智强,杨斧钟,陈明凤.化学建材[M].重庆:重庆大学出版社,2000.
[37] 彭康珍.新型塑料建材——设计·生产·应用[M].广州:广东科技出版社,1997.
[38] 孔人英.化学建材[M].合肥:安徽科学技术出版社,1999.
[39] 张海梅. 建筑材料[M]. 北京: 科学出版社,2001.
[40] 彭小芹. 土木工程材料[M]. 重庆: 重庆大学出版社,2002.
[41] 宓永宁. 土木工程材料[M]. 北京:中国农业大学出版社,2005.
[42] 阎西康. 土木工程材料[M]. 天津:天津大学出版社,2004.
[43] 姜继圣,罗玉萍,兰翔. 新型建筑绝热、吸声材料[M]. 北京:化学工业出版社,2002.
[44] 王少南. 节能建材的发展方向[J]. 建材发展导向,2006,4(1):5-10.
[45] 沈春林,杨军,苏立荣,等. 建筑防水卷材[J]. 北京:化学工业出版社,2004.
[46] 郑其俊. 绝热材料的发展与应用[J]. 新型建筑材料,2002(6):44-47.
[47] 沈春林,苏立荣,李芳,等. 建筑防水涂料[M]. 北京:化学工业出版社,2003.
[48] 韩喜林. 新型防水材料应用技术[M]. 北京:中国建材工业出版社,2003.
[49] 沈春林,苏立荣,李芳. 建筑防水密封材料[M]. 北京:化学工业出版社,2003.
[50] 张廷荣,贡浩平,芮永升,等. 建筑工程抗裂堵漏方法与实例[M]. 郑州:河南科学技术出版社, 2003.
[51] 沈春林,苏立荣,李芳,等. 刚性防水及堵漏材料[M]. 北京:化学工业出版社,2004.
[52] 牛光全. 沥青基屋面防水材料的新成就[J]. 中国建筑防水,2002(2):6-9.
[53] 沈春林. 中国防水材料现状和发展建议[J]. 硅酸盐通报,2005,24(5):78-83.
[54] 施惠生,郭晓潞. 土木工程材料试验精编[M]. 北京:中国建材工业出版社,2010.
[55] 施惠生,郭晓潞,阚黎黎.水泥基材料科学[M].北京:中国建材工业出版社,2011.
[56] 郭晓潞,施惠生.高钙粉煤灰基地聚合物及固封键合重金属研究[M].上海:同济大学出版社,2017.
[57] 郭晓潞,徐玲琳,吴凯.水泥基材料结构与性能[M].北京:中国建材工业出版社,2020.
[58] 郭晓潞,施惠生.建筑物无损检测技术[M].北京: 化学工业出版社,2014.
[59] 郭晓潞,吴凯,施惠生.材料与结构无损检测技术[M].北京: 中国建材工业出版社,2024.